U0117684

从Oracle到DB2开发

从容转身

王飞鹏　李玉明　李睿明　成孜论　编著

电子工业出版社

Publishing House of Electronics Industry

北京·BEIJING

内 容 简 介

本书是"舞动 DB2"系列的第二本，分为三大部分，共 8 章。第一部分从开发者遇到的问题进行分析，提出在 Oracle 兼容模式下开发数据应用的新思路，并讲述了从 Oracle 迁移到 DB2 的方法、工具及案例。第二部分讲述了 DB2 开发工具方面的知识，以及如何更有效地开发存储过程、用户自定义函数和触发器。第三部分讲述了开发者在 Java EE 和.NET 架构下开发数据应用的最佳实践。同时，在附录 A 中，针对 SQL PL 与 PL/SQL 做了集中对比，对快速掌握两者异同是大有裨益的。

本书目标读者群主要针对以下人员：从 Oracle 向 DB2 转型的技术人员；DB2 应用开发工程师；Oracle 应用开发工程师；数据库应用架构师；学习 DB2 数据库开发技术的高校学生或者从事相关课程教学的教师。

图书在版编目（CIP）数据

从 Oracle 到 DB2 开发：从容转身 / 王飞鹏等编著. —北京：电子工业出版社，2011.12
（舞动 DB2 系列）
ISBN 978-7-121-14940-5

Ⅰ. ①从… Ⅱ. ①王… Ⅲ. ①关系数据库－数据库管理系统，Oracle、DB2 Ⅳ. ①TP311.138

中国版本图书馆 CIP 数据核字（2011）第 221896 号

责任编辑：刘　皎
印　　刷：北京东光印刷厂
装　　订：三河市皇庄路通装订厂
出版发行：电子工业出版社
　　　　　北京市海淀区万寿路 173 信箱　邮编 100036
开　　本：787×1092　1/16　印张：26.75　字数：652 千字
印　　次：2011 年 12 月第 1 次印刷
印　　数：4 000 册　　定价：69.00 元

序 一

Be prepared to change everything about itself except those beliefs.

当 IBM 董事长 Sam Palmisano 说到这句话时，他正站在庆祝清华大学百年华诞的演讲台上，与莘莘学子分享同样正值百岁生日的 IBM 是如何通过不断的改变来塑造一个伟大的公司的。

从制表机、打字机，到磁盘驱动器、内存芯片、自动取款机，再到大型机、个人电脑，直到今年推出的惊世之作——"沃森"计算机系统，每次改变都使信息技术有划时代的飞跃。

作为 IBM 最为重要的数据管理软件，DB2 本身也在不断地改变着。自 DB2 V9.7 开始，DB2 开始支持 Oracle 兼容特性，这使得 Oracle 数据库的迁移周期大为缩减，迁移成本大为降低。为了适应市场需要，2011 年 5 月，IBM 正式在中国成立了数据库迁移咨询服务中心（IBM Database Migration Consulting Service Center），其使命是为客户提供安全、高效的迁移服务。在今年第一季度，全球就有 210 例客户将自身的 Oracle 数据库成功迁移到 DB2 上，涉及金融、电信、政府、能源、烟草等行业。其中一个典型案例是，全球最大的饮料生产商可口可乐公司告别 Oracle 并转而使用 DB2，从而成功使得其 ERP 应用获得更高性能，软硬件成本显著降低，企业竞争力明显提高。

本书完美诠释了从 Oracle 到 DB2 开发的最佳实践，作者团队由来自 IBM 数据库迁移咨询服务中心的资深专家组成，具有丰富的从 Oracle 向 DB2 迁移的实施经验，他们的书一定能带领广大的读者实现华丽的从容转身。

在大洋彼岸，Luis A. Lamassonne，105 岁的前 IBM 员工，在对媒体描述他是如何为这家伟大的公司奋斗了 38 年的时候，他说："是的，改变使这里的一切皆有可能，这就是 IBM。"

IBM 中国开发中心信息管理产品开发部

总经理 朱辉

2011 年 10 月 9 日写于北京

序 二

IBM 百年华诞，在 2011 年夺目九界，璀璨全球。创新，这是 IBM 能屹立于强手如林的科技界的关键，使得她能够适应科技时代发展的需要，不断创新求变，从而把握时代的脉搏，解决今天及未来企业遇到或可能遇到的重大挑战。

进入 21 世纪，IBM 与其众多对手们不约而同地投入到了信息时代的竞争。随着信息技术的迅猛发展，作为其核心组成部分的数据之战已成为 21 世纪"竞争"的新内涵，而作为承载、处理和加工这些数据的数据库软件行业就不可避免地成为主战场。

为了满足客户各种需求，大家竞争的对象是极富生命力的数据。在数据的整个生命历程中，它会经历设计、开发、部署、运营、优化和治理的不同阶段。这不是一次性的过程，而是通过迭代式的周期，以发挥数据更大的价值。当任何一家企业拥有了对数据强大的管控和支配后，就会在 21 世纪数据之战中立于不败地位，甚至引领信息时代的发展。

IBM 正在着手实现一个战略计划，提供一个集成的模块化数据管理环境，帮助企业更高效、准确地管理整个数据生命周期（从需求到报废）。我们将这个过程称为"集成数据管理"，管理数据生命周期的每个环节，并能够支持各种主流厂商提供的数据管理技术，包括 DB2、Informix、Oracle 等。

本书中提到的 IBM Data Studio，就是应运而生的这样一个工具集，它除了提供对数据库基本的管理功能外，还为数据库应用开发者提供了强大的跨平台的应用开发能力，无论你是 DB2 爱好者，还是 Oracle 的粉丝，都会从中获益。IBM Data Studio 最大的优势就在于对 DB2 数据库全面的支持，能够及时地反映并紧跟 DB2 数据库的发展和更新，同时提供对 PL/SQL Package 开发的支持。

本书的作者都有非常丰富的数据库管理和应用开发经验，这使本书具有极佳的实践性和可操作性，相信它能为广大的数据库应用开发者提供前所未有的帮助。

IBM 中国开发中心信息管理产品开发部

资深经理 孙冰江

2011 年 9 月 20 日写于北京

序 三

读书是一门大学问，读谁的书？怎么读书？如何书以致用？这些问题可是这门学问中的精髓。倘若读 DB2 的书，那么"舞动 DB2"系列则是必选，因为在数据库界这个系列的每一本书可谓坛坛都是好酒。本人有幸为其中的应用开发篇作序，心中一则以喜，一则以惧。心喜的是数据库应用开发人员的春天来临了，因为终于有一本 DB2 开发的绝世之作诞生；心惧的是 DB2 开发的书籍如此之稀缺，不知何年何月才能有更多的精品在图书领域形成规模，以飨众多读者之渴求。

拜读本书后，我感叹四位作者"看问题眼光准、撰技术功底深、真功夫下得狠"。在书的封面上"从容转身"几个大字，就向读者透露了本书的气概，纵横全书。翻到目录时，便感觉内容安排错落有致，井井有条；读到第 1 章"我看 DB2 开发"，大有一观天下的气魄；第 2 章中，作者将 Oracle 与 DB2 做了对比，娓娓道来，条分缕析；第 3 章涉及工具选择的方方面面，匠心独运，细致入微；第 4～6 章，服务器端开发技术的巧夺天工让我们领略到 DB2 的"志存高远"；而第 7、8 章则从客户端开发技术的角度，精彩展现了为什么 DB2 不愧为 IBM 最地地道道的工具。更令人叹为观止的是，本书以精彩絮言的方式，按时间顺序，把每一章内容巧妙地建成了一个驿站，给一路"奔波"的读者们留了个歇脚儿的地儿，来学习技术、品味人生、感慨天下。我不得不为如此奇妙的写作设计拍案叫绝，也为读者能获如此宝鉴而欣喜若狂。本书学习起来真可以说是"朝读此书日行千里，暮执本卷夜过八河"。

这本书即将出版，我由衷地向本书作者致以崇高的敬意。在两年来的写作过程中，王飞鹏意志坚定、步伐稳健，在数据库这片天地执着、勤奋地向广大技术人员传播经验、传授技巧；李玉明学风严谨，数据库开发技艺精湛，其代码的功力足可以与日月争辉；李睿明天资聪颖，极善于为读者挖掘学习 DB2 开发的捷径；成孜论学识渊博，文笔翩翩，这位业界奇才是本书质量的重要基石……四位作者优势互补，并肩奋斗，突破重重阻力，终于完成这一大作，给开发者们带来了福音！这本书填补了数据库界的多项空白，我相信其打破多项纪录指日可待。而对于广大读者来讲，大可在本书中自在畅游，揣摩知识技巧，品味技术人生。

中国工商银行科技部 高级顾问 李伟

2011 年 10 月 10 日写于珠海

前　言

缘起

在 IBM 百年华诞这一年，有 IT 媒体给我贴上了多个标签：有人说王飞鹏是 "DB2 第一高手"，有人说在数据库领域，王飞鹏是当今最活跃、最富个性的技术领袖。看来，随着 "舞动 DB2" 系列的陆续上市，今后还会给我贴上更多的标签。无论如何，我想有必要把我编写这个系列的使命感和推动力写出来，那么就先从我的经历谈起吧。

这需要将时光倒流 10 年，从 9·11 事件说起。那一年，我读大四，正逢大批海归学成归国。我与两位海归创立了宝华研究社，我们研究的题目不是反恐，而是在美国遭到重创之际，中国 IT 业如何夺得世界第一的伟大目标。不过，当时瘦得可以被风吹倒的我，没多久便意识到，所选的题目太过宏大，短期内难以实现。尽管没有成功，但是宝华研究社得以保留，这是我与志同道合之人探秘未来世界的第一次尝试。

后来在读研期间，我通读了 Linux 源代码，MySQL 源代码，并且在实验室的电脑上反复操练。有意思的是，我的导师当时对我的评价是 "七分正，三分邪，常做出情理之中，意料之外的事"。还好，他很欣赏我在开源软件使用上的一些想法，所以鼓励我组建 "开源软件学习会"，从此如鱼得水。于是我开始了第二次尝试，也在探寻如何获得号召力，没想到在短短 5 周内，便聚集了 30 多位开源软件发烧友，一起切磋技术。做了这些还不够，我又开始组织几位冒尖的同学和会员尝试进行商业运作，这在学校引起了轰动。

"青涩" 的团队成立了，一起开发电信增值业务。开始的时候，大家都建议开发测试完就收取开发服务费用，而我艰难地说服大家采取和电信服务开发商赢利分成的方式来合作。最后，大家发现这种分歧已经上升到世界观与商业眼光的层次上了。不过，大伙儿被我的坚定打动了，于是十几个 "青瓜蛋子" 硬着头皮跟着我走上了高风险、高收益的路。我们用 3 个月的时间完成了开发、测试和部署工作，随之也收获颇丰。上线后第一个月，分成 8 万；第二个月，分成 19 万；第三个月，分成 31 万。在赢利的分配上，我采用的方式很简单：平均分配。通过这件事，我曾总结过经验，也明白了些许道理：干大事必须要有过人的胸怀和胆识，处乱需不惊，遇事稳住神。特别重要的是，有时真理确实掌握在少数人手里。

毕业那一年，同学们都在忙着面试找工作，而我正被乔布斯在斯坦福的演讲"Stay hungry, stay foolish"而鼓动得热血沸腾。我的山西老乡李彦宏告诉年轻人要追求创新，也让我激动不已。我脑袋里的问号不停地翻滚，哪里才是创新的天堂呢？最终我被"蓝色巨人"的诱惑吸引去了。

我加入了 IBM 的 DB2 研发部门。那里着实是一所大学，提供了非常好的学习和工作环境。在研发实验室，除了可以和高素质的同事一起工作外，还能向加拿大的老专家学习第一手技术，提升技术素养。磨炼了一段时间，我在创新上迈出了人生的一小步：发表了数篇论文、获得了专利、出版了数据库系列著作。这些成绩让周围的朋友们眼花缭乱，不过，每当我看到同样出自山西小镇，独自闯荡大城市的李彦宏的成就，就激励我尝试在更广阔的平台上实现自己的价值。

30 多年前，IBM 研究人员 E.F.Codd 发表了一篇划时代的论文"关系数据库理论模型"，介绍了关系数据库理论和查询语言 SQL。据说，Oracle 董事长 Larry Allison 看完后，被其内容震惊，随后敏锐意识到在这个研究基础上可以开发商用软件系统，并立刻着手推出关系数据库产品。直到 1985 年，IBM 才发布了关系数据库 DB2，而 Larry Allison 那时已经成为千万富翁。这个故事对我从工程师到咨询顾问的转型影响很大。

IBM 公司的咨询顾问大多数都能言善辩，这让还带有地方口音的我在加入 IBM 之初备感压力。有段时间我每天对着镜子苦练口才，不过那时，我还不敢想象自己真有一天能在成百上千人面前发表演讲。

成为咨询顾问之后，我发现当今的数据库市场格局已是 Oracle 和 DB2 双雄鼎立的局面，而且竞争越来越激烈。我坚信好钢应该被用在刀刃上。为了在与 Oracle 的竞争中取得突破，我整天飞来飞去，始终活跃在业务第一线。我写这段文字时，人还在成都，上一周我在杭州，下周我会在北京和 IBM 王云院士在 BAO 大会上与广大 DB2 用户见面。

"读万卷书，不如行万里路"，终于有一天，我明白了自己归结起来就是在做三件事：做实施、做咨询、做培训。

第一件事：做实施。我服务的客户大多都是关系国计民生的行业领军单位，项目牵涉范围广，难度大，工期紧。曾经在华东地区某电信公司的项目中，多个实施单位之间分歧严重，进度迟缓。IBM 一个兄弟实施团队无力回天，铩羽而归。紧急关头，我被派去救火。到了现场我先着手理清问题的来龙去脉，随后说服客户和 IBM 合作伙伴确定新的实施方案。

我带领的这支队伍，经历了 3 周的艰苦奋战，最后力挽狂澜，取得了圆满成功。这种类似的经历只是众多案例之一，当我停下脚步回眸一看，工作中留下的脚印在不断延伸：

华东某电信公司

华中某移动公司

中国某大型银行

中央某部委

华中某地铁公司

中国某大型钢铁公司

……

在这些项目实施的经历中，我也学会了如何识人用人。我把人才分为三种：第一种是能自己成事的干将之才；第二种是可以带领一批人成事，具有领导力的大将之才；第三种是具有前瞻眼光，有战略高度，能审时度势、运筹帷幄的统帅之才。

再看我做的第二件事：做咨询。我做过技术咨询，还为高端客户提供过业务咨询和架构咨询。我喜欢的咨询风格是，给客户以整体解决方案和实施路线图，既能让客户把控项目整体规划，也明确具体的实施过程，同时合理调配团队资源。例如在华中某高铁公司，我带领团队为客户量身定制了一套高铁信息化建设的整体解决方案，其中有客户最关心的高可用方案、负载均衡、安全机制、风险管理、团队规划和技术构架演进路线图等。这种咨询方式有效地提升了客户的信息化建设水平，从而赢得了客户的青睐。

我在做咨询顾问期间，常与售前团队一起合作，一起分析业务，一起制定方案。在相互合作的过程中，我总结了"降龙十策"，作为售前团队的行动指南，这其中所需的非比寻常的洞察力和领悟能力是我向业界前辈不断学习与汲取而获得的。

1. 决心重于实力。既然决定出手，就要有必胜之决心，同时需具备敏锐的洞察力和迅猛的执行力。在与客户会面交谈的头 30 分钟至为关键，这是决定成败的重要因素，争取在头 30 分钟内解决，后面都是补充和完善。

2. 在拜见客户前，从销售代表那里充分了解历史拜访记录，不仅包括我方的，最好也包括竞争对手的，因为这些都会影响客户的选择倾向。知己知彼，方能制定正确对策。

3. 品牌就是说服力，不同水平的人给客户讲授相同的话题，客户的接受程度会相差万里！

4. 给客户介绍产品，是最傻的办法；对客户所提出的问题，面面俱到给予解答，是最笨的办法；实战表明，给客户讲成功案例和项目经验是最好的办法。

5. 在客户面前，空谈方案和计划是没有意义的，一定要善于发掘客户的潜在需求，展现自己的独特价值。例如，帮助客户降低总体拥有成本，帮助客户明确 IT 建设的长期愿景等。这是我们成功的关键。

6. 了解销售人员的苦痛有时候比了解客户的苦痛更重要，从技术上去帮助销售人员突破商务上的瓶颈，这需要魄力！

7. 客户的苦痛要分级，通常时间非常紧迫，优先在短时间内解决客户的燃眉之急并且对我们来说却是举手之劳的事情，这样带来的好处是赢得客户信赖，为后续打开局面奠定坚实的基础。

8. 给驻扎客户现场的人员一定的授权，用来随机应变，但涉及重大决定或重要承诺时，需要邀请高级领导到场洽谈，来赢得客户信任。

9. 在客户的各级领导面前讲话要慎重，最好在我方销售人员的陪同下，只谈论已经确定下来的事情。道理很简单，客户不同层面人员之间大多数有分歧。

10. 领导力是通过实战来检验的。领导力不神秘，就是能凝聚团队，带领队伍打赢硬仗的能力。我们的风格是跨团队合作，这就需要一个领军者来组织和协调各种资源，使得团队齐心协力，目标一致，取得胜利。避免出现有功争抢，有难拆台的局面。

有前面两件事的基础，第三件事"做培训"水到渠成，因为，我发现丰富的实施经验和大量的咨询案例，为培训提供了一种先天的优势。国内大部分数据库技术培训的现状是填鸭式的快速培训，培训材料都是原厂英文资料，实验甚少，案例缺乏。我希望提供出众的培训，遂开始编写中文课件，课件中融入了多年的实战技巧和经验总结，力争思路清晰，可操作性强。仅在最近的 9 个月内我已为超过 3200 多名用户培训过 DB2。特别值得一提的是，我在为重点客户规划技术成长蓝图方面下了不小的功夫，从而可以帮助其数据库技术人员从广度和深度上同时提升技术素养。

总而言之，这三件事都是我日常工作的缩影。数年前，我的目标是成为 IBM 公司"DB2第一高手"，而如今，我更希望能与"宝华咨询"团队为数据库生态系统的繁荣作出更大的贡献。

我们在实战中付出了巨大的艰辛，意志经受住了重重考验，历经千锤百炼。我对成为一名数据库技术的传道者乐此不疲，一直在将所思所想、所学所得分享给中国广大的数据库工作者。从 2009 年开始，我们写作团队投入到"舞动 DB2"系列的编写当中，呕心沥血，锲而不舍，历经三载打造经典之作。

"长风破浪会有时，直挂云帆济沧海"，借此希望每一位从事数据库工作的奋斗者，不断进步，超越自我，最终实现我们在"舞动 DB2"系列中所倡导的：真正看清自己，看清世界，看清未来！

本书结构

本书是"舞动 DB2"系列的第二本，从内容来看，本书共分为三大部分，共 8 章。第一部分从开发者遇到的问题进行分析，提出在 Oracle 兼容模式下开发数据应用的新思路，并讲述了从 Oracle 迁移到 DB2 的方法、工具及案例。第二部分讲述了 DB2 开发工具方面的知识，以及如何更有效地开发存储过程、用户自定义函数和触发器。第三部分讲述了开发者在 Java EE 和.NET 架构下开发数据应用的最佳实践。同时，在附录 A 中，针对 SQL PL 与 PL/SQL 做了集中对比，对快速掌握两者异同是大有裨益的。

为了帮助广大的中国读者实现从 Oracle 向 DB2 转型，本书深入浅出地回答了下面问题：

1. 在兼容和非兼容模式下 DB2 应用开发的新思路；

2. 在非兼容模式下，如何使用 SQL PL 语言高效地编写应用；

3. 在兼容模式下，如何使用 PL/SQL 语言更好地开发数据应用，例如存储过程、用户自定义函数等；

4. 如何选择 DB2 数据应用开发工具；

5. Java EE 和.NET 架构下应用开发的最佳实践。

最后，本书还提供了精彩絮言部分。所谓精彩絮言，意指 DB2 开发工作、生活中的精彩花絮和警醒箴言，其中凝聚了我们从事开发的工作经验，也丰富了我们这本书的指导思想。在每章后面都有这个环节，其文环环相扣，贯穿全书。

读者对象

如果你学习数据库知识仅一个月，本书可能不是最适合你的。三年前一位来自 IBM 多伦多实验室的数据库大师曾告诫我：你不要指望一本书可以兼顾入门者和专业者，你更不要做这样的事情。本书目标读者群主要针对以下人员：

1. 从 Oracle 向 DB2 转型的技术人员；

2. DB2 应用开发工程师；

3. Oracle 应用开发工程师；

4. 数据库应用架构师；

5. 学习 DB2 数据库开发技术的高校学生或者从事相关课程教学的教师。

本书涵盖哪些版本

本书中绝大多数概念适用于包括 DB2 V8 for LUW 以来的所有版本。但不可避免的是，我们讨论到的某些特性只是针对特定版本的。具体如下：

DB2 的 Oracle 兼容特性（第 1 章）：适用于 DB2 V9.7 及其以后版本。

表分区和 MDC 特性（第 2 章）：适用于 DB2 V9 及其以后版本。

Data Studio 对 PL/SQL 开发的支持（第 3 章）：适用于 DB2 V9.7 及其以后版本。

TOAD for DB2 对 PL/SQL 开发的支持（第 3 章）：适用于 DB2 V9.7 及其以后版本。

pureXML 数据库设计（第 4 章）：适用于 DB2 V9 及其以后版本。

如果没有特别指明某特性只针对某个版本，默认对所有版本都适用。

在线资源

可以从 www.baochina.net 下载本书案例中用到的文件，也可从该网站上找到本书最新的补遗及勘误。同时也欢迎大家到网站相互交流和学习。

致　　谢

首先感谢电子工业出版社的高洪霞编辑，她在"舞动 DB2"系列图书出版过程中给予了我们大力支持和帮助！对 IBM 中国软件开发中心刘慎锋经理的热心帮助，在此表示衷心感谢。感谢聂花梅在待产期间，还为本书审阅了部分章节，这给予了写作团队莫大的鼓励。感谢郜中华身在法国期间还坚持审稿，这给予了写作团队极大的支持。同时，本书在审稿中还得到了 IBM 中国开发中心资深软件工程师朱志辉的热心帮助，他细心阅读了全书，并给出了非常专业的建议，在此表示衷心感谢。感谢 IBM 中国开发中心软件工程师万蒙，他审核了本书大部分章节并提出了宝贵建议；感谢秦怡，她在繁忙的工作之余审核了所有章节的引言和案例部分，并提供了非常重要的建议；感谢所有参与本书审核的同事们，张慧、张金竹和侯战友。

王飞鹏

2011 年 10 月写于硅谷

目　录

第 1 章　我看 DB2 应用开发 ……………………………………………………… 1

　1.1　老张的故事 ……………………………………………………………… 2

　　1.1.1　从选型谈起 …………………………………………………………… 2

　　1.1.2　从 Oracle 到 DB2 转身的技术挑战 ………………………………… 8

　1.2　开发者的传统选择 ……………………………………………………… 9

　　1.2.1　从这里开始：开发技术分类 ………………………………………… 10

　　1.2.2　你需要知道的：传统解决办法 ……………………………………… 10

　　1.2.3　转身之顽症：暴力拆迁 ……………………………………………… 11

　1.3　DB2 应用开发：从容转身 …………………………………………… 12

　　1.3.1　新思路：Oracle 兼容特性 ………………………………………… 13

　　1.3.2　服务器端开发 ………………………………………………………… 15

　　1.3.3　客户端开发 …………………………………………………………… 16

　　1.3.4　开发工具选择 ………………………………………………………… 17

　　1.3.5　开发者转型的最佳实践 ……………………………………………… 18

　1.4　读者使用本书的方法 …………………………………………………… 19

　1.5　精彩絮言：避暑山庄中发生的高铁一幕 ……………………………… 20

　1.6　小结 ……………………………………………………………………… 22

第 2 章　当 Oracle 开发者遇到 DB2 ……………………………………… 23

　2.1　DB2 易容术：向 Oracle 兼容 ………………………………………… 24

　2.2　数据库对象：DB2 vs Oracle ………………………………………… 27

　　2.2.1　临时表：DB2 更胜一筹 …………………………………………… 27

　　2.2.2　索引：难分伯仲 …………………………………………………… 29

　　2.2.3　视图：势均力敌 …………………………………………………… 33

　　2.2.4　约束：Oracle 依灵活棋高一着 …………………………………… 34

　　2.2.5　序列：DB2 凭细腻一展威风 ……………………………………… 35

　　2.2.6　分区特性：DB2 更有妙招 ………………………………………… 36

2.2.7　数据库联邦：DB2 支持的数据源以多居上 ·························· 40

2.2.8　数据字典视图：Oracle 借方便傲视对手 ·························· 42

2.3　你必须知道的：DB2 命令行工具 ·························· 43

2.3.1　DB2 CLP ·························· 44

2.3.2　DB2 CLPPlus ·························· 45

2.4　从 Oracle 迁移到 DB2 ·························· 47

2.4.1　迁移工具：MEET 和 IDMT ·························· 48

2.4.2　迁移计划 ·························· 51

2.4.3　迁移步骤 ·························· 53

2.4.4　风险控制 ·························· 53

2.5　精彩絮言：真功夫 ·························· 54

2.6　小结 ·························· 55

第 3 章　DB2 应用开发工具大观 ·························· 56

3.1　全能选手，IBM Optim Data Studio ·························· 57

3.1.1　Data Studio 亮相 ·························· 58

3.1.2　版本一比高低 ·························· 59

3.1.3　一切从"连接"开始 ·························· 60

3.1.4　详解数据库管理功能 ·························· 62

3.1.5　编写脚本，地主老爷的碗——难端 ·························· 65

3.1.6　玩转存储过程和 UDF ·························· 70

3.1.7　Data Studio 评分 ·························· 73

3.2　超级大管家，TOAD ·························· 74

3.2.1　初识 TOAD for DB2 ·························· 74

3.2.2　TOAD 起步，从"连接"开始 ·························· 75

3.2.3　数据库管家的管理功能 ·························· 76

3.2.4　轻车熟路的 SQL 脚本 ·························· 78

3.2.5　存储过程靠"向导" ·························· 79

3.2.6　TOAD 评分 ·························· 83

3.3　部落酋长，Microsoft Visual Studio ·························· 83

3.3.1　双剑合璧，Visual Studio + IBM 数据库插件 ·························· 84

3.3.2　DB2"瘦"管理 ·························· 85

3.3.3　开发存储过程和 UDF ·························· 87

3.3.4 大展身手，开发客户端应用 ·· 90

3.3.5 Visual Studio 评分 ·· 90

3.4 精彩絮言：从未离开的一种生活——选择 ································ 91

3.5 小结 ··· 92

第4章 SQL PL 开发 DB2 服务器端应用 ·································· 94

4.1 我看服务器端应用开发 ··· 95

4.1.1 离 DB2 引擎越近的代码跑得越快 ··································· 95

4.1.2 从内到外的改变 ··· 96

4.1.3 久经考验的 SQL PL ··· 97

4.2 数据类型：DB2 vs Oracle ·· 98

4.2.1 基本的数据类型大比拼 ·· 98

4.2.2 变量声明与赋值 ··· 100

4.2.3 Oracle 的%TYPE 属性？你有我也有 ······························ 102

4.2.4 行类型，不就是 Oracle 的记录类型吗 ···························· 105

4.2.5 数组，居家旅行必备 ·· 107

4.2.6 关联数组 ·· 109

4.3 SQL PL 与存储过程 ··· 111

4.3.1 解剖 SQL PL 存储过程 ·· 111

4.3.2 复合语句，Oracle 俗称"块" ·· 114

4.3.3 条件分支中的 IF 和 CASE ··· 116

4.3.4 四种循环与跳转 ··· 117

4.3.5 让游标和结果集为你工作 ··· 121

4.3.6 无所不能的游标变量 ·· 127

4.3.7 动态 SQL vs 静态 SQL ·· 130

4.3.8 条件处理，让你的程序更健壮 ······································ 134

4.4 SQL PL 函数与触发器 ··· 138

4.4.1 内联 SQL PL 与编译型 SQL PL ······································ 138

4.4.2 UDF 的本来面目 ·· 139

4.4.3 编译型 SQL PL 函数 ·· 143

4.4.3 触发器的是是非非 ·· 144

4.5 高级主题探讨 ·· 148

4.5.1 DB2 的模块 vs Oracle 的程序包 ···································· 148

　　　4.5.2 存储过程的递归 ·· 152

　　　4.5.3 pureXML，不一样的编程体验 ·· 155

　　　4.5.4 洞悉权限管理，为安全而努力 ·· 159

　　　4.5.5 存储过程性能优化的五条黄金法则 ····································· 162

4.6 精彩絮言：一游香江解难题 ·· 167

4.7 小结 ·· 168

第 5 章 PL/SQL 开发 DB2 服务器端应用 ·· 170

5.1 PL/SQL，从 Oracle 到 DB2 "从容转身" 的支点 ····························· 171

　　　5.1.1 兼容 Oracle，支持 PL/SQL，这是一场革命 ························ 171

　　　5.1.2 在 DB2 中玩 Oracle 的 PL/SQL？你的地盘你做主 ·············· 171

　　　5.1.3 不要忘了设置 DB2 的 Oracle 兼容性 ································· 172

　　　5.1.4 应用开发场景一瞥：某大型电子商务系统 ························· 173

5.2 用类型精确控制你的数据 ··· 175

　　　5.2.1 兼容 Oracle——从数据类型开始 ······································ 175

　　　5.2.2 变量声明与赋值语句 ·· 177

　　　5.2.3 Oracle 的类型隐式转换，是方便还是隐患 ························· 179

　　　5.2.4 %TYPE 属性——类型控制的最佳武器 ····························· 180

　　　5.2.5 用%ROWTYPE 属性更进一步 ·· 181

　　　5.2.6 甚至可以自定义记录类型 ·· 183

　　　5.2.7 用数组类型组织你的数据 ·· 184

　　　5.2.8 强大的关联数组 ·· 186

5.3 从基本语句看真功夫 ·· 187

　　　5.3.1 块与匿名块 ·· 187

　　　5.3.2 NULL 语句的妙用 ··· 188

　　　5.3.3 Oracle 特有的 SQL？这一说法已成历史 ·························· 189

　　　5.3.4 BULK 实现批处理，很好很强大 ······································ 190

　　　5.3.5 用 RETURNING INTO 捕获增删改的值 ···························· 191

　　　5.3.6 SQL 属性告诉你 SQL 语句的影响力 ······························· 192

　　　5.3.7 动态 SQL 语句的是与非 ··· 193

5.4 老话新谈——程序流程控制 ·· 197

　　　5.4.1 用 IF 和 CASE 语句处理分支 ··· 197

　　　5.4.2 你喜欢用哪一种循环 ·· 199

5.4.3 必不可少的异常处理 ································ 202

5.5 掌握游标，才掌握了数据库编程 ································ 206

5.5.1 按部就班的静态游标 ································ 206

5.5.2 无所不能的游标变量 ································ 209

5.6 完整而独立的例程世界 ································ 213

5.6.1 再回头看存储过程 ································ 213

5.6.2 用户自定义函数的真实面目 ································ 215

5.6.3 开发 PL/SQL 触发器，当心 ································ 216

5.7 "包"，容一切 ································ 219

5.7.1 接口与实现分离的编程原则 ································ 219

5.7.2 程序包，容纳所有的接口声明 ································ 219

5.7.3 程序包主体，容纳全部实现细节 ································ 220

5.7.4 程序包的权限管理和引用 ································ 222

5.7.5 全面支持 Oracle 的内置程序包 ································ 223

5.8 精彩絮言：候鸟小谈 ································ 224

5.9 小结 ································ 225

第6章 Java 存储过程 ································ 226

6.1 DB2 中 Java 存储过程 ································ 227

6.1.1 左手 Java，右手 SQL ································ 227

6.1.2 选择 JDBC 还是 SQLJ ································ 228

6.1.3 Java 开发环境，不要设置错 ································ 229

6.1.4 应用开发场景一瞥：某大型电子商务系统 ································ 230

6.2 细说 JDBC 存储过程 ································ 232

6.2.1 开发 JDBC 存储过程的从容五步曲 ································ 232

6.2.2 趁热打铁讲安全控制 ································ 238

6.2.3 一个存储过程，一个 Java 方法 ································ 240

6.2.4 输出型参数与返回结果集 ································ 241

6.2.5 JDBC 编程中的三驾马车 ································ 243

6.2.6 IBM 特有的存储过程编程接口 ································ 245

6.2.7 强大的 Java 用户自定义函数 ································ 247

6.2.8 示例：JDBC 存储过程实现订单处理 ································ 254

6.3 畅聊 SQLJ 存储过程 ································ 258

6.3.1 SQLJ 到底是什么 ·· 258

6.3.2 开发 SQLJ 存储过程：从五步到七步 ································ 260

6.3.3 安全机制是 SQLJ 存储过程的杀手铜 ···························· 264

6.3.4 SQLJ 的魅力也来自简单 ·· 265

6.3.5 SQLJ 的三驾新马车 ··· 266

6.3.6 示例：用 SQLJ 存储过程实现订单处理 ························ 269

6.3.7 DB2 中 JAR 文件的管理 ·· 271

6.4 Java 过程的"无毒"处理和"无邪"调试 ······························· 272

6.4.1 消灭错误，世界清静了 ··· 272

6.4.2 调试 Java 存储过程很难吗 ·· 274

6.5 精彩絮言："蚝"情万丈 ··· 278

6.6 小结 ··· 279

第 7 章　Java EE 平台下开发 DB2 ··· 280

7.1 DB2 和 Java EE ··· 281

7.1.1 从 J2EE 到 Java EE ··· 281

7.1.2 准备 Java 数据库开发环境 ··· 282

7.2 与 JDBC 共舞 ·· 284

7.2.1 数据库连接从 DriverManager 开始 ································· 285

7.2.2 更加弹性的 DataSource ··· 288

7.2.3 选择连接池，拒绝手忙脚乱 ··· 290

7.2.4 三招玩转 JDBC ··· 291

7.2.5 最简单的 Statement ·· 293

7.2.6 有备而来，使用"PreparedStatement" ··························· 295

7.2.7 专为存储过程而来，CallableStatement ························· 296

7.2.8 大数据蕴含大智慧，LOB 和 XML ································· 299

7.2.9 有条不紊的事务处理 ··· 301

7.2.10 管理异常和警告，让程序更完善 ··································· 302

7.3 SQLJ 编写数据库应用 ·· 304

7.3.1 连接数据库，SQLJ 自有一套 ··· 304

7.3.2 不一样的体验，SQLJ 执行 SQL 语句 ···························· 306

7.3.3 忙前忙后的 Iterator ·· 307

7.3.4 Iterator 升级版，Scrollable 和 Updatable ······················ 309

　　　7.3.5　双剑合璧，攻克存储过程 ································· 313

　　　7.3.6　SQLJ 中的事务 ······································· 315

　　　7.3.7　从容应对大数据 ······································· 316

　　　7.3.8　轻松应对异常和警告 ··································· 317

　　　7.3.9　SQLJ 与 JDBC，鱼和熊掌可以兼得 ··················· 318

　7.4　数据库编程中的快餐文化，持久化技术 ························· 319

　　　7.4.1　O/R Mapping，从表到对象 ··························· 319

　　　7.4.2　Hibernate 从配置文件开始 ··························· 320

　　　7.4.3　将表"对象化" ······································· 321

　　　7.4.4　O/R Mapping 的精髓，一切尽在映射中 ··············· 322

　　　7.4.5　漫游数据只需两步 ····································· 323

　7.5　Java 程序从 Oracle 迁到 DB2，easy 到流泪啊 ················· 325

　　　7.5.1　第一步，修改数据库连接 ······························· 326

　　　7.5.2　第二步，修改参数类型 ································· 326

　　　7.5.3　第三步，修改不兼容的 SQL 语句 ······················· 327

　7.6　精彩絮言：川情似火贯天地，锦味胜椒辛古今 ················· 327

　7.7　小结 ·· 328

第 8 章　.NET 平台下开发 DB2 应用程序 ······························· 330

　8.1　扑朔迷离的.NET ··· 331

　　　8.1.1　通向数据库的统一接口 ADO.NET ······················· 332

　　　8.1.2　轻松转身 DB2，Oracle 开发者一点通 ··················· 333

　　　8.1.3　融会贯通.NET 开发语言 ······························· 334

　8.2　揭开 DB2 .NET 开发的神秘面纱 ······························· 335

　　　8.2.1　DB2 vs Oracle，Data Provider 大比拼 ················· 336

　　　8.2.2　数据库连接如何做得更好 ······························· 338

　　　8.2.3　增删改查，撑起业务流程 ······························· 342

　　　8.2.4　畅游结果集，DataSet 和 DataAdapter ··············· 346

　　　8.2.5　玩转存储过程 ··· 351

　　　8.2.6　轻松完成事务管理 ····································· 355

　　　8.2.7　玩转大对象 ··· 356

　　　8.2.8　新事物有新方法，处理 XML 数据 ······················· 360

　8.3　想说爱你不容易，OLE DB 和 ODBC for .NET ··················· 363

8.3.1 似曾相识的数据库连接 ································· 363

8.3.2 大同小异的数据库操作 ································· 365

8.3.3 OLE DB.NET 的禁区 ································· 365

8.3.4 ODBC.NET 的禁区 ································· 366

8.3.5 如何选择 Data Provider ································· 367

8.4 Visual Studio 快速开发 DB2 应用程序 ································· 368

8.4.1 三招拿下应用开发 ································· 368

8.4.2 黄金组合搞定数据获取 ································· 373

8.4.3 从容地操纵数据 ································· 374

8.5 精彩絮言：从容转身，第二弹 ································· 378

8.6 小结 ································· 379

附录 A SQL PL 与 PL/SQL 比较 ································· 380

附录 B 缩略语释义 ································· 395

后记 ································· 403

参考文献 ································· 405

第1章
我看 DB2 应用开发

　　如果说 DB2 性能优化是一门艺术，那么从 Oracle 向 DB2 转身的艺术含量更高。本章以某银行数据仓库建设的实际项目为例，结合"老张"的故事，系统全面地回答了开发人员面临的三大棘手问题：（1）从 Oracle 到 DB2，开发上有什么挑战和风险？（2）为了同时支持 Oracle 和 DB2，开发人员采取的传统方法是什么？（3）有没有新的思路，实现从 Oracle 到 DB2 从容转身？

　　读完本章后，相信广大读者可以轻松掌握从 Oracle 到 DB2 转身的思路，并在自己的实际工作中树立信心。

近年来，国内各大银行业务迅速发展，规模的扩大和客户的持续增加，加大了管理的难度。一方面，由于系统众多，数据分散，决策及管理部门无法及时准确地获取客户业务信息。另一方面，无法用量化的指标考核行员业绩，考核标准不统一，在很大程度上挫伤了员工的积极性。

针对上述挑战，很多银行的管理层迫切希望能够快速准确定位信贷业务等关键环节中所隐藏的问题和风险，了解客户行为和行员绩效，以便制定出科学有效的市场营销策略和激励机制，从而使得银行在激烈的市场竞争中取得优势。

数据仓库正是一道良方。利用先进的数据仓库技术建立集成的、逐步完善的决策分析平台。利用这一平台，对内可以用来分析客户交易、贷款、行员绩效等；对外可以更好地了解客户需求，开发新产品或服务，并在特定的业务领域提供差异化服务，最终增加赢利能力。

那么，接下来就让我们从老张的故事讲起吧。

1.1　老张的故事

我们先从老张最近的一段经历说起。老张是一家银行科技部门的主管，最近很焦虑，原来一份建设数据仓库的需求报告摆在他的面前。报告中有三个重点：第一，数据仓库的数据需要从信贷系统中抽取，这可是难度系数高的活儿。据了解，信贷系统基于 Oracle 数据库搭建，其活跃用户数已达到了 3000 多万，数据量的增长更是迅速，每天要产生几十亿条记录；第二，由于面临激烈的市场竞争，管理层和业务人员希望能快速地分析交易数据并进行决策，项目时间很紧迫；第三，决策层对数据仓库的建设抱以厚望，资源优先保障，但要求非常高，这对老张造成了极大的压力。

说起来容易做起来难，下面就让我们看看这家银行是如何找到解决办法的。

1.1.1　从选型谈起

老张找到我们后，略显着急地说："我们的信贷系统是基于 Oracle 的，现在要建设数据仓库，应该继续使用 Oracle 还是选用别的商业数据库，比如 DB2？Oracle 和 DB2 在 IT 架构中能否共存？"

我想了想，答道："你的问题其实是数据库选型问题，也就是选择哪款数据库的问题，这取决于你们的业务系统情况，我们还是从需求开始谈起吧。"

接下来，我们和老张就如何建设数据仓库进行了细致的讨论，认为当务之急是要解决选型问题。为了进一步明确需求，我们还向老张了解下面的状况，例如：

（1）业务系统都有哪些？未来还会增加哪些系统？他们的技术架构分别是怎样的？

（2）这些业务系统采用的开发语言是什么？部署平台是什么？

（3）是否有历史遗留系统？这些遗留系统有什么演进策略？

（4）未来 6 个月，用户量和数据量会达到什么规模？未来 12 个月呢？

（5）数据分布是怎样的？分散的还是集中的？

（6）技术人员对哪一种数据库产品了解得最为深入？

（7）对于已上线的产品，是否可以得到及时的技术服务与支援？

寻找这些问题的答案，正是我们做咨询工作的第一步：收集需求。

在这个过程中，我们发现老张所在银行除了信贷系统外，还存在其他众多的部门级业务系统，这些系统几乎全部基于 Oracle 数据库，没有考虑平衡性；这些业务系统采用的开发语言多样，有的是 Java 开发的，有的是 C#开发的，部署平台也多样，有的是 Linux 系统，有的是 UNIX 系统；有相当一部分业务系统是历史遗留下来的，维护成本高；数据分散在各个应用里面，形成了数据孤岛，没有集中管理。

经过探讨，按照我们的建议，老张和他的团队迈出了架构设计的重要一步：信贷系统的历史数据通过 ETL（Extract-Transform-Loading，数据抽取、转换和加载）过程加载到中央数据仓库中，中央数据仓库为企业所有部门决策提供数据支撑；为了降低成本，历史遗留系统迁移到新平台上，随后，再用类似的 ETL 过程将遗留系统的数据加载到中央数据仓库中；在中央数据仓库的基础上，各个业务部门可以根据其特殊需求从中央数据仓库中获取数据建立数据集市，直接为部门决策服务。

为什么不直接访问中央数据仓库而一定要设计数据集市层呢？主要原因有两点。其一，由于不同业务部门的需求有差异，所以数据集市为不同部门提供了定制应用和数据的能力；其二，当中央数据仓库保存的数据越来越多、并发用户也越来越多时，数据集市可以分流中央数据仓库的一部分工作负载。

我们来看一下这样的架构特点：

- 具有鲜明的层次结构，能很好地支持数据仓库客户交易、贷款、行员绩效等决策分析应用。
- 中央数据仓库将分散的业务数据进行了整合，可以在数据仓库上进行全局信息分析，例如建立整个银行的客户关系管理报表系统。

● 中央数据仓库在操作型数据源和直接面对部门决策支持过程的数据集市之间形成了一个缓冲，数据源的变化可以不直接影响到数据集市。

完成了架构设计，那么新的问题就出来了：

（1）中央数据仓库作为整个架构的核心，采用什么核心数据库来建设？

（2）迁移遗留系统到新平台上，那么新平台采用什么数据库？

（3）采用什么数据库来建设数据集市，以满足不同部门分析决策的需要？

（4）新业务系统开发，采用什么数据库？

上述问题是这家银行必须要解决的数据库选型问题。怎么解决呢？从什么地方入手？有没有结构化的决策方法？

答案是我们将在后文要讲到的数据库选型之五大决策因素，它为数据库选型提供了方法论。如图 1-1 所示，我们根据这五大决策因素帮助这家银行解决了数据库选型问题。

首先，从架构上实现对不同数据库厂商的平衡，由于核心信贷系统已经采用 Oracle，所以中央数据仓库采取 DB2。

其次，目前历史遗留的业务系统，采用 Oracle 数据库，由于年年上涨的许可证费、技术服务费而导致维护成本高昂，所以历史遗留系统要迁移到的新平台将采用费用较低的 DB2。

再次，集市应用在开发的过程中同时支持 Oracle 和 DB2，这样集市应用和数据集市实现了解耦合，带来的好处是显而易见的，即数据集市的建设不必完全采用一种数据库，而是可以根据实际需要来部署 Oracle 数据集市或者 DB2 数据集市。

最后，新业务系统开发，同时支持 Oracle 和 DB2 两种数据库，以实现数据库厂商透明性。

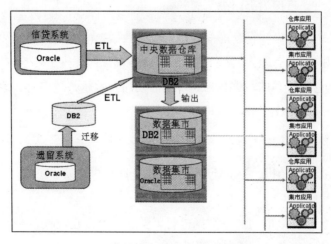

图 1-1 某银行数据仓库规划图

接下来讲述一下数据库选型的结构化决策方法：数据库选型之五大决策因素。

<table>
<tr><td rowspan="2">提示</td><td>数据库选型之五大决策因素是什么？</td></tr>
<tr><td>包括数据库架构平衡性、开发要求、性能、可扩展性及总体拥有成本。正确的选型方法应确保所有五大要素都得到评估，使决策过程得到优化。在这五大要素中，每一项都应根据其与项目、产品和组织的关系权衡利害。关于数据库选型的五大因素，在下一节将进行详细介绍。</td></tr>
</table>

在写本书之前，作者们曾经为十几家大型企业提供过数据库咨询服务。这些大型企业都是由中小企业发展起来的，其 IT 建设也经历了一个逐步发展的过程，中间遇到过各种各样的问题，其中数据库选型显得尤为突出。这是我们提出数据库选型五大因素的现实依据。

很多读者可能会认为数据库选型很简单，但是从现实来看，这种认识是错误的。我们从接触到的很多企业那里了解到，选择一款能够满足甚至超过预定要求的数据库产品及技术方案绝非易事。从我们的经验来看，一个企业在数据库选型的过程中需要综合考虑数据库架构平衡性、开发要求、性能要求、可扩展性和总体拥有成本这五方面因素。

1. 数据库架构平衡性

我们所了解的很多企业数据库客户都有平衡数据库产品和架构的需求，例如核心业务选择一家公司的数据库产品，而其他的辅助业务选择其他公司的数据库产品。为什么平衡数据库的架构会成为这些用户考虑的主要因素呢？这可从当今企业运营数据库的普遍现状窥其一斑。

<table>
<tr><td rowspan="2">提示</td><td>当今企业运营数据库的现状——存在把鸡蛋都放在一个篮子里的风险</td></tr>
<tr><td>回顾过去的二十年，大型数据库产品的厂家越来越少，到如今就处于 Oracle 与 IBM 两强争霸的时代。IBM 和 Oracle 不仅产品线越来越相似，而且都在加速软件硬件整合的速度。整合给用户带来的好处是效能的最大化，尤其是软件、硬件、应用的垂直整合更是能将效率发挥到极致，但这样的整合结果也必将把用户绑定在某一个厂商、某一个平台上，用户一旦被绑定就有可能无法自由、灵活地掌控自身的系统。我们会发现，当一家企业的业务系统建立在单一的数据库架构之上，久而久之就会演变成一种"痛楚"：年年上涨的许可证费、技术服务费；数据库的服务质量在下滑，对客户的反应速度变得迟缓；而随着中国经济每年保持高速发展，来自业务数据的压力每年都在递增，应用越来越复杂，这导致更换数据库的成本非常高昂。</td></tr>
</table>

而在最近几年渐渐出现了新变化。越来越多的企业意识到"不能把鸡蛋放在一个篮子里"，不能将自己的核心业务绑定在一家供应商及所提供的产品和服务上，双供应商（"Dual Vendor"）逐渐成为一种业界趋势。这就使得很多企业开始从长计议，着手把平衡数据库的架构当做选型的首要考虑因素。

2．开发要求

很多企业通常在开发需求上并不是特别注意。例如，有的企业认为不同厂商的数据库产品都差不多，完全忽略了差异；有的企业认为，尽管数据库产品之间有差异，但是开发是在实施阶段才会涉及的，在选项阶段不用考虑；有的企业认为，开发要求在选型中尽管很重要，但是很简单。其实，以上的观点在认识上存在非常大的误区。那么在实际选项中，如何更加有效地考虑开发要求呢？

首先，也是最重要的一点：清楚自己究竟想要使用什么开发平台。例如，是基于.NET 平台，还是基于 Java EE 平台？

其次，是关于 SQL 方面。如果项目是基于纯关系型开发的，那么你要明确具体需要什么功能？数据库支持该功能吗？尽管不同的关系数据库厂商都声称其数据库产品遵循 ANSI SQL 和 SQL-92 标准，但通常不同的数据库产品都会有自己的一套 SQL 方言。所以，一定要确认所支持的标准和非标准 SQL 功能到底有多少。

最后，你还需要确定自己的前端技术如何与后端数据库服务器进行"对话"。你的业务逻辑是放在客户机一端呢？还是放在服务器一端？你要使用哪些脚本语言？它们与后端服务器的兼容性如何？它们可以方便地使用快速应用开发（RAD）环境吗？

3．性能需求

我们从"舞动 DB2"系列之设计优化篇《DB2 设计与性能优化——原理、方法与实践》了解到：国际上衡量数据库性能最常见的方法是 TPC 基准。TPC 基准定义了在某一数据库版本、平台、操作系统、硬件等条件下，每项事务的成本是多少。其中的事务可以是 TPC 测试中定义的任何数据库操作。

理论上讲，这类基准旨在提供不同产品间的比较值，而所有技术厂商发布的 TPC 基准都会超过以前发布的结果。在实践中，你可以请求在自己的测试环境中进行比较测试，并且该环境应尽量贴近自己的生产环境。当然有时候完全复制自己的环境不太可能，但应该能够据此推断出产品的预期性能。

最后，在最终接受产品之前，应该以真实的环境对选中的数据库产品执行实际测试或概念验证，这一点尤其重要。

4．可扩展性

随着对数据库应用规模的不断增加，很可能某一时刻当前的硬件配置就不够用了，这时你就需要考虑扩展性。扩展可以朝两个方向发展：垂直升级(使用更大/更多的处理器、内存和硬盘)和水平升级(使用与当前平台同一规格的更多的计算机)。

在考虑数据库扩展性时，我们经常会提出以下问题：

● 业务能拆分吗？

● 业务能和数据分离吗？

● 数据库能分区吗？

● 如果当前的配置成倍增长，那么性能也会成倍增长吗？

● 升级到所需的数量/容量时有哪些体系结构供选择？

● 这些不同的选择对前端应用有影响吗？这些更改有多复杂，需要什么技术？更改的成本是多少？

● 最后一点，同时也是最重要的一点，这类要求在开发和部署方面有哪些值得特别注意的事项？

我们注意到，虽然所有数据库厂商都声称自己提供的是"具有巨大扩展能力"的技术，但最重要的还是你要明确扩展所引发的直接、间接及隐藏成本。

5．总体拥有成本

最后我们来谈谈总体拥有成本。总体拥有成本(Total Cost of Ownership)是你做决策时必须解决的一个关键问题。我们发现，大部分企业在计算过程中都会错误地将成本计算为"产品购买成本"。例如，有些企业直接使用开源免费数据库甚至盗版的数据库软件产品，迷失在开源产品和缺乏服务的产品之中。

而实际上，企业信息化运营必须考虑综合成本。在数据库产品的使用上，一个产品的综合成本应该包含以下几部分：购买成本＋服务成本＋管理维护成本＋开发成本，即经常说的总体拥有成本。例如开源数据库 MySQL 的服务成本的价格并不在 Oracle 之下，并且购买服务还相对比较困难。所以，就算开源数据库免费提供产品，也不见得是企业的最佳选择。

总结来看，即便是在考虑初期成本的前提下，企业选择数据库的范围其实可以很大。不管选择何种产品，一定需要对自己的数据规模有个估计和规划。即便是选择最贵的商业数据库，系统也会问题百出。因此，必须考虑到售后服务及二次开发问题。

1.1.2　从 Oracle 到 DB2 转身的技术挑战

我们在上面的故事里谈到，在老张所在银行的数据仓库的架构中，Oracle 和 DB2 并存。另外，我们也谈到，数据集市的建设不必完全采用一种数据库，而是可以根据实际需要来部署 Oracle 数据集市或者 DB2 数据集市。

这些需求无疑引起了本章引言中所提到的第一个棘手问题：Oracle 和 DB2 需要在系统架构中并存，那么在 DB2 V9.7 之前，从 Oracle 到 DB2，开发上有什么挑战？

为 Oracle 编写的应用要想运行在 DB2 上，有很多技术问题需要解决。其原因在于 Oracle 和 DB2 的锁机制不同、数据类型存在较大差别、服务器端的 PL/SQL 编程语言不同，以及客户端应用程序在语法和语义上存在差异。

下面我们就来讨论一下上述问题。

1．并发机制

Oracle 的默认隔离级是快照（Snapshot），写入事务不会阻塞读取事务，读取事务可以获取当前已提交值。DB2 默认是游标稳定性（Cursor Stability），写入事务会阻塞读取事务，如表 1-1 所示。

表 1-1　DB2 CS 隔离级别下的行为

情　　况	是否阻塞
读取遇到读取	否
读取遇到写入	否
写入遇到读取	是
写入遇到写入	是

2．数据类型

数据库的核心是数据，类型不匹配或者语义的不同都会影响应用是否可以同时在两种数据库中运行。Oracle 支持一些非 SQL 标准的数据类型，例如 VARCHAR2，这些是不被 DB2 支持的；另外，Oracle 中的日期、时间格式和 DB2 中相应类型在语义上不完全一致；最后 Oracle 的 PL/SQL 存储过程所支持的一些标量数据类型在 DB2 中需要被映射才能被识别。

3．隐式类型转换

Oracle 使用弱类型转换，而 DB2 使用强类型转换。隐式类型转换能完成一种类型向另外一种类型的自动转换，对于不匹配的类型，如果数据类型能被合理解释，比较或者赋值时可以执行隐式类型转换；强类型转换规则，意味着字符串和数字类型之间不能直接进行比较，除非显式转换。

4．SQL 方言

DB2 传统上坚持对 SQL 标准的支持，但 Oracle 实现了很多方言。例如：CONNECT BY 递归语句、（＋）连接操作符、DUAL 表、ROWNUM 伪列、ROWID 伪列、MINUS 操作符、SELECT INTO FOR UPDATE 语句、TRUNCATE TABLE 等。如果要在 DB2 数据库上运行使用了上述方言的应用，就需要进行代码级别的翻译，工作量较大。

5．PL/SQL 语言

就存储过程和函数开发而言， DB2 使用 SQL PL 语言来开发，Oracle 使用 PL/SQL 语言来开发。SQL PL 和 PL/SQL 差异巨大，这也是从 Oracle 到 DB2 转型最大的工作量所在。

6．内置包

为了方便应用程序开发的需要，Oracle 数据库提供了很多内置包：DBMS_OUTPUT、DBMS_SQL、DBMS_ALERT、DBMS_PIPE、DBMS_JOB、DBMS_LOB、DBMS_UTILITY、UTL_FILE、UTL_MAIL 和 UTL_SMTP 等。使用了这些包的应用程序要想在 DB2 上运行，就需要在 DB2 中重新实现一遍，工作量巨大。

7．客户端编程接口

Oracle 和 DB2 针对不同的编程语言提供了不同的编程接口或者驱动，但是编程接口和驱动在语法上存在较大差异，而且在语义上也有一定区别。例如，Oracle 针对 Java 语言提供了 JDBC 扩展，这与 DB2 提供的驱动在语法上存在一定的差异；有些 JDBC 接口方法，像 executeQuery 方法，DB2 只能通过这个方法执行查询操作，而 Oracle 除了查询外，还可以执行其他 DML 操作。另外针对 C 语言，Oracle 提供了 OCI 接口，而 DB2 提供了 ECI 接口，这两种接口的语法差别非常大。

1.2　开发者的传统选择

从上一节我们知道，从 Oracle 转到 DB2 在技术上存在着很大挑战。首先，Oracle 和 DB2 在锁机制和数据类型等方面有很大的不同；其次，Oracle 和 DB2 在编程方面有很大的区别，包括 SQL 语言、存储过程、客户端应用等。

我们从上一节了解到银行最终的选型结果：在后续的新业务系统开发中，也需要同时支持 Oracle 和 DB2，以方便更换厂商从而实现数据库架构平衡的需要。这也是我们在前言中提到的老张所面临的第二个棘手问题：为了同时支持 Oracle 和 DB2，开发人员采取的传统方法是什么？本节将介绍开发者所采取的传统解决办法，我们首先从开发者类型开始。

1.2.1　从这里开始：开发技术分类

我们在金融和电信行业，接触到了大量的开发人员，不同开发者所关注的内容是不一样的。有的开发人员关注如何选择开发平台，例如 Java EE 平台或者.NET 平台；有的开发人员关注如何选用最熟悉、最高效的开发语言以提高开发效率，就目前来看，Java 语言和 C#语言成为开发的主流语言；也有一部分开发人员关注在项目中所采用的数据持久层技术，例如 Hibernate。

在本书中，为了更方便地讲解数据库开发技术，我们按照应用程序的实际部署位置，将开发技术划分为以下两大类。

（1）服务器端开发：主要关注存储过程、自定义函数和触发器的开发。

（2）客户端开发：关注数据库提供的编程接口，关注编程语言，关注开发平台等。

1.2.2　你需要知道的：传统解决办法

为了同时支持 Oracle 和 DB2，会涉及 SQL 操作的问题。数据库开发人员需要让自己编写的数据访问接口能够同时在 Oracle 和 DB2 上执行：首先，客户端开发人员要采用同样的编程语言；其次，对数据库操作所使用的 SQL 语言要能够同时兼容 Oracle 和 DB2。

实际上，Oracle 和 DB2 在 SQL 语言级别存在一定的差异，对 SQL 标准的支持不完全一致。如图 1-2 所示，Oracle 和 DB2 都实现了一部分 SQL 标准的内容，其中 DB2 对 SQL 标准的支持更加严格。但是，除此之外，Oracle 和 DB2 都提供了对 SQL 标准的扩展，称之为方言。另外，为了更好地开发存储过程和函数，在 Oracle 中使用 PL/SQL 语言，而在 DB2 中使用了 SQL PL 语言。这些正是我们在帮老张提供咨询服务时他所提出的棘手问题。针对这些问题，有没有传统的解决办法呢？

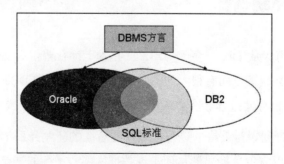

图 1-2　Oracle 和 DB2 对标准 SQL 语言的支持情况

"想成功还是有方法的"，我们接下来讲解三种传统解决方法。

1．使用交集

这是第一种传统方法。为了使应用代码能同时在 Oracle 和 DB2 上执行，在开发过程中，开发人员只使用 Oracle 和 DB2 的 SQL 语言交集。这种做法的优势和劣势都非常明显：优势是可以实现同时支持两种数据库的目标，通常适合于小型项目；但是劣势也是难以避免的，因为这样一来，应用程序的数据访问功能是非常有限的，无法满足大中型项目的需要。所以这种方法的应用面很窄，没有太大的实际意义。

2．先绑定在一种数据库上，随后再扩展到其他数据库上

这是第二种传统方法。与第一种方法不同的是，这种方法最核心的优势在于将应用和某一种数据库产品绑定，例如 Oracle，使得应用可以完全使用该数据库产品的所有功能，以满足大中型项目的需要。随后，再根据实际需要将应用扩展到另外一种数据库例如 DB2上。但是这种方法有两大劣势：第一，从技术上来看，这种方法无法做到同时支持 Oracle 和 DB2 两种数据库产品；第二，从实践上来看，这种走一步算一步的做法，导致向另外一种数据库扩展时困难重重，往往虎头蛇尾，最终草草收场。

3．同时支持多种数据库

第三种传统方法是同时支持多种数据库，这需要开发人员分别为 Oracle 和 DB2 编写两套代码。这种方法最大的优势是从理论上完全满足了应用支持多个数据库厂商的需要，但是要实现这样的目标需要巨大的工作量，原因是什么呢？读者学习了 1.1.3 节之后就会明白从 Oracle 到 DB2 有诸多技术挑战。这会带来两大不足：第一，编写两套代码，需要巨大的工作量；第二，两套代码，较难维护，也不利于系统升级的需要。由此可见，这种做法过于追求完美，对技术要求较高，实现起来具有一定困难。

1.2.3 转身之顽症：暴力拆迁

为了同时支持 Oracle 和 DB2，我们在上一节谈到了一些传统方法，并说明了每一种方法的优势和不足。

我们从第 1.1.1 节了解到，为了帮助老张所在的银行降低维护成本，一部分基于 Oracle 的历史遗留系统也要迁移到 DB2 上来。在探讨解决这一问题的新思路、性能方法之前，我们先来谈谈从 Oracle 到 DB2 所采用的暴力转身方法。这种方法通常需要六个步骤。第一步，映射模式和数据类型，例如映射 VARCHA2 类型、映射 DATE 类型的行为等；第二步，移动大量数据；第三步，将 PL/SQL 代码翻译成 SQL PL 代码，包括存储过程、函数和触发器等，有时候还需要在 DB2 数据库中重写 Oracle 的内置包和函数，工作量非常大；第四步，

翻译客户端代码中不支持的 SQL 语句，有时这些语句在大型项目中会有数以千计的出现次数，需要大量重复的劳动；第五步，调试修改好的代码，这需要大量的时间，特别是并发问题不容易定位和解决；第六步，测试和性能优化。

上面的迁移方法，需要依赖数据库开发人员的人工操作，所以效率低、易出错。我们从一些咨询项目的经验中得出三点结论：第一，这种暴力转身方法对数据库开发人员有着极高的技术要求，开发人员需要同时熟悉甚至精通 Oracle 和 DB2 两种数据库开发技能；第二，这种方法给数据库开发人员带来了巨大的痛苦，因为每一次应用系统更新，开发人员的工作量都非常大，而且容易出错；第三，传统的暴力转身方法对解决从 Oracle 到 DB2 的技术挑战显得力不从心。

1.3　DB2 应用开发：从容转身

老张弄清楚了上述开发者所采用的传统方法，特别是暴力拆迁转身方法后，感到非常震惊。因为银行的项目工期紧、任务重，特别是开发团队对 DB2 不熟悉，所以传统方法根本无法满足项目的实际需要。这也难怪，老张项目的问题也反映了当前国内项目开发的"怪现象"，具有一定的普遍意义。

提示	**开发项目之拍案惊奇** 　　我们在国内所见过的应用开发项目，有不少真是又"惊"又"奇"。首先从系统架构谈起。大家要知道，一个开发项目的系统构架师至关重要，而当前的情况是，有些架构师经验并不丰富，不足以驾驭大型、复杂的系统开发的架构任务，如果硬着头皮上，就为这个项目在一开始埋下了失败的隐患。 　　其次，在有的开发项目中，其质量管理机制形同虚设。项目如果陷在泥潭中，就靠"人海"战术，临时加进新的队员连续加班，令团队疲惫不堪。 　　最后，当前许多开发团队人员流动性高，在中小企业更为明显。而眼下恰恰许多大型系统的开发任务，都被分包给若干中小软件公司，或者借用他们的开发人员进行开发，这就属于临时凑成的一个来自多个企业的员工队伍，互相都不认识，更谈不上熟悉。打起仗来，就会出现"兵不知将，将不知兵"，并且如何能保证一个开发项目团队人员的稳定性也是项目经理头疼的问题。 　　这么多的"怪现象"真是让人唏嘘不已，如何能真正实施稳健的、高效的项目，对于软件开发的同仁们来讲，实为大考。

言归正传,老张非常急迫地问我们:有没有新的思路,实现从 Oracle 到 DB2 从容转身? 我回答道:"从 Oracle 到 DB2 从容转身,关键在于 DB2 数据库本身能否提供类似于兼容 Oracle 的模式,包括并发、数据类型、SQL 方言等;特别是对 PL/SQL 语言,DB2 要在引擎内部提供支持。"

接下来,我们重点讲述从 DB2 V9.7 开始引入的 Oracle 兼容特性,实现了上述思路: 在数据类型、SQL 方言、并发等方面提供了和 Oracle 完全一致的行为;同时在 DB2 引擎内部提供 PL/SQL 和 SQL PL 双引擎,以支持熟悉 Oracle PL/SQL 的开发者并兼顾原使用 SQL PL 开发者的双重需要。

Oracle 兼容特性的引入完成了从 Oracle 到 DB2 的从容转身。那么会对 DB2 服务器端开发、客户端开发带来什么影响?开发者的最佳实践是什么?

1.3.1　新思路:Oracle 兼容特性

从 DB2 V9.7 开始,DB2 新引入了 Oracle 兼容特性。通过 Oracle 兼容特性,DB2 提供了与 Oracle 相同的并发模式、与 Oracle 相同的交互模式,以及与 Oracle 相同的开发模式, 这从技术上解决了老张所面临的棘手问题。

1. 与 Oracle 相同的并发模式

从 1.1.3 节了解到:Oracle 的默认隔离级是快照(Snapshot),在这种隔离级下,写入事务不会阻塞读取事务;DB2 默认隔离级是游标稳定性(Cursor Stability),但是在这种隔离级下,写入事务会阻塞读取事务。这种不一样的并发模式对应用程序的开发和调试带来了很大的困难。

在 DB2 V9.7 及以后的版本中,只要在 CS 隔离级别下将 DB 参数 cur_commit(当前已提交)设置为 ON,并发模式就和 Oracle 完全一样了,如表 1-2 所示。

表 1-2　cur_commit 设为 ON 后 DB2 CS 隔离级别下的行为

情　况	是否阻塞
读取遇到读取	否
读取遇到写入	否
写入遇到读取	否
写入遇到写入	是

关于如何设置 DB 参数,如何更好地提升 DB2 的并发性能,请参阅本系列之设计优化篇《DB2 设计与性能优化——原理、方法和实践》以及运维篇《运筹帷幄 DB2》。

2. 与 Oracle 相同的交互模式

在 Oracle 中,很多开发人员非常熟练地使用 SQL *PLUS 和数据库交互,例如,执行

DDL 脚本、设置控制变量、列格式化输出等。从 DB2 V9.7 开始引入了 DB2 CLPPlus，其实现了和 SQL *PLUS 一样的交互模式。关于 DB2 CLPPlus，请参阅本书 2.3.2 节中 DB2 CLPPlus 的有关内容。

3. 与 Oracle 相同的开发模式

如表 1-3 所示，从 DB2 V9.7 开始，DB2 提供了与 Oracle 一样的开发模式，包括 Oracle 数据类型、Oracle SQL 方言、PL/SQL 扩展语言、Oracle 内置包以及 Oracle JDBC 扩展，以实现从 Oracle 到 DB2 从容转身。例如 Oracle 数据库提供的内置包，诸如 DBMS_OUTPUT、DBMS_SQL、DBMS_ALERT、DBMS_PIPE、DBMS_JOB、DBMS_LOB、DBMS_UTILITY、UTL_FILE、UTL_MAIL 和 UTL_SMTP 等都在 DB2 中实现了。

表 1-3　DB2 提供的 Oracle 兼容模式

Oracle	DB2
Oracle 数据类型	支持
Oracle SQL 方言	支持
PL/SQL 扩展语言	支持
Oracle 内置包	支持
Oracle JDBC 扩展	支持

下面我们重点讲述一下 DB2 内嵌的 SQL PL 和 PL/SQL 双编译器。如图 1-3 所示，从 DB2 V9.7 开始引入了 PL/SQL 支持，其实现原理是在 DB2 引擎内部包含了两个编译器：SQL PL 编译器和 PL/SQL 编译器。这两个编译器产生公共代码，公共代码在 DB2 SQL 统一运行时引擎内运行。另外，我们也可以看出：IBM Optim 开发工具也和运行时引擎有机地整合在了一起，以更好地支持应用开发的需要，这样应用开发人员就可以方便地开发和调试 PL/SQL 代码了。

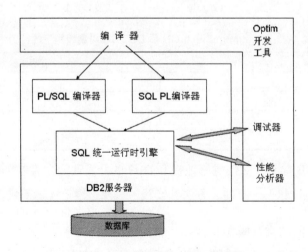

图 1-3　DB2 内置 PL/SQL 编译器

那么，DB2 通过内嵌 PL/SQL 编译器的方式实现原生态地支持 PL/SQL 语言，会带来什么好处呢？SQL PL 编译器是为了支持一直专注于 DB2 SQL PL 的开发者；PL/SQL 编译器提供了 Oracle 兼容模式支持，用以满足转用 DB2 的 Oracle 开发者的需要。这是一个巨大的进步，它使得使用 PL/SQL 语言专为 Oracle 数据库编写的应用可以无缝迁移到 DB2 数据库。具体来说，表现在以下三点：

- 开发人员可以继续选择自己最熟悉的语言进行开发，这为熟悉 PL/SQL 语言的开发者带来了非常大的便利。
- 应用开发商只需要编写一套 PL/SQL 源代码，就可以同时支持 Oracle 和 DB2。
- 统一运行时引擎保证 PL/SQL 和 SQL PL 具有相同的性能。

1.3.2　服务器端开发

从 Oracle 到 DB2 从容转身，服务器端开发是重中之重。正如前文所提到的，这里我们所讲的服务器端开发指的是开发的应用程序对象部署在 DB2 服务器上，通常包括下面三种：存储过程、用户自定义函数和触发器。关于服务器端的开发，在本书第 4 章、第 5 章和第 6 章有深入讲解，接下来我们先简单进行介绍。

1. 存储过程

在和很多开发者交流的时候，我们发现他们在实际项目中曾使用过大量的存储过程，但是他们并不是特别明白使用存储过程所能带来的好处。其实主要能带来三点好处：第一，存储过程用来封装 SQL 语句和业务逻辑，方便开发人员集中管理；第二，由于存储过程在服务器端运行，从而减少了客户端和服务器端的网络开销，进而提升性能；其三，存储过程可以被多个应用共享，从而起到了重用的作用。

DB2 支持多种开发语言来开发存储过程，开发者可以根据自己对语言的熟悉程度，自由选择 SQL PL、PL/SQL 或者 Java 语言来开发。

2. 用户自定义函数

开发者可以使用用户自定义函数（UDF）来拓展 SQL 语言。开发者可以使用 SQL 语句直接调用 UDF 函数，一个 UDF 函数根据业务逻辑的执行结果返回一个或者多个值。与存储过程开发一样，在 DB2 中开发者可使用 SQL PL、PL/SQL 及 Java 语言等来开发 UDF 函数。

3. 触发器

触发器可以在表或视图上自动执行满足触发条件的操作。因为触发器不是由开发者设计的，而是由数据库管理员实现的，所以触发器通常不被认为是应用程序对象。但是触发器部署在服务器端，因此在本书中被归类到服务器端开发的有关内容中。关于触发器的用法，读者可以参考"舞动 DB2"系列之运维篇《运筹帷幄 DB2》来了解有关内容。

1.3.3　客户端开发

客户端开发最重要的是要选择好平台和语言。目前从平台来看，企业数据库应用主要分为 Java EE 和.NET 两种平台。从编程语言来看，在 Java EE 平台上，Java 是首选语言；在.NET 平台上，C#是首选语言。

为了方便开发者，DB2 提供了丰富的编程接口来连接数据库及对数据库进行操作，在第 7 章和第 8 章对此有详尽的讲解。下面分别介绍在 Java EE 和.NET 平台下的数据库开发要点。

1. Java EE 平台

在 Java EE 平台上，JDBC、SQLJ 和 pureQuery 是三种最常见的编程接口，其中 JDBC 是最常用的。

● JDBC 接口

JDBC 是一种标准化的访问数据库的 Java 编程接口。JDBC 使得应用可以方便地在不同 RDBMS 之间移植，即仅需要修改 JDBC 驱动的连接串，无须修改代码。JDBC 提供了不同类的驱动，包括类型 1、2、3 和 4，类型 1 和类型 3 已不推荐使用，如表 1-4 所示，DB2 支持类型 2 和类型 4。关于 JDBC 驱动更详细的内容，读者可以通过阅读第 7 章来深入了解。

表 1-4　DB2 提供的 JDBC 驱动列表

驱动名字	驱动类型	包　　名	支　　持	JDK 最低要求
DB2 JDBC Type 2 Driver for LUW	类型 2	db2java.zip	JDBC 1.2 JDBC 2.0	1.4.2
IBM Data Server Driver for JDBC and SQLJ	类型 2	db2jcc.jar sqlj.zip	JDBC 3.0	1.4.2
IBM Data Server Driver for JDBC and SQLJ	类型 4	db2jcc4.jar sqlj4.zip	JDBC 4.0	6

● SQLJ 接口

SQLJ 在编译之前必须通过预处理器处理，是嵌入式 SQL 的 Java 编程标准，通常主要用于静态 SQL。SQLJ 比 JDBC 代码更紧凑，性能更高。如图 1-4 所示，SQLJ 程序需要 SQLJ 运行时类（Run-Time Classes）的支持，底层也是通过 JDBC 接口来访问后台数据库的。关于 SQLJ 的具体内容，请读者参阅本书第 7 章有关章节。

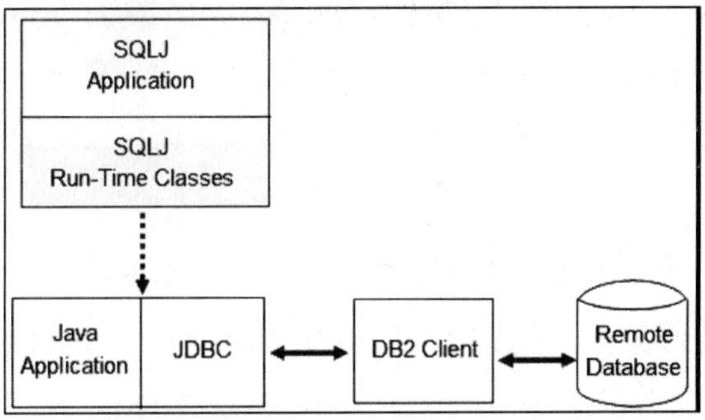

图 1-4　DB2 提供的 SQLJ 编程接口

● pureQuery 接口

pureQuery 是一种基于 Eclipse 的管理关系数据的插件。pureQuery 能自动产生代码来建立对象和关系数据之间的映射（Object-Relational Mapping）。pureQuery 最大的好处是可以在运行时决定 SQL 语句以动态或静态模式运行。

2．.NET 平台

.NET 平台是微软组件对象模型（COM）的进一步发展。.NET 平台的核心是通用语言运行时（CLR-Common Language Runtime），它允许开发者使用多种可以互操作的编程语言来开发应用程序，例如 C#.NET 和 VB.NET 等，目前 C#语言最为开发者所熟悉。

在.NET 框架中，DB2 通过 ADO.NET 提供了创建数据库应用程序的能力。ADO.NET 提供了一组丰富的组件，这些组件实现了对关系数据、XML 和应用程序数据的访问。表 1-5 列出了 DB2 所支持的 ADO.NET 数据访问服务类。关于 ADO.NET 的具体内容，请读者阅读本书第 8 章有关章节。

表 1-5　DB2 在.NET 平台下的驱动列表

数据提供者	特　　性
ODBC .NET 数据提供者	底层基于 DB2 CLI 驱动
OLE DB .NET 数据提供者	底层基于 IBM DB2 OLE DB 驱动
DB2 .NET 数据提供者	实现了 ADO.NET 标准所定义的所有类和方法

1.3.4　开发工具选择

读者都知道，选择开发工具是一件非常重要的事情。工具选择得好，事半功倍；工具选择得糟糕，事倍功半。我们在和国内开发者交流从 Oracle 向 DB2 转身如何选择开发工具的时候，他们第一感觉却是头疼，也许读到这里的读者也有同感。那么这到底是为什么呢？

　　原因有三点：第一，找不到好的 DB2 开发工具，在项目中迫不得已用命令行或者记事本的开发者大有人在；第二，用惯了 Oracle 的开发工具，例如 PL/SQL Developer、Toad for Oracle 等，突然转到 DB2 上来，手忙脚乱；第三，对 IBM 官方提供的工具不了解，原因是多方面的，其中最重要的原因是由于项目进度紧张，这导致开发团队中没有专人去调查 IBM 开发工具的情况。

　　本书第 3 章会用一整章的篇幅来详细阐述并对比各种 DB2 开发工具。在这里，我们仅做一个概要介绍。从 DB2 开发工具实际使用来看，目前主要是 IBM 官方提供的 Data Studio 工具和微软 Visual Studio 集成开发环境，另外 Toad for DB2 也为一些开发者所熟悉。

1. Visual Studio

　　为了方便开发者在.NET 平台下开发，IBM 提供了可以在 Visual Studio 下使用的 DB2 插件。通过该插件，开发者就可以方便地使用 Visual Studio 来开发 DB2 数据库应用，如存储过程、UDF、触发器等。

　　但是，目前 Visual Studio 有一个很大的限制，即不支持 PL/SQL 开发。

2. IBM Data Studio

　　为了在 Java EE 平台上开发应用，IBM 提供了官方工具 Data Studio。该工具基于 Eclipse，供购买了 DB2 服务器的开发者免费使用。Data Studio 功能极为强大，除了可以管理 DB2 实例和数据库，还可用来开发 SQL 脚本、存储过程和用户自定义函数。特别需要强调的是，目前 IBM Data Studio 对 PL/SQL 开发应用的支持最为完善。

3. Toad for DB2

　　在 Oracle 数据库开发人员当中最流行、最受欢迎的开发工具恐怕非 Toad 莫属了。不同于 Data Studio 所基于的 Eclipse 平台，这款开发工具基于 Windows 窗体界面，对于习惯在 Windows 平台上进行开发的程序员非常有亲和力。

　　特别值得一提的是，Toad 工具还提供了专门针对 DB2 数据库的版本，这大大减少了 Oracle 开发人员转换开发工具带来的麻烦。从功能来看，Toad for DB2 支持 PL/SQL 开发，但是某些功能还有一定限制。例如，在图形界面上不支持创建包的操作。

1.3.5　开发者转型的最佳实践

　　从 DB2 V9.7 开始提供的 Oracle 兼容特性，必然会对广大的数据库开发人员产生重要影响。例如，专注于 DB2 的开发者如何继承和发展传统的开发方法并运用于实践中？使用 PL/SQL 语言的 Oracle 开发者如何使用兼容特性有效地开发数据应用？接下来，我们将平时为银行和电信客户做咨询或者实施过程中的经验总结一下，供读者参考：

（1）从 Oracle 向 DB2 转身首先需要思路清晰，随后通过多实践、多总结、多回顾来提升动手能力。

（2）选择开发语言时，Oracle 兼容特性是一个很重要的参考因素，因为它会同时影响服务器端和客户端。

（3）在 DB2 传统模式下，由于通常会有遗留系统，所以可以继续沿用 SQL PL 来开发服务器端应用。

（4）Oracle 兼容特性是供熟悉 Oracle 的开发者专用的。我们发现有的企业的开发人员并不熟悉 Oracle，却将 Oracle 兼容特性打开，这是没有必要的。我们建议他们继续在 DB2 传统模式下工作。

（5）在 Oracle 兼容特性下，为了提高生产率，尽量使用 PL/SQL 来开发服务器端应用。有的开发人员可能会怀疑 PL/SQL 的执行性能，而实际上 PL/SQL 和 SQL PL 开发的存储过程或者函数执行效率完全一致。

（6）如果要将含有大量 PL/SQL 存储过程的 Oracle 应用迁移到 DB2，为了加快迁移效率，建议打开 Oracle 兼容特性，因为这样可以提高迁移效率。

（7）经常阅读 DB2 信息中心中的技术文档是一个好习惯。我们发现用户提出的很多 Oracle 兼容性细节问题，几乎都可以在 DB2 信息中心找到。

（8）针对数据库应用开发项目，通常的做法是先选择平台和语言，再选择开发工具。

（9）IBM 提供的 Data Studio 开发工具，对 Oracle 兼容特性有最好的支持，所以可以使用 Data Studio 来提高开发效率。

（10）开发团队中最好能有专人负责工具方面的事务。例如，帮助团队选择工具，帮助团队成员解决工具使用中的问题。

1.4　读者使用本书的方法

本书作为"舞动 DB2"系列的第二本，致力于帮助广大数据库开发者解决从 Oracle 向 DB2 开发转型中遇到的问题。读者在使用本书的时候，可以参考下面的建议加快学习进度：

首先，读者可以从第 1 章、第 2 章内容入手，系统了解开发数据库应用的新思路，以及从 Oracle 向 DB2 转身的方法；

然后，通过阅读第 3 章来学习 DB2 工具选择和使用上的有关知识；

最后，读者可以根据自己项目的需要，选择性地学习服务器端开发或客户端开发技能。关于如何使用 SQL PL、PL/SQL、Java 语言开发存储过程、用户自定义函数服务器端应用，在本书的第 4 章、第 5 章和第 6 章有详细阐述。关于如何高效地在 Java EE 和 .NET 架构下开发 DB2 数据库客户端应用，在本书的第 7 章和第 8 章做了详细阐述。

最后，本书还提供了精彩絮言部分。所谓精彩絮言，意指 DB2 开发工作、生活中的精彩花絮和警醒箴言，其中凝聚了我们从事开发的工作经验，也丰富了我们这本书的指导思想。在每章靠后的阶段都有这个环节，其文环环相扣，贯穿全书。

1.5　精彩絮言：避暑山庄中发生的高铁一幕

时间：2010 年 8 月 20 日　　　笔记整理　　　　　　　　地点：避暑山庄

烟雨楼，山雨迷濛，水天一色，一行人落座神岛琼阁，气定神笃。身处如画意境，心绪绝非轻松。因为关系国计民生的高铁信息化建设即将动工，各路专家集结于此，为这个重大开发项目献计献策。大家心里很清楚，未来一段时间将要持续攻坚，这可是造福于民的大工程，丝毫马虎不得。

当前此高铁信息系统建设的大背景是：中国高铁建设飞速发展，其预算一度超过了国防预算。先期高铁系统硬件经历了大规模建设，现在与之配套的软件建设的需求正如涌泉般显现出来。高层要求在高质量建设的前提下，步伐要快，尽早为公众提供高可靠性、高可用性、高安全性的客运服务。

负责此次高铁信息化项目的阎总工说道："现在我要讲一下把握速度与质量的平衡关系的理念。我们听到德方专家说，如果用中国高铁的速度，坐欧洲之星从巴黎到伦敦，法国人可能不得不取消下午打盹的习惯，因为喝咖啡聊天的功夫就到站了。"众人都被总工生动而自信的讲解逗笑了。

谈到项目质量控制，阎总工继续说道："不过中国铁路部门对供应商的要求也是极为严格的，比如因为信号系统导致高铁列车延误，每耽搁一分钟就要做出相应处罚。为了解决信号方面的多普勒效应，中国政府对高铁 IT 系统的数据处理、通信传输均采用了世界顶尖标准。"

在这次会议上，阎总工不但针对如何加快建设步伐做了清晰的阐述，更对工程如何保质量，给出了一个令人振奋的方案。

阎总工讲完总体规划后，小芸开始介绍各个子系统。面对众人的目光，小芸淡定从容。她讲道："现在，我来介绍一下高铁项目的各个子系统，包括清分中心系统、中央计算机系统、车站计算机系统、车站现场设备系统和车票系统等。"

小芸是位"巾帼不让须眉"的美女技术人员，在 IT 界可谓万绿丛中一点红。坐在烟雨楼的专家们听得入神，我却清楚小芸所在的开发团队正面临着"站后工程"建设的巨大挑战。如果说"站前工程"（如路基、桥涵、隧道、轨道建设等）是从硬件上决定整个系统的高效安全运营；那么"站后工程"（信息化系统建设）就是从技术上决定整个系统的自动化运营水平，所以，对开发团队有非常高的资质要求。

承接如此重要任务的项目组拥有丰富的 Oracle 经验，但是在 DB2 使用上差一些，当务之急是需要帮助他们从 Oracle 到 DB2 平台转型。其实，来避暑山庄的路上，我从小芸那里了解了一些更加深入的项目信息。小芸告诉我，这个高铁项目的子系统比较多，已被分包给各地的开发团队。各地开发人员水平参差不齐，项目协作起来难度很大。

我对小芸说："这个系统目前总体可分为服务器端开发和客户端开发，我在上次参加你们的系统架构讨论会时，就分别交流过服务器端开发和客户端开发的相关事宜。总体上来看，这个项目前期论证很严谨，架构设计很规范，你们在开发阶段也会继续保持这种良好做法吧？"

"是的，目前正在预估开发阶段的风险，质量控制现在已经开始了。目前现状是分包到任务的各支开发团队，他们的技术强项各有不同，但各有短板，急需技术指导，尤其是高铁项目的成功实施经验，"小芸对我说，"比如说在珠海的服务器端开发团队有丰富的 Oracle 开发经验，但是对于 DB2 他们才刚刚接触；而在成都的客户端开发团队精通 Java 开发语言，但是缺乏 DB2 客户端开发经验。"

经过两天的讨论会，我明白邀请我来避暑山庄的真正目的了，就是要说服我来指导珠海和成都的开发团队实现从 Oracle 到 DB2 转型。这正是我在"宝华咨询"团队从事的主要工作内容之一。说白了，就是讲解在系统设计、开发、维护等各个阶段中 DB2 与 Oracle 的异同，旨在帮助 DB2 使用者发挥优势，规避风险，从而使得具有 Oracle 开发经验的使用者可以从容驾驭 DB2，而无须绕弯路，避免从头学起的时间浪费。

尽管这个季度的安排已满，对高铁方面发出的邀请盛情难却，我只好恭敬不如从命。小芸拿到了 10 月份我的培训课表，遂迫不及待地拿起电话通知珠海、成都开发团队的代表到时来京听课。在回京前，我再次游览一遍烟雨楼，望着对岸的金山亭，有感而发：楼外之景正值烟雨飘渺，楼内之人已待气贯长虹。

1.6　小结

让我们回顾一下本章。我们首先从老张的故事讲起，涉及数据库选型的因素及老张所面临的三大棘手问题：第一，从 Oracle 到 DB2 开发上有什么挑战？第二，为了同时支持 Oracle 和 DB2，开发人员采取的传统方法是什么？第三，从 Oracle 到 DB2 从容转身，有没有新的思路？

接下来通过深入浅出的讲解，帮助读者了解如何解决上述三大问题。首先分析了从 Oracle 到 DB2 的技术挑战，例如 Oracle 和 DB2 不同的锁机制、不同的数据类型、不同的服务器端编程语言、不同的客户端编程语言等；其次，详细讲述了开发者的传统转身方法及其不足；再次，给出了从 Oracle 到 DB2 从容转身的新思路，也谈到了新思路对服务器端开发、客户端开发带来的影响；最后，我们将平时开发工作中的经验通过最佳实践的方式加以总结，以飨读者。

通过本章的学习，读者可以轻松地把握全书的脉络，还可以从理论和实践两个角度来把握如何实现从 Oracle 到 DB2 从容转身。

第2章
当 Oracle 开发者遇到 DB2

当 Oracle 开发者遇到 DB2 时，通常首先会问到："DB2 和 Oracle 之间到底有什么区别？"

从基因上来看，Oracle 和 DB2 都起源于"关系数据库之父"E.F.CODD 的一篇论文。从这个角度来看，Oracle 与 DB2 之间是近亲关系。直到今天，两者之间仍然有许多无法忽视的共同点。一份内部报告显示，Oracle 数据库与 DB2 在本质上有 63.2% 是一致的。

尽管 Oracle 和 DB2 曾有着相同的基因，但是两者还是在商业上开始了长达三十年的你追我赶，技术上的区别也越来越大。实际上，两款数据库之间有多少区别，并不是我最关注的，我更感兴趣的是都有哪些区别导致了日后的截然不同？而这些截然不同会对 Oracle 开发者使用 DB2 带来什么样的挑战？

本章以对比的方式讲述了 DB2 的 Oracle 兼容特性，并纠正一些开发者由于经验主义导致的错误。为了帮助读者更好地通过实践学习，本章还给出了从 Oracle 迁移到 DB2 所使用的工具及方法系统。这也印证了一句话："只要打破了术语的羁绊，两种数据库平台上的应用就可以实现无缝迁移。"

我们在撰写本书之前，曾与来自不同行业的很多开发者进行过深入的交流。通过交流，发现他们面临着颇为棘手的一些问题：首先是对 DB2 开发存在"恐惧"心理，例如有一些开发者觉得 DB2 技术很高深，学习起来不容易，使用起来不方便；其次是经验主义的影响，由于对 Oracle 很熟悉，有的开发者就将 Oracle 的一些设计和开发经验照搬到 DB2 上，这导致出现问题后，难以定位，难以解决；最后是转型挑战大，这是因为大部分的开发者对 DB2 了解得比较少，而转型项目通常时间紧、任务重。真可谓"转型重任肩头起，莫大压力枕边生"啊。

针对上面开发者的问题，本章首先将深入浅出地讲解 DB2 的 Oracle 兼容特性，来破除开发者的"恐惧"心理。随后，我们将对开发者的经验主义进行纠正，通过和 Oracle 对比的方式，重点阐述 DB2 的 Oracle 兼容特性支持，包括对 Oracle 的表、索引、视图等数据库对象的兼容及 DB2 CLPPlus 命令行工具的 Oracle 兼容特性。最后，为了减少开发者的转型挑战，本章还讲述了从 Oracle 迁移到 DB2 所使用的工具，并基于此工具给出了经过实践检验的方法系统。

2.1　DB2 易容术：向 Oracle 兼容

数据库的天下真应了一句老话：分久必合，合久必分。在 DB2 V9.7 之前，DB2 与 Oracle 两款数据库产品在架构、设计、开发等方面越走越远。但是，在 DB2 V9.7 之后出现了"分水岭"，DB2 与 Oracle 两者从架构、设计、开发等三方面越来越"接近"。这要归功于 DB2 的 Oracle 兼容特性的引入。在谈到 DB2 的 Oracle 兼容特性的时候，很多人认为带来的最大好处是使得 Oracle 应用程序的迁移变得非常容易。其实这句话只说对了一半，因为更大的好处在于让 Oracle 开发者转型到 DB2 时原有的操作习惯得以保留，这无疑大大地提升了他们的工作效率。那么到底是如何做到这一点的呢？我们先从在 DB2 中设置 Oracle 兼容特性的方法谈起。

从第 1 章我们知道，DB2 可以运行在 Oracle 兼容模式和非兼容模式下。开发者可以使用环境变量 DB2_COMPATIBILITY_VECTOR 来激活 Oracle 兼容特性，所使用的命令如下：

```
db2set DB2_COMPATIBILITY_VECTOR=ORA
```

其实，上面的命令执行后，DB2 所有的 Oracle 兼容特性都被激活了。但实际工作中，有时候开发者只想使用兼容特性的一种或者多种。为此，我们首先需要解释一下 DB2_COMPATIBILITY_VECTOR 值的含义。如表 2-1 所示，环境变量 DB2_COMPATIBILITY_VECTOR 的值是一个 16 进制数字，其中每一位和 Oracle 兼容特性中的一种相对应。开发者可以根据实际项目的需要选择一种或多种兼容特性。

表 2-1 Oracle 兼容特性列表

16 进制值	兼容特性	描 述
1 (0x01)	ROWNUM	支持 ROWNUM 出现在 WHERE 字句中
2 (0x02)	DUAL	支持 DUAL 表
3 (0x04)	Outer join operator	支持外连接操作符(+)
4 (0x08)	Hierarchical queries	支持使用 CONNECT BY 的嵌套查询
5 (0x10)	NUMBER data type	支持 NUMBER 数据类型
6 (0x20)	VARCHAR2 data type	支持 VARCHAR2 数据类型
7 (0x40)	DATE data type	支持 DATE 和 TIMESTAMP 组合使用
8 (0x80)	TRUNCATE TABLE	支持 TURNCATE TABLE 语句
9 (0x100)	Character literals	支持 CHAR 和 GRAPHIC 数据类型的赋值操作
10 (0x200)	Collection methods	支持集合方法，例如对 ARRAY 的 first、last、next 和 previous 方法
11 (0x400)	Data dictionary-compatible views	支持创建数据字典兼容特性视图
12 (0x800)	PL/SQL compilation	支持 PL/SQL 语言

提示	从开发者实际操作来看，在 DB2_COMPATIBILITY_VECTOR 设置方面，经常会犯两类错误：第一类，创建数据库后才设置 Oracle 兼容特性，导致 Oracle 兼容特性对该数据库不起作用；第二类，设置 Oracle 兼容特性后创建数据库，但是没有重启数据库实例，也导致 Oracle 兼容特性没有生效。正确的做法是先设置 Oracle 兼容特性，然后重启实例，最后再创建数据库。

具体步骤如下所示：

```
db2inst1> db2set DB2_COMPATIBILITY_VECTOR=ORA
db2inst1> db2set -all
[i] DB2_COMPATIBILITY_VECTOR=ORA
[i] DB2COMM=tcpip
[g] DB2INSTDEF=db2inst1
db2inst1> db2stop
SQL1064N DB2STOP processing was successful.
db2inst1> db2start
SQL1064N DB2STOP processing was successful
db2inst1> db2 "create database testdb PAGESIZE 32 K"
```

通常完成上述 Oracle 兼容特性设置后就可以了。但是，有时候根据应用需要还会调整一些其他参数，以满足应用个性化配置的需要。接下来，我们就来介绍这些参数。

1. 环境变量 DB2_DEFERRED_PREPARE_SEMANTICS

DB2_DEFERRED_PREPARE_SEMANTICS 是另一个和 DB2 的 Oracle 兼容特性相关的环境变量，它用来控制诸如 Java 或者 C#编写的应用程序兼容性。如下所示，将该变量值设为 YES：

```
db2set DB2_DEFERRED_PREPARE_SEMANTICS=YES
```

这样做有什么好处呢？我们知道，从 DB2 V9.7 开始引入了隐式类型映射，它支持应用程序的动态语句中出现未定义类型参数标注符（Untyped Parameter Markers），但是这样的动态语句会在准备阶段报错。通过将 db2set DB2_DEFERRED_PREPARE_SEMANTICS 设置为 YES，能避免在准备阶段求值，从而在执行阶段进行动态参数绑定，这为应用程序提供了动态绑定能力。

2. 环境变量 DB2_ATS_ENABLE

DB2 提供了管理任务调度器（Administrative Task Scheduler）功能，它实现 Oracle 内置包 DBMS_JOB 同样的功能。环境变量 DB2_ATS_ENABLE 是控制这项功能的开关。但是，这个设置的默认值是关闭的，你可以通过下面的代码来激活：

```
db2set DB2_ATS_ENABLE=YES
```

这样开发人员编写的含有 Oracle 内置包 DBMS_JOB 的代码就可以在 DB2 上运行了。

3. 数据库配置参数：AUTO_REVAL 和 DECFLT_ROUNDING

不同于上面的环境变量，AUTO_REVAL 和 DECFLT_ROUNDING 都是数据库配置参数。通常我们使用下面的命令来设置：

```
connect to testdb;
db2 update db cfg using auto_reval DEFERRED_FORCE;
db2 update db cfg using decflt_rounding ROUND_HALF_UP;
db2 connect reset;
db2 deactivate db testdb;
db2 activate db testdb;
```

> **提示**　完成上面的设置之后，需要对数据库进行去激活（deactivate）操作，随后再次激活（activate）才能使设置生效。这个动作看似简单，但令人吃惊的是，许多技术人员会漏掉这一步。

上面这两个参数的具体含义是什么？通常什么数据库应用需要这样设置？接下来我们就对这两个参数寻个究竟。

● 关于参数 AUTO_REVAL：当遇到无效对象时，AUTO_REVAL 不同的设置决定了数据库对此无效对象不同的行为。AUTO_REVAL 的默认值是 DEFERRED，意思是如果一个对象例如视图或函数是无效的，下一次如果被引用将会自动尝试使之生效。在上面的设置中，我们将其从默认值调整为 DEFERRED_FORCE，这有什么好处呢？我们用一个例子来说明。例如，有一个存储过程依赖一个创建尚未完成的表，如果该参数设置为 DEFERRED_FORCE，那么该存储过程也能成功完成创建，但是，它将被标注为无效的。等到依赖表成功创建并且该存储过程第一次被调用时，DB2 将自动使该存储过程生效。这样带来的好处是非常明显的：有大量的对象需要创建，但是确定它们之间的依赖顺序非常难，将该参数设置为 DEFERRED_FORCE 将解决这一难题。

- 关于参数 DECFLT_ROUNDING：如果应用程序中用到了浮点类型 DECFLOAT，那么必然会有舍入模式（rounding mode）的问题。DECFLT_ROUNDING 的默认设置是 round-half-even，它和 Oracle 的默认舍入模式不同。读者可以将该设置调整为 round-half-up，这样就和 Oracle 完全匹配了，从而方便了应用程序的开发和迁移。

2.2 数据库对象：DB2 vs Oracle

掌握了 DB2 的 Oracle 兼容特性的安装后，接下来本节将分别介绍 DB2 对最常用的 Oracle 对象的兼容，主要涉及临时表、索引、视图、约束及序列等基本对象，除此之外，还包含分区、数据库联邦和数据字典等高级特性。

2.2.1 临时表：DB2 更胜一筹

	临时表有什么特别之处呢？
提示	与普通表相比，临时表的好处是在插入、更新时不产生 redo 日志，易于维护，通常用来保存操作的中间结果集，从而提升性能。Oracle 支持的全局临时表，相当于从 DB2 V9.7 开始引入的已创建全局临时表（CGTT）类型。另外，DB2 还支持声明全局临时表（DGTT）。

针对 CGTT 和 DGTT 具体的用法，我们分别进行介绍。

1. 关于已创建全局临时表（CGTT）

DB2 中的 CGTT 临时表数据被持久化到系统编目表（DB2 catalog）中，这使得所有并发会话都可以使用 CGTT 临时表，也就是说每个会话无须初始化临时表就可以在任何时间访问它所插入的表中数据。关于 CGTT 临时表，DB2 和 Oracle 相似性具体表现在如下几个方面：

- 当一个会话定义好 CGTT 之后，其他会话无须再定义就可以使用。

- 可以在 SQL 函数、触发器和视图中组合使用 CGTT 临时表和其他表。
- 对 CGTT 临时表进行 TRUNCATE 操作，仅仅清空当前会话的数据，对其他会话的数据没有任何影响。
- 可以在 CGTT 临时表上创建索引。

下面的语句展示了如何在 DB2 中使用与 Oracle 相同的语法来创建 CGTT 临时表。首先创建用户临时表空间 user_temp，随后在 user_temp 上创建临时表 Employees_Temp_table，接下来对临时表 Employees_Temp_table 的插入和查询操作，与操作普通表完全一样。

```
--创建临时表空间
CREATE USER TEMPORARY TABLESPACE user_temp;
--创建 CGTT
CREATE GLOBAL TEMPORARY TABLE Employees_Temp_table
(Employee_number NUMBER,
Employee_name VARCHAR2(250),
Department VARCHAR2(3))
ON COMMIT PRESERVE ROWS;
--向 CGTT 插入数据
INSERT INTO Employees_Temp_table
SELECT * FROM employees
WHERE dept_code = 'D21';
--查询 CGTT
SELECT emp_id, first_name, last_name
FROM Employees_Temp_table;
```

2. 关于声明全局临时表（DGTT）

与 CGTT 临时表相比，DGTT 临时表有下面几个不同之处：

- DGTT 仅为一个会话所使用，不能被多个并发会话同时使用。
- DGTT 不存放在系统编目里，当会话结束后就不复存在。
- DGTT 使用固定模式名 SESSION。

接下来看一个使用 DGTT 的例子。在例子中，首先在第一个会话中声明 dgttbase 临时表，随后插入 1 条数据，关闭连接；接下来启动另外一个会话来查询 dgttbase 临时表中的数据。下面列出了本例中所使用的语句：

```
declare global temporary table dgttbase
        ( B1_c1 integer,
          B1_C2 varchar(20),
          B1_c3 varchar(20)
        ) on commit preserve rows;
insert into SESSION.dgttbase values (1,'R2_c1 is 1', 'inserted row');
connect reset;
connect to dbname;
select * from SESSION.dgttbase;
connect reset;
```

最后执行结果如下所示：

```
declare global temporary table dgttbase ( B1_c1      integer,
                                           B1_C2      varchar(20),
                                           B1_c3      varchar(20)
                                         ) on commit preserve rows
DB20000I  The SQL command completed successfully.
insert into SESSION.dgttbase values (1,'R2_c1 is 1', 'inserted row')
DB20000I  The SQL command completed successfully.
connect reset
DB20000I  The SQL command completed successfully.
connect to dbname
select * from SESSION.dgttbase
SQL0204N "SESSION.dgttbase" is an undefined name.  SQLSTATE=42704
connect reset
DB20000I  The SQL command completed successfully.
```

从输出结果可知，第一个会话的语句全部执行成功，但是第二个会话中查询 dgttbase 表中数据语句执行失败。这是为什么呢？这是由于 DGTT 仅对第一个会话是可见的，当该会话结束后，它就不复存在了。

从上面可以看到，DB2 除了支持 DGTT 外，还提供和 Oracle 类似的 CGTT，功能上更胜一筹。

2.2.2 索引：难分伯仲

提起索引，大家都非常熟悉，不熟悉的读者可以从"舞动 DB2"系列之设计优化篇《DB2 设计与性能优化——原理、方法与实践》中学习索引设计的相关知识。简单来说，索引就像一本书的目录一样，是用来提高数据访问效率的。Oracle 数据库中大部分索引都可以直接部署在 DB2 上，无须修改。我们从下面的几点来讨论两种数据库对索引实现的相似之处和重要区别。

1. 包含字段索引

Oracle 数据库不支持这种索引，它是 DB2 数据库提供的一个重要特性：允许开发人员在创建唯一索引的时候，将其他字段也包含进来。如果查询涉及的字段都在包含字段中，使用包含字段索引能够提升数据访问的性能。这是由于所包含进来的字段和索引存储在一起，DB2 将不再需要从数据页中获取数据，而可以直接从索引页中取出所包含字段的数据。

下面是一个在唯一索引中使用包含字段的例子，其中在 employee 表上创建唯一索引 ix1，同时将该表的其他字段 dept，mgr，salary 和 years 包含进来。

```
CREATE UNIQUE INDEX ix1 ON employee
(name ASC) INCLUDE (dept, mgr, salary, years)
```

2. 聚集索引

尽管 Oracle 和 DB2 都支持聚集索引，但其意义是不同的。在 Oracle 中，聚集索引的意思是建在一个聚集或者表分区（Table Partitioning）上的索引。在 DB2 中，如果在目标表上创建索引的时候使用了聚集选项，那么意味着该目标表会对数据按照索引的顺序聚集。换句话说，该目标表中的数据按照和索引相同的顺序重新组织了数据。下面我们用一个例子来说明 DB2 聚集索引的用法，在 sales 表上按照关键字 salesno 创建聚集索引 inxcls_sales_ salesno：

```
CREATE INDEX inxcls_sales_salesno
ON sales (salesno ASC)
CLUSTER
PCTFREE 10
MINPCTUSED 40;
```

但是，对 sales 表只允许有一个聚集索引，原因在于 sales 表中的数据只能按照一个聚集索引的顺序进行物理存放。聚集索引 inxcls_sales_salesno 带来的最大好处是可以提升对 sales 表的查询性能。创建聚集索引后，表中的数据按索引值的顺序存储在一起，从而提升数据读取性能。

3. 基于函数的索引

对于基于函数的索引，Oracle 和 DB2 都提供了支持，只是具体实现上有所不同。在实现上，Oracle 计算函数或者表达式的值，随后将最终结果存储在索引中。DB2 创建计算列用来存放函数或表达式产生的结果，并且为该列创建索引。

为了更好地解释这一点，在下面的 DB2 例子中，我们分别在字段 first_name、mid_name 和 last_name 上调用 UPPER 函数并创建新的列来存放函数计算后的结果。为了提升查询的性能，又为新产生的计算列 upper_first_name、upper_mid_name 和 upper_last_name 特别创建了两个索引：ix_up_name_1 和 ix_up_name_2。语句如下所示：

```
SET INTEGRITY FOR NAME OFF;
ALTER TABLE name ADD COLUMN upper_first_name
GENERATED ALWAYS AS ( UPPER(first_name) );
ALTER TABLE name ADD COLUMN upper_mid_name
GENERATED ALWAYS AS ( UPPER(mid_name) );
ALTER TABLE name ADD COLUMN upper_last_name
GENERATED ALWAYS AS ( UPPER(last_name) );
SET INTEGRITY FOR name IMMEDIATE CHECKED FORCE GENERATED;
CREATE INDEX ix_up_name_1 ON name
(upper_first_name ASC,
upper_mid_name ASC) ;
CREATE INDEX ix_up_name_2 ON name
(upper_last_name ASC,
upper_mid_name ASC) ;
```

4．表分区（Table Partitioning）索引

表分区按照一个或多个字段将数据分布到多个表空间上。在本书中，我们把使用表分区特性的表，称为分区表。读者可以先阅读一下 2.2.6 节，了解有关表分区的一些技术内容。事实上，Oracle 和 DB2 都支持在表分区上创建分区索引或非分区索引，或者是两者同时建立，接下来我们看看各有什么特点。

（1）分区索引。分区索引由一组索引分区构成，每个索引分区都包含单一数据分区的索引条目。每个索引分区都只包含对相应数据分区中的数据的引用。系统生成的索引和用户生成的索引都可以是分区索引。接下来看一个示例。我们使用以下语句为表 A 创建索引和索引分区：

```
CREATE TABLE A (idx int, sname varchar(256))
    PARTITION BY RANGE (idx)
    (PARTITION PART0 STARTING FROM 1 ENDING 99 IN ts1 INDEX IN ts2,
     PARTITION PART1 STARTING FROM 100 ENDING 199 IN ts3 INDEX IN ts4,
     PARTITION PART2 STARTING FROM 200 ENDING 299 IN ts3,INDEX IN ts5)
CREATE INDEX x1 ON A (...);
CREATE INDEX x2 ON A (...);
```

创建成功后，如图 2-1 所示，表 A 的数据分区分布在两个表空间 TS1 和 TS3 中；表 A 的索引分区存放在 TS2、TS4 和 TS5 中。需要注意的是索引分区只引用与其相关联的数据分区中的行。

（2）非分区索引。非分区索引是单一的索引对象，它引用分区表中所有的行。即使表数据分区跨多个表空间，非分区索引始终作为单一表空间中的独立索引对象进行创建。使用 CREATE INDEX 语句的 NOT PARTITIONED 子句对分区表创建非分区索引。默认情况下，创建非分区索引时，它将存储在第一个可视的或者所连接的数据分区所在的表空间中。图 2-2 显示了单一索引 X1 的示例，此索引创建在第一个可视分区所在的表空间 ts1 中，并且引用表中的所有分区。

（3）非分区索引与分区索引的组合。分区表中非分区索引和分区索引可以组合起来使用，下面我们举例说明。使用下面的语句为表 t1 同时创建分区索引和非分区索引：

```
CREATE TABLE t1 (sale_date DATE, sdes varchar(512)) in ts1 INDEX IN ts2 PARTITION
BY RANGE (sale_date)
    (PARTITION PART0 STARTING FROM '1/1/2000' ENDING '1/2/2000' IN ts3,
  PARTITION PART1 STARTING FROM '2/2/2000' ENDING '1/3/2000' INDEX IN ts5,
    PARTITION PART2 STARTING FROM '2/3/2000' ENDING '1/4/2000' INDEX IN ts4,
    PARTITION PART3 STARTING FROM '2/4/2000' ENDING '1/5/2000' INDEX IN ts4,
    PARTITION PART4 STARTING FROM '2/5/2000' ENDING '1/6/2000')
CREATE INDEX x1 ON t1 (...) NOT PARTITIONED;
CREATE INDEX x2 ON t1 (...) PARTITIONED;
CREATE INDEX x3 ON t1 (...) PARTITIONED;
```

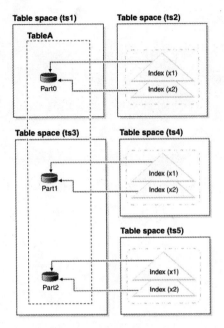

图 2-1　DB2 分区索引　　　　　　　　　图 2-2　DB2 非分区索引

　　如图 2-3 所示，在表 t1 上，索引 X1 是非分区索引，它引用了表 t1 上的所有分区。索引 X2 和 X3 是分区索引，它们驻留在各种表空间中。

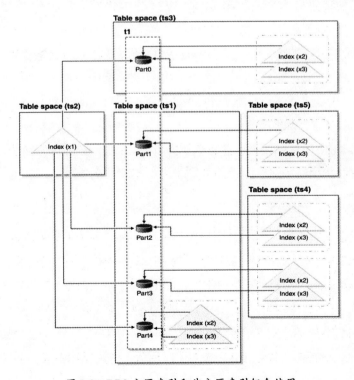

图 2-3　DB2 分区索引和非分区索引组合使用

5．多维集群（MDC）块索引

Oracle 中没有 MDC 的概念，MDC 是在 DB2 V8 中引入的，通过它可以将多个维度字段上具有相同值的记录物理上存放在一起，从而提升包含这些维度字段的复杂查询的性能。为了发挥它潜在的性能，必须为 MDC 表设计一组最佳的维度字段。读者可以先阅读一下 2.2.6 节，了解有关 MDC 的一些技术内容。

接下来我们谈一下 MDC 块索引。MDC 块索引就是为每个块建立索引，这带来两个优点：

第一，MDC 块索引意味着需要的 RID 索引更少，这使得用于索引的存储空间减少了。

第二，MDC 块索引对于查询是完全透明的。这是由于新记录插在 MDC 表中具有相同值的记录附近的位置，所以无须运行 REORG 实用程序，数据仍然是聚合的，这使得通过块索引总是能定位到记录所在的物理块。

6．位图索引

Oracle 支持位图索引，适用于具有很少键值的索引，通常在数据仓库中使用较多。但在 DB2 中，位图索引是不需要的。当 DB2 执行某些查询时，DB2 优化器能够动态地创建位图索引，无须开发人员在应用中定义。

前面介绍了两种数据库在索引使用上的区别，总体来看两者难分伯仲：DB2 支持的包含字段索引非常灵活；Oracle 支持的位图索引页为设计人员提供了灵活选择；函数索引只是实现上的不同；分区索引的用法大同小异。读者在具体工作中，需要从实际出发，选择最适合的索引类型。

2.2.3　视图：势均力敌

在 Oracle 和 DB2 中，视图的概念是非常相似的。视图的类型都有哪些呢？根据定义可以分为普通视图和物化视图。下面我们分别来探讨这两种视图。

1．普通视图

取决于视图定义中所采用的 SQL 语句，几乎所有来自 Oracle 的视图定义语句 CREATE VIEW（或者 CREATE OR REPLACE VIEW）都可以在 DB2 中成功地运行。例如，在下面的 organization_structure 视图定义中，使用了 CREATE OR REPLACE VIEW 语句；使用了外连接语法 "+" 符号；使用了递归 SQL 语句 START WITH ... CONNECT BY；使用了 OALESCE、INITCAP 和 NVL 标量函数；使用了 CASE 语句。测试结果表明，organization_structure 视图可以在 DB2 V9.7 及以后版本的数据库中成功创建。

```
CREATE OR REPLACE VIEW organization_structure
```

```
("LEVEL", "FULL_NAME", "DEPARTMENT", "ASSIGNMENTS") AS
SELECT
LEVEL,
SUBSTR((LPAD(' ', 4 * LEVEL - 1) || INITCAP(e.last_name) || ', '
|| INITCAP(e.first_name)), 1, 40),
NVL(d.dept_name, 'Uknown'),
(
CASE COALESCE (d.DEPT_CODE, '001')
WHEN 'L01'
 THEN project_package.fn_calc_dept_projects ( d.dept_code)
ELSE
 project_package.fn_reset_dept_projects ( d.dept_code, d.total_employees)
END
) as assignments
FROM
employees e,
departments d
WHERE
e.dept_code=d.dept_code(+)
START WITH emp_id = 1 CONNECT BY NOCYCLE PRIOR emp_id = emp_mgr_id;
```

2. 物化视图

Oracle 中有物化视图（Materialized View）的概念，这和 DB2 中的 MQT（Materialized Query Table）等价。Oracle 中的物化视图和 DB2 中的 MQT 原理一致，都是将基表查询的结果存储为数据，并以此结果为基础而定义的一种物化的视图。物化视图可以由系统维护，也可以由用户维护。

物化视图的好处是可以提升查询的性能。例如，当一个复杂查询被处理时，如果优化器确定整个查询或查询的一部分可以用一个 MQT 来实现，那么就会重写查询，以便利用 MQT。但是，物化视图中的数据需要定时刷新，以和基表中的数据保持一致。物化视图的刷新可以由系统维护，也可以由用户维护。

2.2.4　约束：Oracle 依灵活棋高一着

Oracle 和 DB2 都支持一些相同类型的约束，例如主键约束、外键约束、唯一约束、非空约束和检查约束。其中，主键约束和检查约束是完全一致的。下面我们来看看一些区别。

1. 唯一约束

Oracle 数据库允许唯一约束指定的字段为空；在 DB2 中，唯一约束中指定的列必须定义为非空（NOT NULL）。另外，在两种数据库中，都可以使用唯一索引（unique index）来实现和唯一约束同样的功能。在 DB2 中，定义唯一约束与创建唯一索引是有区别的：唯一索引允许可空列，且通常不能用做父键。

2. 非空约束

在 Oracle 数据库中，表中的主键列无须指定非空属性；在 DB2 中，需要显示指定表中的主键列为非空。

3. 参考约束

参考约束是一个规则，可由 SQL 和 XQuery 编译器使用。参考约束不是由数据库管理器强制执行的，并且不用于数据的附加验证。SQL 和 XQuery 编译器可以用它来优化查询计划从而提升查询性能。Oracle 不支持参考约束，DB2 支持参考约束。

除此之外，DB2 对约束的使用有自己独特的优势。例如在数据仓库的数据加载过程中，为了提高效率，通常可以暂时去激活约束，然后在数据加载操作完毕后，再次激活约束。在上述情况中，DB2 提供的 SET INTEGRITY 机制可以发挥作用，使用的脚本如下所示：

```
db2 set integrity for etlTable off;
-- perfrom the desired operation:
-- DB2 Load, Alter Table to add constraints, etc.
db2 set integrity for etlTable immediate checked;
```

2.2.5　序列：DB2 凭细腻一展威风

关于序列的使用，DB2 和 Oracle 具有非常相近的定义和语法。也就是说，Oracle 数据库使用的 CREATE SEQUENCE 语句无须修改就可以在 DB2 数据库中直接运行。另外，为了针对某特定表自动产生序列，DB2 还提供了标识列（Identity Column）功能。

标识列为 DB2 提供一种方法，可自动为添加至表的每一行生成唯一数值。当创建一个表时，如果必须唯一标识添加至该表的每一行，那么可向该表添加一个标识列。要保证给添加至表的每一行提供唯一的数字值，您应在标识列定义唯一索引，或将其声明为主键。其他地方使用的标识列有订单号、职员编号、股票代码或者事故编号。

标识列的值可以"始终"或"在默认情况下"由 DB2 数据库管理器生成。定义为 GENERATED ALWAYS 标识列的值由 DB2 数据库管理器生成，不允许应用程序显式提供。定义为 GENERATED BY DEFAULT 的标识列，由应用程序显式地为其提供值。如果应用程序没有提供，那么 DB2 将生成一个值，但是不能保证该值的唯一性。

以下是在 TBL_SEQUENCE 表上定义标识列的一个示例：第三列是标识列，初始值是"10"，这些值将依次增加 5。

```
-- 创建序列 EMPLOYEE_SEQUENCE
CREATE TABLE TBL_SEQUENCE (col1 INT,
                col2 DOUBLE,
                col3 INT NOT NULL GENERATED ALWAYS AS IDENTITY
                            (START WITH 10, INCREMENT BY 5))
```

标识列与序列的最大不同在于：标识列只能被一个表使用，多个表之间不能共享；而序列可以通过命名方式在同一个数据库内部的多个表中共享。

下面我们重点来看看序列的三个特点：

- 序列可以为多个表使用，不限定某张表。
- 序列值可以被任何 SQL 或者 XQuery 语句使用。
- 序列可以被任何应用程序使用。DB2 提供了两种语句来获取序列值。一种是 PREVIOUS VALUE，会将前一个 SQL 语句中为序列生成的数值作为序列表达式的结果返回。另一种是 NEXT VALUE，会为序列自动生成一个数值，并将该数值作为序列表达式的结果返回。关于在 DB2 中的使用，下面我们来看一个例子。

```
--在 DB2 中创建序列 order_seq
  CREATE SEQUENCE order_seq
    START WITH 1
    INCREMENT BY 1
    NO MAXVALUE
    NO CYCLE
    CACHE 24;
--表 line_item 使用 PREVIOUS VALUE 表达式获取前一个值
  INSERT INTO line_item (orderno, partno, quantity)
    VALUES (PREVIOUS VALUE FOR order_seq, 987654, 1);
--表 order 使用 NEXT VALUE 表达式获取一个新值
  INSERT INTO order(orderno, cutno)
    VALUES (NEXT VALUE FOR order_seq, 123456);
```

在 Oracle 兼容模式下，DB2 支持 PL/SQL 语法中有关 SEQUENCE 的操作。例如下面的代码可以同时在 Oracle 和 DB2 下运行：

```
--创建序列 EMPLOYEE_SEQUENCE
CREATE SEQUENCE EMPLOYEE_SEQUENCE
MINVALUE 1
MAXVALUE 99999999999
INCREMENT BY 1
START WITH 2
CACHE 20 NOCYCLE NOORDER;
--获得序列 EMPLOYEE_SEQUENCE 的下一个值
SELECT employee_sequence.NEXTVAL INTO v_EmployeeId FROM dual;
...
--获得序列 EMPLOYEE_SEQUENCE 的当前值
SELECT employee_sequence.CURRVAL INTO v_EmployeeId FROM dual;
...
--使用 DBMS_OUTPUT 包打印 v_EmployeeId
DBMS_OUTPUT.PUT_LINE('Employee record id ' || v_EmployeeId || '
was created successfully.');
```

2.2.6　分区特性：DB2 更有妙招

我们在"舞动 DB2"系列之设计优化篇《DB2 设计与性能优化——原理、方法和实践》

中介绍过 DB2 极为强大的分区特性。这里对分区特性做一个简单回顾，表 2-2 列出了 Oracle 和 DB2 所支持的分区特性。这些特性有相似之处，也有一定区别。另外，这些分区特性除了单独使用外，还可以组合使用。为方便读者理解，接下来就以对比的方式来介绍这两种数据库的分区特性，特别是用法上的异同之处。

表 2-2　Oracle 和 DB2 分区特性比较

Oracle 分区	DB2 分区	Oracle 10g 语法	DB2 V9 语法
区间分区 （Range Partitioning）	表分区 （Table Partitioning）	PARTITION BY RANGE	PARTITION BY RANGE
哈希分区 （Hash Partitioning）	数据库分区 （Database Partitioning）	PARTITION BY HASH	DISTRIBUTE BY HASH
列表分区 （List Partitioning）	带生成列表分区 （Table PartitioningWith Generated Column）	PARTITION BY LIST	PARTITION BY RANGE
不支持	多维集群 （Multidimensional clustering）	无	ORGANIZE BY DIMENSION

1．表分区（Table Partitioning）

表分区的数据组织形式是按照一个或多个字段将数据分布到多个表空间上，每个表空间独立存放表分区数据。在 DB2 中为表 sales 创建表分区如下所示，其中使用 year 和 month 作为分区字段：

```
CREATE TABLE sales
(
year INT,
month INT
)
PARTITION BY RANGE (year, month)
(STARTING FROM (2001, 1)
ENDING (2001,3) IN tbsp1,
ENDING (2001,6) IN tbsp2,
ENDING (2001,9) IN tbsp3,
ENDING (2001,12) IN tbsp4,
ENDING (2002,3) IN tbsp5,
ENDING (2002,6) IN tbsp6,
ENDING (2002,9) IN tbsp7,
ENDING AT MAXVALUE );
```

这条语句的含义是：从 2001 年 1 月开始，将 sales 表每隔三个月进行分区。也就是从 2001 年 1 月至 2001 年 3 月为一组，数据放在表空间 tbsp1 中，依次类推。可以看到，每个分区分布在不同的表空间中。

在 Oracle 中创建表分区，和 DB2 相比只是语法上不同。如下所示，在 Oracle 中为表 sales 创建同样的表分区的语句：

```
CREATE TABLE sales
```

```
(
year int,
month int
)
PARTITION BY RANGE (year, month)
(PARTITION p1 VALUES LESS THAN (2002,4) tablespace tbsp1,
PARTITION p2 VALUES LESS THAN (2002,7) tablespace tbsp2,
PARTITION p3 VALUES LESS THAN (2002,10) tablespace tbsp3,
PARTITION p4 VALUES LESS THAN (2002,13) tablespace tbsp4,
PARTITION p5 VALUES LESS THAN (2003,4) tablespace tbsp5,
PARTITION p6 VALUES LESS THAN (2003,7) tablespace tbsp6,
PARTITION p7 VALUES LESS THAN (2003,10) tablespace tbsp7,
PARTITION p8 VALUES LESS THAN (MAXVALUE, MAXVALUE) tablespace tbsp8 );
```

2．列表分区（List Partitioning）

列表分区是 Oracle 中的分区技术，其本质和表分区一样，都是将数据分布到多个表空间。不同于表分区，列表分区的分区字段可以完全枚举出来。在 Oracle 数据库中为表 customer 创建列表分区的例子如下所示：

```
CREATE TABLE customer
(
cust_id int,
cust_prov varchar2(2)
)
PARTITION BY LIST (cust_prov)
(PARTITION p1 VALUES ('AB', 'MB') tablespace tbsp_ab,
PARTITION p2 VALUES ('BC') tablespace tbsp_bc,
PARTITION p3 VALUES ('SA') tablespace tbsp_mb,
….
PARTITION p13 VALUES ('YT') tablespace tbsp_yt,
PARTITION p14 VALUES(DEFAULT) tablespace tbsp_remainder );
```

DB2 可以通过表分区的方式来实现列表分区。具体来说，就是在待分区表中产生生成列（generated column）字段，随后以此生成列作为分区字段。如下所示，在表 customer 中产生生成列 cust_prov_gen，随后创建分区，从而达到和 Oracle 列表分区同样的效果：

```
CREATE TABLE customer
(
cust_id INT,
cust_prov CHAR(2),
cust_prov_gen GENERATED ALWAYS AS
(CASE
WHEN cust_prov = 'AB' THEN 1
WHEN cust_prov = 'BC' THEN 2
WHEN cust_prov = 'MB' THEN 1
WHEN cust_prov = 'SA' THEN 3
...
WHEN cust_prov = 'YT' THEN 13
ELSE 14
END)
)
```

```
IN tbsp_ab, tbsp_bc, tbsp_mb, .... tbsp_remainder
PARTITION BY RANGE (cust_prov_gen)
(STARTING 1 ENDING 14 EVERY 1);
```

3．数据库分区（Database Partitioning）

数据库分区特性（Database Partitioning Feature）使得数据按照分布键散列到位于不同物理节点的多个数据库分区上，从而为建立海量数据库提供了强大的扩展支持，被广泛地应用在数据仓库中。在 DB2 中，数据库分区特性采用 share-nothing 架构，这种架构允许多个数据库分区在一起并行工作来处理工作负载。如下所示，是 DB2 中创建数据库分区表 partition_table 的语句，其中选择 partition_date 字段作为分区键：

```
CREATE TABLE partition_table
(partition_date date NOT NULL,
partition_data VARCHAR(20) NOT NULL
)
IN tbsp_parts
DISTRIBUTE BY HASH (partition_date);
```

在 Oracle 中，使用 share-disk 架构，也支持数据库分区特性，只是语法不同。如下所示，使用 PARTITION BY HASH 来建立数据库分区：

```
CREATE TABLE hash_table
(
hash_part date,
hash_data varchar2(20)
)
PARTITION BY HASH(hash_part)
(partition p1 tablespace tbsp1,
partition p2 tablespace tbsp2
);
```

该语句表示创建了 hash_table 表，此表按照 hash_part 字段进行哈希分区，每个分区以循环的方式放置在表空间 tbsp1 和 tbsp2 中。

4．多维集群（Multidimensional Clustering）

多维集群也被称为 MDC，仅被 DB2 支持，在 Oracle 中无此概念。从逻辑上来看，MDC 表按照多个维度来分块组织数据，一个维度是一个键值，例如产品、时间等；从物理上来看，维度通常由多个字段组成。

如下所示，我们在 DB2 中创建了 MDC 表 mdc_sales，其中以字段 store 和 sku 作为维度：

```
CREATE TABLE mdc_sales
(
store INT NOT NULL,
sku INT NOT NULL,
division INT NOT NULL,
quantity INT NOT NULL
```

```
)
ORGANIZE BY DIMENSIONS (store, sku);
```

MDC 表带来的好处是，在某些情况下可以提升查询的性能。例如在 where 子句中包含有维度字段的查询语句，由于可以使用非常少的 I/O 就可以获取这些分块存放的数据，所以可以显著地提升查询的性能。另外，我们从 2.2.2 节了解到，MDC 块索引有助于快速定位到物理块的存放位置，所以也有助于性能的提升。

5. 组合方式（Combining Methods）

针对上面的数据分区特性，我们在具体应用中可以将多种数据组织方式组合在一起使用，以满足应用的多样化需求。如下所示，在表 cm_orders 中的数据按照 order_id 字段散列到多个数据库分区中，在每个数据库分区中，按照 ship_data 字段分布到不同表空间，同时又按照字段 region 和 category 作为维度进行数据库分块：

```
CREATE TABLE cm_orders
(
order_id INTEGER,
ship_date DATE,
region SMALLINT,
category SMALLINT
)
IN tbsp1, tbsp2, tbsp3, tbsp4
DISTRIBUTE BY HASH (order_id)
PARTITION BY RANGE (ship_date)
(STARTING FROM ('01-01-2005') ENDING ('12-31-2006') EVERY (1 MONTH))
ORGANIZE BY DIMENSION (region, category);
```

2.2.7　数据库联邦：DB2 支持的数据源以多居上

什么是数据库联邦？简单来说，就是在当前数据库中访问另外一个数据库中的对象，例如表或视图等。Oracle 和 DB2 都提供了这个能力，只是实现方式不同。Oracle 通过 database link（或者 db link）来实现这一功能；DB2 通过联邦服务器（Infosphere Federation Server）来实现。联邦服务器为应用程序提供了访问各种数据源的能力，这里数据源可以是 DB2、Oracle、Informix，也可以是平面文件、Excel 表格、XML 和 LDAP 等。

接下来，我们将给读者讲述在 DB2 中使用联邦服务器的步骤。实际上，安装联邦服务器是非常简单的。在下面的例子中有两张表，分别是 LOCAL_DEPARTMENT 和 EMPLOYEE，这两张表位于不同的数据库中。表 LOCAL_DEPARTMENT 位于数据库 DB2_EMP 中，表 EMPLOYEE 位于数据库 SAMPLE 中。我们通过联邦服务器在这两张表之间进行连接（JOIN）操作。

1. 激活联邦服务

可以通过更改 DB2 数据库管理器配置（DBM CFG）参数 FEDERATED 为 YES 来激活

联邦服务。在 UNIX 或者 Linux 平台下，可以使用下面的命令来检查该参数：

```
--WORK # db2 get dbm cfg |grep "Federated Database"
Federated Database System Support (FEDERATED) = NO
--WORK # db2 update dbm cfg using federated yes immediate
DB20000I The UPDATE DATABASE MANAGER CONFIGURATION command
completed
successfully.
--WORK # db2 get dbm cfg |grep "Federated Database"
Federated Database System Support (FEDERATED) = YES
```

完成设置后，需要重启 DB2 数据库服务器才能使联邦服务生效。

2. 配置数据联邦服务

在配置联邦服务器之前，我们先讲述如下几个概念。

● 包装器（Wrapper）：提供了联邦服务器和某一类数据源进行交互的机制。
● 服务器（Server）：数据源服务器。
● 用户映射（User Mapping）：定义使用联邦服务器的用户 ID 和指定数据源的用户 ID 之间的映射关系。
● 别名（Nickname）：通过联邦服务器访问数据源对象时，需要使用别名。

回到本例。我们首先创建名字为 drda 的包装器，随后创建服务器来访问 DB2 数据源，接下来创建访问该数据源的用户映射，最后为 SAMPLE 数据库中的 EMPLOYEE 表创建别名 REMOTE_EMPLOYEE。整个过程使用的语句如下所示：

```
-----------------------------------------------
-- create wrapper,user mapping, and nickname
-----------------------------------------------
--Create wrapper;
CREATE WRAPPER drda;
SELECT * FROM syscat.wrappers;
CREATE SERVER fedserver type db2/udb version '9.1'
WRAPPER "DRDA"
AUTHID "db2inst1"
PASSWORD "db2inst1"
OPTIONS ( dbname 'SAMPLE' );
--
SELECT * FROM syscat.servers
-- Map user
CREATE USER MAPPING FOR USER
SERVER fedserver
OPTIONS( REMOTE_AUTHID 'db2inst1', REMOTE_PASSWORD 'db2inst1');
--
SELECT * FROM syscat.usermappings;
CREATE NICKNAME remote_employee FOR fedserver.db2inst1.employee;
```

3. 通过联邦服务器进行表连接操作

在 DB2_EMP 数据库中，我们首先创建本地表 LOCAL_DEPARTMENT 并插入 3 条数据，随后和 remote_employee 进行表连接操作。具体的语句如下所示：

```
connect to db2_emp;
-------------------------------------------------
-- Create a local table and insert 3 rows
-------------------------------------------------
CREATE TABLE local_department
(deptno CHAR(3), deptname CHAR(20));
INSERT INTO local_department VALUES
('E01','Operation'),
('E10','Sales'),
('E11','Global Services');
SELECT * FROM local_department;
-------------------------------------------------
-- Join data in two tables
-------------------------------------------------
SELECT empno, firstnme, deptname
FROM remote_employee r, local_department d
WHERE r.workdept=d.deptno and empno='999999';
```

最后来看连接结果。如下所示，通过联邦服务器，我们实现了本地表和另外一个数据库中的表进行连接的目的。

```
-- Result of the first SELECT (SELECT FROM local_department)
DEPTNO DEPTNAME
------ --------------------
E01 Operation
E10 Sales
E11 Global Services
-- Result of the second SELECT ( Join local_department and remote_employee)
EMPNO FIRSTNME DEPTNAME
------ ------------- --------------------
999999 CARLOS Global Services
```

2.2.8　数据字典视图：Oracle 借方便傲视对手

熟悉 Oracle 的开发者都知道，数据字典视图在 Oracle 数据库中得到了非常广泛的应用，例如维护脚本编写、性能监控、安全管理等。读者可以参考 "舞动 DB2" 系列之运维篇《运筹帷幄 DB2》来了解数据字典的有关内容。其实，数据字典的作用远远不止如此，在 PL/SQL 代码里面也可以使用数据字典视图。

那么在 DB2 中是否支持 Oracle 数据字典呢？为了方便 Oracle 开发者，DB2 支持超过100 多个最常用的 Oracle 数据字典视图。如表 2-3 所示，表中的 "*" 表示视图名字前缀是DBA、USER 或 ALL。

表 2-3 DB2 支持的数据字典视图

种　类	视　图
通用	*_CATALOG
	*_DEPENDENCI
	*_OBJECTS
	*_SEQUENCES
	DBA/USER_TAB
	DICTIONARY
	DICT_COLUMNS
表/视图	*_COL_COMMENTS
	*_CONSTRAINTS
	*_CONS_COLUMNS
	*_INDEXES
	*_IND_COLUMNS
	*_PART_TABLES
	*_PART_KEY_COLUMNS
	*_SYNONYMS
	*_TABLES
	*_TAB_COL_STATISTICS
	*_TAB_COLUMNS
	*_TAB_COMMENTS
	*_TAB_PARTITIONS
	*_VIEWS
	*_VIEW_COLUMNS
可编程对象	*_PROCEDURES
	*_SOURCE
	*_TRIGGERS
	*_ERRORS
安全	DBA/USER_ROLE_PRIVS, ROLE_ROLE_PRIVS, SESSION_ROLES
	DBA/USER_SYS_PRIVS, ROLE_SYS_PRIVS, SESSION_PRIVS
	*_TAB_PRIVS, ROLE_TAB_PRIVS
安全	ALL/USER_TAB_PRIVS_MADE
	ALL/USER_TAB_PRIVS_RECD
	DBA_USERS
	DBA_ROLES

2.3 你必须知道的：DB2 命令行工具

DB2 提供了两种命令行工具：传统的命令行工具 DB2 CLP 和从 DB2 V9.7 开始引入的

DB2 CLPPlus。DB2 CLP 工具提供了命令行接口从而实现与 DB2 服务器交互，你可以使用 DB2 CLP 连接数据库、执行维护例程、执行 SQL 语句、执行脚本等。与 DB2 CLP 类似，DB2 CLPPlus 也提供了很多命令，这些命令大部分和 Oracle SQL *plus 命令行工具一致。

2.3.1　DB2 CLP

绝大多数 DB2 数据库开发人员和管理员都非常熟悉 DB2 CLP。开发人员用它执行 SQL 语句，例如 DDL、DML 和 PL/SQL 等；管理员用它执行维护命令，例如备份/恢复、数据导入/导出等。

1. DB2 CLP 用户接口

DB2 CLP 有很多命令选项，提供了交互模式、命令模式和批处理模式这三种用户接口。接下来讲述 DB2 CLP 的一些基本用法。在 Linux 或 UNIX 环境下，你可以在操作系统提示符下输入 db2 来启动 DB2 CLP。另外，你可以使用下面的语句来执行 DB2 SQL 脚本：

```
db2 -tvf <scriptName>
```

在上面的语句中，"-t"选项告诉 DB2 CLP 使用";"作为语句结束符。"-v"选项告诉 DB2 CLP 在语句执行前在标准输出打印当前语句。"-f"选项告诉 DB2 CLP 在后　面的脚本文件中读取命令。下面是一个使用"-tvf"的例子：

```
db2inst1> cat sample_script.sql
CREATE TABLE simple
( id NUMBER(8),
name VARCHAR2(40)
);
db2inst1> db2 -tvf sample_script.sql
CREATE TABLE simple ( id NUMBER(8) , name VARCHAR2(40) )
DB20000I The SQL command completed successfully.
```

2. SQLCOMPAT 模式

在上面的例子中，我们使用"-t"选项告诉 DB2 CLP 使用";"作为语句结束符。但是在 Oracle 脚本文件中，默认语句结束符是"/"。为了使得脚本文件格式和 Oracle 保持一致，可以在 DB2 中使用"-td"选项指定"/"作为语句结束符。命令格式如下所示：

```
db2 -td/ -vf <scriptName>
```

为了说明用法，在下面的脚本文件 sample_create.sql 中，我们使用了 Oracle 风格"/"作为结束符，并随后在 DB2 中使用"-td"选项成功调用该脚本文件。

```
db2inst1> cat sample_create.sql
CREATE TABLE "ACCOUNTS" (
"ACCT_ID" NUMBER(31) NOT NULL,
"DEPT_CODE" CHAR(3) NOT NULL,
"ACCT_DESC" VARCHAR2(2000),
```

```
"MAX_EMPLOYEES" NUMBER(3),
"CURRENT_EMPLOYEES" NUMBER(3),
"NUM_PROJECTS" NUMBER(1),
"CREATE_DATE" DATE DEFAULT SYSDATE,
"CLOSED_DATE" DATE DEFAULT SYSDATE+1 year)
/
db2inst1> db2 -td/ -vf sample_create.sql
CREATE TABLE "ACCOUNTS" ( "ACCT_ID" NUMBER(31) NOT NULL, "DEPT_CODE" CHAR(3) NOT
NULL, "ACCT_DESC" VARCHAR2(2000), "MAX_EMPLOYEES" NUMBER(3), "CURRENT_EMPLOYEES
" NUMBER(3), "NUM_PROJECTS" NUMBER(1), "CREATE_DATE" DATE DEFAULT SYSDATE, "CLOS
ED_DATE" DATE DEFAULT SYSDATE)
DB20000I The SQL command completed successfully.
```

除了上面的用法外，DB2 还提供了 SQLCOMPAT 模式以方便在 DB2 CLP 命令行下调用 Oracle 风格的脚本文件。在下面的例子中，首先在命令行下执行 "db2 SET SQLCOMPAT PLSQL"，以激活 SQLCOMPAT 模式。然后就可以在 DB2 CLP 中无须指定 "-td/" 选项来执行 sample_create.sql 脚本了。执行结果如下所示：

```
db2inst1> cat sample_create.sql
-- To execute this script, run: db2 -tvf <scriptname>
-- Uncomment the next line or make sure to set beforehand
-- SET SQLCOMPAT PLSQL;
db2inst1> db2 SET SQLCOMPAT PLSQL
DB20000I The SET SQLCOMPAT command completed successfully.
db2inst1> db2 -tvf sample_create.sql
CREATE TABLE "ACCOUNTS" ( "ACCT_ID" NUMBER(31) NOT NULL, "DEPT_CODE" CHAR(3)
NOT
NULL, "ACCT_DESC" VARCHAR2(2000), "MAX_EMPLOYEES" NUMBER(3),
"CURRENT_EMPLOYEES
" NUMBER(3), "NUM_PROJECTS" NUMBER(1), "CREATE_DATE" DATE DEFAULT SYSDATE,
"CLOS
ED_DATE" DATE DEFAULT SYSDATE)
DB20000I The SQL command completed successfully.
```

2.3.2　DB2 CLPPlus

DB2 CLPPlus 和 Oracle 的 SQL*Plus 兼容，它使用 SQL*Plus 一致的方式开发和编辑数据库对象、调用操作系统和数据库管理命令、编译和运行存储过程和函数等。这样，熟悉 Oracle SQL*Plus 的开发人员和管理员就可以按照以前的操作习惯使用 DB2 CLPPlus，例如使用 SQL 缓冲开发、输出格式化等。

可以在 Windows 命令提示符或者 UNIX 命令界面下输入 "clpplus" 启动 DB2 CLPPlus。接下来以 Windows 平台为例讲述 DB2 CLPPlus 的操作。

1．使用 DB2 CLPPlus 建立连接

在 DB2 CLPPlus 提示符下，可以同时运行操作系统命令和数据库操作命令。在运行操作系统命令时，需要将 HOST 操作符放在命令前面。例如在 UNIX 下，为了验证 plsql.txt

在当前目录是否存在，可以使用下面的命令：

```
SQL> HOST ls | grep plsql.txt
```

为了访问远程 DB2 数据库，一般来说必须首先 catalog 远程数据库到本地，然后才能像访问本地数据库一样访问远程数据库。但是在 DB2 CLPPlus 中不需要这样。当我们启动 DB2 CLPPlus 之后，我们可以在命令提示符下直接输入和 Oracle SQL*Plus 一样的命令 "connect db2admin@localhost:50000/mydb" 来建立数据库连接。上面的命令中，localhost 是本地服务器地址，但可以替换为任何可访问的远端数据库服务器。本例中用户 db2admin 和本地数据库 mydb 在端口 50000 建立连接，所使用的脚本如下所示：

```
CLPPlus: 版本 1.3
Copyright 2009, IBM CORPORATION. All rights reserved.

SQL> connect db2admin@localhost:50000/mydb
请输入密码：********

数据库连接信息：
----------------------------------
主机名 = localhost
数据库服务器 = DB2/NT  SQL09073
SQL 授权标识 = db2admin
本地数据库别名 = MYDB
端口 = 50000

SQL>
```

2. 使用 SQL 缓冲

SQL 缓冲提供了 "in memory" 区域供 CLPPlus 保存最近使用的 SQL 语句或者 PL/SQL 块，是 DB2 CLPPlus 核心功能。

DB2 CLPPlus 提供了命令接口供用户使用 SQL 缓冲。接下来，我们首先使用 GET 命令加载存放在 example.sql 文件中的 PL/SQL 代码。随后在 SQL 缓冲中开发调试该 PL/SQL 代码。如下所示，example.sql 文件中存放的是创建存储过程 sp_test_execute_command 所需的 PL/SQL 代码。sp_test_execute_command 本身非常简单，读入一个 NUMBER 类型的参数，随后调用 DBMS_OUTPUT 包的 put_line 方法将该参数打印到标准输出。请读者注意，代码行 "DBMS_OUTPUTPUT_LINE('Number ' || p_first_id || ' is displayed.');" 中，包 "DBMS_OUTPUT" 和过程名 "PUT_LINE" 之间少一个 "." 符号，这是故意出错的，为的是在后面讲解如何使用 SQL 缓冲对其进行修改。正确的代码应是 "DBMS_OUTPUT.PUT_LINE('Number ' || p_first_id || ' is displayed.');"。

随后，我们使用 GET 命令加载 example.sql 中使用 PL/SQL 代码编写的存储过程 sp_test_execute_command，结果如下所示：

```
SQL> get example.sql
1  CREATE OR REPLACE PROCEDURE sp_test_execute_command
2  (p_first_id IN NUMBER)
3  IS
4  BEGIN
5  IF p_first_id IS NOT NULL THEN
6  DBMS_OUTPUTPUT_LINE('Number ' || p_first_id || ' is displayed.');
7  END IF;
8* END;
SQL>
```

为了修改错误代码"DBMS_OUTPUTPUT_LINE('Number ' ‖ p_first_id ‖ ' is displayed.');",我们在 DB2 CLPPlus 命令提示符下输入 EDIT 命令。这时，SQL 缓冲的内容将显示在 CLPPlus 设定的编辑器中，这里是记事本编辑器。我们在记事本里将代码修正为"DBMS_OUTPUT.PUT_LINE('Number ' ‖ p_first_id ‖ ' is displayed.');",随后保存修改。

3. 运行 PL/SQL 代码

由于在存储过程 sp_test_execute_command 中使用了 DBMS_OUTPUT 内置包来打印输入参数，所以首先要设定"SERVEROUTPUT ON"，这样才能在标准输出中看到打印的信息。

接下来使用两种方式来调用该存储过程。第一种方式是使用 EXECUTE 命令，EXECUTE sp_test_execute_command(100)；第二种方式是使用 DB2 CALL 命令，CALL sp_test_execute_command(100)。这两种方式运行结果完全一致，输出结果如下所示：

```
SQL> show serveroutput
serveroutput off
SQL> set serveroutput on
SQL> execute sp_test_execute_command(100)
Number 100 is displayed.
DB250000I: 成功地完成该命令.
SQL> call sp_test_execute_command(100)
Number 100 is displayed.
DB250000I: 成功地完成该命令.
SQL>
```

2.4 从 Oracle 迁移到 DB2

自从 DB2 V9.7 开始推出 Oracle 兼容特性后，Oracle 开发者可以继续保持原来的使用习惯进行 DB2 开发，从而提高了他们的工作效率。

另一方面，Oracle 兼容特性的出现使得 Oracle 数据库向 DB2 的迁移变得简单多了。从实际情况来看，我们注意到国内很多企业由于种种原因开始将 Oracle 数据库及其应用迁移到 DB2 上来。为了帮助开发者掌握数据库迁移的技术，本节将介绍从 Oracle 迁移到 DB2 的有关内容，主要包括迁移工具、迁移计划、迁移步骤和风险控制策略。

2.4.1　迁移工具：MEET 和 IDMT

为了方便数据库迁移，IBM 提供了两种工具，分别是 MEET（Migration Enablement Evaluation Tool for DB2）评估工具和 IDMT（IBM Data Movement Tool）数据库迁移工具。其中 MEET 用于评估应用中的 PL/SQL 兼容度；IDMT 用于将数据库对象和数据从 Oracle 迁移到 DB2。接下来具体介绍这两个工具的使用。

1. MEET 评估工具

MEET 工具分析 Oracle 数据库中的 PL/SQL 对象，并评估其和 DB2 的兼容性，最终产生一份评估报告。

MEET 工具简单易用，它以文本文件名为输入，随后快速产生 HTML 格式的报告。在产生的报告中，总结了 DDL 语句和 PL/SQL 代码的兼容度。报告中还包括了非常细致的分析内容，用来标识哪些 Oracle 的 PL/SQL 语句和 DB2 不兼容，从而方便开发者修改。图 2-4 展示了 MEET 工具产生的分析报告示例。

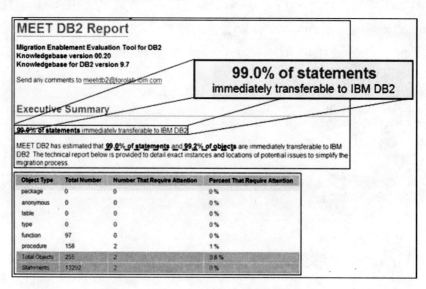

图 2-4　使用 MEET 工具评估 PL/SQL 代码

2. IDMT 数据库迁移工具

IDMT 工具是 IBM 提供的，它用来帮助开发人员将 Oracle 数据库对象及数据高效地迁移到 DB2 上来。IDMT 工具提供了两种运行模式，一种是基于图形界面的，操作简单，适合大部分开发人员；另一种是基于命令行的，适合习惯命令操作的开发人员。

IDMT 工具迁移 Oracle 数据库的方法是直接有效的，它使用 Java 程序访问 Oracle 源数据库，以产生可在 DB2 中重建数据库对象的脚本。另外，IDMT 工具使用多线程技术从 Oracle 中抽取数据并产生数据文件，这些数据文件可以被 DB2 Load 识别并加载到目标 DB2 中。这种方法的最大好处在于，产生的脚本在真正被部署到目标 DB2 数据库之前，可以方便地进行浏览和修改。

我们在迁移 Oracle 数据库时经常被问到，IDMT 适合运行在装有 Oracle 源数据库的机器上，还是装有 DB2 目标数据库的机器上？或者通过网络同时连接到 Oracle 和 DB2 的机器上？其实，上面的三种方式从技术上讲都是可以的，但通常推荐将 IDMT 工具运行在安装有 DB2 目标数据库的机器上。

按照 IDMT 的设计，数据库迁移总共分三步完成，接下来分别对这三步进行介绍。

1．抽取 Oracle 数据库对象

由于抽取过程中，IDMT 将产生的中间结果存放在输出目录下，所以需要设置输出目录的路径。完成输出目录的路径设置之后，通过点击"Connect to ORACLE"和"Connect to DB2"来分别建立和 Oracle 源数据库、DB2 目标数据库的连接。值得注意的是，我们为 DB2 目标数据库选择了"DB2 With Compatibility Mode"类型，以产生和 DB2 尽量兼容的存储过程或者函数代码。完成设置后的界面如图 2-5 所示。

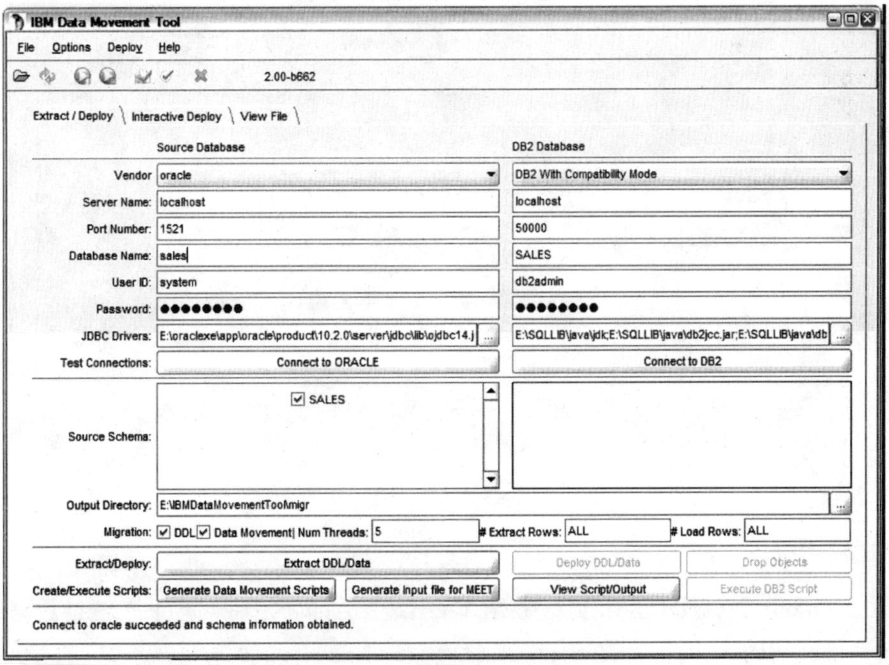

图 2-5　IDMT 运行界面

当成功建立连接后，就可以开始抽取工作了。有时候，源数据库中的对象可能属于多个模式，你可以仅选择真正需要抽取的模式，而非全部选择。本例中，我们只选择了一个 SALES 模式（Schema）。注意，这里只抽取数据库对象，所以仅选取了 "DDL" 复选框，最后单击 "Extract DDL/Data" 按钮来启动。

2. 部署 Oracle 数据库对象

IDMT 工具还可用来部署数据库对象，例如表、视图、触发器、存储过程及函数等。完成抽取工作后，单击 "Refresh" 按钮，这时所有的数据库对象在交互式部署窗口变得可见，如图 2-6 所示。

在交互式部署窗口单击 "Deploy All Objects"，或者选取一些对象使用 "Deploy Selected Objects"，就开始在 DB2 数据库中创建对象了。通常情况下绝大多数对象都能部署成功，少数对象会部署失败。可以通过图形化的方式来检查失败的原因。例如，在部署界面的状态栏中单击右键，随后在弹出的快捷菜单中选择 "See Detailed Error Message"。根据提示的出错信息，我们可以在交互式界面上进行修改，修改完成后选择再次部署。

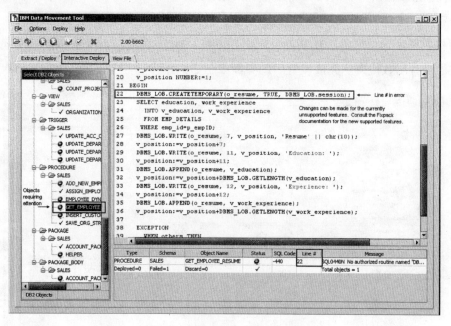

图 2-6　使用 IDMT 工具完成部署

3. 迁移数据

完成了 Oracle 数据库对象在目标数据库 DB2 上的部署之后，接下来就是数据迁移了。在 IDMT 工具主界面上取消选择 "DDL" 复选框，选取 "Data" 复选框，随后单击 "Extract DDL/Data" 按钮启动 Oracle 数据库的数据卸载。卸载完毕后，数据以文件的形式存放在输出目录下。确保无误后，单击"Deploy DDL/Data"按钮来启动数据加载任务。最后，可以通过检查 DB2 目标数据库中的加载数据及日志文件来确认数据迁移结果。

2.4.2　迁移计划

在实际工作中，一个完整的迁移项目通常需要经过迁移评估、数据库对象迁移、数据迁移、应用迁移和测试 5 个阶段。这 5 个阶段又可分为两个里程碑：第一个里程碑是核心数据库迁移，包括前三个阶段。第二个里程碑是应用迁移，包括后两个阶段。如图 2-7 所示。

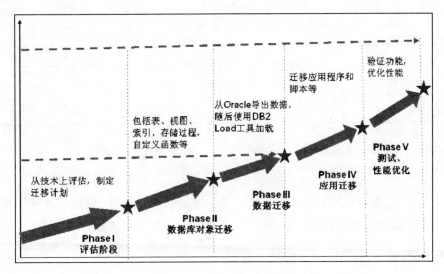

图 2-7　数据库迁移的 5 个阶段

首先我们来看评估阶段。评估阶段需要了解以下几方面的内容：当前 Oracle 系统现状、量化迁移目标、评估 PL/SQL 兼容度、制定迁移计划及风险控制。

1.　了解 Oracle 系统

我们必须能够弄清楚下面问题：系统架构是 B/S 结构还是 C/S 结构？数据库工作负载是 OLAP 为主还是以 OLTP 为主？最终部署平台是什么？是单分区还是多分区数据库？客户端开发语言是 Java 还是 C#？有没有用到存储过程？存储过程使用 PL/SQL 还是 Java 语言开发的？如果用到了 PL/SQL，那么都使用了哪些 Oracle 内置包？代码量有多少？使用自定义函数了吗？使用触发器了吗？数据库访问接口使用 JDBC 还是 ADO.NET？使用第三方的数据持久层组件，例如 Hibernate 了吗？等等。

2.　量化迁移目标

完成系统现状分析后，就可以在此基础上对迁移目标进行量化了。例如有多少张表？

有多少视图？有多少触发器？有多少存储过程？有多少自定义函数？有多少数据量？表 2-4 展示了在某迁移项目中，对迁移目标量化后的结果。

表 2-4　迁移对象量化列表

数据库对象	数量（单位：个）
Sequence	2391
Table Patition	210
Procedure	112
Package	400
Pakage Body	398
Java Resource	38
Trigger	483
Table	1627
Index	1886
View	147
Java Class	1273

3. 评估 PL/SQL 兼容度

如果在 Oracle 系统中使用了大量的 PL/SQL 代码，那么我们需要使用 MEET 工具进行严格的技术评估。这样做的好处是能尽早发现不兼容的技术问题，以找到解决问题的方案。关于 MEET 工具的使用，请阅读上一节 2.4.1 有关 MEET 工具的部分。

4. 制定迁移计划

完成评估后，我们需要对迁移的工作量进行估计。这里的工作量主要包括数据库对象迁移、数据迁移、应用迁移和测试过程中需要花费的时间。需要根据工作量评估结果来制定迁移计划。例如，图 2-8 展示了我们在某银行迁移项目中所使用的甘特图。

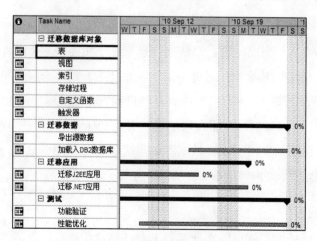

图 2-8　数据迁移项目执行——甘特图

2.4.3 迁移步骤

完成了迁移计划的制定，接下来我们来看一下迁移步骤。

1．数据库对象迁移

数据库对象的迁移，主要包括表、视图、索引、存储过程、触发器和用户自定义函数的迁移工作。上述数据库对象可以通过 IDMT 工具自动化完成大部分迁移工作，极少数无法完成的转换通过手工方式转换。

2．数据迁移

IDMT 提供了数据的快速卸载和装载的能力，可以快速、高效地完成数据迁移工作。另外，如果要迁移的数据量很大，建议使用命令行方式来运行 IDMT 工具。

3．应用迁移

应用迁移的任务主要是迁移上层的应用系统，例如 Java EE 应用或者.NET 应用。通常包括两块内容：数据访问层（DAO）和应用程序代码。对于 DAO 层，需要将其中数据访问操作包括建立连接、查询、插入等语句从 Oracle 改为 DB2。对应用程序代码，需要将其不兼容部分做必要修改，特别是有一定特殊性的部分更要多加注意。例如，有些 JDBC 接口 Oracle 和 DB2 行为不同，比如 executeQuery，在 Oracle 中可以通过这个方法调用查询、插入、更新等操作，但是在 DB2 中只能调用查询操作。最后，程序脚本也需要在这个阶段完成迁移。

4．测试

在测试环节，首先要运行测试脚本完成功能性测试；其次要进行数据验证，确保 DB2 中迁移过来的新数据和 Oracle 源数据保持一致。

完成功能测试后，最后一步是性能测试。要确认迁移后的系统性能上满足要求，例如事务吞吐量要满足业务需要，请求的响应时间在接受范围之内等。

2.4.4 风险控制

迁移项目存在一定的风险，特别是为金融、电信等要求比较高的行业做迁移更是如此。概括来讲，通常的风险主要表现在以下三个方面。

- 进度风险：风险程度高。如果评估工作不到位或开发过程受到干扰，可能会导致项目不能按期完工。因此控制进度风险主要依靠前期正确的评估和中期的项目管理。
- 质量风险：风险程度中等。质量风险产生的原因多数与进度有关，为了加快进度而忽视测试和质量控制可能导致系统存在未知的缺陷。解决质量风险最重要的方法是执行严格测试。

- 系统切换风险：风险程度低。新系统开发完成后与旧系统进行切换时存在一定的风险，主要表现为系统停摆时间过长影响客户满意度。

针对上述风险，需要采取相应的风险控制方法。例如建立有效的沟通机制，确保项目中出现的问题能够及时解决；另外，采取测试驱动的方式，这样可以及时发现问题；最后，要进行切换演练，以降低切换风险。

2.5　精彩絮言：真功夫

在第 1 章的精彩絮言中，我们讲述了高铁开发项目的大幕徐徐展开。接下来，就要看看真功夫的演示了。

时间：2010 年 10 月 18 日　　　笔记整理　　　　　　　地点：北京

在此次承德之旅，尽管紧密地安排了几天的研讨会，我还是踩在两三天的空档，与友人跟随康熙皇帝的足迹去了一趟木兰围场。无奈 10 月份的坝上草原寒意连连，大家遂约定待这个大项目结束后，选好季节去蒙古草原庆功。不过，"庆功"现在看来还是空中楼阁啊，从安谧的承德返回到喧嚣的北京，大家各就各位，项目建设的大幕正式拉开。

我在 10 月份为高铁系统服务的内容是一次为期三天的培训。鉴于高铁项目事关重大，"宝华咨询" 团队量身定制了培训计划，助理事先向参培人员发出了培训课程表。课表安排如下。

Day 1：我看 Oracle 与 DB2。这一天是总述两款数据库在架构、设计、开发和运维方面的异同点；

Day 2：从 Oracle 到 DB2 开发从容转身。这一天讲述开发者转型过程中的具体策略和方法；

Day 3：运筹帷幄 DB2。最后一天专注运维工作的点点滴滴，帮助学员汇集出一条成熟的 DB2 运维之路。

培训当天，来了一百多名听众。我吃惊地问小芸："不是 20 名学员么？怎么突然多了这么些人"？ 小芸答道："粉丝多还不好？这回企业内训升级成了夏令营式集中培训，您看大家人手一本"舞动 DB2"教材，热情高涨啊。"对此，我倒觉得这并不利于本次培训，因为这个课表是针对 20 人的，而不是针对 100 多人的。为了让在场的所有人都能有最大的收获，我决定增加互动问答的时间。提问者十分踊跃，反应非常积极。有人问我，"Oracle 提供了全局临时表，可以让多个会话同时访问，DB2 有什么相应的临时表呢"？我回答："从 DB2 V9.7 开始引入的已创建全局临时表（CGTT）与此类似。"还有人问我，"项目中有的模块是基于 Oracle 开发的，能否快速迁移到 DB2 中"？我笑着说："这个问题非常好，目前很多企业都会碰到这样的问题。幸运的是，DB2 的 Oracle 兼容特性漂亮地解决了这个问题，它使得迁移周期从以年月为计量单位缩减到周甚至工作日。"

培训的效果得到了各方的好评，我明白有个重要的原因：培训的课件经受住了考验。台上十分钟，台下十年功。"宝华咨询"的数据库培训课件，完全有别于其他培训机构所采用的英文课件及原厂技术课件。这三天培训的课件不但全用中文讲解，还穿插了大量案例知识和技能经验，展示形式丰富，阐述角度独特。这大大降低了学习难度，增强了学员的学习兴趣，也满足了有 Oracle 使用习惯的技术人员在转型期的培训需求。当我讲到"当 Oracle 开发者遇到 DB2"这个题目时，大家非常兴奋，现场达到整个培训的高潮。

本次培训，是"宝华咨询"团队每年为金融、电信、政府、央企等机构提供的数十次培训中的一次，每一次培训活动，都使得培训者与培训对象在互相理解上得到了一次新的升华。我们在这几天的时间内，通过积极互动的方式，不仅解决了大家关注的问题，还让我更加深入地了解了高铁 IT 系统建设现状，其中就有开发工具如何选型的问题。

2.6　小结

在本章中，我们首先描述了 DB2 的 Oracle 兼容特性为 Oracle 开发者带来的便利。随后为了帮助开发者更好地理解 Oracle 兼容特性，我们通过 DB2 和 Oracle 对比的方式讲解了一些最常用的数据库对象，例如临时表、索引、视图、约束、序列分区表、数据库联邦和数据字典等。除此之外，还介绍了实际工作中经常用到的 DB2 命令行工具：DB2 CLP 和 DB2 CLPPlus。通过学习这些内容，读者可以快速地掌握 Oracle 和 DB2 的异同之处，从而提高开发工作中的效率。

另外，很多开发者在迁移 Oracle 数据库时面临这样或者那样的问题。实际上，自从 Oracle 兼容特性推出之后，迁移工作变得方便而快捷了，迁移周期从以前长达几个月缩减到现在的几周。基于以上考虑，我们在 2.4 节介绍了从 Oracle 到 DB2 迁移技术，包括迁移工具、迁移计划、迁移步骤和风险控制。

经过本章的学习，相信读者已经树立从 Oracle 到 DB2 转型的信心了。

第3章
DB2 应用开发工具大观

　　"乱花渐欲迷人眼"的现代表述就是：不是我不明白，只因世界变化快。目前活跃在世的数据库应用程序开发工具超过 15 种，选择哪一种工具？真是愁煞人。看看这种，"想说爱你不容易"；学学那种，"雾里看花几人懂"。总之选择一种合适的工具并非易事，用的人最多的不一定就适合你的项目，功能最全的也不见得用起来最方便。

　　那么，在 DB2 应用开发领域最流行的工具到底有哪些呢？主流开发工具之间真的有那么大的区别吗？如果我熟悉 Oracle 应用开发，换到 DB2 数据库平台上应该怎么选？

　　这一系列的谜底都将在本章中解开，更精彩的话题请拭目以待！

在从事数据库工作的道路上，十字路口比比皆是，选择哪条路着实是个不断遇见的难题。那我们就从"选择"的话题开始吧。对于数据库开发工具来讲，可以引用一句老话，磨刀不误砍柴工。此话人人皆知，却有很多人并不知晓磨刀前该如何选择砍柴的刀。在应用开发工作中，开发工具就是我们砍柴的刀。对于开发团队来讲，选择什么样的开发工具是件费神的活儿。而且，很多人对于开发工具的认知存在着不少误区：有人觉得区区一个工具罢了，只是砍砍柴而已，用什么刀都差不多；也有人觉得，工具不能变，原来用什么开发工具，就要一直坚持下去，一旦更换开发工具，那可就有如怀里揣着十五只兔子——心里七上八下啊；还有人感到，选择开发工具太难了，面对复杂的业务需求，选择正确的开发工具只能靠碰运气了。以上几种观点，第一种可以归类为轻视派，第二种算作固执派，而第三种呢？只能说是消极派了。选择这本书的读者都是为了同一个目标而来的——从容转身，这是要大家做逍遥派啊！选择什么样的开发工具才能轻松逍遥地开发数据库应用呢？让我们在本章中慢慢展开来讲。

先举个例子：某公司常年开发 Oracle 应用程序，惯于使用 TOAD for Oracle 开发工具。在接手一个工期紧、要求高的 DB2 开发项目时，由于 TOAD 也提供了支持 DB2 的版本 TOAD for DB2，于是他们不假思索地选用了 TOAD for DB2 作为开发工具。但是花费了几周时间完成了开发环境的搭建和相关技术人员的培训后，才发现 TOAD for DB2 不支持 PL/SQL 的包（package）编辑和管理功能，原来开发的 PL/SQL 包无法通过该工具迁移到 DB2 中得到重复使用！

大家从这个发生在我们身边的例子可以看到，很多情况下，开发工具的选择由于经验主义的影响而被忽视了。这种忽视造成的后果是，轻则工作效率低下，重则绕了个大弯路，乃至延误工期！能否成功选择的关键在于了解项目需要，认识工具的特点。在开始 DB2 应用开发之前，首先让我们通过本章来认识一下 DB2 应用开发中最常用到的工具，包括 IBM Data Studio、TOAD for DB2 LUW 及 Microsoft Visual Studio。我们会通过详细的介绍和功能演示让你和这三款主流开发工具进行全方位的接触。

第一位出场的是 IBM Optim Data Studio。它是一款基于 Eclipse 平台的开发工具，同时支持数据库管理和应用开发。它在开发方面有何优势？有什么缺点？让我们在下一节中揭晓。

3.1　全能选手，IBM Optim Data Studio

俗话说，龙生龙，凤生凤，老鼠的孩子会打洞。这个社会还是蛮讲究"血统"的。对于数据库开发工具而言，血统最纯正的恐怕要数原厂提供的工具了，因为生产商最了解自已的产品。IBM Optim Data Studio（以下简称 Data Studio）就是一款 IBM "原装" 的数据库应用开发工具。它是 IBM 公司 Optim 集成数据管理产品家族的旗舰产品：基于 Eclipse 平台，可以方便地进行 Java 应用开发，并且解决了开发工具不能跨平台使用的难题；除此之外，还提供了强大的数据库管理功能，这使得它在业内赢得了全能型选手的美誉。特别值得一提的是，这款功能强大的开发工具是完全免费的！

3.1.1　Data Studio 亮相

在介绍 Data Studio 之前，我们先了解一些有关 Optim 的知识。大家知道，数据库应用是一个复杂的系统工程，它包括了设计、开发、部署、管理等几个阶段。为了从工具使用上支撑上述阶段的需要，IBM 提供了 Optim 集成数据管理产品家族（简称为 Optim 产品家族），如图 3-1 所示。

作为 Optim 产品家族的一员，Data Studio 支持数据库开发和管理功能。从开发上来看，它基于流行的 Eclipse 平台，提供了对 SQL 脚本、存储过程（Stored Procedure，SP）、用户自定义函数（User Defined Function，UDF）的开发及部分调试支持；从管理上来看，它可以替代 Developer Workbench for DB2 V9.5 及 DB2 控制中心（db2cc），从而大大方便了开发人员在开发过程中对数据库进行有效管理。

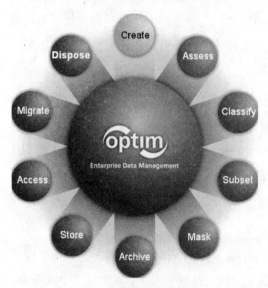

图 3-1　IBM Optim 产品家族

具体来看，Data Studio 提供的数据库开发功能主要包括：

- 通过向导或者编辑器来创建、测试、调试和部署存储过程及用户自定义函数。
- 运用 SQL 查询构建器和 SQL/XQuery 编辑器来创建、编辑和执行 SQL/XQuery 语句。
- 通过 Visual Explain 可视化工具将访问计划显示出来。
- 创建、测试、调试及部署 SQL 或者 Java 存储过程。
- 如果在 DB2 V9.7 中打开了 Oracle 兼容特性，那么支持使用 PL/SQL 语言编写存储过程（只有 IDE 版 Data Studio 支持 Java 存储过程）。
- 可以将 SQL 查询、DML 操作、XQuery 表达式及存储过程的调用发布为 Web 服务供客户端调用（只有 IDE 版的 Data Studio 支持这个功能）。
- 通过向导或者编辑器开发针对 XML 数据的应用（只有 IDE 版的 Data Studio 支持

这个功能）。

- 在 Java 项目中开发 SQLJ 应用程序（只有 IDE 版的 Data Studio 支持这个功能）。

另外，Data Studio 提供的数据管理和维护功能如下所示：

- 管理 DB2 实例，包括启动/停止、停顿（quiesce）、配置参数等。
- 备份和恢复数据库。
- 建立到 DB2 数据库的连接，并浏览数据库中的数据、对象和定义等。
- 利用编辑器或者向导来创建和修改数据库对象。
- 修改数据库用户的权限。
- 删除数据库对象。
- 分析各种操作对数据库造成的影响。
- 管理表中的数据，包括导入、导出和数据重组。
- 使用图形化的方法展示数据及数据之间的关系。
- 导入、导出数据库连接信息。
- 配置数据库自动维护。
- 配置数据库日志。
- 重新绑定包。

可以看到，Data Studio 提供的功能是非常全面的，只通过一个工具就能够满足日常数据库管理+维护+开发等多方面的需求，这自然得到众多工程师的青睐。同时，基于 Eclipse 平台的 Data Studio 可以无缝连接 Java 应用开发，所以更是开发 Java 数据库应用项目的不二之选！

我开发了好多年的 Oracle 应用程序，早就习惯了使用 PL/SQL Developer 工具开发存储过程。现在换到了 DB2 平台上，岂不是功力全废了？而且，Data Studio 我能用得惯吗？

这位读者如果读了前两个章节，想必已经知道了从 V9.7 版本开始，DB2 提供了对 PL/SQL 的支持。所以你之前的努力没有白费，使用 PL/SQL 开发的存储过程完全可以搬到 DB2 平台上继续使用！而且，如果熟识 Eclipse，那么 Data Studio 这个工具绝不会让你觉得陌生。

3.1.2 版本一比高低

为满足不同开发者的需求，Data Studio 一共提供了两个版本，即 IDE 版和 Stand-alone

版：IDE 版的 Data Studio 如其名字所示，包含了 Eclipse 集成开发环境以及 Data Studio 的所有组件，下载安装后直接就可以工作。相比 Stand-alone 版本，IDE 版还提供了对 Java 存储过程、XML 和数据 Web 服务的支持。Stand-alone 版本包含了 Data Studio 的大部分组件，用户下载后可以将其加载到同样基于 Eclipse 平台的 Rational（IBM 的一种软件开发平台）或者其他 Optim 集成开发环境中，这对已经建立了开发环境的用户特别适合。

IDE 版和 Stand-alone 版究竟有多大的差异？是不是任选一款都能满足大部分开发需求呢？

两个版本之间是有重要差异的。如果对此没搞清楚，会对后续工作带来一些麻烦。表 3-1 列出了两个版本之间的主要区别。

表 3-1　Stand-alone 和 IDE 版功能比较

功　　能	描　　述	Stand-alone	IDE
架构	加载到 Rational/Optim 开发环境	√	-
数据建模	数据库概述图	√	√
应用开发	SQL/XQuery 编辑器	√	√
	SQL 查询构建器	√	√
	Visual Explain	√	√
	SQL 存储过程/用户自定义函数编辑器和调试器	√	√
	JAVA 存储过程/用户自定义函数编辑器和调试器	-	√
应用开发	SQLJ 开发	-	√
	XML 编辑器和带注释的 XSD 映射编辑器	-	√
	数据 Web 服务	-	√
数据库对象管理	创建和删除数据库对象	√	√
	查看和管理数据库权限	√	√
	影响分析和报告	√	√

通过表 3-1 的对比，我们可以看到 IDE 版本的 Data Studio 无疑是完胜的，它提供了最为全面的功能。因此，除了必须使用已有 Eclipse 环境的开发人员之外，建议大家选用 IDE 版本的 Data Studio。

3.1.3　一切从"连接"开始

下载得到安装介质后，Windows 平台上的安装过程可以通过图形化的安装向导完成，这里不再赘述。安装完成后运行 Data Studio，首先需要选择一个路径作为默认的工作空间，相信熟悉 Eclipse 环境的读者应该会感到非常亲切。

选择工作空间后你就会看到典型的 Eclipse 式欢迎界面，包含介绍信息及"第一步"向导。关闭欢迎页面后就可以看到 Data Studio 的主界面，默认的是"数据透视图"，如图 3-2 所示。

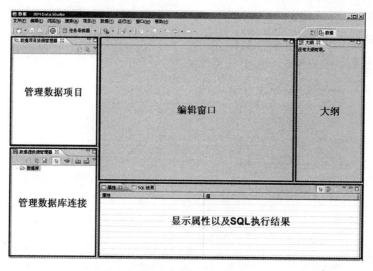

图 3-2　数据透视图下的 Data Studio 主界面

透视图是 Eclipse 的概念，每一个透视图都是由一个或多个视图和编辑器组成的，这些视图和编辑器组合起来共同完成一项任务。以数据透视图为例，它是由数据项目资源管理器、数据源资源管理器、属性/SQL 结果、大纲和一个备用编辑器组成的。这些组件各司其职，以实现各类数据操作的编辑、执行和显示。

注意	为完成不同的任务，Data Studio 定义了多个透视图以供开发人员选择。如图 3-3 所示，单击"打开透视图->其他"，可以看到可供选择的透视图列表。常用的选项包括数据库调试、数据库管理和数据库开发。具体各透视图的使用方法会在后面的章节中讲述。

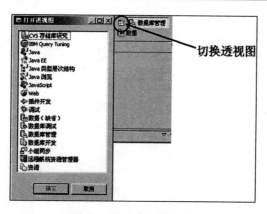

图 3-3　可用透视图列表

　　所有数据库管理和开发的任务都需要连接到目标数据库才行。因此，使用 Data Studio 的第一步就是建立数据库连接。

　　为连接到目标数据库，我们需要在 Data Studio 中定义一个数据库连接档案。单击"新建"按钮，选择"新建连接概要文件"即可打开数据库连接向导，如图 3-4 所示。根据提示填写完整的数据库连接信息，包括数据库类型、名称、主机地址和端口号等。

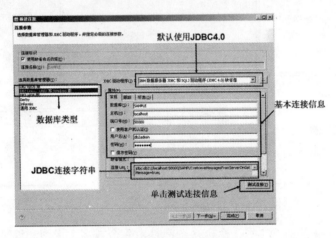

图 3-4　数据库连接向导

注意	如果信息不完整，会在左上角出现相应的提示信息，不过该连接信息不会被保存。

　　另外我们可以看到，Data Studio 连接 DB2 数据库时默认使用的是 IBM JDBC 和 SQLJ 驱动程序（JDBC 4.0），最下方的连接 URL 信息框中给出了实际使用的连接 URL。信息填写完成后，可以使用"测试连接"按钮来测试能否成功连接到数据库。

3.1.4　详解数据库管理功能

　　在推出 Data Studio 之前，免费的 DB2 图形化管理工具就只有 DB2 控制中心这一款了。除此之外你只有两个选择：要么去购买付费的管理软件，要么通过命令行工具敲命令。Data Studio 的出现改变了这一格局，为大家提供了另一条可选的道路。下面就让我们去一探究竟吧！

　　为了执行数据库管理的操作，先让我们切换到数据库管理透视图，如图 3-5 所示。

　　当连接到一个数据库之后，我们就可以在"管理资源管理器"中看到该数据库下的所有数据和对象了，如图 3-6 所示。

　　可以看到，Data Studio 中可以管理和操作的数据库对象类型非常全面。操作界面和 DB2 控制中心非常相近，这样大大方便了已经熟悉 DB2 控制中心的老用户使用。同时，它还覆盖了 DB2 控制中心的绝大部分功能，并重新编排了功能界面。例如，图 3-7 和图 3-8 针对数据库中同一张表 ACT，对比了 Data Studio 和 DB2 控制中心两者的界面和功能。可以看到，控制中心提供的操作选项，绝大部分也都在 Data Studio 中实现了。

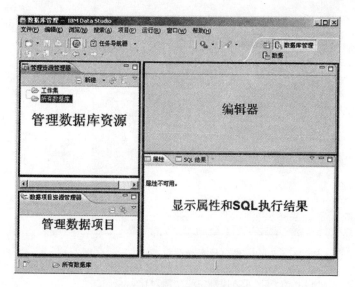

图 3-5　数据库管理透视图　　　　　　　　图 3-6 可操作的数据库对象列表

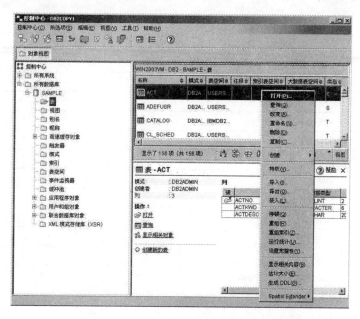

图 3-7　DB2 控制中心提供的表操作

　　Data Studio 提供了和 DB2 控制中心非常相近的界面和操作方式，这使得上手操作非常容易。另外，由于它完全免费，而且提供数据库开发的功能，所以在绝大多数情况下，你都可以用 Data Studio 来取代 DB2 控制中心。表 3-2 列出了 Data Studio 与 DB2 控制中心常用功能的对比。

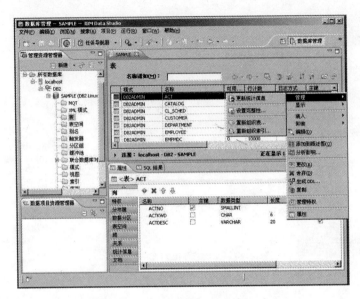

图 3-8　Data Studio 提供的表操作

表 3-2　Data Studio 与 DB2 控制中心功能对比

功　　能	描　　述	Data Studio	DB2 控制中心
管理 DB2 实例	配置和维护 DB2 实例	√	√
管理 DB2 数据库	创建/删除数据库	√	√
	创建数据库对象	√	√
	管理用户权限	√	√
	编辑、修改数据库对象	√	√
	分析影响	√	-
数据建模	数据库概述图	√	-
数据库维护	创建和管理表空间	√	√
	创建和管理缓冲区	√	√
	重新组织表和索引	√	√
	收集统计信息	√	√
	导入、导出数据	√	√
	备份和恢复	√	√
应用开发	编辑和运行 SQL/XQuery	√	√
	SQL 查询构建器	√	√
	Visual Explain	√	√
	SQL 存储过程/用户自定义函数编辑器和调试器	√	-
	Java 存储过程/用户自定义函数编辑器和调试器	√	-
	SQLJ 开发	√	-
	XML 编辑器和带注释的 XSD 映射编辑器	√	-
	数据 Web 服务开发	√	-

可以看到，Data Studio 在管理方面提供的功能与 DB2 控制中心相比，真是青出于蓝而胜于蓝。同时，它更是一款强大的数据库开发工具，提供的开发功能更加全面。下面，就让我们去看一看在数据库开发领域 Data Studio 都能做些什么。

3.1.5 编写脚本，地主老爷的碗——难端

编写脚本，这是让许多数据库开发人员一筹莫展的精细活儿，真是地主老爷的碗——难端。Data Studio 号称是数据库开发的全能选手，能不能把开发者从编写脚本的枷锁中解救出来呢？其实，Data Studio 既然针对的是数据库开发者，那么除了提供完备的数据库管理功能外，它在数据库开发方面是有真功夫的。数据库开发中最基础的就是维护 SQL/XQuery 脚本了。大家注意哦，通过 Data Studio，仅需三步就可以轻松玩转 SQL/XQuery 脚本。下面就让我们去看一看这三步具体是怎么做的。

第一步：创建数据开发项目

Data Studio 中所有的 SQL 脚本和存储过程等对象都是统一管理的。为此，我们第一步需要先建立一个数据开发项目，以保存所有的对象。如图 3-9 所示，通过"新建"菜单来建立一个新的数据开发项目。

指定项目名称后，选择开发所使用的数据库，如图 3-10 所示。如果还没有建立目标数据库连接档案，那么可以通过单击"新建"按钮来建立数据库连接。

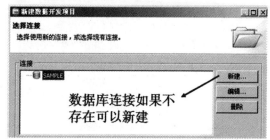

图 3-9　创建数据开发项目　　　　　　图 3-10　选择目标数据库

之后，需要指定开发项目的默认模式及默认路径。如图 3-11 所示，Data Studio 会将默认模式设置为 DB2 数据库中的 CURRENT SCHEMA 注册变量，默认路径对应于 CURRENT PATH 注册变量。这样，所有未指明模式名称的数据库对象就都会被创建在默认模式下面了。

创建完成后，Data Studio 会提示你切换到数据透视图。至此，我们已经完成了开发项目的创建工作，可以开始动手编写 SQL/XQuery 脚本了。

第二步：创建 SQL 脚本

在每个数据开发项目中，SQL 和 XQuery 都统一管理在 SQL 脚本文件夹下。在"SQL 脚本"文件夹上单击右键，选择"新建->SQL 或 XQuery 脚本"来创建一个新的脚本文件。Data Studio 为我们提供了两种方式来创建脚本文件，即编辑器和查询构建器，如图 3-12 所示。其中，最常使用的就是编辑器模式。下面首先以编辑器模式为例来进行讲解。

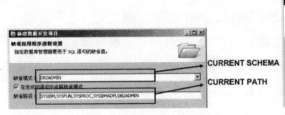

图 3-11　应用程序默认值设置

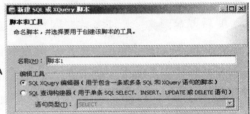

图 3-12　创建 SQL 或 XQuery 脚本

打开编辑器后如图 3-13 所示，显示为四个区域：

● 数据库连接和验证模式选择区；

● SQL XQuery 脚本编辑区；

● SQL 运行结果显示区；

● SQL 运行状态和返回数据结果集显示区。

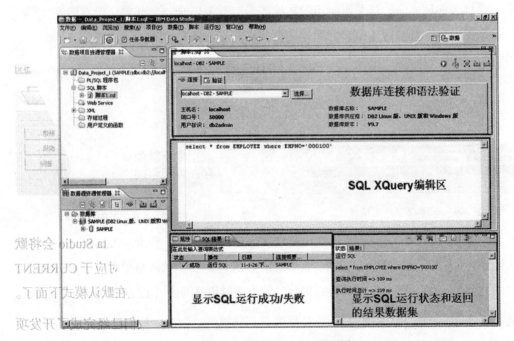

图 3-13　SQL XQuery 编辑器界面

通过选择数据库连接来指定脚本在哪个数据库运行。在"验证"选项卡中，可以选择数据库的类型从而实现对 SQL 语法的校验，如图 3-14 所示。

图 3-14　验证 SQL 语法

第三步：运行脚本

在编辑区域完成 SQL 或 XQuery 语句的编写后，单击"运行"按钮，该脚本就会提交到目标数据库当中执行，并将状态和结果返回到底部的显示区域中。

在运行按钮旁边，编辑器提供了 4 个功能按钮，分别是"Visual Explain"、"Query Tuning"和"导入"、"导出"，如图 3-15 所示。

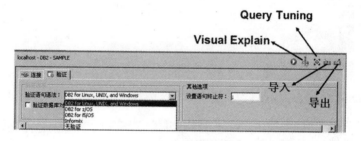

图 3-15　功能按钮

"导入"、"导出"功能可以方便地实现脚本文件的备份和迁移。"Visual Explain"用于可视化地解释 DB2 的访问计划。通过存取方案图，可以直观地看到 DB2 是如何执行每一条查询语句，并预计其开销的，如图 3-16 所示。

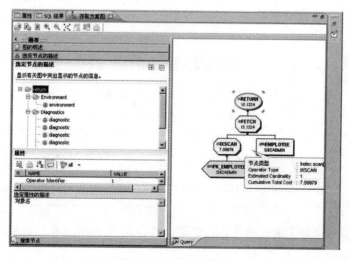

图 3-16　存取方案图

通过"Query Tuning"功能，能够得到有效查询优化建议。例如针对查询语句：

```
select * from EMPLOYEE where EMPNO='000100'
```

查询调优工具给出了在 EMPLOYEE 表的 EMPNO 列执行 RUNSTATS 的建议，给出了具体的执行命令语句，如图 3-17 所示。

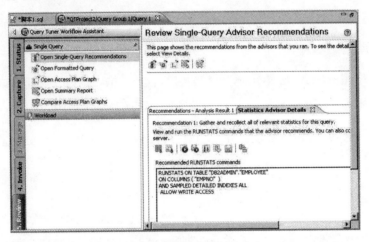

图 3-17　查询调优建议

同时，Data Studio 还给出了针对这一查询语句的详细报告，如图 3-18 所示。

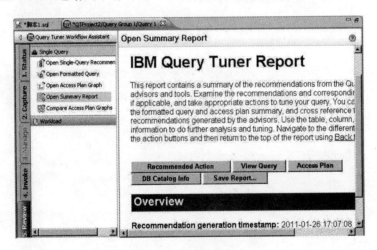

图 3-18　查询调优报告

注意	Data Studio 不能直接执行查询优化的操作，只是提供相应的优化建议。

问道	前面我们还提到了查询构建器，它跟普通的 SQL 编辑器有什么区别吗？

答曰

> SQL 查询构建器是一种辅助工具，它可以帮助不太熟悉 SQL 的用户通过图形化界面一步步地构建查询语句。你只需要设计想要的查询逻辑，构建器会自动生成目标查询语句。

如图 3-19 所示，SQL 查询构建器的主界面分为 5 个部分，分别包括：

● SQL 语句编辑区；

● 数据库对象添加区；

● 查询条件设定区；

● SQL 运行结果区；

● 状态和结果集显示区。

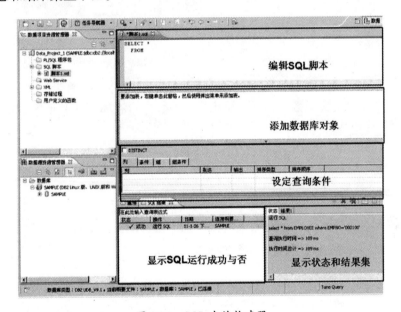

图 3-19　SQL 查询构建器

构建一个查询，首先按照提示在添加数据库对象区域单击右键，选择"添加表"选项，然后选择想要查询的表。这时，就会在数据库对象区域显示添加的表及其所包含的列。在条件选择区域，可以对各列设定查询的限定条件。目标查询语句会实时地显示在 SQL 脚本编辑区域，如图 3-20 所示。

构建完成后，单击"运行"键即可执行该 SQL 语句，如图 3-21 所示。

至此，我们实现了从创建一个开发项目到运行基本的 SQL 脚本的全过程，这也是每一个数据库管理员或者开发人员最基本的工作内容。通过 Data Studio 我们可以看到，在支撑基本操作的同时，它还智能地为我们考虑得更加周全，整个过程非常简单。

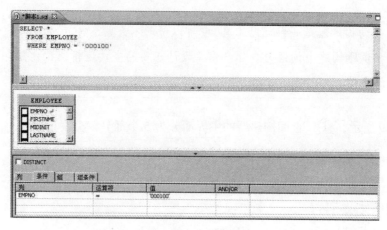

图 3-20　构建 SQL 查询语句

图 3-21　执行 SQL

我们当然不会满足于执行简单的 SQL 脚本，在数据库服务器端开发中，最重要的莫过于存储过程和用户自定义函数了。下面就让我们一起去看看如何在 Data Studio 中开发存储过程和用户自定义函数。

3.1.6　玩转存储过程和 UDF

存储过程和用户自定义函数（User Defined Function，UDF）是数据库服务器应用的重中之重。数据库本身提供的命令行和编辑器功能十分有限，因此能否便利地开发、部署和调试存储过程、UDF 就成了开发工具优秀与否的关键。

作为 IBM 原装的 DB2 开发工具，Data Studio 提供了强大的开发、部署和调试功能。针对存储过程，支持使用 Java、SQL 和 PL/SQL 语言进行开发和调试。针对 UDF，支持使用 SQL 和 PL/SQL 语言进行开发和部署功能，但不能够进行调试。

这里以开发最常用的存储过程为例，演示一下用 Data Studio 进行开发、部署和调试的全过程。

第一步：创建存储过程

存储过程同 SQL/XQuery 脚本一样，统一由数据开发项目进行管理，如图 3-22 所示。

在存储过程文件夹上单击右键，选择"新建->存储过程"，即可打开向导。如图 3-23 所示。

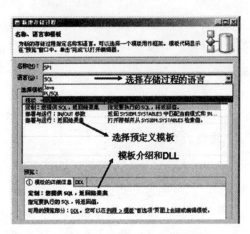

图 3-22　数据项目中的存储过程　　　　　图 3-23　存储过程向导

通过向导首先选择存储过程的语言，Data Studio 支持 SQL、PL/SQL 和 Java 语言开发存储过程。完成语言选择后，我们可以选择基于预定义的三个模板来编写存储过程。这三个模板提供了三类存储过程应用的基本框架，开发人员可以从修改模板开始着手编写存储过程，以节省开发的时间。在图 3-23 的 "预览" 区域中，我们可以看到这三个模板的定义。当然，这三个模板并不是必需的，有经验的开发人员完全可以自定义自己的开发模板。

第二步：部署到数据库

编写完存储过程之后，我们可以将其部署到数据库中以运行或调试。在存储过程项目上单击右键选择 "部署"，或者在编辑器的右上方单击第一个按钮进行 "部署"，打开部署向导，如图 3-24 所示。

图 3-24　部署向导　　　　　　　　图 3-25　启用调试选项

通过向导，可以设置部署的目标数据库、目标模式及是否覆盖重复的存储过程定义。在第二个页面，可以设置预编译选项，以及非常重要的一个选项——是否启用调试，如图 3-25 所示。

注意	只有选择"启用调试"选项进行部署的存储过程，我们才能够在 Data Studio 中进行调试。

第三步：调试

完成部署后，我们下面去看一看 Data Studio 的调试功能。通过单击右键菜单或者编辑区域右上角的经典"小甲虫"调试按钮，可以进入调试模式。首先，我们需要指定存储过程各个变量的值，如图 3-26 所示。

图 3-26　设定输入参数值

完成后，Data Studio 会提示我们切换到调试透视图。切换后的界面布局如图 3-27 所示。在界面的右上部分是变量监控窗口，我们可以实时地看到各个变量值的变化。更重要的是，我们可以实时地修改各个变量的值，以达到控制程序运行路径的目的。在中部的程序跟踪窗口，可以看到程序运行到的具体行数。程序跟踪窗口的最左侧是断点列，可以通过双击鼠标来添加或删除一个断点，从而在调试过程中控制程序的停顿位置。界面下方的结果和状态窗口能够实时地反馈程序运行的状况。

调试菜单栏提供了一组功能按钮，分别实现了"单步跳入"、"单步跳过"、"单步返回"和"恢复运行"的功能，能够让开发人员控制调试路径。

通过上面的步骤可以看到，用 Data Studio 开发和调试存储过程就如同 Eclipse 调试 Java 程序一样简单和方便。同样，我们也可以用相似的步骤来开发和部署 UDF，也非常方便快捷，这里不再赘述。

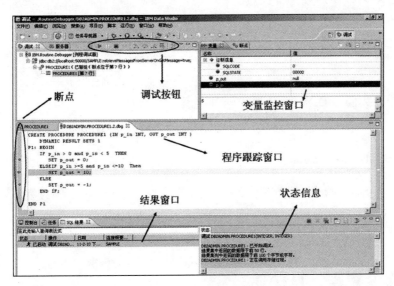

图 3-27　调试透视图

| 注意 | 再次强调一下，Data Studio 并不提供对 UDF 进行调试的功能。 |

另外，由于从 DB2 V9.7 开始支持 PL/SQL 语法，所以我们也可以像开发普通 DB2 存储过程一样在 Data Studio 中开发、部署和调试 PL/SQL 存储过程。熟悉 Oracle 的开发者可以将已有的 PL/SQL 存储过程通过 Data Studio 工具转移和部署到 DB2 中。

3.1.7　Data Studio 评分

作为 IBM 公司提供的 DB2 开发工具，Data Studio 能够紧跟 DB2 数据库的发展和更新，这是它最大的优势。以存储过程为例，从 V9.7 版本开始 DB2 提供了对 PL/SQL 程序包（Package）的支持。Data Studio 支持在 DB2 中开发 PL/SQL Package，而本书列举的其他开发工具最新版本尚未支持 PL/SQL Package 开发。

Data Studio 基于非常流行的 Eclipse 平台，这对熟悉 Eclipse 界面和使用风格的读者来说非常方便。另外，Data Studio 除了支持 Windows 平台之外，还可以在各种 Linux 和 UNIX 平台上使用。其他 DB2 开发工具诸如 Visual Studio 和 TOAD for DB2 都只能在 Windows 平台上使用。

Data Studio 的主要缺点同样在于基于 Eclipse 平台，不熟悉 Eclipse 的用户需要一段时间来适应和学习，不会像基于 Windows 窗口程序的 TOAD、Visual Studio 那样更贴近普通用户。需要指出的是，Data Studio 对内存的消耗比较大，因此对系统配置的要求相对较高。

在本章中，我们提供了一套评分系统来对每款开发工具进行评价，主要包括用户体验、数据库管理、数据库开发和综合评分四个方面。最高得分为五颗星，代表开发工具在该方面的表现无懈可击。

综合来看，我们对 Data Studio 这位全能选手的评分如下：

用户体验　：　★★★★

数据库管理：　★★★★⭒

数据库开发：　★★★★★

综合评分　：　★★★★★

3.2　超级大管家，TOAD

TOAD，语义蟾蜍，中国人更喜欢青蛙，不过在西方的神话中，TOAD 可能量不小，上可管陆上的花鸟蝉虫，下可治水下的虾鳖鳅鱼。在 Oracle 应用开发领域，TOAD 凭借丰富的功能、友好的用户体验表现不俗。与 TOAD 同样受欢迎的，还有一款叫做 PL/SQL Developer 的 Oracle 应用开发工具。这两款工具问世时间都很长，有着很广泛的群众基础和良好的口碑，其中 TOAD 更是被誉为数据库开发中的"超级大管家"。不过，与 Data Studio 不同的是，这两款开发工具都是基于 Windows 窗口界面的，所以对在 Windows 平台上进行开发的程序员非常有亲和力。

但是遗憾的是，PL/SQL Developer 只能够针对 Oracle 数据库进行开发，没有办法应用到 DB2 数据库平台中。不过，TOAD 提供了专门针对 DB2 数据库的版本，这就是 TOAD for DB2。这对习惯使用 TOAD 开发 Oracle 应用的程序员来说，是一种福音，因为它可以让你在 DB2 平台上再续前缘，找到似曾相识的感觉！

下面，就让我们一起去具体看一下 TOAD for DB2 吧！

3.2.1　初识 TOAD for DB2

TOAD for DB2 是 Quest Software 旗下针对 IBM DB2 数据库提供的一款管理和开发工具，它提供了丰富的数据库管理和服务器端应用开发功能。TOAD 基于非常友好的 Windows 窗口界面，这使得新老用户都能够很快上手。TOAD 还有一个优点是系统资源占用较低、比较轻便。

TOAD 提供的主要功能包括：

- SQL 编辑器；
- 查询构建器；
- 开发和调试存储过程、用户自定义函数和触发器；
- 数据库对象的浏览和管理；
- 数据导入和导出；
- 数据库对象的比较和迁移；
- SQL 语句分析；
- 自动化和作业管理；
- 数据的比较和同步。

可以看到，TOAD 是一款更专注于数据库服务器端管理的工具，追求的是简便快捷的数据库管理的体验。开发方面主要集中于对数据库服务器端应用开发的支持，包括基本的 SQL 语句开发及存储过程、UDF 和触发器。但是，不同于 Data Studio，TOAD 并不提供对 Java 或.NET 等平台进行数据库客户端应用开发的支持，仅限于服务器端应用的开发。

下面，就让我们一起走近一些去看一看 TOAD 的能耐有多大！

3.2.2 TOAD 起步，从"连接"开始

同 Data Studio 一样，在操作数据库之前，我们首先要为 TOAD 建立一个数据库的连接档案。如图 3-28 所示，单击"创建"按钮即可进入创建数据库连接向导。

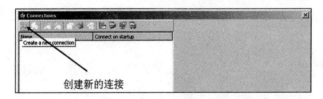

图 3-28　创建数据库连接

单击"配置 DB2 客户端"按钮，首先配置一下当前的 DB2 环境，如图 3-29 所示。

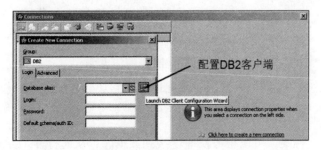

图 3-29　配置 DB2 客户端

在客户端配置向导界面单击"Add Catalog Entry"按钮，并根据向导一步步添加数据库信息，如图 3-30 所示。

这里以 DB2 提供的示例数据库 SAMPLE 为例，通过向导完成信息的填写后，会在最后一步中看到实际执行的 SQL 语句，如图 3-31 所示。

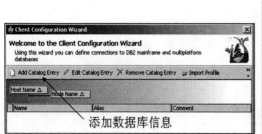

图 3-30　添加 DB2 数据库信息　　　　图 3-31　添加数据库执行 SQL 语句

选择完成后即可回到创建数据库连接界面，填写数据库登录信息，如图 3-32 所示。

图 3-32　完成创建数据库连接

至此，就完成 DB2 连接档案的创建了。按照同样的步骤，可以将需要的数据库连接一一添加到 TOAD 中来。这样就实现了对所有数据库的集中管理，想对哪个数据库进行操作就选择哪个连接档案。

完成了数据库连接的设定，下面让我们去看一看 TOAD 提供的数据库管理功能都有哪些。

3.2.3　数据库管家的管理功能

数据库管理功能是 TOAD 的招牌，完全可以媲美 DB2 控制中心。基于 Windows 窗口程序的 TOAD 非常符合用户的使用习惯，操作响应非常迅速，这也是大多数用户选择它的原因。除此以外，它还额外提供了一些非常实用的功能。下面让我们去仔细看看这些功能。

通过数据库连接档案，可以很方便地连接到数据库，从而打开 TOAD for DB2 的主界面，如图 3-33 所示。主界面是标准的 Windows 窗口风格，界面的上方是菜单栏和功能按钮，界面的左侧是数据库对象列表。用户可以根据个人喜好选择界面的布局风格。这里选择了最常用的 "Tree view" 选项，各数据库对象是以树状结构进行排列和组织的，看起来非常整洁。所有的数据库管理、操作和开发功能几乎全部浓缩在右键菜单中，操作非常简便。每选定一个对象，右侧的显示栏都会列出和该对象相关的所有属性，并且可以利用标签栏在不同的属性中进行切换。

图 3-34 展示了 TOAD 可以操作的 DB2 数据库对象类型，覆盖范围非常全面。配合右键菜单，数据库管理员可以迅速、便捷地完成各项数据库维护工作。

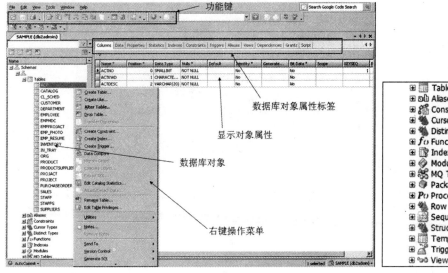

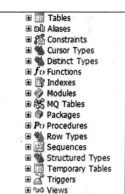

图 3-33　TOAD for DB2 主界面　　　　图 3-34　TOAD 能够操纵的数据库对象列表

注意	TOAD 没有提供联邦数据库相关对象及 PL/SQL 包对象的管理。需要使用联邦数据库环境的读者、需要在 DB2 的 Oracle 兼容特性下开发 PL/SQL 包的读者请注意这一点。

 说了这么久，好像说到的功能点 Data Studio 都能做到啊，TOAD 管理数据库有什么特色之处吗？

 那是当然的，作为一款收费的工具，当然要有特色才行！在数据库管理这个领域，TOAD 有三个功能是非常有特色的，我们将在下面进行详细介绍。

1．数据库对象的比较

TOAD 在上下文菜单中提供了"Compare"功能，也就是比较功能。该功能能够对多种数据库对象的 DDL 定义进行比较，并以高亮的形式显示出不同。这个功能最有用的地方就在于可以轻松地比较两个包含相同表的数据库之间，或者同一个数据库中两个 Schema 下面所有表的定义是否一致。通过 TOAD 的比较功能，我们可以轻松地发现数据库对象定义之间的异同。

2．数据的比较和同步

除了数据库对象的比较，TOAD 还可以让我们对相同定义的表中的数据进行比较和同步。通过这个功能，能够轻松地发现保存在不同数据库中的同一张表的数据是否一致，并且可以根据比较结果选择进行同步。

3．自动化作业

自动化作业这个特性恐怕是所有数据库管理员的最爱。TOAD 提供定义作业及自动提交作业的功能。数据库管理员只需要定义好作业，并且安排好自动化的流程，那么所有的事情交给 TOAD 去自动执行就好了。

总体来说，TOAD 在数据库管理方面可圈可点，加上它提供的许多便利的功能使得数据库管理员的生活更加轻松了一些。那么，在数据库开发方面，TOAD 的表现又如何呢？让我们去看一看。

3.2.4　轻车熟路的 SQL 脚本

在 TOAD 中如果需要编辑 SQL 脚本，那真不难，只需要在主菜单中选择"File->New->Editor"，新建一个 Editor 即可。

同 Data Studio 一样，TOAD 在处理基本的 SQL 脚本时，同样提供了普通的编辑器和构建器两种方法。但是总体来看，TOAD 在用户体验方面做得更好一些。以 SQL 编辑器为例，当输入"select * from"敲击完空格之后，TOAD 马上会提示出当前的数据库连接下可以选择的表，如图 3-35 所示。在 Data Studio 中，我们虽然可以通过快捷键，或者更改首选项的方式来弹出这样的补全列表，但是由于 Eclipse 本身消耗资源较大，反应时间较慢，所以用户体验稍逊一筹。

同样地，TOAD 的查询构建器使用体验也要更胜一筹。通过选择"Tools->Query Builder"可以打开查询构建器。在编辑界面中，我们只要从左侧的列表选择需要的表进行拖放操作，就可以将它添加到查询中来，如图 3-36 所示。

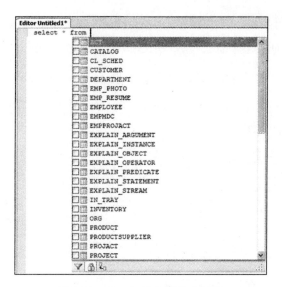

图 3-35　TOAD 的自动补全功能

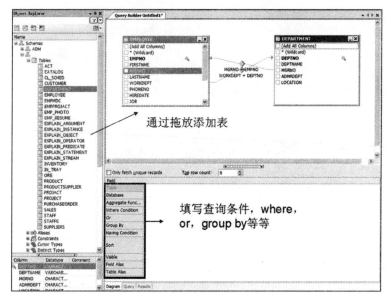

图 3-36　TOAD 查询构建器

　　查询条件也可以很方便地通过下方的属性界面来设定。所以，通过 TOAD 来编写基本的 SQL 脚本是一件很方便的事情，这体现出了 TOAD 简单快速的特点。下面，作为数据库服务器端应用的重点，让我们去看一看 TOAD 处理存储过程和 UDF 的本领怎么样。

3.2.5　存储过程靠"向导"

　　存储过程和 UDF 历来就是数据库工具厂商必争之地。TOAD for DB2 对开发和调试 DB2 存储过程和 UDF 提供了强大的支持。它以向导的形式贯穿了整个开发过程，界面非常友好。同时，支持的开发语言种类相比 Data Studio 还要更丰富一些。这里就以最常用的存储过程的开发为例，为大家详细地演示一下 TOAD 的使用方法。

创建存储过程只需要在数据库对象列表中选中 "Procedures"，然后单击右键，选择 "Create Procedure" 即可打开创建存储过程向导。在 "General" 标签栏，需要指定存储过程的名称及参数信息，如图 3-37 所示。

图 3-37　设置存储过程名称和参数

打开 "Type" 下拉选单，可以看到 TOAD 支持的编写存储过程的语言种类。如图 3-38 所示。

图 3-38　TOAD 支持的存储过程开发语言

除了 SQL 和 PL/SQL，其他的外部语言都被归类于外部语言（External）这个类型中了。外部语言的支持包括了 C、COBOL、Java、CLR 和 OLE，如图 3-39 所示。另外，TOAD 还提供了对 DB2 sourced procedure 的支持。sourced procedure 用于联邦数据库环境中，实现对联邦数据库中存储过程的调用。可见 TOAD 支持的开发语言种类是非常全面的。

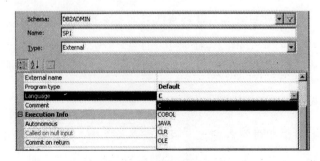

图 3-39　TOAD 支持的外部开发语言

这里我们以基本的 SQL 语言为例，演示如何使用 TOAD 开发和调试存储过程。

填写完成"General"标签栏后，单击进入"Parameters"标签。在这个界面中我们可以指定存储过程的输入和输出变量，如图 3-40 所示。

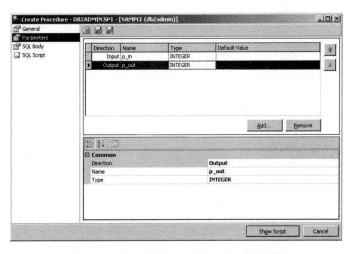

图 3-40　指定存储过程的输入和输出变量

"SQL Body"是我们编写存储过程的主体部分，只需要填写存储过程在 Begin 和 End 中间的定义部分就可以了，如图 3-41 所示。

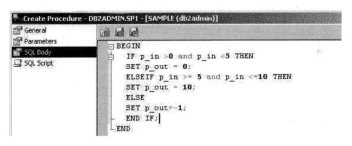

图 3-41　编写存储过程主体部分

完成后，我们就可以在"SQL Script"标签界面看到完整的存储过程定义，如图 3-42 所示。

单击"Execute"按钮，将存储过程部署到目标数据库。成功后，就可以在存储过程列表中看到刚刚编写的存储过程了。如果要进行调试，必须在存储过程名上单击右键，选择"Compile SQL Procedure with Debug"选项。成功后，就可以在右键菜单中看到"Debug"选项已经被激活，可以对存储过程进行调试了，如图 3-43 所示。

由于我们的存储过程定义中有输入/输出变量，所以 TOAD 会先提示你为输入/输出变量赋值，赋值成功后就会跳转到调试界面，如图 3-44 所示。

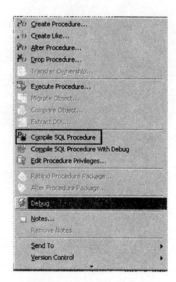

图 3-42　完整的存储过程　　　　　　　　图 3-43　调试存储过程

其中，单击断点栏可以添加断点，单步"跳入"/"跳出"按钮可以实现调试步进功能，存储过程的输出结果显示在结果集区域。

注意	TOAD 同样不支持 UDF 的调试。

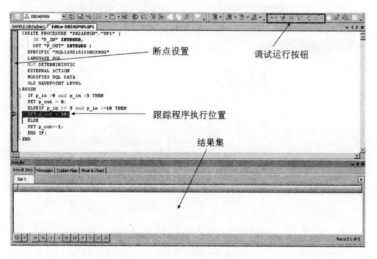

图 3-44　TOAD 调试界面

通过这个过程，可以看到 TOAD for DB2 的操作界面非常友好：开发过程以向导的形式展开。另外，支持的存储过程开发语言种类非常丰富，调试功能也非常强大。但是不可否认的是，向导其实是一把双刃剑，在提供便利的同时，也增添了用户的操作步骤。熟练的编程人员一般更愿意直接用文本编辑的形式来开发存储过程。这种情况下，向导的设计反而会觉得有些冗余，不够简捷。

3.2.6　TOAD 评分

TOAD for DB2 能够在很大程度上满足数据库管理和维护工作。相比其他几款开发工具而言，它对存储过程和用户自定义函数开发语言的支持更为全面，这可以称得上是它最大的优势。

此外 TOAD for DB2 的另一个优势在于 TOAD for Oracle 积累的庞大用户群。由于两者无论从界面布局和使用习惯上来看都非常一致，所以习惯使用 Oracle 的开发人员能够很快上手。这对于转型做 DB2 开发或者接手 Oracle 向 DB2 迁移项目的开发者来说帮助很大：能够减轻项目启动时工具选型的压力并在项目中提升开发效率。

不过，TOAD for DB2 最大的缺点在于对 DB2 数据库新功能的跟进上不够及时。在 DB2 推出新功能时，TOAD 的跟进需要有一个过程。如本章开篇提到的：TOAD 对 DB2 中管理 PL/SQL 包这一功能就暂时没有提供。另外一个缺点是，基于 Windows 平台的 TOAD，无法在 UNIX/Linux 环境下跨平台运行，这限制了它的使用。

综合来看，我们给 TOAD for DB2 这位超级大管家的评分如下：

用户体验　：　★★★★★

数据库管理：　★★★★★

数据库开发：　★★★★

综合评分　：　★★★★★

3.3　部落酋长，Microsoft Visual Studio

本章读到这里，我们实际上介绍了两个人，一个是全能选手 Data Studio，一个是超级大管家 TOAD。把二者放在一起对比，是因为两位在数据库管理和开发方面不分伯仲，各具特色。接下来，要给大家介绍的这款大名鼎鼎的 Microsoft Visual Studio 就很有个性了，它实属一位部落酋长。为什么这么称呼呢？它对数据库管理方面提供的功能相比前两位来说不在同一个水平线之上，数据库服务器端应用开发也要逊色一些，不过当你发现这个工具的闪光点时，不要称奇，因为毕竟是酋长嘛。

我曾发现有的读者对微软的产品还是颇有微词的，这是否属于偏见姑且不谈，不过确实有人对 Microsoft Visual Studio 这款工具提供的数据库开发功能评价是：沙滩上盖楼房——

基础差、底子不行。这种观点，其实忽略了一个事实：在企业级应用程序开发领域，.NET 平台现今如日中天，已与 Java 二分天下。如果说 Java 开发工具是百家争鸣的话，那么.NET 的开发工具可谓是 Microsoft Visual Studio 唯我独尊。所以，这个 Visual Studio 在.NET 开发的天地里，是当仁不让的部落酋长，小觑不得。

问道　Visual Studio? 这个我很熟。不过，它的数据库开发不是针对 SQL Server 吗？

答曰　许多人跟你一样不曾听说 Visual Studio 可以开发 DB2 数据库应用。其实最早从 DB2 V8.2 开始，IBM 公司就随着 DB2 数据库提供了一套基于 Visual Studio 的插件，叫做 IBM 数据库插件（全称是 IBM Data Server Add-ins for Visual Studio）。别小看这一组插件，它涵盖了从基本的数据库管理到存储过程调试和开发的全套功能，绝对是基于.NET 平台开发 DB2 应用的一把好手！

下面，就让我们去一睹 Visual Studio 的风采吧！

3.3.1　双剑合璧，Visual Studio + IBM 数据库插件

正如我们刚刚提到的，Visual Studio 自身是不具备开发 DB2 数据库应用能力的。所以，在开发 DB2 应用之前，必须先安装好 IBM 数据库插件，来赋予 Visual Studio 操作 DB2 的能力！

在 DB2 安装启动板或者在安装 DB2 数据库向导中，我们都能找到安装 IBM 数据库 Visual Studio 插件的选项，如图 3-45 所示。

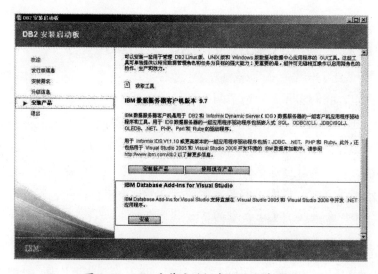

图 3-45　DB2 安装启动板中插件安装选项

最新的 DB2 V9.7 版提供的插件可以安装在 Visual Studio 2005 和 2008 中。安装完成后，就能够在 Visual Studio 的初始化面板上看到它的图标，如图 3-46 所示。

注意	在安装 IBM 数据库插件之前，需要安装下面三种 IBM Server 客户端的其中一种： ● IBM Data Server Client ● IBM Data Server Runtime Client ● IBM Data Server Driver Package for IBM Database Add-Ins

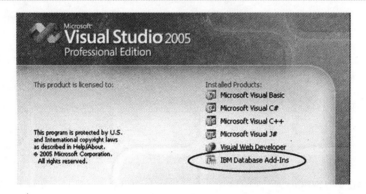

图 3-46　插件安装成功后显示在启动面板

同时，为保证插件能够正常使用，请确认客户端、插件和数据库在版本和补丁级别上保持一致。例如，都使用 DB2 V9.7 Fix Pack 3 的安装介质进行安装。

完成了 IBM 数据库插件的安装，我们就赋予了 Visual Studio 管理和开发 DB2 的能力了。其本领到底如何呢？让我们去看一下吧！

3.3.2　DB2 "瘦" 管理

这里我们虽然用了一个 "瘦" 字来形容 Visual Studio 管理 DB2 数据库，但这个 "瘦" 字可并不像用在 "瘦客户端" 里面那么酷，不是简洁的意思，而是功能相对较弱的意思。

与 Data Studio 类似，在开始数据库管理和开发之前，首先要创建数据库连接档案。数据库连接的管理在 Visual Studio 的 Server Explorer 面板中实现了无缝融合。在 "Data Connections" 上单击右键，选择 "Add Connections" 选项即可打开创建连接向导。接着在 "Data Source" 下拉列表中选择 "IBM DB2，IDS and U2 Servers"，如图 3-47 所示。

在下一个界面，需要填写具体的服务器信息、数据库连接信息、用户名和密码等。如图 3-48 所示。关于服务器信息，读者可以通过 "刷新" 按钮来发现本地的服务器。最后，填写完成后可以通过 "Test Connection" 按钮来测试连接是否成功。

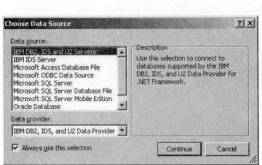

图 3-47　选择数据源类型　　　　　　　　　图 3-48　数据库连接信息

设置成功后，我们就可以在 Server Explorer 中对数据库中的对象进行操作了。但是我们可以看到，与 Data Studio 和 TOAD 相比，Visual Studio 插件可以查看和管理的数据库对象相对比较少，只提供了表、视图、过程、函数、XML 模式存储库和 Web Service 这 6 个选项，如图 3-49 所示。

事实上，不仅是可供操作的对象相对有限，而且可以执行的操作数目也同样较少。我们选中表或者视图，随后单击右键就能够看到所有可以进行的操作，如图 3-50 所示。

图 3-49　可以管理的数据库对象类型

图 3-50　表/视图管理功能

相比前两款工具，它没有办法替代 DB2 控制中心的绝大部分功能，在我们的日常工作中顶多起到辅助的作用。所以，Visual Studio 进行数据库管理方面只能说勉强及格。下面，再让我们去看看它开发存储过程和 UDF 的能力如何吧。

3.3.3 开发存储过程和 UDF

前面介绍了如何使用 Visual Studio 管理数据库，下面来看一下如何用 Visual Studio 开发数据库服务器端应用，包括存储过程、UDF、触发器等。同 Data Studio 一样，首先需要建立一个开发项目，通过 Solution Explorer 界面中的创建图标或者右键菜单都可以打开项目创建向导。在项目类型菜单中，选择 IBM 数据库插件提供的"IBM Database Project"选项，如图 3-51 所示。

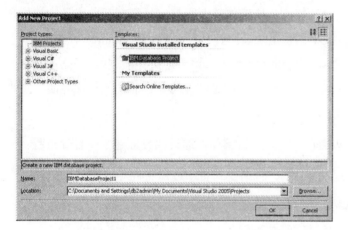

图 3-51　使用 IBM Database Project 模板创建新项目　图 3-52　Visual Studio 支持的 DB2 开发类型

完成项目的创建后，通过向导选择需要的数据库连接就可以了。可以看到，Visual Studio 针对 DB2 数据库开发支持的对象类型包括：表、索引、触发器、视图、存储过程、UDF 和脚本，如图 3-52 所示。

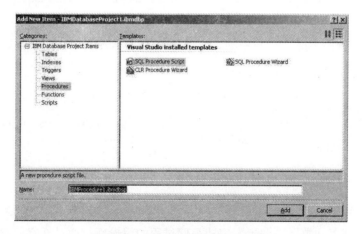

图 3-53　开发存储过程的三种模板

Visual Studio 针对上述 7 种类型的对象都提供了向导界面。这只需要在对应的文件夹上单击右键，选择"Add->New Item"就可以打开向导，非常方便。这里以最常用的存储过程向导为例。

在开发存储过程的向导中，一共提供了三种模板供选择，如图 3-53 所示。

注意	Visual Studio 开发存储过程仅限于 SQL PL 语法开发，暂不支持 Oracle 兼容模式下 PL/SQL 的开发。

在这三种模板中，最简单的为"SQL Procedure Script"，即为用户创建一个纯文本的存储过程模板，用户可以在其基础上进行修改。能够熟练编写存储过程的开发人员往往更倾向于使用这种方法，因为直接进行文本编辑更快、更直接。"CLR Procedure Wizard"会引导用户创建一个调用 C#或 Visual Basic 程序的存储过程。鉴于这类存储过程实际应用较少，所以这里不展开细谈。"SQL Procedure Wizard"即存储过程向导，通过图形化界面一步步地指导用户完成存储过程的创建。

这里，选择"SQL Procedure Wizard"为大家讲解如何通过向导创建一个存储过程。

第一步，需要进行存储过程名称的设定，包括模式名、过程名称等，如图 3-54 所示。

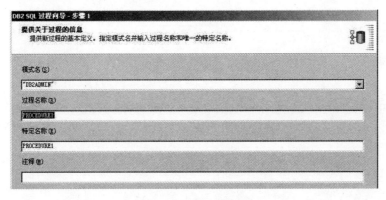

图 3-54　第一步，指定名称

第二步，需要逐条地添加存储过程中要执行的 SQL 语句。通过单击"添加"按钮新增一条 SQL 语句后，可以在右侧的编辑区域编写具体语句，并可以使用"验证 SQL"按钮验证 SQL 语法是否正确，如图 3-55 所示。

第三步，指定存储过程的输入/输出参数及其类型，如图 3-56 所示。

第四步，指定要插入到存储过程头部和尾部的脚本，然后就可以看到完整的存储过程定义语句并将其部署到数据库中了。完成存储过程的编辑后，通过在存储过程名上单击右键并选择"Compile"，即可将存储过程编译并部署到数据库当中，如图 3-57 所示。

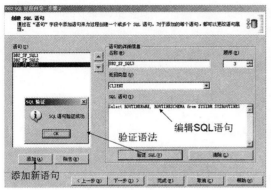 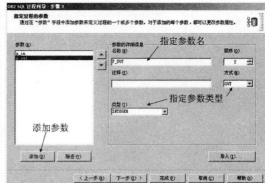

图 3-55　第二步，编辑 SQL 语句　　　　图 3-56　第三步，编辑输入/输出参数

注意	如果需要调试的话，可以参照下面的界面在工具栏中选择"Debug"模式，然后进行编译，如图 3-58 所示。若选择"Release"模式，则不附加调试信息，编译后无法调试。

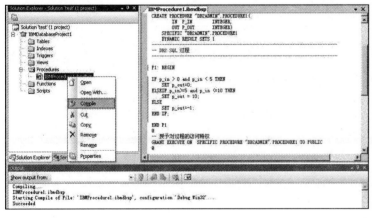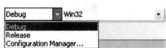

图 3-57　编译存储过程　　　　图 3-58　选择"Debug"模式编译存储过程

部署后的存储过程可以在数据库中看到了，同时也可以像调试 C 语言程序一样调试存储过程。右键单击目标存储过程，选择"单步跳入"即可开始调试。首先 Visual Studio 会提示你设定变量的初始值，然后便会进入经典的调试界面，如图 3-59 所示。

在调试界面中，通过双击左侧边栏可以添加和取消断点。左下角的变量监控窗口可以实时地看到各个变量的值及其变化。如果需要在变量监控窗口添加变量，通过手工输入的方式，或者直接从程序中选中变量名并拖曳到其中即可。左上角菜单栏中提供了控制调试步进的按钮，包括了单步跳入、跳过和跳出等功能。

综合来看，熟悉 Visual Studio 的开发者可以像调试.NET 程序一样调试存储过程，非常便捷。

图 3-59　调试存储过程

3.3.4　大展身手，开发客户端应用

还记得为什么要讲述 Visual Studio 吗？我们谈到，数据库的管理和服务器端应用开发并不是 Visual Studio 的强项。但是，如果要论开发.NET 客户端应用，那么 Visual Studio 绝对是数一数二的开发工具！

.NET 平台无人不知，无人不晓。要在.NET 平台开发数据库客户端应用程序，Visual Studio 是你的首选！借助 IBM 数据库插件，数据库的连接、事务管理、数据的增删改查及调用存储过程等各类操作都可以通过 Visual Studio 非常便捷的实现。在本书第 8 章中，我们展示了一个使用 Visual Studio 快速开发.NET 应用程序的例子，相信读者看了这个例子后，一定会对 Visual Studio 刮目相看。

所以，在评价 Visual Studio 时，请读者不要简单地只看到它某些方面的不足，应该认识到它的重点，那就是结合.NET 平台进行数据库客户端应用开发。通过 Visual Studio 开发工具，你一定可以在.NET 平台上大展身手！

3.3.5　Visual Studio 评分

我们看到，IBM 数据库插件使得 Visual Studio 具备了管理 DB2 数据库的功能。但是，和 TOAD 及 Data Studio 相比，功能要逊色很多。所以对数据库管理和日常维护任务要求比较高的用户不建议使用。

不过作为老牌的开发工具，Visual Studio 借助 IBM 数据库插件提供了一个非常好的开发和调试环境。特别是为.NET 平台开发人员提供了极大的便利，不切换工具就能同时进行数据库服务端和客户端的开发。但是也要看到，通过 Visual Studio 能够开发的数据库对象也是较为有限的，只支持 SQL PL 语法。另外，对于 DB2 V9.7 新版本中的很多新的特性都没有提供支持，如 PL/SQL 包、模块等。

综合来看，我们给 Visual Studio 这位部落酋长的评分如下：

用户体验　：　★★★★

数据库管理：　★★★

数据库开发：　★★★★★

综合评分　：　★★★★

3.4　精彩絮言：从未离开的一种生活——选择

2010 年 11 月 3 日　笔记整理　　　　　　　　　　　　　地点：上海

选择，普遍存在于万事万物中。蜜蜂采蜜选择花粉饱满的花朵；旅途中遇到十字路口，面临选择，不同的方向有不同的风景；人生际遇也时常面临选择，不同的选择，命运可能就完全不同。同样，数据库应用开发工具的选择至关重要。好的选型能提高开发效率，也便于项目管理。错误的选型就会使项目陷于胶着状态，导致进度止步不前。

就像小芸在项目伊始所透露的，高铁系统不同模块的项目承包方对于本次项目中所要使用到的平台和技术有不同程度的欠缺。受限于各种客观因素，有的开发团队组建得非常仓促，开发人员基本是从其他项目的 Oracle 开发团队中临时抽调出来，对 DB2 开发知之甚少，自然对 DB2 主流开发工具不太熟悉，凭感觉选择了各自团队的开发工具，于是不同模块的开发团队所用的开发工具大相径庭。各个子项目使用不同的开发工具，不符合项目开发规范，也必然会影响项目整体的开发进度和团队协作。

我正在想着如何帮助各个开发团队选型开发工具的时候，小芸的电话打过来了，"珠海服务器开发团队有个疑问，开发 Oracle 存储过程使用 TOAD 或者 PL/SQL Developer 工具，那么开发 DB2 存储过程用什么开发工具呢？"我摇了摇头回答："问出来这样的问题，说明大家亟待恶补一些开发工具的知识了。初级阶段还没过渡，没必要再组织夏令营集中培训了。"我马上止住了大规模的培训意向，"我有一些关于开发工具的资料，先分发给大家。为了节省时间，可以先开视频会议，大家一样可以学习开发工具。"

一周以后，我在黄浦江畔的拉斐红酒屋，通过网络视频会议向各个开发团队介绍了 Data Studio、Visual Studio 和 TOAD 三种主流开发工具，并特别强调了在具体项目中使用这三种开发工具需要注意的事项。另外，由于团队中很多开发人员习惯了使用 TOAD 来开发 Oracle 应用，所以他们非常想了解 TOAD 工具对 DB2 应用开发的支持情况，对此我也做了深入讲解。

小芸对网络视频会议的效果很是赞叹，说："以后总算不用车马劳顿了，通过视频会议，问题就都解决了。"我却感觉此次视频会议只不过是解了燃眉之急，新一轮的战斗马上就要来临了，长途跋涉不可避免。

3.5　小结

大家是否有这样的感触，这一章是讲工具的一章，也是讲"选择"的一章。

在本章中，我们为大家一一介绍了 DB2 数据库开发领域中最重要的三种工具：Data Studio、TOAD for DB2 和 Visual Studio。通过前面的介绍，我们发现这三款工具风格各异，你有你的优点，我有我的长处。那么就又回到了最初的问题了，我们到底该选择哪款开发工具呢？

其实，世上本就没有绝对的好与不好，开发工具也是一样的。既然都有各自的优点，那么就只有看哪款工具最适合你的项目，更符合你的使用习惯了。结合以往的经验，我们总结出了这三种开发工具的特点及其最适合的应用场景：

1. Data Studio

Data Studio 基于 Eclipse 平台，提供了对 Java 应用程序开发的无缝支持。因此我们向数据库管理员、初涉 DB2 的应用程序开发人员和使用 Java 开发数据库应用的开发人员推荐使用 Data Studio。

但是，由于 Eclipse 平台对系统配置的要求较高，运行时会占用较高的系统资源，所以当用户的系统配置较差的时候，不推荐使用。另外，没有 Eclipse 平台使用经验的开发人员需要一段时间来适应，这一点在项目前期规划的时候也一定要考虑进去。

2. TOAD for DB2

TOAD for DB2 提供了强大的数据库管理和开发功能，简洁快速，非常容易上手。同时对存储过程和 UDF 开发语言的支持也是最为全面的。因此，我们向数据库管理员、具有 Oracle 开发经验的开发人员推荐使用 TOAD for DB2 作为开发工具。

但是，TOAD 的缺点也很明显：它只能用来开发数据库服务器端应用；只支持 Windows 操作系统，使得其他平台上的用户无法使用。所以，DB2 客户端应用的开发人员和使用 Linux/UNIX 平台的用户就不用考虑 TOAD 工具了。

3. Visual Studio

Visual Studio 提供了包括存储过程、UDF 和触发器的开发和调试功能，能够满足大部分开发人员开发服务器端应用的需求。另外，Visual Studio 和.NET 平台无缝整合，我们推荐开发人员使用 Visual Studio 在.NET 平台下开发客户端应用。但是，Visual Studio 提供的数据库管理功能非常有限，所以不建议数据库管理员使用。

通过这样的盘点，不知道你自己是否已经心中有数了呢？相信你一定能做出正确的选择！

第 4 章
SQL PL 开发 DB2 服务器端应用

　　某银行的核心应用系统有好几万个 SQL PL 存储过程，为什么存储过程在这种核心系统用得如此之多？在本章中，你将从性能、安全控制和应用维护等各个方面找到这个问题的答案。

　　SQL PL 作为开发 DB2 服务器端应用的原生语言，其重要性不言而喻。而 DB2 V9.7 为 SQL PL 的应用开发带来了巨大的变革，这种变革不仅仅是到处可见的新语法，而且从根本上为应用开发带来了新的内容，包括新增的行类型、关联数组、游标类型和锚定位数据类型，也包括模块这种新的编程模式，以及 SQL PL 对 UDF 和触发器的完全支持等。

　　本章将以循序渐进的方式讲解 SQL PL 编程，并通过与 Oracle 的 PL/SQL 不断的深入比较，将 SQL PL 编程技术展现在读者的面前！

4.1 我看服务器端应用开发

4.1.1 离 DB2 引擎越近的代码跑得越快

有这么一句话，"离 DB2 核心引擎越近的代码跑得越快"。谁离 DB2 核心近？为什么跑得快？带着这两个问题，我们进入数据库服务器端应用开发。

随着 Java 和.NET 技术的发展，以及相关的开源框架的流行，构建基于数据库的客户端应用系统越来越容易，越来越高效。但是，对于一些核心的应用系统，当你深入地考虑系统的性能、安全控制、可扩展性及后期维护的时候，不可避免地涉及数据库服务器端应用开发。

说到服务器端应用开发，毫无疑问，存储过程是最重要的。尤其在系统性能要求高的情况下，几乎没有不用存储过程的。存储过程封装业务逻辑，并在服务器端执行。这样带来的好处是，客户端程序只需通过一条 CALL 语句调用，就可以完成相应的工作，并得到最后的结果，不需要用户的交互，极大地减少了数据在客户端和服务器之间的网络传输开销，从而提高了整个系统的性能。

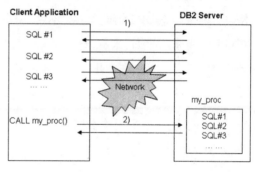

图 4-1　使用存储过程可以减少网络开销

如图 4-1 所示，如果一个客户端程序需要对远程数据库进行多个操作，可以有两种方式：

（1）每条SQL语句依次从客户端送到DB2服务器，然后数据又从服务器端传送到客户端，需要多次数据通信。

（2）客户端调用 DB2 服务器上的存储过程，这个存储过程包含相同的 SQL 语句和业务逻辑，只需一次调用就可以获得最终的结果。因此，减少了网络开销，提高了性能。

不过，减少网络开销仅仅是使用存储过程的优点之一，还有很多其他优点，主要表现在以下几个方面。

- **执行速度更快**：一般的 SQL 语句每执行一次就编译一次，而存储过程在创建时就已经将其中的 SQL 编译好，并存储在数据库中，以后每次执行存储过程都不需再重新编译，执行速度更快。
- **安全性高**：安全控制在数据库应用系统中非常重要，而使用存储过程能提供更好的数据库访问安全控制，可限定只有某些用户才具有对指定存储过程的使用权。

- **更好的模块化**：应用系统越来越复杂，使用存储过程可以很方便地将数据库操作和业务层逻辑分离。数据库开发人员负责数据库端的开发，而应用开发人员更关注业务层逻辑的实现。这样的分工不仅可以提高开发效率；而且存储过程作为服务器端模块，可以重复使用，这使得应用系统具有更好的扩展性。

- **更易于维护**：使用存储过程的应用系统在后期维护中表现出更大的优势。由于存储过程是数据访问的接口，当数据库的表结构或者程序逻辑变化时，数据库开发人员可以在不改动存储过程接口的情况下修改存储过程的实现。这些改动不会对应用程序造成影响。

4.1.2　从内到外的改变

从 Oracle 开发转型到 DB2，可不是那么容易的事！那么这其中的难点是什么？接下来我们从几个层面来看一下。

从技术上来看，Oracle 与 DB2 在专业术语、数据类型系统、SQL 方言以及 SQL 编程语言等方面的差别就很明显。有 Oracle 经验的开发者刚开始接触 DB2 时，只接受过入门级的 DB2 培训，尚未熟悉 DB2 的概念，更不用说 DB2 开发技术了。而实际上，没有一段时间的熏陶，很难转过身来。从项目来看，这种从 Oracle 转到 DB2 的项目工期一般都很紧，开发人员对 DB2 还不熟悉就开工了，许多开发人员为了追求速度，都会想当然地用 Oracle 的技术理解 DB2、开发 DB2 应用，结果延期交付或者交付质量很差的情况比较普遍，带来较恶劣的影响。

我们这里侧重于谈技术层面的转型困惑。具体来说，Oracle 的开发者转型到 DB2 的困惑包括：

- DB2 SQL PL 中有没有 Oracle PL/SQL 的程序包（package）？
- DB2 SQL PL 中有记录类型吗？有关联数组吗？
- Oracle PL/SQL 的%TYPE 属性在 DB2 中怎么实现？
- DB2 中能使用游标变量吗？

这些困惑通常让 Oracle 的开发者望而却步，尤其是没有 Oracle 的程序包这种编程机制更是让大家没法接受。也就是说，从 Oracle 的 PL/SQL 开发转身到 DB2 的 SQL PL 开发，远远谈不上"从容"。

而自 DB2 V9.7 开始，这些情况发生彻底的改变。可以说，从内到外，DB2 V9.7 对应用开发而言就是一场革命：

- 一方面，提供了对 Oracle 的兼容性和对 PL/SQL 的支持，让有 Oracle 经验的开发者可以直接用熟悉的 PL/SQL 来开发 DB2 的应用，大大提升了开发效率。

● 另一方面，它对 DB2 的 SQL PL 进行升级，增加了很多新的语言特性，使它更接近 Oracle 的 PL/SQL，从而让有 Oracle 经验的开发者转身到 DB2 的 SQL PL 开发变得更加容易。

我们发现，大多数开发者对 DB2 的 Oracle 兼容性功能和 PL/SQL 的支持这一点印象深刻。有了这个特性，我们就可以在 DB2 中开发 PL/SQL 程序了，这对 DB2 的应用开发具有划时代的意义。然而，Oracle 兼容性功能和对 PL/SQL 的支持这种光芒太耀眼了，以至于它掩盖了 DB2 V9.7 对 SQL PL 的巨大提高。

事实上，DB2 V9.7 对 SQL PL 的应用开发也带来了巨大的变革，这种变革不仅仅是到处可见的新语法，更从根本上为应用开发带来了新的内容，包括新增的行类型、关联数组、游标类型和锚定位数据类型，也包括模块这种新的编程模式，以及 SQL PL 对 UDF 和触发器的完全支持等。

从某种层面看，自 DB2 V9.7 以后，SQL PL 在语言特性上非常接近于 PL/SQL。尽管在语法细节上有些差异，但是 PL/SQL 中的编程对象都能在 SQL PL 找到对应物，如表 4-1 所示。

表 4-1　Oracle PL/SQL 与 DB2 SQL PL 编程元素的对照

Oracle PL/SQL 编程元素	DB2 SQL PL 对应的编程元素
Package（程序包）	Module（模块）
RECORD 数据类型	ROW 数据类型
%TYPE	ANCHOR
%ROWTYPE	ANCHOR ROW
数组和关联数组	数组和关联数组
SYS_REFCURSOR 游标变量	CURSOR 游标变量

有了这种革命性的改变，Oracle 的开发者转移到 DB2 将不再困惑，而是变得从容。为方便有 Oracle 经验的开发者更好地学习，本章会通过比较的方式讲述 DB2 SQL PL 和 Oracle PL/SQL 编程的差异。

4.1.3　久经考验的 SQL PL

SQL PL 是开发 DB2 服务器端应用的重要语言，类似于 SQL Server 和 Sybase 的 T/SQL，Oracle 的 PL/SQL。

既然 DB2 已经支持 Oracle 的 PL/SQL，那么有 Oracle 经验的开发者会毫不犹豫地问：为什么还要使用 SQL PL 来开发 DB2 的存储过程呢？直接用 PL/SQL 来开发多么方便快捷，为什么还要费尽心思去学一门新语言？然而，必须看到的一个事实是 SQL PL 是 DB2 原生态的语言。20 多年与 DB2 一路走来，经过不断的洗礼，经受住了时间的考验。金融、银行和零售等行业的无数大型系统的服务器端应用都是用 SQL PL 开发的，经受住了项目和实践的考验。因此，在开发高稳定性和高可靠性的 DB2 服务器端应用时，SQL PL 是你的最佳选择。

但是，一些开发人员在用 SQL PL 开发 DB2 服务器端应用时缺乏经验，编程效率不高，程序性能也不高，存在以下几类现象：

- 对 SQL PL 一知半解就开始在项目中使用，尤其是那些有 Oracle 经验的开发者，直接照搬 PL/SQL 的开发经验，导致程序写得不伦不类。

- 对 SQL PL 能力很怀疑，认为很多问题用 SQL PL 解决不了，于是开始抱怨，甚至放弃使用 SQL PL。

- 编写的程序性能差，存储过程的执行时间会让你觉得绝望，如滥用动态 SQL 和游标，而且只关注功能正确，而写出一些性能拙劣的代码。

本章我们将一直关注这些问题，让大家了解出现这些问题的原因，以及解决这些问题的方法。让我们开始进入 SQL PL 编程的世界吧！

> **提示**　本章在讲述 SQL PL 编程时，用到的示例程序都是基于 DB2 的 SAMPLE 数据库，用到最多的是员工表 employee 和销售表 sales。SAMPLE 数据库可以通过 db2sampl 命令创建。

4.2　数据类型：DB2 vs Oracle

4.2.1　基本的数据类型大比拼

不得不说，一些有 Oracle 经验的开发者在开发 SQL PL 服务器端应用时急功近利，恨不得立马动手，用 Oracle PL/SQL 的那一套开始 DB2 编程。某些情况下，这是无可非议的，毕竟，项目的工期总是很紧，领导和客户总是在催促。然而这么做，在项目的进行过程中通常出现很多问题，漏洞百出，又得回过头来学习 DB2 的基础知识，最后延误工期，弄得焦头烂额。

事实上，要想理解 DB2 编程和 Oracle 编程的差别，首先就要理解数据类型的差别。因为数据类型是整个编程的基石，如果没有基石，你怎么能建一座高楼大厦？接下来，我们来了解一下 DB2 和 Oracle 类型系统的具体区别：

- DB2 支持强类型系统，对类型的长度和有效格式有精确的定义。而 Oracle 支持弱类型系统，数据类型对长度没有严格的要求，Oracle 数据库会对输入的数据进行一些必要的转换。

- SQL PL 的类型系统就是 DB2 支持的类型系统，两者之间是一种紧耦合的关系。而 PL/SQL 为方便编程，除了支持 Oracle 的内置类型外，还对 Oracle 的类型系统进行了扩展。

在下面的介绍中，针对 DB2 的每种数据类型，都给出了在 Oracle 里对应的内置类型和 PL/SQL 对应的类型，以方便有 Oracle 经验的读者学习。

1. 数值类型

Oracle 的 Number 类型表示所有的数值类型，而 DB2 的数值类型是多样化的。表 4-2 列出了 DB2 的数值类型，并给出了对应的 Oracle 数据类型与 PL/SQL 扩展类型。当然，这种对应只是从表现形式上，两者内部的存储格式大相径庭。

表 4-2 DB2 的数值类型及与 Oracle 的比较

DB2 数据类型	描 述	Oracle 数据类型	PL/SQL 扩展类型
SMALLINT	小整型，2 字节，十进制精度为 5 位，范围-32 768 到 +32 767	Number(5)	SMALLINT
INT(或 INTEGER)	整型，4 字节，十进制精度为 10 位,范围-2 147 483 648 到 2 147 483 647	Number(10)	INT(或 INTEGER)
BIGINT	大整型，8 字节，十进制精度为 19 位	Number(19)	
FLOAT(n)	当 n 在 1~24 时为单精度浮点数（4 字节），当 n 在 25~53 时为双精度浮点数（8 字节），默认为双精度	Number	FLOAT
REAL	单精度浮点数，等价于 Float（24）	Number	REAL
DOUBLE	双精度浮点数，等价于 Float（53）	Number	DOUBLE
DECIMAL(p,s)或 DEC	十进制类型，p 表示总位数，s 表示小数点后的位数	NUMBER(p,s)	DECIMAL
NUMBERIC 或 NUM	DECIMAL 的同义词	NUMBER	NUMBERIC
DECFLOAT(16/34)	十进制浮点数，IEEE 标准，精度为 16 或者 34，默认为 34	NUMBER	

提示	Oracle 支持数据类型的隐式转换，如下所示：
	``` CREATE TABLE t1 (c1 NUMBER); INSERT INTO t1 VALUES('12'); SELECT * FROM t1 WHERE c1 = '12'; ```
	DB2 是强类型的，DB2 V9.5 及以前版本都不支持数据类型的隐式转换，合法的语句如下所示：
	``` CREATE TABLE t1 (c1 INTEGER); INSERT INTO t1 VALUES(12); ```
	而从 V9.7 开始，DB2 提供了 Oracle 的兼容性功能，也支持数据类型的隐式转换。

2．字符类型

DB2 和 Oracle 的字符类型基本上能对应起来，如表 4-3 所示。

表 4-3　DB2 的字符类型与 Oracle 字符类型的比较

DB2 类型	描　述	Oracle 内置类型
CHAR(*n*)	定长字符串，*n*<=254，*n* 默认为 1	CHAR(*n*)
VARCHAR(*n*)	变长字符串，*n*<=32 672	VARCHAR(*n*)或 VARCHAR2(*n*)
BLOB	二进制大对象，可达 2GB	BLOB
CLOB	字符大对象，可达 2GB	CLOB
GRAPHIC(*n*)	定长双字节字符串，*n*<=127	NCHAR
VARGRAPHIC(*n*)	变长双字节字符串，*n*<=16 336	NVARCHR2
XML	XML 数据	XMLType

提示	VARCHAR2 是 Oracle 自己定义的一个非工业标准 VARCHAR，不同在于，VARCHAR2 用 null 代替空字符串。

3．日期类型

如表 4-4 所示，DB2 提供三种类型：DATE、TIME 和 TIMESTAMP，而 TIMESTAMP 精确到毫秒。Oracle 提供两种基本的日期类型：DATE 和 TIMESTAMP，DATE 类型包含日期和时间，也就是 DB2 DATE 和 TIME 类型的结合体，其格式为 2011-04-26 15.21.20。Oracle 的 TIMESTAMP 类型为小数秒提供一个可选的精度，精度范围为 0 到 9，也就是说最高精度可达到纳秒级，如 2011-04-26.15.21.20.00000000，这个精度默认是 6，也就是默认跟 DB2 的时间戳类型一样。从 DB2 V9.7 开始，TIMESTAMP 也支持可选的精度，最大可为 12。

表 4-4　DB2 的日期类型与 Oracle 日期类型的比较

DB2	描　述	例　子	对应 Oracle 类型
DATE	年-月-日	2011-04-26	DATE
TIME	时分秒，HH:MM:SS	15:21:20	
TIMESTAMP	年月日时分秒，毫秒	2011-04-26.15.21.20.00000	TIMESTAMP

以上例子的日期类型都是 ISO 格式的，根据实际需要，Oracle 和 DB2 都可以使用多种不同的日期格式。

4.2.2　变量声明与赋值

有必要提前说一下 4.3.2 节将要讲到的复合语句这一重要概念。复合语句就是 BEGIN...END 包围的语句序列，由声明区和执行区组成。声明区包含各种变量的声明，执行区包括 SQL 语句、赋值和及流程控制语句等。SQL PL 的复合语句也叫程序块（block），这与 PL/SQL 中的程序块是一样的。

在复合语句中声明变量时，必须依照这个顺序：变量、条件、游标和条件处理器。变量通过 DECLARE 语句声明，并可以用 DEFAULT 关键字对变量赋初值。

> **提示**　　我们只能在复合语句的开始部分声明所需的所有变量，不能在其他地方（比如循环体内）声明变量。

声明变量后，可以将常量、表达式、SQL 语句结果和特殊寄存器的值通过不同的方式给变量赋值。

- SET 赋值：基本的赋值语句，可以将常量、表达式和 SQL 查询的结果赋值给变量。
- SELECT INTO：将 SQL 查询的结果赋给变量。
- VALUES INTO：将表达式的值赋给变量。
- GET DIAGNOSTICS：将特殊寄存器的值赋给变量。

变量声明和赋值的代码示例如下所示：

```
BEGIN
  DECLARE v_max_salary DECIMAL(9,2);  --声明 DECIMAL 变量
  DECLARE v_rcount INTEGER;            -- 声明整型变量
  DECLARE rating CHAR(1) DEFAULT 'C'; -- 声明字符类型变量，并赋初值
  DECLARE var INTEGER DEFAULT 0;      --声明整型变量，并赋初值
  DECLARE v_date DATE;                --声明日期变量
  -- 1. SET 赋值
  SET var = 1200;                     --SET 赋值语句
  SET (rating, var) = ('A', 6000);  --SET 语句可以一次为多个值赋值
  SET v_max_salary = (SELECT MAX(salary) FROM employee); -- 将 SQL 结果赋给变量

  --2. SELECT INTO 赋值
  SELECT MAX(salary) INTO v_max_salary FROM employee;
  CALL DBMS_OUTPUT.PUT_LINE('Max salary is:'||v_max_salary);

  --3. VALUES INTO 特殊寄存器的值
  VALUES CURRENT_DATE INTO v_date;

  --4. 特殊值，比如诊断信息的值赋给变量
  UPDATE employee SET bonus = bonus +10 WHERE job ='MANAGER';
  GET DIAGNOSTICS v_rcount = ROW_COUNT;
  CALL DBMS_OUTPUT.PUT_LINE('Increase bonus for manager#: '||v_rcount);
END
@
```

这段代码是一个执行块，可以在命令行直接运行。那么，如何在命令行执行这段代码呢？假定这个文件保存在 declare.sql 中，如下所示，首先连上数据库，然后用 db2 命令执行脚本，-td@选项的意思是将@作为 SQL 语句的分隔符，也就是将上面的执行块作为一条

SQL 来执行。

```
db2 connect to sample;
db2 set serveroutput on;          --打开 DB2 的输出，使上面 DBMS_OUTPUT 生效
db2 -td@ -vf declare.sql;
```

当然，也可以输入命令 db2 –td@，然后回车，进入 db2 的控制台，然后复制上面的代码块，直接执行。

> **提示**
>
> 如果将 SQL 查询的结果赋给变量，SELECT 的结果只能返回一行，否则报 SQL0811N 的错误，说 SELECT 语句的结果多于一行。当然，可以用 fetch first n rows only 子句来控制返回的结果行数。

4.2.3　Oracle 的 %TYPE 属性？你有我也有

应用程序的升级和维护对大型项目而言是一个令人头疼的问题，尤其是数据类型的"简单"修改牵一发而动全身，导致大量代码修改。因此，在 SQL PL 程序中，变量的类型显得格外重要。

比如，我们在 SQL PL 程序中声明 CHAR（4）类型的变量 v_phoneno，用来保存数据库 employee 表中的列 phoneno 的数据。然而，随着公司规模的发展和员工数量的增长，4 位电话号码已不能满足需求，因此需要修改表结构将 phoneno 的数据类型改为 CHAR（6）。这时，SQL PL 程序与 phoneno 相关变量，如 v_phoneno，其声明时的类型都需要做出改变才能正确运行。在大型项目中，这种工作量可不小。因此，这样的程序可维护性还不够好。

从另一方面来看，SQL PL 程序需要很多的变量来保存数据库表中某些列数据。一般来说，我们对相关的数据库表名和列名都是很清楚的，却不一定知道它的确切类型。如果我们费尽心思去查文档或者查看数据库的元数据，通常很低效，而且容易出错误。比如，在声明时将 DECIMAL（9,2）错写成 DECIMAL（9），程序在编译和运行时都不会报错，但是却导致了精度的损失。这些错误让人防不胜防！因此，我们需要有更好的解决方案。

DB2 V9.7 在 SQL PL 中引入了锚定位数据类型（ANCHOR），很好地解决了这个问题。用锚定位数据类型可以将 SQL PL 程序中的变量直接与数据库表中的列挂钩，确保 SQL PL 变量与表列之间的类型一致性。这样一来，即使数据库表列的数据类型发生更改，也不需要修改程序中变量声明的代码，从而大大提高了程序的可维护性。

> **提示**
>
> 锚定位数据类型是 DB2 V9.7 新引入的，对应的就是 PL/SQL 的 %TYPE 属性。

在下面的示例代码中，我们看到多个变量在声明时通过锚定位关联到表列的数据类型。值得注意的是，存储过程参数 p_empno 的类型也是使用锚定位数据类型定义的，局部变量 v_phoneno 则锚定位到数据表列 employee.phoneno，v_avg_salary 变量则是锚定位到另一个局部变量 v_salary，从而使得 v_avg_salary 的类型与 v_salary 保持一致。

```
CREATE OR REPLACE PROCEDURE check_employee(
   IN  p_empno ANCHOR employee.empno  --(1)参数类型 ANCHOR 到表中的列
)
BEGIN
   --(2)局部变量 ANCHOR 到表中的列
  DECLARE v_firstNme ANCHOR employee.firstNme;
  DECLARE v_phoneNo ANCHOR employee.phoneNo;
  DECLARE v_salary  ANCHOR employee.salary;
  DECLARE v_avg_salary ANCHOR v_salary;          --(3)ANCHOR 到局部变量

  SELECT firstnme, phoneno, salary
     INTO v_firstnme, v_phoneno, v_salary
     FROM employee
     WHERE empno = p_empno;
  CALL DBMS_OUTPUT.PUT_LINE('emp#   : ' || p_empno );
  CALL DBMS_OUTPUT.PUT_LINE('Name   : ' || v_firstnme);
  CALL DBMS_OUTPUT.PUT_LINE('Phone  : ' || v_phoneno);
  CALL DBMS_OUTPUT.PUT_LINE('Salary : ' || v_salary);

  SELECT AVG(salary) INTO v_avg_salary FROM employee;
  CALL DBMS_OUTPUT.PUT_LINE('Average Salary : ' || v_avg_salary);
END
```

调用 check_employee 存储过程，生成如下输出：

```
db2 => CALL check_employee('000010')@

  返回状态 = 0

emp#   : 000010
Name   : CHRISTINE
Phone  : 3978
Salary : 152750
Average Salary : 58155.36
```

这样，锚定位数据类型在代码和基础表之间建立起关联机制，从而确保了这段代码可以一直平稳运行。就算有一天，员工表 EMPLOYEE 中的 empno、phoneno 或者 salary 需要改变数据类型长度，而存储过程的代码不需做任何改变，依然可以有条不紊地正常运行。这便是锚定位数据类型的能力。

那么，更具体地，在使用锚定位数据类型时，哪些可以成为锚定位的目标呢？如下所示：

● 表或者视图中的列；

● 局部变量，包括局部游标变量或例程（存储过程和函数）参数；

● 全局变量。

而当声明或创建下列对象时，都能指定锚定位数据类型：

● 局部变量；

● 例程参数；

● 函数返回数据类型；

● CREATE TYPE 语句的定义游标数据类型、数组等；

● 全局变量。

一句话，在 SQL PL 需要用到数据类型的地方，都可以用锚定位数据类型。

提示	请尽可能用锚定位数据类型来定义 SQL PL 的变量和参数的数据类型，将变量的类型直接与数据库表的列挂钩，这样的程序将具有更好的可维护性和健壮性。

ANCHOR ROW：锚定位行数据类型

有 Oracle 经验的读者都知道，PL/SQL 能通过%ROWTYPE 属性提供对记录类型的支持。DB2 V9.7 也支持锚定位到行数据类型，它的关键字是 ANCHOR ROW。在程序中，我们可以声明行变量，并锚定位到数据表的行。于是，行变量的字段与表或视图的列相对应，每个字段都采用表中相应列的数据类型。行变量中字段的引用是通过点表示法来实现的，例如，row.field。

在上面的存储过程例子中，我们声明一堆变量并锚定位到相关的列，看起来比较累赘。由于需要读取员工表中关于某个特定员工的大部分信息，我们可以用锚定位行数据类型很优雅地改写存储过程，如下所示：

```
CREATE OR REPLACE PROCEDURE check_employee2(
    IN  p_empno ANCHOR  employee.empno  --(1)参数类型 ANCHOR 到表中的列
)
BEGIN
    --(2)局部行变量 ANCHOR 到表中的行
  DECLARE r_emp ANCHOR ROW employee;
  DECLARE v_avg_salary ANCHOR employee.salary;
  SELECT *
      INTO r_emp                  --(3) SELECT INTO 将行数据读入到行变量中
      FROM employee
      WHERE empno = p_empno;
    --(4)用点表示法引用行变量中的字段
  CALL DBMS_OUTPUT.PUT_LINE('emp#   : ' || r_emp.empno );
  CALL DBMS_OUTPUT.PUT_LINE('Name   : ' || r_emp.firstnme);
  CALL DBMS_OUTPUT.PUT_LINE('Phone  : ' || r_emp.phoneno);
  CALL DBMS_OUTPUT.PUT_LINE('Salary : ' || r_emp.salary);
```

```
    SELECT AVG(salary) INTO v_avg_salary FROM employee;
    CALL DBMS_OUTPUT.PUT_LINE('Average Salary : ' || v_avg_salary);
END
```

当然，我们有时并不希望用"SELECT *"这种 SQL 来读取行的所有字段，这样显得不够精致和优雅，而且对性能没有好处。这时，仍然可以使用锚定位行数据类型，不过我们只引用所需要的字段，如下所示：

```
BEGIN
    --(1)局部行变量 ANCHOR 到表中的行
    DECLARE r_emp ANCHOR ROW employee;
    SELECT firstnme, phoneno, salary        --(2)只引用所需要的字段
        INTO r_emp.firstnme, r_emp.phoneno, r_emp.salary
        FROM employee
        WHERE empno ='000010';
    CALL DBMS_OUTPUT.PUT_LINE('emp#   : ' || v_emp.empno );
    CALL DBMS_OUTPUT.PUT_LINE('Name   : ' || v_emp.firstnme);
    CALL DBMS_OUTPUT.PUT_LINE('Phone  : ' || v_emp.phoneno);
    CALL DBMS_OUTPUT.PUT_LINE('Salary : ' || v_emp.salary);
END
```

锚定位到表或者视图的行是 ANCHOR ROW 的最重要功能。除此之外，还可以锚定位到行数据类型和游标等。这些内容将在后面的章节一一讲解。

4.2.4　行类型，不就是 Oracle 的记录类型吗

数据库应用程序一次处理一行数据，如果使用基本的数据类型，可能需要定义几个、甚至十几个变量来存储临时数据，这显得很笨拙。行数据类型可以用一个变量来存储一行数据，可以灵活地操作数据行中的列，起到简化 SQL PL 代码的作用。行数据类型也可用做 SQL PL 中的全局变量、局部变量及例程参数的类型，从而极大地简化应用程序和例程中行值的参数传递。

行数据类型是由多个字段组成的，每个字段都有自己的名称和数据类型。它是通过 CREATE TYPE ROW 语句来创建的，具体语法如下：

```
CREATE TYPE row_type_name AS ROW (field1 type1, ...);
```

提示	SQL PL 的行数据类型是 DB2 V9.7 引入的，对应就是 Oracle PL/SQL 中的记录类型（Record）。 PL/SQL 记录类型使用 TYPE IS RECORD 语句来创建： `TYPE record_type_name IS RECORD (field1 type1, ...)`

下面我们举一个在 SQL PL 中创建行数据类型的例子：将员工的员工号、名字、电话和薪水定义成一个行数据类型 empRow：

```
CREATE TYPE empRow AS ROW (
```

```
empno CHAR(6),
firstNme VARCHAR(12),
phoneNo CHAR(4),
salary DECIMAL(9,2));
```

正如前面提到的，我们可以用锚定位数据类型来表示行数据类型中各字段的类型，下面代码定义的行类型 empRow2 与 empRow 是等价的：

```
CREATE TYPE empRow2 AS ROW (
    empno ANCHOR employee.empno,
    firstNme ANCHOR employee.firstNme,
    phoneNo ANCHOR employee.phoneNo,
    salary  ANCHOR employee.salary);
```

如果要定义一个行数据类型来保存整行的数据，也可以直接使用 ANCHOR ROW，如下所示：

```
CREATE TYPE empRow3 AS ROW ANCHOR ROW EMPLOYEE;
```

完成行数据类型定以后，接下来定义存储过程 get_empno，它根据 empno 将相应的员工信息通过自定义行数据类型 empRow 返回，代码如下所示：

```
CREATE OR REPLACE PROCEDURE get_empno(
    IN p_empno ANCHOR employee.empno,
    OUT o_empinfo  emprow  --(1) 输出参数用行数据类型 emprow 返回数据
)
LANGUAGE SQL
BEGIN
    --(2)将 SQL 查询的多个列赋值给行变量
    SELECT empno, firstnme, phoneno, salary
        INTO o_empinfo
        FROM employee
        WHERE  empno = p_empno;
    --(3)引用和修改行变量的字段值
    SET o_empinfo.salary = o_empinfo.salary + 200;
END
```

使用行类型作为局部变量，并读取整行数据到 empRow3 中的代码如下所示：

```
BEGIN
    --(1)声明局部行变量
    DECLARE empinfo emprow3;
    --(2)将整行的值赋值给行变量
    SELECT *
        INTO empinfo
        FROM employee
        WHERE  empno = '000010';
    --(3)引用和修改行变量的字段值
    SET empinfo.salary = empinfo.salary + 200;
    CALL DBMS_OUTPUT.PUT_LINE(empinfo.salary);
END
```

当然，对于上面这个单独的例子而言，定义行类型 empRow3 只是为了说明用法，在实际项目中是没有必要的。我们可以直接用锚定位到表来声明局部行变量，如下所示：

```
BEGIN
    --(1)用ANCHOR ROW 直接声明行变量
    DECLARE empinfo ANCHOR ROW employee;
    SELECT *
        INTO empinfo
        FROM employee
        WHERE  empno = '000010';
SET empinfo.salary = empinfo.salary + 200;
CALL DBMS_OUTPUT.PUT_LINE(empinfo.salary);
END
```

> **提示**　当我们需要把多个变量作为一个整体来处理，特别是需要在存储过程或者函数之间传递时，行数据类型就显示出它的价值。

4.2.5　数组，居家旅行必备

数组是任何一门编程语言中必不可少的数据组织方式。DB2 的 SQL PL 从一开始就支持数组类型，在 DB2 V9.7 以后的版本中，还可以使用行数据类型的数组。

在 DB2 中，SQL PL 使用 CREATE TYPE 语句定义数组类型，可以在命令行处理器（CLP）、任何受支持的交互式 SQL 界面或存储过程中执行此语句：

```
CREATE TYPE array_type_name AS data_type ARRAY[n]
```

数组的大小在定义时由 *n* 控制，缺省时为 2147483647。而数组元素的数据类型 data_type，可以是任何基本数据类型，也可以是行数据类型。当然，我们可以使用锚定位数据类型来表示 data_type。

> **提示**　数组的下标是从 1 开始的，如果尝试访问下标为 0 的数组元素，将抛出错误。

下面的例子展示数组的定义和使用。首先用 CREATE TYPE 语句定义一个大小为 6 的数组 names_arr 来存储员工的名字；然后通过游标和循环将员工表中的 "A00" 部门的员工名字保存在数组中；最后通过循序打印数组中员工的名字。代码如下所示：

```
CREATE TYPE names_arr AS VARCHAR(12) ARRAY[6]@      --(1)创建数组类型，大小为6

BEGIN
    DECLARE i INTEGER DEFAULT 1;
    DECLARE  emp_names names_arr; --(2)声明数组变量

    FOR v_row AS       --(3) FOR 循环和游标在员工名字存储在数组中，结果只有五个员工
    SELECT firstnme FROM employee WHERE workdept = 'A00'
    DO
    Set emp_names[i] = v_row.firstnme;    --(4)对数组中的元素赋值
```

```
    Set i = i + 1;
    END FOR;

    SET i=1;
    -- (5)用 CARDINALITY 函数获取数组的元素数目
    WHILE i <= CARDINALITY(emp_names)
    DO
     CALL DBMS_OUTPUT.PUT_LINE(emp_names[i]); -- (6)引用数组中的元素
     SET i=i+1;
     END WHILE;
END@
```

上面代码的输出如下：

```
CHRISTINE
VINCENZO
SEAN
DIAN
GREG
```

提 示	我们在第二个循环 WHILE 的判断条件中，使用基数（CARDINALITY）函数来确定数组中的元素个数。由于在我们的例子中，查询结果一共 5 个员工，也就是说数组只存有 5 个元素，如果读第 6 个数组元素，会报错，因此不能用 while i<=6 来控制循环。 　　更深入一点，基数理解为已分配存储空间的元素数目，读基数后面的元素是非法的。而基数前面的元素即使是空的，也是可以读取的。数组的存储空间是连续分配的，也就是说，赋值语句 　　SET myArr[100] = 568; 　　执行后，myArr 的基数为 100，下标值在 1 到 99 的元素被隐式初始化为 NULL。

直接使用数组长度 n 来控制循环通常不是一个好的方式。DB2 提供了一系列操作数组的函数，如表 4-5 所示。大多数数组函数在 Oracle 的 PL/SQL 中都能找到对应的方法。当然，它们在语法上稍有差异。

表 4-5　DB2 中数组操作函数

DB2 的数组函数	描　　述	Oracle 对应的数组方法
ARRAY_AGG	聚集多个值存入数组	
ARRAY_FIRST	数组第一个元素的索引号	FIRST
ARRAY_LAST	数组最后一个元素的索引号	LAST
ARRAY_NEXT	下一个元素的索引号	NEXT
ARRAY_PRIOR	前一个元素的索引号	PRIOR
ARRAY_TRIM	从数组末尾删除一个或 n 个元素	TRIM
ARRAY_DELETE	删除所有元素或者某个区间的元素	
CARDINALITY	数组的当前大小	COUNT
MAX_CARDINALITY	数组容量，即能容纳元素的最大数目	LIMIT

使用这些函数操作数组的代码如下例所示：

```
BEGIN
DECLARE  i  INTEGER;
DECLARE  emp_names names_arr;    --(1)声明数组变量

SELECT ARRAY_AGG(firstnme)  --(2)使用 ARRAY_AGG 将多行值直接读入数组
   INTO emp_names
   FROM employee
   WHERE workdept = 'A00';

SET i= ARRAY_FIRST(emp_names);     --(3)使用 ARRAY_FIRST 获取第一个元素索引
WHILE i <= ARRAY_LAST(emp_names)  --(4)ARRAY_LAST 控制循环

DO
   CALL DBMS_OUTPUT.PUT_LINE(emp_names[i]); --(5)引用数组中的元素
   SET i=i+1;
END WHILE;

-- 另一种方式遍历数组：使用 ARRAY_NEXT 获取下一个元素
SET i = ARRAY_FIRST(emp_names);
WHILE i IS NOT NULL
DO
   CALL DBMS_OUTPUT.PUT_LINE(emp_names[i]);
   Set i= ARRAY_NEXT(emp_names,i);  --(6)数组的 ARRAY_NEXT 函数
END WHILE;

--(7)CARDINALITY 函数获取数组的当前大小，为 5
CALL DBMS_OUTPUT.PUT_LINE('Size: ' || CARDINALITY(emp_names));
--(8)ARRAY_TRIM 方法,除去末尾元素，数组的大小将变为 4
SET emp_names = ARRAY_TRIM(emp_names,1);
CALL DBMS_OUTPUT.PUT_LINE('Size: ' || CARDINALITY(emp_names));
--(9)TRIM_ARRAY 方法,除去末尾 2 个元素，数组的大小变为 2，与 ARRAY_TRIM 等价
SET emp_names = TRIM_ARRAY(emp_names,2);
CALL DBMS_OUTPUT.PUT_LINE('Size: ' || CARDINALITY(emp_names));
--(10)ARRRY_DELETE 方法,除去所有元素，数组的大小变为 0
SET emp_names = ARRAY_DELETE(emp_names);
CALL DBMS_OUTPUT.PUT_LINE('Size: ' || CARDINALITY(emp_names));
--(11)MAX_CARDINALITY 函数获取数组的容量，仍然为 6
CALL  DBMS_OUTPUT.PUT_LINE('Max Size: ' || MAX_CARDINALITY(emp_names));
END
```

在下一节中，将会介绍关联数组。表 4-5 提到的这些数组函数大部分对关联数组也适用。事实上，由于关联数组存储空间的不连续性，这些函数在关联数组中使用得更多一些。

4.2.6 关联数组

关联数组是一种特殊的数组，它使用唯一的键（索引或者下标）与值相关联。SQL PL的关联数组从 DB2 V9.7 才开始得到支持。创建关联数组的语法如下：

```
CREATE TYPE array_type_name AS elem_type ARRAY[key_type];
```

关联数组中，键的数据类型只能是 INTEGER 或 VARCHAR。当然，可以用锚定位数据类型来表示键的数据类型，只要它是 INTEGER 或 VARCHAR。

关联数组中的元素是按索引的值排序的，而普通数组的索引是从 1 开始的连续的整数。关联数组的元素数目也没有限制，可以在添加元素时动态地增大。

> **提示**　关联数组能动态地增大，但是尝试引用尚未进行赋值的元素将导致异常。

下面的例子首先用 CREATE TYPE 建立一个以 VARCHAR(6)作为索引的关联数组，将员工号作为索引来存储和查找员工的工资。然后声明关联数组变量，使用游标和循环将查询结果中的员工号和工资存储在关联数组中。这样，就可以通过员工号在关联数组中查询工资了。此外，也可以用上一节提到的数组函数很方便地遍历整个关联数组。

```
--(1)在 CREATE TYPE 创建关联数组，用员工号索引员工的工资
CREATE TYPE emp_map AS ACHOR employee.salary ARRAY[VARCHAR(6)]@
--等价于 CREATE TYPE emp_map AS DECIMAL(9,2) ARRAY[VARCHAR(6)]@

BEGIN
DECLARE empno_sal emp_map;   --(2)声明关联数组变量
DECLARE empno VARCHAR(6);

FOR v_row AS          --(3)FOR 循环和游标将员工号与工资存在关联数组中
  SELECT empno,salary FROM employee WHERE workdept = 'A00'
DO
   Set empno_sal[v_row.empno] = v_row.salary;   --(4)对关联数组中的元素赋值
END FOR;

--(5)通过 Key 查询关联数组的值
CALL  DBMS_OUTPUT.PUT_LINE('Salary of #000010 is ' || empno_sal['000010']);
--(6)用 ARRAY_FIRST 和 ARRAY_NEXT 遍历关联数组
SET empno = ARRAY_FIRST(empno_sal);
WHILE empno IS NOT NULL
DO
    CALL DBMS_OUTPUT.PUT_LINE(empno ||' ' || empno_sal[empno]);
    Set empno = ARRAY_NEXT(empno_sal, empno);
END WHILE;
END
@
```

此脚本生成如下输出：

```
Salary of #000010 is 152750.00
000010 152750.00
000110 66500.00
000120 49250.00
200010 46500.00
200120 39250.00
```

细心的读者会发现，employee 表的 empno 字段是定长字符类型 CHAR(6)，而在关联数组中，索引的数据类型只能是 INTEGER 或 VARCHAR。针对上例中使用的 VARCHAR(6)，DB2 会自动完成从 CHAR(6) 到 VARCHAR(6) 的转换。最后，如果尝试读取不存在的索引值，比如 empno_sal['000030']，会出错。

至此，我们学习了数据类型相关的基础知识。有了这些基础，就可以深入地学习 SQL PL 编程技术了。

4.3 SQL PL 与存储过程

4.3.1 解剖 SQL PL 存储过程

前面讲了这么多铺垫，我们终于开始讲存储过程的编程了。有些读者看不到具体的代码就无法继续学习下去，那就先让我们看一个完整的 SQL PL 存储过程是怎样实现的。

1. 一个完整的 SQL PL 存储过程及其相应的 PL/SQL 实现

下例所示的存储过程 get_sum_sales 计算某区域的销售总额。它的输入参数是 VARCHAR 类型的 p_region，而结果用整型输出参数 p_sum_sales 返回。存储过程的主要逻辑是声明一个游标关联到销售表 sales 上的 SELECT 语句，然后使用游标读取销售额数据，并进行累加。

```
CREATE PROCEDURE get_sum_sales        --(1)存储过程头部：名字和输入输出参数
  (IN p_region VARCHAR(15),
   OUT p_sum_sales INTEGER)
LANGUAGE SQL                          --(2)这个属性表明这是 SQL PL 存储过程
SPECIFIC get_sum_sales_v1
BEGIN
  DECLARE v_sales INTEGER DEFAULT 0;  --(3) 变量声明
  DECLARE SQLSTATE CHAR(5);
  DECLARE c1 CURSOR FOR
    SELECT SALES FROM SALES WHERE region = p_region;  --(4)游标声明
  --（5）以下是执行逻辑
  SET p_sum_sales = 0;      --赋值语句
  OPEN c1;                  --打开游标
  FETCH c1 INTO v_sales;
  --循环获得游标的值进行累加
  WHILE ( SQLSTATE = '00000' ) DO
    SET p_sum_sales = p_sum_sales + v_sales;
    FETCH c1 INTO v_sales;     --读取游标
  END WHILE;
  CLOSE c1;   --关闭游标
END
@
```

> **提示**　　　DB2 脚本中默认的分隔符为逗号，然而存储过程的语句也是用逗号分隔的，因此在这种情况下，需要用特殊字符如@或#作为 DB2 中语句的分隔符。如上例中用@作为分隔符。如果这些代码保存在文件 get_sum_sales.sql 里，执行这个脚本的命令是：db2 -td@ -vf get_sum_sales.sql。当然，脚本只是处理存储过程多种形式中的一种，如果直接在 Data Studio 工具中，就不会有@的问题。

DB2 通过 CALL 语句来调用存储过程，在命令行调用这个存储过程的结果如下：

```
CALL get_sum_sales('Quebec',?)

  输出参数的值
  -------------------------
  参数名： P_SUM_SALES
  参数值： 53

  返回状态 = 0
```

那么与上例等价的 Oracle PL/SQL 存储过程如何呢？请看下面的代码。

```
CREATE OR REPLACE PROCEDURE get_sum_sales
   (p_region IN VARCHAR (15),      --(1)存储过程头部：名字和输入输出参数
    p_sum_sales OUT NUMBER)
IS
   v_sales NUMBER(5);              --(2) 变量声明
   CURSOR c1 IS SELECT SALES FROM SALES WHERE region = p_region; --(3)游标声明
BEGIN
   ---(4) 以下是执行逻辑
   p_sum_sales := 0;     --赋值语句
   OPEN c1;              --打开游标
   FETCH c1 INTO v_sales;
   --循环获得游标的值进行累加
   WHILE C1%FOUND LOOP
     p_sum_sales := p_sum_sales + v_sales;
     FETCH c1 INTO v_sales;       --读取游标
   END LOOP;
   CLOSE c1;     -- 关闭游标
END
```

> **提示**　　　DB2 的 SQL PL 程序用 "--" 进行单行注释，这与 Oracle 的 PL/SQL 一样。

而在 Oracle 中，调用存储过程的语句是：EXECUTE procedure-name。

看起来这两者编程的区别很小，果真如此吗？且听下文分解。

2. SQL PL 存储过程的结构

DB2 中 SQL PL 存储过程的结构如图 4-2 中的左图所示。

- 存储过程的头部是 CREATE PROCEDURE 语句、名字和参数。
- 然后是存储过程的属性和选项，阐述存储过程的行为特点、返回动态结果集等。
- 存储过程主体是一个由 BEGIN...END 包含的复合语句。复合语句首先声明局部变量、条件、游标和条件处理器等，然后是程序的执行逻辑，它可以包括 SQL 语句、赋值、流程控制及嵌套的复合语句。

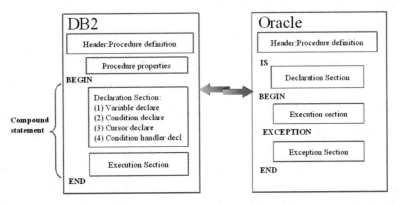

图 4-2　存储过程结构：DB2 vs Oracle

而 Oracle 的存储过程结构如图 4-2 中的右图所示，与 DB2 的区别如下：

- 首先 Oracle 并没有存储过程属性这一说，DB2 用这个属性来阐述存储过程的行为特点、返回结果集等。
- Oracle 的存储过程在 BEGIN 的前面有专门的变量声明区。
- Oracle 和 DB2 都有异常处理，Oracle PL/SQL 的 Exception Section 与 DB2 在声明段条件声明和条件处理器相对应。
- Oracle 中 BEGIN...END 的代码段叫做块（BLOCK），与 DB2 中的复合语句对应。

3．存储过程的创建和属性

SQL PL 存储过程通过 CREATE PROCEDURE 语句创建。

- 存储过程名字：紧跟在 CREATE PROCEDURE 后面。存储过程可以创建在某个模式下，如 myschema，这样完整的存储过程名将是 myschema.get_sum_sales。如果创建时没有显式地给出模式，那么 DB2 将隐式地使用 CURRENT SCHEMA 变量（一般为当前登录用户名）作为存储过程的模式。
- 参数：分 IN、OUT 和 INOUT 三种模式，其类型可以是 DB2 支持的任何数据类型。

> 提示　DB2 V9.5 及其以前版本不支持创建或替换（CREATE OR REPLACE），等价的方式是 DROP，然后是 CREATE。从 DB2 V9.7 开始，已经能够支持用 CREATE OR REPLACE 的方式来创建存储过程。

SQL PL 存储过程的属性有很多，需要关注的有如下几种。

- LANGUAGE SQL：表示存储过程是用 SQL PL 语言写的。
- SPECIFIC *name*：为存储过程给定一个独有的名字。由于 DB2 的存储过程可以重载，也就是两个存储过程可以用相同的名字，因此给定一个名字可以方便管理。这个属性是可选的，如果用户没有给出，DB2 会自动生成一个。
- DYNAMIC RESULT SETS：表示这个存储过程返回动态结果集的数目。
- SQL 访问标志符：精确描述存储过程对数据的访问行为，它有三种选项：MODIFIES SQL DATA、READS SQL DATA 和 CONTAINS SQL。默认是 MODIFIES SQL DATA，表示存储过程可以包含任意的 SQL 语句。而 READS SQL DATA 表示存储过程只能包含读数据的 SQL，比如 SELECT。而 CONTAINS SQL 只能包含既不读也不写数据的语句，比如 PREPARE，SET 特殊寄存器等。
- DETERMINISTIC or NOT DETERMINISTIC：表示对同样的输入，存储过程是否返回不同的结果，默认是 NOT DETERMINISTIC。DB2 能对 DETERMINISTIC 的过程进行优化，将第一次执行的结果缓存起来，以后的调用可以直接返回这个结果。

4.3.2　复合语句，Oracle 俗称 "块"

复合语句是 BEGIN...END 包围的语句序列，而 SQL PL 存储过程的主体就是一个复合语句。如图 4-2 所示，复合语句由声明区和执行区组成。在声明区声明各种变量，而执行区可以包括 SQL 语句、赋值、流程控制以及嵌套的复合语句。在 4.2.2 节，我们已经讲到了变量声明和赋值，而执行区的各种语句也会在接下来的章节陆续讲解。本节主要阐述复合语句本身的一些特性。

首先看一个最简单的复合语句，它由 BEGIN...END 包围，首先是变量声明，然后是赋值和打印可执行语句：

```
BEGIN
   DECLARE v_date DATE;    --声明区的变量声明
   SET v_date = CURRENT DATE;  --执行区的赋值与打印语句
   CALL DBMS_OUTPUT.PUT_LINE(v_date);
END
```

1. 嵌套的复合语句

复合语句能够嵌套。在嵌套的复合语句中，同样可以声明变量，这时，要注意变量的有效范围。如下所示，行（1）在嵌套的语句内能使用外部复合语句中声明的变量，而行（5）则表示内部复合语句声明的变量对外不可见。

```
CREATE PROCEDURE nested_compound ()
```

```
    LANGUAGE SQL
NOUT: BEGIN
    -- 外部变量声明
    DECLARE v_outer1 INT;
    DECLARE v_outer2 INT;
    -- 嵌套的复合语句
    NIN:BEGIN
        -- 内部变量声明
        DECLARE v_inner1 INT;
        DECLARE v_inner2 INT;

        SET v_outer1 = 100;     -- (1) 可以使用外部变量
        SET v_inner1 = 200;     -- (2) 对内部变量赋值
    END NIN;                    -- (3) 结束嵌套复合语句，END 标签

    SET v_outer2 = 300;         -- (4) 对外部变量赋值
    --SET v_inner2 = 400;       -- (5)错误，不能应用内部变量
END
```

2．语句标号

在上例中，复合语句的 BEGIN 前有一个标号，如 NOUT 和 NIN。事实上，标号能用在所有可执行语句前面，包括赋值语句、SQL 语句、循环语句和复合语句等。有了语句标号，就很容易实现流程的跳转，比如跳出循环或者复合语句。对于有标号的复合语句，为了更好的可读性，在复合语句结束时，一般在 END 后面加上该标号，如上例中的行（3）所示。

3．复合语句的原子性

复合语句是多条语句的序列，有时需要保持复合语句的原子性，也就是要么全执行，要么全部不执行。这时，可以在复合语句 BEGIN 的后面用 ATOMIC 来阐明这种属性，默认的情况是 NOT ATOMIC。

对于原子性的复合语句，只要出现未处理的错误，错误之前的工作立即被回滚。这种原子性是自动的，因此原子复合语句中不允许存在 COMMIT，ROLLBACK 这样的语句。对于非原子性的复合语句，当一个未处理的错误产生时，错误之前的工作并不回滚（但是也没有提交）。然后我们可以根据需要，在外层的处理中决定是提交还是回滚这些工作。在非原子性复合语句中，我们可以使用 COMMIT，ROLLBACK 和 SAVEPOINTS 这样的事务处理语句。

有兴趣的读者，可以用下例的代码来体会一下这个特性。而关于例子中的条件和条件处理可以参考 4.3.8 节。

```
----1.创建测试表和初始数据
DROP TABLE T1@
CREATE TABLE T1(val int)@
```

```
INSERT INTO T1 (val) VALUES (1)@
----2.NOT ATOMIC 存储过程
CREATE OR REPLACE PROCEDURE not_atomic_proc ()
    LANGUAGE SQL
    SPECIFIC not_atomic_proc
 nap: BEGIN NOT ATOMIC    --改成ATOMIC再做一次实验
   INSERT INTO T1 (val) VALUES (2);
   SIGNAL SQLSTATE '53000'; -- 人为抛出一个错误
   INSERT INTO T1 (val) VALUES (3);
END nap@
----3.调用 NOT ATOMIC 存储过程，测试效果
CREATE OR REPLACE PROCEDURE test_atomic(OUT known_err INTEGER)
    LANGUAGE SQL
BEGIN
    DECLARE c_err CONDITION FOR SQLSTATE '53000';
    DECLARE CONTINUE HANDLER FOR c_err
      SET known_err = 1;
    CALL not_atomic_proc();
    COMMIT;
END@
----4.看测试结果
CALL test_atomic(?)@
SELECT * FROM T1@
```

4.3.3　条件分支中的 IF 和 CASE

　　SQL PL 中的条件控制语句有两种：IF 和 CASE 语句。IF 语句几乎没有什么新鲜的，看一段代码就能完全明白。下例使用·IF 语句根据员工的绩效增加工资和奖金。

```
CREATE PROCEDURE Evaluate_perf_if( IN p_rating INT
                                  ,IN p_empno CHAR(6))
LANGUAGE SQL
L1: BEGIN
  -- Procedure logic
  IF p_rating = 1 THEN
    UPDATE employee
      SET salary = salary * 1.15, bonus = 8000
    WHERE empno = p_empno ;
  ELSEIF p_rating = 2 THEN
    UPDATE employee
      SET salary = salary * 1.10, bonus = 4000
    WHERE empno = p_empno ;
  ELSE
    UPDATE employee
      SET salary = salary * 1.05, bonus = 0
    WHERE empno = p_empno ;
  END IF;
END L1
```

　　如表 4-6 所示，DB2 SQL PL 中的 IF 语句与 Oracle PL/SQL 中的 IF 语句基本上没有区别，除了 DB2 中 ELSEIF 关键字不同于 Oracle 中的 ELSIF。

表 4-6 IF 语句：DB2 vs Oracle

DB2 SQL PL	Oracle PL/SQL
IF - THEN - END IF;	IF - THEN - END IF;
IF - THEN - ELSE - END IF;	IF - THEN - ELSE - END IF;
IF - THEN - ELSEIF - END IF;	IF - THEN - **ELSIF** - END IF;

DB2 SQL PL 也支持 CASE 语句。当有多个条件分支时，可以用 CASE 语句来处理，在逻辑上看起来更清晰一些。比如，将上例的存储过程 IF 语句可用 CASE 语句改写如下：

```
CREATE PROCEDURE Evaluate_perf_case( IN p_rating INT
                            ,IN p_empno CHAR(6))
LANGUAGE SQL
L1: BEGIN
   -- Procedure logic
   CASE p_rating
     WHEN 1 THEN
      UPDATE employee
        SET salary = salary * 1.15, bonus = 8000
      WHERE empno = p_empno ;
     WHEN 2 THEN
      UPDATE employee
         SET salary = salary * 1.10, bonus = 4000
      WHERE empno = p_empno ;
     ELSE
      UPDATE employee
        SET salary = salary * 1.05, bonus = 0
      WHERE empno = p_empno ;
    END CASE;
END L1
```

CASE 还有一种用法叫搜索型 CASE 语句，它实现的逻辑与多重 IF-ELSEIF 语句是一样的，但在可读性方面更为清晰。

```
CASE
    WHEN v_salary > 15000 THEN
        SET v_ratio = 0.15;
    WHEN v_salary > 10000 THEN
        SET v_ratio = 0.12;
    WHEN v_salary > 5000 THEN
        SET v_ratio = 0.10;
    ELSE
        SET v_ratio = 0.08;
  END CASE;
```

4.3.4 四种循环与跳转

DB2 SQL PL 支持四种循环的形式：

- WHILE
- REPEAT

- LOOP
- FOR

跳转语句也有四种：

- LEAVE *label*：相当于 C 语言的 break，跳出标号的循环或复合语句。
- ITERATE *label*：相当于 C 语言的 continue，继续从标号开始执行循环。
- GOTO *label*：跳到标号指向的语句，并不推荐使用这种容易带来 BUG 的语句。
- RETURN：结束存储过程，直接返回。

这几种不同形式的循环，除了 FOR 循环有点特殊外，其他三种都只是表面不一样而已。我们来看用这些不同的循环形式如何实现同一个功能，通过这种比较，达到更好的学习效果。

案例描述：公司在新一年的财政预算周期，计划给员工加薪，而且对各部门工资总额预算已定。财务部门根据公司有关财政规定，制定一种相应的涨薪策略，最先考虑的策略是全部员工的基本工资都涨 10%，而奖金涨 20%。因此需要实现一个存储过程来计算在这种策略下，涨薪后各部门的工资总额。

1．WHILE 循环

While 循环与 C 语言的循环结构并无二致，每次执行循环体之前先判断循环条件。如下例所示，用 While 循环计算各部门涨薪后的工资总额，在行（1）判断 while 循环的结束条件，如果 SQLCODE=0，说明通过游标取到了数据，则继续进行处理。

```
CREATE OR REPLACE PROCEDURE est_salary_raise
   (IN p_dept VARCHAR(3),
    OUT p_total_raise DECIMAL(9,2),
    OUT p_rcount INTEGER)
LANGUAGE SQL
READS SQL DATA
BEGIN
  DECLARE SQLCODE INTEGER;
  DECLARE v_salary DECIMAL(9,2) DEFAULT 0;
  DECLARE v_bonus DECIMAL(9,2) DEFAULT 0;
  DECLARE c1 CURSOR FOR
    SELECT salary, bonus FROM Employee WHERE workdept = p_dept;
  SET p_total_raise = 0;
  SET p_rcount = 0;
  OPEN c1;
  FETCH c1 INTO v_salary, v_bonus;
  WHILE SQLCODE = 0 DO        --(1)While 开始和循环条件
      SET p_rcount = p_rcount + 1;
      SET p_total_raise = p_total_raise + v_salary * 1.1 +
                    v_bonus * 1.20;
      FETCH c1 INTO v_salary, v_bonus;
  END WHILE;            --(2)While 结尾标志
```

```
    CLOSE C1;
END
```

这个存储过程的执行结果如下所示，工资增长后，部门 D11 的薪酬总额为 717882.00，涉及涨薪的员工人数为 11。

```
CALL est_salary_raise('D11', ?, ?)

输出参数的值
--------------------------
参数名:  P_TOTAL_RAISE
参数值:  717882.00

参数名:  P_RCOUNT
参数值:  11

返回状态 = 0
```

2. REPEAT 循环

Repeat 循环与 While 循环的区别在于它先执行循环体，而后在循环结尾的 Until 子句中判断循环是否结束。Repeat 循环用在那些循环体至少执行一次的场合。用 Repeat 循环重写 est_salary_raise 的循环部分，代码如下所示。

```
OPEN c1;
REPEAT                    --(1)Repeat 循环开始
  SET p_rcount = p_rcount + 1;
  SET p_total_raise = p_total_raise + v_salary * 1.1 +
                      v_bonus * 1.20;
  FETCH c1 INTO v_salary, v_bonus;
UNTIL SQLCODE != 0
END REPEAT;               --(2)Repeat 循环结尾, Until 子句为真时结束循环
SET p_rcount = p_rcount - 1;
CLOSE C1;
```

3. LOOP 循环

Loop 循环与其他循环结构的区别在于它没有特定的循环条件判断子句，你需要用 Leave 语句在某些条件下跳出循环。当然也可以用 GOTO 语句，但是 GOTO 语句并不推荐使用。用 LOOP 循环重新存储过程 est_salary_raise 的循环部分如下所示。

```
OPEN c1;
L1: LOOP              -- (1)Loop 循环一般带有标号以配合 Leave 使用
  FETCH c1 INTO v_salary, v_bonus;
  IF SQLCODE != 0 THEN
   Leave L1;          --(2)当达到游标结尾时，用 Leave 语句跳出循环
  END IF;
  SET p_rcount = p_rcount + 1;
  SET p_total_raise = p_total_raise + v_salary * 1.1 +
                      v_bonus * 1.20;
END LOOP;            -- (3) LOOP 结尾标志
CLOSE C1;
```

> **提示**　　DB2 SQL PL 的 LOOP 是一种独立的循环形式。Oracle PL/SQL 中的 LOOP 可以独立作为循环使用，但是其他的循环形式必须与 LOOP 关键字配合起来使用。

4．FOR 循环

For 循环在 DB2 SQL PL 中是特殊的，它用来迭代一个只读游标指向的结果集。用 For 实现存储过程 est_salary_raise 更加简单。如下所示，行（1）是 FOR 循环的开始，这里必须给 FOR 循环一个名字，如 v_row，用来在后面访问结果集中的数据；行（2）给 FOR 循环的游标命名，这个游标通过行（3）的 SELECT 语句定义，而 FOR 循环的游标名是可选的，如果缺省，DB2 会自动生成一个内部的游标名；然后，行（5）通过循环名字加上列名访问数据，如 v_row.bonus。

```
CREATE PROCEDURE est_salary_raise_for
   (IN p_dept VARCHAR(3),
   OUT p_total_raise DECIMAL(9,2),
   OUT p_rcount INTEGER)
LANGUAGE SQL
BEGIN
  SET p_total_raise = 0;
  SET p_rcount = 0;
  FOR v_row AS        --(1) FOR 循环都有一个特定的名字，如 v_row，通过它引用数据列
    c1 CURSOR FOR     --（2）为 FOR 中的游标命名，可选，缺省时 DB2 会生成游标名
    SELECT salary, bonus FROM Employee WHERE workdept = p_dept  --（3）
  DO                --(4) 循环体开始
    SET p_rcount = p_rcount + 1;
    SET p_total_raise = p_total_raise + v_row.salary * 1.1 +
                    v_row.bonus * 1.20;   --(5)通过 FOR 循环名字加列名，访问数据
  END FOR;           --(6) 循环结尾标志
END
```

使用游标的 FOR 循环简单精练，有诸多好处：

● 不需要独立的游标定义语句，甚至可以省略游标名字。

● 无须 OPEN、FETCH 和 CLOSE 这样的游标操作语句。

● 无须判断是否达到游标结尾，FOR 循环会自动的结束循环。

因此，如果只需要以只读的方式遍历游标指向的结果集，FOR 循环是你的第一选择。

总的来看，DB2 SQL PL 的循环结构与 Oracle PL/SQL 的循环结构大同小异，如表 4-7 所示。不过，Oracle PL/SQL 的 FOR 循环没有 DB2 SQL PL FOR 循环的特殊性，Oracle 的 FOR 循环能在一个已打开的游标上进行循环，也可以在一个数值区间进行循环。

表 4-7　循环：DB2 SQL PL vs Oracle PL/SQL

DB2 SQL PL	Oracle PL/SQL

`[L1:] LOOP`
`    statements;`
`    IF condition LEAVE L1;`
`END LOOP [L1];`
	`LOOP`
	`    statements;`
	`    EXIT WHEN condition;`
	`END LOOP ;`

`WHILE condition DO`
`    statements;`
`END WHILE;`
	`WHILE condition LOOP`
	`    statements;`
	`END LOOP;`

`REPEAT`
`    statements;`
`    UNTIL condition;`
`END REPEAT;`
	`LOOP`
	`    statements;`
	`    EXIT WHEN condition;`
	`END LOOP ;`

`FOR variable AS`
`  cursor_name  CURSOR FOR`
`  select_statement DO`
`    statements;`
`END FOR;`
	`OPEN cursor_variable FOR`
	`    select_statement;`
	`FOR variable IN  cursor_variable`
	`LOOP`
	`    statements;`
	`END FOR;`

`SET l_count = lower_bound;`
`WHILE l_count <= upper_bound DO`
`    statements;`
`    SET l_count = l_count + 1;`
`END WHILE ;`
	`FOR l_count IN`
	`    lower_bound ..upper_bound`
	`LOOP`
	`    statements;`
	`END LOOP;`

4.3.5　让游标和结果集为你工作

　　游标在数据库编程中实在太重要了，通常稍微复杂的程序逻辑中都用到了游标。可以说，不懂游标，就谈不上掌握数据库编程。游标用起来并不难，难的是怎么用活它，用它实现复杂的程序逻辑。

　　游标编程包含了非常丰富的内容：从静态 SQL 上的游标定义、游标的基本操作，到游标与动态返回结果集、动态 SQL 与游标，再到无所不能的游标变量，每一个方面内容都值得深入探讨。

　　下面就让我们从最基本的游标操作开始，步步为营，逐步深入地学习游标。

1．使用游标的四步曲

在 SQL PL 程序中使用游标有四个基本步骤。

● **DECLARE** *cursor-name* **CURSOR FOR** *select-statement*：为 SELECT 语句定义游标。

● **OPEN** *cursor-name*：打开游标，以供使用。

● **FETCH** *cursor-name* **INTO** *host_variables*：读取游标指向的数据并赋给变量。

● **CLOSE** *cursor-name*：在使用完游标后，关闭游标，释放资源。

| 提示 | 　在 Oracle PL/SQL 中，操作游标的语法与 DB2 几乎一致，只是游标声明语句稍有区别：CURSOR *cursor-name* IS *select-statement*。 |

回到前面关于涨薪的案例中，在最初的涨薪策略下，这个存储过程计算出涨薪后部门 D11 的工资预算总额达到 717882.00，这个数字超过了公司对 D11 部门的工资预算额度 650000。因此，财务部门需要考虑新的策略，对每个员工采用不同的涨薪幅度：

- 2000 年前参加工作的，涨薪幅度为 12%。
- 2000 年—2006 年之间参加工作的，涨薪幅度为 10%。
- 奖金大于 600 的，涨幅额外增加 3%。

对于这种比较复杂的业务逻辑，游标才能真正发挥它的能力。我们将游标与 while 循环结合起来使用，使用下例的存储过程 est_salary_raise_cursor 来计算新涨薪策略下各部门的工资总额，从中可以看到，操作游标的四步曲一目了然：

- 行（1）为员工表的 SELECT 语句声明游标。
- 行（2）打开游标以供使用。
- 行（3）的 FETCH 语句取到第一行数据并赋值给局部变量，然后进入 while 循环。
- 行（4）的 FETCH 语句不断从结果集中一行一行地取数据，当读取最后一行后，再使用 FETCH 时，DB2 会设置 SQLSTATE '02000'，提示没有数据，于是结束循环。
- 行（5）关闭游标。

```
CREATE PROCEDURE est_salary_raise_cursor
  (IN p_dept VARCHAR(3),
   OUT p_total_raise DECIMAL(9,2),
   OUT p_rcount INTEGER)
LANGUAGE SQL
READS SQL DATA          --只读 SQL 数据的存储过程
BEGIN
  DECLARE SQLSTATE CHAR(5);
  DECLARE v_salary DECIMAL(9,2);
  DECLARE v_bonus DECIMAL(9,2);
  DECLARE v_hiredate DATE;
  DECLARE v_ratio DECIMAL(9,2);
  DECLARE c1 CURSOR FOR      -- (1) 为 SELECT 语句声明游标
    SELECT salary, bonus, hiredate FROM Employee WHERE workdept = p_dept
    FOR READ ONLY;

  SET p_total_raise = 0;
  SET p_rcount = 0;
  OPEN c1;                  -- (2) 打开游标以供使用
  FETCH c1 INTO v_salary, v_bonus, v_hiredate;  -- (3) 从游标取数据
```

```
WHILE SQLSTATE='00000' DO
  SET v_ratio = 0;
  IF v_hiredate < '2000-01-01' THEN
    SET v_ratio = v_ratio + 0.15;
  ELSEIF v_hiredate < '2006-01-01' THEN
    SET v_ratio = v_ratio + 0.10;
  END IF;

  IF v_bonus > 800 THEN
    SET v_ratio = v_ratio + 0.03;
  END IF;

  IF v_ratio > 0 THEN
    SET p_rcount = p_rcount + 1;
    SET p_total_raise = p_total_raise + v_salary * (1+ v_ratio);
  END IF;

  FETCH c1 INTO v_salary, v_bonus, v_hiredate;  --（4）从游标取数据
END WHILE;
CLOSE C1;              --（5）关闭游标
END
```

最后看一下这个存储过程的执行结果，涨薪后部门 D11 的工资总额在预算 650000 以内：

```
CALL est_salary_raise_cursor('D11', ?, ?)

输出参数的值
---------------------------
参数名: P_TOTAL_RAISE
参数值: 646620.00

参数名: P_RCOUNT
参数值: 10

返回状态 = 0
```

> **提示**　一种良好的编程习惯是在使用完游标后，就将它关闭，这样可以立即释放它所占用的数据库资源。当然，如果不关闭，在数据库连接断开的时候，DB2 会自动关闭游标。

> **提示**　如果只取一行数据，使用 SELECT INTO 或者 SET 语句就可以实现，没有必要使用游标，毕竟游标有额外的资源消耗。

2. 在游标上执行更新或删除

上例的游标是只读的，声明游标时 SELECT 语句后面的 FOR READ ONLY 显式地表明，只能通过这个游标读取数据。如果需要对游标指向的行进行更新或删除，需要在声明游标的 SELECT 语句后面加上 FOR UPDATE，告诉 DB2 这是可更新的游标。

在游标指向的行上执行更新或删除的语法如下：

```
DELETE FROM table-name WHERE CURRENT OF cursor-name
UPDATE table-name SET col=val, ... WHERE CURRENT OF cursor-name
```

继续上面关于涨薪的例子，公司终于找到了一种合适的涨薪策略，然后需要创建一个存储过程执行这种策略，完成对员工表的更新，代码如下所示。

```
CREATE PROCEDURE salary_raise
   (IN p_dept VARCHAR(3),
    OUT p_total_raise DECIMAL(9,2),
    OUT p_rcount INTEGER)
LANGUAGE SQL
MODIFIES SQL DATA    --（1）存储过程将修改 SQL 数据
BEGIN
  DECLARE SQLSTATE CHAR(5);
  DECLARE v_salary DECIMAL(9,2);
  DECLARE v_bonus DECIMAL(9,2);
  DECLARE v_hiredate DATE;
  DECLARE v_ratio DECIMAL(9,2);
  DECLARE c1 CURSOR FOR
    SELECT salary, bonus, hiredate FROM Employee WHERE workdept = p_dept
   FOR UPDATE;            --（2）FOR UPDATE 子句，表明是可以在游标上做更新

  SET p_total_raise = 0;
  SET p_rcount = 0;
  OPEN c1;            --（3）打开游标以供使用
  FETCH c1 INTO v_salary, v_bonus, v_hiredate;  --（4）从游标取数据

  WHILE SQLSTATE='00000' DO
    SET v_ratio = 0;
    IF v_hiredate < '2000-01-01' THEN
      SET v_ratio = v_ratio + 0.15;
    ELSEIF v_hiredate < '2006-01-01' THEN
      SET v_ratio = v_ratio + 0.10;
    END IF;

    IF v_bonus > 800 THEN
      SET v_ratio = v_ratio + 0.03;
    END IF;

    IF v_ratio > 0 THEN
      SET p_rcount = p_rcount + 1;
      SET p_total_raise = p_total_raise + v_salary * v_ratio;
      UPDATE EMPLOYEE SET salary = salary * (1 + v_ratio)
      WHERE CURRENT OF c1;     --（5）对游标指向的行执行更新操作
    END IF;
    FETCH c1 INTO v_salary, v_bonus, v_hiredate;  --（6）从游标取数据
  END WHILE;
  CLOSE C1;           --（7）关闭游标
END
```

其中，行（1）的存储过程属性 MODIFIES SQL DATA 表明这个存储过程将修改 SQL

数据；行（2）在声明游标时的 FOR UPDATE 表明可以在这个游标上执行修改或删除；行（3）（4）（6）（7）是我们已经很熟悉的游标操作 OPEN、FETCH 和 CLOSE；而关键的行（5）通过对游标指向的行进行 UPDATE 操作，从而完成对该员工的调薪。

3．COMMIT 和 ROLLBACK 时的游标

也许有读者知道 DB2 隔离级别中的游标稳定性这个概念，实际上，游标与事务处理中提交和回滚是有关系的，游标的 WITH HOLD 属性决定了它在事务处理中的行为。

如果游标没有 WITH HOLD 属性，那么在事务提交或者回滚后，游标已经被关闭，所有的资源被释放。

如果在声明游标时有 WITH HOLD 属性，在事务回滚时，游标的行为与上面没有区别，游标被关闭，相关的资源（比如锁）被释放。而在事务提交时，游标依旧保持打开，但是它不指向任何行，而是指向下一行之前的位置，然后可以用 FETCH 操作来读取下一行，或者用 CLOSE 关闭游标。

4．用游标返回动态结果集

SQL PL 存储过程能调用其他的存储过程，所以有时需要在存储过程之间传递结果集，或者将结果集返回给客户端，游标正好能派上用场。这也是游标的重要用途之一。

继续关注涨薪的例子，使用上面的存储过程 salary_raise 执行涨薪后，财务部门需要核算各部门的薪酬总额（包括奖金）。下例的存储过程 emp_resultset 取得各部门的员工薪酬信息，通过游标以动态结果集的形式返回给调用者：

- 行（1）的属性 DYNAMIC RESULT SETS 1 表明存储过程 emp_resultset 将返回一个动态结果集。
- 行（2）声明游标时的 WITH RETURN TO CALLER 选项，表示此游标用来将动态结果集返回给调用者。
- 行（3）打开游标，并不处理或关闭，而是直接返回，这样就完成了用游标返回动态结果集的整个过程。

其中，第 2 步中游标选项也可以声明为 WITH RETURN TO CLIENT，表示不论这个存储过程处在嵌套调用中的哪一层，动态结果集都将直接返回给客户端。

```
CREATE PROCEDURE emp_resultset (IN p_dept VARCHAR(3))
  LANGUAGE SQL
  DYNAMIC RESULT SETS 1        --(1)返回一个动态结果集
re: BEGIN
    DECLARE c_sal_bonus CURSOR WITH RETURN TO CALLER FOR  --(2)声明返回游标
      SELECT salary, bonus
```

```
        FROM employee
        WHERE workdept = p_dept;
    OPEN c_sal_bonus;                    --(3)打开游标，作为动态结果集返回
END re
```

那么在客户端如何接收这个动态结果集呢？请继续看下面的例子，存储过程 total_pay 调用 emp_resultset，接收动态结果集，并对工资和奖金进行汇总。它的步骤如下所示：

- 行（1）用 RESULT_SET_LOCATOR VARYING 声明结果集占位符。
- 行（2）调用存储过程 emp_resultset，返回动态结果集。
- 行（3）将结果集占位符关联到存储过程的返回结果集。
- 行（4）为结果集占位符分配游标。
- 行（5）（6）操作这个游标，允许的操作是 FETCH 和 CLOSE。

```
CREATE OR REPLACE PROCEDURE total_pay
    (IN p_dept VARCHAR(3),
     OUT p_total_pay DECIMAL(9,2),
     OUT p_rcount INTEGER)
LANGUAGE SQL
BEGIN
  DECLARE SQLSTATE CHAR(5) DEFAULT '00000';
  DECLARE v_salary DECIMAL(9,2) DEFAULT 0.0;
  DECLARE v_bonus DECIMAL(9,2) DEFAULT 0.0;
  DECLARE v_rs RESULT_SET_LOCATOR VARYING;    --(1)声明结果集占位符

  CALL emp_resultset(p_dept);    --(2)调用存储过程，它将返回一个动态结果集
  ASSOCIATE RESULT SET LOCATOR (v_rs)
        WITH PROCEDURE emp_resultset;    --(3)将结果集占位符关联到存储过程的返回结果集
  ALLOCATE v_cur CURSOR FOR RESULT SET v_rs;    --(4)为结果集占位符分配游标

  SET p_total_pay = 0;
  SET p_rcount = 0;
  WHILE ( SQLSTATE = '00000' ) DO
      SET p_total_pay = p_total_pay + v_salary + v_bonus;
      FETCH FROM v_cur INTO v_salary, v_bonus;    --(5) 操作游标，Fetch 数据
  END WHILE;
  CLOSE v_cur;      --(6) 使用完游标后，关闭游标
END
```

有些读者读到这里就会问：如何返回两个动态结果集？从存储过程中返回两个结果集很容易，在创建存储过程时将返回结果集的数目设为 2，并在程序中打开两个游标返回即可。不过需要注意一点，游标打开的顺序决定动态结果集返回的顺序。比如，我们修改 emp_resultset，返回两个游标，一个指向 salary 结果集，一个指向 bonus。

那么，如何接受这两个结果集？如下所示，首先声明 2 个结果集占位符，接着调用存储过程，并将结果集占位符关联到存储过程的返回结果集中，然后为结果集占位符分配游标。注意占位符的顺序必须跟游标打开的顺序一致。

```
--(1)声明 2 个结果集占位符
DECLARE v_rs_sal, v_rs_bonus RESULT_SET_LOCATOR VARYING;
--(2)调用存储过程，它将返回 2 个动态结果集
CALL emp_resultset(p_dept);
--(3)将结果集占位符关联到存储过程的返回结果集
ASSOCIATE RESULT SET LOCATOR (v_rs_sal, v_rs_bonus)
    WITH PROCEDURE emp_resultset;
--(4)分别为这 2 个结果集占位符分配游标
ALLOCATE v_cur_sal CURSOR FOR RESULT SET v_rs_sal;
ALLOCATE v_cur_bonus CURSOR FOR RESULT SET v_rs_bonus;
```

4.3.6 无所不能的游标变量

现在的数据库应用程序越来越复杂，通常需要在不同的应用程序之间传输数据结果集。虽然 4.3.5 节提到的返回动态结果集为这种数据传递提供了一种解决方式，但是接收结果集的处理方式给人的感觉并不那么友好。从 DB2 V9.7 开始，DB2 增加了对游标变量的支持，使用它可以更方便地在应用程序组件之间传递查询结果集。

游标变量与普通游标不同，它不与任何特定的查询相关联，只是简单地指向游标结果集。而且，DB2 提供游标谓词来查询游标的当前状态，以了解游标是否打开或是否存在与游标相关联的行。这些谓词包括：

● IS OPEN。用于确定游标是否处于打开状态。当游标作为参数在存储过程之间传递时，此谓词非常有用。在尝试打开游标之前，可以用此谓词判断游标是否已打开。

● IS NOT OPEN。此谓词可用于确定游标是否已关闭，与 IS OPEN 相反。在尝试关闭游标之前确定游标是否关闭时，此谓词会非常有用。

● IS FOUND。此谓词可用于确定执行 FETCH 语句后游标是否包含行。如果最后一个 FETCH 语句成功执行，那么 IS FOUND 谓词值为 true。如果最后一个 FETCH 语句执行后导致找不到行，那么结果为 false。

● IS NOT FOUND。与 IS FOUND 相反。

有了游标变量，我们可以很方便地在程序组件之间或者 SQL PL 程序与客户端之间传递数据。

1. 通用的游标变量

通用的游标变量可以与任何结果集相关联，也被称为弱类型的游标类型。另一种游标变量是强类型的，强类型游标变量只能指向特定类型的结果集。

下例的存储过程 emp_sal_bonus 将某部门员工的工资和奖金用通用游标变量返回，而存储过程 total_pay 则接收这个游标变量的结果集，然后合计工薪总额。

- 行（1）将通用游标变量作为输出参数。
- 行（2）将查询结果集关联到游标变量。
- 行（3）打开游标。
- 行（4）在调用的存储过程中，声明游标变量。
- 行（5）用游标变量作为实参调用存储过程，接收结果集。
- 行（6，8）就像操作普通游标一样，在游标变量上执行 FECTH、CLOSE 等操作。
- 行（7）用游标谓词判断是否从游标上成功读到数据。

```
CREATE OR REPLACE  PROCEDURE emp_sal_bonus(
   IN  p_dept ANCHOR employee.workdept,
   OUT o_emp_cur CURSOR)    --(1)游标变量作为输出参数
BEGIN
   SET o_emp_cur =    --(2)将查询结果集赋值给游标变量
      CURSOR FOR
      SELECT salary, bonus FROM EMPLOYEE
      WHERE workdept = p_dept;
   Open o_emp_cur;    --(3)打开游标
END@

CREATE OR REPLACE PROCEDURE total_pay(
  IN  p_dept ANCHOR employee.workdept,
  OUT o_total DECIMAL(15,2)
)
BEGIN
   DECLARE v_cur  CURSOR;          --(4)声明游标变量
   DECLARE v_salary ANCHOR employee.salary;
   DECLARE v_bonus ANCHOR employee.bonus;
   Set o_total = 0;
   Call emp_sal_bonus (p_dept, v_cur);       --(5)用游标变量接收存储过程的结果集
   L1: LOOP
     FETCH v_cur INTO v_salary, v_bonus;     --(6)FETCH 从游标上读取数据
     IF v_cur IS NOT FOUND THEN              --(7)用游标谓词判断是否从游标读到数据
       Leave L1;
      END IF;
     Set  o_total = o_total + v_salary + v_bonus;
   END LOOP;
   CLOSE v_cur;    --(8)关闭游标
END@
```

通用游标变量可以与任何结果集相关联，这确实极其方便。但这种通用性也存在一些潜在的隐患。我们可能不知道通用游标变量到底指向什么样的结果集，除非阅读提供结果集的程序源代码，或者有详细文档可以查阅。这可能造成开发人员对通用游标变量的误用，而且错误在编译时不容易被发现，只有运行时才会报错。

为减少这种误用，SQL PL 也提供自定义游标类型的机制，这种游标变量只能指向特定的结果集。

2．精确的强游标类型

在 DB2 中，强游标类型是通过 CREATE TYPE 语句来定义的，这种游标变量只能指向特定的结果集。具体语法如下：

```
CREATE TYPE cur_type AS row_type CURSOR;
```

我们用强类型游标改写前面使用通用游标类型的例子，如下所示：

- 行（1）首先定义行数据类型 R_SAL_BONUS，用于保存 employee 表的 salary 和 bonus 列的数据。
- 行（2）根据行类型 R_SAL_BONUS 定义强游标类型 CT_SAL_BONUS，它只能关联与行类型 R_SAL_BONUS 一致的结果集。
- 行（3）将强类型游标变量作为输出参数。
- 行（4）将强类型游标变量关联到正确的结果集。
- 行（5，6）声明强类型游标变量和行变量。
- 行（7）用强类型游标变量接收调用存储过程的结果集。
- 行（8，9）为常规的游标操作，包括 FETCH 和 CLOSE 等。

```
CREATE TYPE R_SAL_BONUS AS ROW (    --(1)定义行数据类型
   salary DECIMAL(9,2),
   bonus DECIMAL(9,2))@
CREATE TYPE CT_SAL_BONUS AS R_SAL_BONUS CURSOR@   --(2)定义强类型游标变量
CREATE OR REPLACE  PROCEDURE emp_sal_bonus2(
   IN  p_dept ANCHOR employee.workdept,
   OUT o_emp_cur CT_SAL_BONUS)      --(3)强类型游标变量作为输出参数
BEGIN
   SET o_emp_cur = CURSOR FOR      --(4)将强类型游标变量关联到正确的结果集
      SELECT salary, bonus
      FROM EMPLOYEE WHERE workdept = p_dept;
   Open o_emp_cur;
END@


CREATE OR REPLACE PROCEDURE total_pay2(
  IN  p_dept ANCHOR employee.workdept,
  OUT o_total DECIMAL(15,2)
)
BEGIN
   DECLARE v_cur  CT_SAL_BONUS;        --(5)声明强类型游标变量
   DECLARE r_sb R_SAL_BONUS;           --(6)声明行变量
   Set o_total = 0;
   Call emp_sal_bonus2 (p_dept, v_cur);    --(7)用游标变量接收过程的结果集
   L1: LOOP
     FETCH v_cur INTO r_sb;    --(8)FETCH 从游标上读取数据
     IF v_cur IS NOT FOUND THEN
```

```
    Leave L1;
   END IF;
   Set  o_total = o_total +  r_sb.salary + r_sb.bonus;
  END LOOP;
  CLOSE v_cur;     --(9)关闭游标
END@
```

> **提示**　游标编程看起来复杂，但最核心的内容是两点：第一，必须掌握游标的基本操作，也就是静态游标操作的四步曲，游标属性等；第二，就是用活游标变量。掌握这两点，就能轻松驾驭复杂的游标编程。

4.3.7　动态 SQL vs 静态 SQL

一些开发人员对 DB2 动态 SQL 的认识和使用有两个误区：

- 一个误区是认为 SQL PL 语言的能力不够，只能处理一些相对简单的逻辑。这个误区源自对动态 SQL 理解的缺失，或者没有深刻领会动态 SQL 的能力。
- 另一个误区是动辄使用动态 SQL。即使在静态 SQL 能解决问题的情况下，有些开发人员还是不加选择地使用动态 SQL，从而带来性能的损害。

那么动态 SQL 和静态 SQL 有什么区别？图 4-3 简明扼要地阐述了这种区别。

动态 SQL 执行需要经历两个阶段：准备（PREPARE）和执行（EXECUTE）。在准备阶段，DB2 编译器对接收到的 SQL 文本进行解析，检查语句的语义，并调用优化器确定一种最优的访问计划（access plan）。当应用程序发出执行这条 SQL 的命令时，DB2 会执行访问计划来存取表中的数据。

而静态 SQL 则是在创建存储过程时就被 DB2 编译生成访问计划，并将访问计划存储在目录表中。执行的时候，DB2 直接读取访问计划对数据进行操作。

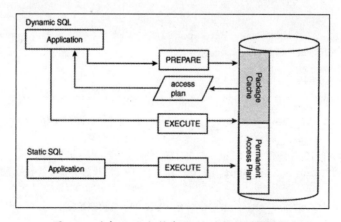

图 4-3　动态 SQL 与静态 SQL 的执行过程比较

1. 立即执行动态 SQL

使用动态 SQL 的最简单方式是使用 EXECUTE IMMDEDIATE，它用一条语句完成图 4-3 中的 PREPARE 和 EXECUTE 这两个步骤。它的语法很简单：

```
EXECUTE IMMDEDIATE sql-statement-text;
```

当动态 SQL 语句比较简单，没有参数，而且只需执行一次时，特别是那些 DDL 语句，使用"立即执行"是不错的选择。

下例中的存储过程 inc_salary_immediate 使用立即执行动态 SQL，将满足条件的员工工资增加 p_add_salary，并返回更新的行数。其中，行（1）根据参数的 WHERE 条件组装一个动态 SQL，在行（2）用 EXECUTE IMMDEDIATE 执行，最后行（3）获取受更新语句影响的记录行数。

```
CREATE PROCEDURE inc_salary_immediate
   (IN p_add_salary DECIMAL(9,2),
    IN p_where_cond VARCHAR(1000),
    OUT p_rcount INTEGER)
LANGUAGE SQL
BEGIN
   DECLARE v_dynSQL VARCHAR(1000);
   DECLARE v_rcount INTEGER;
   -- (1) 组装动态 SQL 语句的文本
   SET  v_dynSQL = 'UPDATE EMPLOYEE SET salary = salary + '
      || CHAR(p_add_salary) || ' WHERE ' || p_where_cond;
   -- (2) 立即执行动态 SQL，将 Prepare 和 Execute 合成一步
   EXECUTE IMMEDIATE v_dynSQL;
   -- (3) 从诊断信息中获取更新的行数
   GET DIAGNOSTICS p_rcount = row_count;
END
```

通过如下方式来调用这个存储过程：

```
CALL inc_salary_immediate(1372.00,
     'JOB = ''MANAGER'' and hiredate < ''2001-01-01''')@
```

> **提示**　当字符串中含有单引号时，DB2 使用单引号来做转义符，如上所示的 WHERE 条件是作为单引号包围的字符串传入存储过程的，而条件'MANGER'本身就包含单引号，需要转义为''MANGER''。

2. PREPARE+EXECUTE 与变量绑定

立即执行这种方式适合于动态 SQL 只需执行一次，而且没有语句参数的情况。然而循环在业务逻辑中是不可避免的，如果需要在循环中重复执行这条动态 SQL，使用立即执行的代价急剧上升，因为立即执行的语句每次执行都得编译一次。这时，更好的方式是用 PREPATE+EXECUTE 的两步组合，一次编译，多次执行。

另外，立即执行的一个限制是动态 SQL 语句中不能带用占位符，也就是说不能带参数。而 PREPATE+EXECUTE 的组合功能强大，没有这种限制。

PREPARE 和 EXECUTE 的语法如下所示：

```
PREPARE statement-name FROM statement-sql-text;
EXECUTE statement-name INTO result-host-variables USING input-host-variables;
```

PREPARE 将动态 SQL 文本编译成一个可执行的代码，然后，用 EXECUTE 执行语句。在有占位符的情况下，用 USING 子句传入参数，用 INTO 子句接收调用存储过程的输出参数值。

下例中的存储过程 change_mgr_bonus，使用动态 SQL 将各部门经理的奖金增加 p_bonus_increase（输入参数），并返回受影响数据的行数。它的逻辑是首先从部门表 DEPARTMENT 中读取各部门经理的员工号，然后再更新 EMPLOYEE 表中各经理的奖金值。使用动态 SQL 的步骤如下：

- 行（1）声明动态 SQL 的文本变量。
- 行（3）组装动态 SQL 文本，其中包含两个问号标识的占位符为未知的参数。
- 行（4）用 PREPARE 将动态 SQL 文本编译到可执行语句 v_stmt 中。
- 行（5）在循环体中使用 EXECUTE 执行 v_stmt，并用 USING 子句传入参数。

```
CREATE PROCEDURE change_mgr_bonus
  (IN p_bonus_increase DECIMAL(9,2)
  , OUT p_num_changes INT )
  LANGUAGE SQL
  SPECIFIC change_mgr_bonus
L1: BEGIN
  DECLARE SQLSTATE      CHAR(5);
  DECLARE v_mgrno       CHAR(6);
  DECLARE v_stmt        statement;
  DECLARE v_dynSQL      VARCHAR(200);  --(1)动态 SQL 变量声明
  DECLARE c_manager CURSOR FOR   --(2)查询部门经理的游标定义
    SELECT e.empno
      FROM EMPLOYEE e, DEPARTMENT d
      WHERE e.empno = d.mgrno;

  SET p_num_changes=0;
  --(3) 设置动态 SQL 的文本，含有两个问号标识的占位符
  SET v_dynSQL = 'UPDATE EMPLOYEE SET BONUS= BONUS + ? WHERE EMPNO=?';
  PREPARE v_stmt FROM v_dynSQL;  --(4) PREPARE 动态 SQL 为可执行语句

  OPEN c_manager;
  FETCH c_manager INTO v_mgrno;
  WHILE (SQLSTATE = '00000') DO
    --(5) EXECUTE 编译好的动态 SQL，并用 USING 子句传入参数
    EXECUTE v_stmt USING p_bonus_increase, v_mgrno;
    SET p_num_changes = p_num_changes + 1;
```

```
    --(6)取下一个经理的员工号
      FETCH c_manager INTO v_mgrno;
    END WHILE;
    CLOSE c_manager;
END L1
```

3. 动态 SQL 与游标

前面谈到的游标都定义在静态 SQL 上，有时需要通过游标来处理动态 SQL 的结果集。为了介绍这个技术，我们借用上面的存储过程 change_mgr_bonus，将静态 SQL 上的游标改写成动态 SQL 上的游标。如下所示，在动态 SQL 上使用游标步骤如下：

● 行（1）声明 VARCHAR 类型的动态 SQL 文本变量 v_dynMgrSQL。

● 行（2）声明一个游标 c_manager 到动态语句 v_cur_stmt 上。

● 行（3）组装和设置 SELECT 语句的动态文本。

● 行（4）将动态 SQL 文本 PREPARE 到 v_cur_stmt。

● 然后就可以在游标 c_manager 进行 OPEN、FETCH 和 CLOSE 操作，如（5）（6）（7）所示，就如操作静态 SQL 上的游标一样。

```
CREATE PROCEDURE change_mgr_bonus2
  ( IN p_bonus_increase DECIMAL(9,2)
  , OUT p_num_changes INT )
    LANGUAGE SQL
    SPECIFIC change_mgr_bonus2
L1: BEGIN
    DECLARE SQLSTATE      CHAR(5);
    DECLARE v_mgrno       CHAR(6);
    DECLARE v_dynSQL      VARCHAR(200);
    DECLARE v_dynMgrSQL   VARCHAR(200);    --(1)动态 SQL 变量声明
    DECLARE v_cur_stmt  statement;

    DECLARE c_manager CURSOR FOR v_cur_stmt; --(2)为动态 SQL 声明游标

    SET v_dynSQL = 'UPDATE EMPLOYEE SET BONUS= BONUS + ? WHERE EMPNO=?';
    SET v_dynMgrSQL = 'SELECT e.empno FROM EMPLOYEE e, DEPARTMENT d ' ||
                'WHERE e.empno=d.mgrno';  --(3) 设置动态 SQL 语句文本

    SET p_num_changes=0;
    PREPARE v_update_stmt FROM v_dynSQL;
    PREPARE v_cur_stmt FROM v_dynMgrSQL;   --(4) PREPARE 动态 SQL 为可执行语句

    OPEN c_manager;                  --(5) 打开游标
    FETCH c_manager INTO v_mgrno;    --(6) Fetch 游标
    WHILE (SQLSTATE = '00000') DO
        SET p_num_changes = p_num_changes + 1;

        EXECUTE v_update_stmt USING p_bonus_increase, v_mgrno;
        -- fetch the next row to be processed
        FETCH c_manager INTO v_mgrno;       --Fetch 游标
```

```
    END WHILE;
    CLOSE c_manager;                         --（7）关闭游标
END L1
```

动态 SQL 非常灵活，而且能力很强，比如，可以从目录表（Catalog）中读取表名和列名，并根据需要构建查询条件来组装 SQL 语句，从而构建通用的代码。

但事有利弊，首先，动态 SQL 无法在编译时检查 SQL 语句是否正确，必须等到运行时才能发现问题。其次，动态 SQL 语句可读性较差，难以维护。最后，从性能上考虑，静态 SQL 只需在存储过程创建时编译一次，以后直接执行，而动态 SQL 则每次运行都需要进行编译。

4. 静态 SQL 与动态 SQL 的选择

静态 SQL 和动态 SQL 各有特点，在程序中需要根据实际情况来选择使用。下面给出使用静态 SQL 和动态 SQL 的一些经验原则。

在以下情况下，适合选用静态 SQL：

- SQL 语句较为简单且已知不变。
- SQL 语句访问的数据库对象变化很少，很少运行 RUNSTATS 更新统计信息。
- 程序需要处理 SQL 语句频率高，编译压力较大。
- 需要对程序使用的 SQL 语句统一认证权限。

在以下情况下，更适合选用动态 SQL：

- SQL 语句在应用程序执行时才生成，或者 SQL 语句访问的对象在程序运行前不存在。
- 希望 SQL 语句根据运行时的数据库统计信息和配置参数进行最好的优化。
- 程序运行时，有较多 DDL 语句执行。

当然，所有的原则都是经验性的，真正的选择取决于程序的实际情况。在时间允许的情况下，可以进行性能比较测试来选择静态 SQL 还是动态 SQL。

4.3.8　条件处理，让你的程序更健壮

异常处理是编程中必不可少的部分，也是实现程序健壮性的保证。SQL PL 中的条件处理与 Linux 下的信号编程非常类似。如果存储过程没有任何错误，而程序执行出错，存储过程停止执行并直接退出。但是，这种行为有时候不是你所期望的，比如，你想跳过这个错误，继续执行下面的逻辑。为了帮助读者自定义条件处理行为，本节将介绍 DB2 中的各种条件（condition），包括警告、错误和自定义条件，以及它们的处理方式。

首先介绍一下 DB2 对每条 SQL 语句的错误处理，也就是 SQLCODE 和 SQLSTATE。

DB2 在执行完每条 SQL 语句后，都会设置 SQLSTATE 和 SQLCODE，表示这条 SQL 的执行是成功、失败、还是执行完后有警告信息。我们在前面的存储过程示例中已多次用到了 SQLSTATE 和 SQLCODE。

SQLSTATE 是由五位数字组成的字符串，符合 ISO/ANSI SQL92 标准，各数据库厂商对它的定义是一致的。SQLSTATE 五位数字中的前两位是类别代码，如 "00" 表示成功，"01" 表示警告信息，"02" 表示无数据（NOT FOUND）。SQLCODE 是整型的状态码，每个数据库厂商对它都有自己的定义。例如，我们执行语句 "DELETE FROM TT"，而 TT 这个表在数据库中不存在，DB2 会设置 SQLSTATE=42704 和 SQLCODE=-204，错误的消息文本为："DB2ADMIN.TT" 是一个未定义的名称。

SQLSTATE 和 SQLCODE 是保留的变量名。但是，要想在存储过程中使用 SQLSTATE 和 SQLCODE，必须显式地声明它们，而且声明只能在最外层的复合语句中。由于 DB2 执行每条 SQL 语句都会重新设置 SQLSTATE 和 SQLCODE，如果要检查某条 SQL 的执行状态，必须在这条 SQL 执行后立即检测。

对 SQLCODE 和 SQLSTATE 的使用非常简单，前面也有不少例子。但是我们却极易犯一个错误：直接通过 SQLSTATE 来处理错误。下例展示了一种看起来合理的检查错误的方式：首先，行（1）和行（2）声明 SQLCODE 和 SQLSTATE，然后在 UPDATE 语句后，行（3）检查 SQLSTATE，如果出现错误，则打印错误信息。

```
CREATE PROCEDURE update_phoneno
    (IN p_empno  CHAR(6), IN p_phoneno VARCHAR(10))
    LANGUAGE SQL
    SPECIFIC incorrect_error
re: BEGIN
    DECLARE SQLSTATE CHAR(5) DEFAULT '00000'; --（1）声明 SQLSATE 变量
    DECLARE SQLCODE INT DEFAULT 0;            --（2）声明 SQLCODE 变量
    UPDATE employee
        SET phoneno= p_phoneno
      WHERE empno = p_empno;
    IF SUBSTR(SQLSTATE,1,2) NOT IN ('00','01','02') --（3）检查 SQLSATE 变量
    THEN
        CALL DBMS_OUTPUT.PUT_LINE('更新电话遇到错误: SQLSTATE = ' || SQLSTATE);
    END IF;
END
```

看起来这是一种合理的错误处理方式，然而，存储过程的行为却不是我们所期望的那样。如果出现错误，它永远也不会运行到 IF 语句，错误信息也永远不会打印出来。因为这个存储过程一旦遇到错误，就立即终止执行。有兴趣的读者可以提供错误的参数调用一下这个存储过程：

```
CALL update_phoneno('000110','54321');
```

由于 EMPLOYEE 表中列 phoneno 的类型为 char(4)，传入一个 5 位的电话号码，update 语句会出错，但是在控制台看不到打印的错误信息。

提示	在 SQL PL 程序中，不要企图通过检查 SQLCODE 或者 SQLSTATE 来处理错误，正确的做法是使用条件处理器来处理错误。不过，对于 "00"、"01" 和 "02" 这三类 SQLSTATE，在程序中可以直接检测，这也是我们控制游标循环常用的一种方式。

因此，我们需要一种捕获错误的机制，这便是条件处理器。

条件处理器（Condition Handler）是 SQL PL 处理错误的一种机制，它在某一个特定的错误或条件下被触发，然后执行你想要的一些逻辑，并决定下一步怎么走。

从图 4-2 中可以看到，条件和条件处理器的声明放在复合语句的开始。它的语法如下：

```
DECLARE condition-name CONDITION FOR SQLSTATE five-digits-code
DECLARE [CONTINUE | EXIT | UNDO] HANDLER
   FOR condition-name SQL-procedure-statement
```

条件声明实际上就是为某个五位数字的 SQLSTATE 定义一个名字，以便引用和阅读。

重点来看条件处理器，定义条件处理器必须明白三件事：

第一，你需要捕获或者处理什么错误。

DB2 SQL PL 提供三种通用的条件 SQLEXCEPTION、SQLWARNING 和 NOT FOUND。在上一节提到，SQLEXCEPTION 包含所有的错误，SQLWARNING 包含 SQLSTATE 前两位为 "01" 的所有警告信息，NOT FOUND 包含类别代码为 "02" 的 SQLSTATE。另外，这个条件还可以是任何特定的 SQLSTATE 或者条件变量。

第二，你希望条件处理器在捕获错误时，做哪些处理，执行哪些语句。

第三，决定条件处理器的类型，也就是你希望处理完这些逻辑后，存储过程怎么走。有三种选择：CONTINUE、EXIT 和 UNDO。CONTINUE 条件处理器将从出错点的下一条语句继续执行，EXIT 条件处理器则跳出它所处的复合语句，而 UNDO 回滚这个复合语句已做的工作，然后跳出这个复合语句。不过，UNDO 条件处理器只能定义在原子复合语句中。当 EXIT 或 UNDO 条件处理器定义在最外层的复合语句中时，将跳出存储过程。

用条件处理器改写上面的 update_phoneno 存储过程，如下所示。在行（2）为 SQLEXCEPTION 定义了 EXIT 条件处理器，它打印出错信息，然后退出。

```
CREATE OR REPLACE PROCEDURE update_phoneno2
   (IN p_empno  CHAR(6), IN p_phoneno VARCHAR(10))
```

```
    LANGUAGE SQL
    SPECIFIC update_phoneno2
re: BEGIN
    DECLARE SQLSTATE CHAR(5) DEFAULT '00000'; --（1）声明 SQLSATE 变量
    DECLARE EXIT HANDLER FOR SQLEXCEPTION        --（2）条件处理器定义
      CALL DBMS_OUTPUT.PUT_LINE('更新电话遇到错误：SQLSTATE = ' || SQLSTATE);

    UPDATE employee
      SET phoneno= p_phoneno
    WHERE empno = p_empno;
END
```

测试这个条件处理器的代码如下，注意错误信息已经打印出来。由于错误在条件处理器中得到了处理，调用这个存储过程的返回状态为成功。

```
CALL update_phoneno2('000110','54321')

  返回状态 = 0

  更新电话遇到错误：SQLSTATE = 22001
```

在逻辑复杂的程序中，直接使用五个数字的 SQLSTATE 可能导致程序的可读性差。因此 SQL PL 程序提供了为 SQLSTATE 声明条件变量的支持。

接下来，我们看看如何为特定的 SQLSTATE 定义条件处理器，并执行较复杂的错误处理。如下例所示，行（1）为 SQLSTATE '22001'声明一个变量 too_long，然后在行（2）为 too_long 声明 EXIT 条件处理器，它的执行逻辑是一个复合语句：打印错误信息并将该员工的电话设置为默认的 4008。

```
CREATE OR REPLACE PROCEDURE update_phoneno3
    (IN p_empno  CHAR(6), IN p_phoneno VARCHAR(10))
    LANGUAGE SQL
    SPECIFIC update_phoneno3
re: BEGIN
  DECLARE SQLSTATE CHAR(5) DEFAULT '00000';
  DECLARE too_long CONDITION FOR SQLSTATE '22001'; --（1）声明条件变量
  DECLARE EXIT HANDLER FOR too_long   --（2）为条件变量声明条件处理器
  BEGIN   --（3）处理逻辑是一个复合语句
    CALL DBMS_OUTPUT.PUT_LINE('更新电话遇到错误，输入的电话号码太长,');
    CALL DBMS_OUTPUT.PUT_LINE('将其电话设置为总机:4008');
    SET p_phoneno = '4008';
    UPDATE employee
      SET phoneno= p_phoneno
      WHERE empno = p_empno;
  END;

  UPDATE employee
    SET phoneno= p_phoneno
    WHERE empno = p_empno;
END
```

目前为止，我们提到的错误或者警告都是 DB2 在处理 SQL 语句时抛出的错误。事实上，SQL PL 还允许用户在存储过程中抛出任意的 SQLSTATE 错误，并定制错误信息。它的语法如下：

```
SIGNAL SQLSTATE five-digits-code SET MESSAGE_TEXT = diagnostic-string;
```

用户抛出的错误也能被相应的条件处理器捕获，这样，我们就可以利用条件处理器这种机制进行错误处理了。

4.4　SQL PL 函数与触发器

4.4.1　内联 SQL PL 与编译型 SQL PL

在 DB2 V9.7 以前，有 Oracle 经验的开发者在开发 DB2 的用户自定义函数（简称 UDF）时可能会抱怨，DB2 的 UDF 实在太弱了：UDF 和触发器中不支持某些 SQL PL 语句，而且 UDF 只接受输入参数。这些情况在从 DB2 V9.7 开始已经完全改变，我们可以使用任何的 SQL PL 语句来开发 UDF 和触发器，也能像 PL/SQL 语言一样在 UDF 中使用输出参数。

那么，在 DB2 V9.7 以前，开发 UDF 和触发器到底有什么限制？在 DB2 V9.7 以后具体有哪些不同？

我们首先要清楚的一个事实是，在 DB2 V9.7 以前，开发 UDF 和触发器的语言是**内联 SQL PL（inline SQL PL）**，这与开发存储过程的 SQL PL 语言有所区别，它只是 SQL PL 语言的子集。在 SQL 语句中引用内联 SQL PL 开发的 UDF 时，会用该 UDF 的程序体源代码将 UDF 名替换，然后与该 SQL 语句一起编译执行。这与 C++内联函数的机制类似。

从 DB2 V9.7 开始，我们可以使用完整的 SQL PL 来开发 UDF，而此时 UDF 有了更广泛的含义和使用范围，我们称之为 SQL PL 函数。与存储过程一样，使用完整 SQL PL 开发的函数在创建时就已经被编译成 DB2 的程序包（package），因此也称为**编译型 SQL PL 函数**。

因此，在 DB2 V9.7 及其以后的版本中，函数就有两种实现方式：内联型 SQL PL 函数和编译型 SQL PL 函数。

那么，内联 SQL PL 支持哪些语句？与完整 SQL PL 相比又有哪些限制？请看表 4-8 和表 4-9。

表 4-8　内联 SQL PL 支持的语句

CALL	IF
CASE	ITERATE
DECLARE <variable>	LEAVE
DECLARE <condition>	RETURN
FOR	SET

GET DIAGNOSTICS	SIGNAL
GOTO	WHILE

表 4-9　内联 SQL PL 不支持的语句

ALLOCATE CURSOR	LOOP
ASSOCIATE LOCATORS	REPEAT
DECLARE <cursor>	RESIGNAL
DECLARE ... HANDLER	COMMIT
PREPARE	ROLLBACK
EXECUTE	
EXECUTE IMMEDIATE	

这两个表中列出的语句大多都是容易理解的。我们总结内联 SQL PL 的限制如下：

（1）内联 SQL PL 语句将直接展开到使用它的 SQL 查询中，所有的语句都是动态的，因此也就不需要 PREPARE 和 EXECUTE 这种语句。

（2）内联复合语句只能是原子性的，因此不能使用 COMMIT 和 ROLLBACK 这样的语句。

（3）在内联复合语句中，能声明条件变量，却不能声明条件处理器来处理异常。条件声明和 SIGNAL 语句使得 UDF 和触发器可以自定义条件变量，并在遇到应用逻辑出错时抛出自定义的错误。

（4）对 CALL 语句的支持间接扩展了内联 SQL PL 的能力。可以用编译型 SQL PL 实现存储过程做内联 SQL PL 做不了的事情，然后在 UDF 和触发器中调用它。

（5）内联 SQL PL 不支持显式游标，但能使用 FOR 语句处理只读游标。

> **提示**　在 UDF 中可以通过 CALL 语句来调用存储过程，如果因为内联 SQL PL 的能力限制而无法在 UDF 中实现需要的功能，可以定义一个存储过程来实现这部分业务逻辑，然后在 UDF 中调用它。

4.4.2　UDF 的本来面目

谈到"本来面目"，是因为 UDF 在 DB2 V9.7 之前与之后的编程有很大的区别。在 DB2 V9.7 以前，只能用内联 SQL PL 开发 UDF。而 DB2 V9.7 以后，则可以用完整的 SQL PL 开发 UDF。本节介绍一下如何用内联 SQL PL 开发 UDF。

根据返回结果的不同，UDF 主要分为两种：标量函数和表函数，标量函数返回一个值，而表函数返回一个表结构。内联型 SQL PL 函数的程序体是由 BEGIN ATOMIC 和 END 关键字定义的内联复合语句。

1. 一个最简单的 UDF

UDF 通过 CREATE FUNCTION 创建。在 DB V9.7 以前，UDF 只接受输入型参数，而输出用 RETURNS 返回，其主体是一个 RETURN 语句或者一个内联型复合语句。

下例是一个最简单的标量 UDF，它计算两个数的和。其中，行（1）表示它的参数，行（2）表示返回单个值，说明这个 UDF 是标量函数；而这个 UDF 的主体是一个简单的 RETURN 语句，直接返回两个数的和，如行（3）所示。

```
CREATE FUNCTION SUM2
   (p_salary DECIMAL(9,2), p_bonus DECIMAL(9,2))  --（1）输入参数
   RETURNS DECIMAL(9,2)                            --（2）返回单个值
   LANGUAGE SQL
   SPECIFIC TOTAL_PAY
   RETURN  p_salary + p_bonus           --（3）UDF 程序体：一个 RETURN 语句
```

> **提示**　这里 RETURN 语句就是 UDF 的程序体，不需要分号作为语句结束符。

UDF 总是用在 SQL 语句中。例如，下面的 SQL 查询用到了刚才创建的 SUM2：

```
db2 => SELECT empno, sum2(salary, bonus) AS total_pay FROM employee WHERE workdept
= 'C01'

EMPNO  TOTAL_PAY
------ -----------
000030   100050.00
000130    74300.00
000140    69020.00
200140    69020.00

  4 条记录已选择。
```

UDF 的常见属性与 4.3.1 节阐述的存储过程属性基本一样，包括 LANGUAGE SQL、SPECIFIC name、SQL 访问标志符及 DETERMINISTIC 属性等，但是 UDF 不能返回结果集。

2. 用户自定义标量函数

我们来看一个较复杂的例子，如何用复合语句实现函数体。考虑这样一个场景，应用程序需要很频繁地获得员工所在部门经理的编号。员工表 EMPLOYEE 只包含员工的部门代码，因此要从部门表中获取部门的经理编号。但是，你并不想在每次需要员工的经理编号时都写一个查询来连接员工表和部门表。这时，一个以员工号为参数并返回经理编号的 UDF 将满足这种需求。具体实现如下例所示。

```
CREATE FUNCTION get_manager
   (p_empno CHAR(6))          --（1）输入参数
   RETURNS CHAR(6)            --（2）返回单个值表明这是一个标量 UDF
```

```
   LANGUAGE SQL
   SPECIFIC manager
L1: BEGIN ATOMIC              --（3）这里的内联复合语句必须是原子型的
   DECLARE v_manager_no CHAR(3);
   DECLARE v_err VARCHAR(70);
   SET v_manager_no = (
       SELECT d.mgrno FROM department d, employee e
           WHERE e.workdept=d.deptno AND e.empno= p_empno);
   SET v_err = 'Error: manager of ' || p_empno || ' was not found';
   IF v_manager_no IS NULL THEN
       SIGNAL SQLSTATE '54000' SET MESSAGE_TEXT=v_err;  --（4）允许抛出错误
   END IF;
 RETURN v_manager_no;
END L1      --（5）复合语句结束
```

在用户自定义函数 get_manager 中，行（2）表示函数返回 CHAR（6）类型的单个值，说明这个 UDF 是典型的标量函数；函数体是一个复合语句，从行（3）的 BEGIN ATOMIC 到行（5）的 END，关键字 ATOMIC 必不可少；函数体中的行（4），表示当找不到员工的经理编号时抛出错误。

> **提示**　SUM2 的程序体就是一个 RETURN 语句，RETURN 语句后面并没有分号作为结束。而在上例中，RETURN 语句作为复合语句的一部分，因此其后面必须有一个分号标识 RETURN 语句的结束。

自定义标量函数能用在 SQL 语句的 SELECT 列表和谓词中，比如：

```
db2 => SELECT empno, firstnme, lastname, get_manager(empno) AS manager FROM employee
WHERE empno ='000280'

EMPNO  FIRSTNME     LASTNAME         MANAGER
------ ------------ ---------------- -------
000280 ETHEL        SCHNEIDER        000090

  1 条记录已选择。

db2 => SELECT empno, firstnme, lastname FROM employee WHERE empno = get_manager
('000280')

EMPNO  FIRSTNME     LASTNAME
------ ------------ ----------------
000090 EILEEN       HENDERSON

  1 条记录已选择。
```

3. 用户自定义表函数

自定义表函数用在 SELECT 查询的 FROM 子句中，表函数返回表结构。

下例所示的自定义表函数，唯一的参数是部门编号，它根据这个部门的员工数进行判断，如果员工数大于 5，则将部门经理的奖金增加 1000，并且不论如何都返回这个部门的所有员工。

```
CREATE FUNCTION getEmployees(p_dept CHAR(3))
RETURNS TABLE              -- (1)表函数
    (empno VARCHAR(6),
     firstname VARCHAR(15),
     salary DECIMAL(9,2))
LANGUAGE SQL
SPECIFIC getEmployees
MODIFIES SQL DATA          -- (2)该函数修改 SQL 数据
L2: BEGIN ATOMIC           -- (3)内联复合语句必须是原子的
  DECLARE v_cnt int DEFAULT 0;
  SET v_cnt = (SELECT COUNT(*) FROM employee WHERE workdept = p_dept);

  IF (v_cnt > 5) THEN       -- (4)Update 语句修改数据
    UPDATE employee SET bonus = bonus + 1000
      WHERE workdept = p_dept and job = 'MANAGER';
  END IF;

  RETURN                    -- (5)RETURN 一个查询结果集
    SELECT e.empno, e.firstnme, e.salary
    FROM employee e
    WHERE e.workdept=p_dept;
END L2
```

在这个例子中，行（1）所示的 RETURNS TABLE 表示这是个表函数，返回由员工号，名字和工资组成的表结构；行（2）所示的属性 MODIFIES SQL DATA 表明这个 UDF 将修改数据库中的数据；行（4）的 UPDATE 语句需要更新经理的奖金；而最后，行（5）结果集通过表结构返回。

如果不指定（2）中的 MODIFIES SQL DATA 属性，那么在创建这个 UDF 时会报如下错误：

```
SQL0374N    尚未在 LANGUAGE SQL 函数 "DB2ADMIN.GETEMPLOYEES" 的 CREATE
FUNCTION 语句中指定 "MODIFIES SQL DATA"
子句，但对该函数的主体检查表明应指定该子句。   LINE NUMBER=22.  SQLSTATE=428C2
```

测试这个表函数的查询语句如下所示，而且 E21 部门经理的奖金确实增加了：

```
SELECT * FROM table(getEmployees('E21')) AS emp

EMPNO  FIRSTNAME        SALARY
------ ---------------- -----------
000100 THEODORE            86150.00
000320 RAMLAL              39950.00
000330 WING                45370.00
000340 JASON               43840.00
200330 HELENA              35370.00
200340 ROY                 31840.00
```

4.4.3　编译型 SQL PL 函数

从 DB2 V9.7 开始，我们可以使用完整的 SQL PL 来开发函数，这些函数在创建时会被编译，所以也称之为编译型 SQL PL 函数。

1. SQL PL 函数的输入/输出

从 DB2 V9.7 开始，SQL PL 函数可以支持输出参数。不过，含有输出参数的函数只能是标量函数，而不能是表函数。下面的 SQL PL 函数 DIV 计算两个数的除法结果，并将结果存在输出参数中。而返回值用于返回错误代码，比如除数为零时的错误。

```
CREATE OR REPLACE FUNCTION DIV
  (IN n1 DECIMAL(9,2),    --(1)显式的 IN 表示输入参数
   IN n2 DECIMAL(9,2),
   OUT res DECIMAL(9,2))  --(2)支持 OUT 输出参数
RETURNS INTEGER
BEGIN
   IF (n2 = 0 ) THEN
   RETURN 1;
END IF;
   Set res = n1 / n2;
   RETURN 0;
END@
--通过如下方式在 SQL PL 程序中调用 DIV
BEGIN
  DECLARE res DECIMAL(9,2);
  DECLARE status INTEGER;
  SET status = DIV(6.6, 2.0, res);  --(3)调用时，SQL PL 函数作为赋值语句的右值
  CALL DBMS_OUTPUT.PUT_LINE(res);
  CALL DBMS_OUTPUT.PUT_LINE(status);
END@
```

> **提示**　含有 OUT 或者 INOUT 参数的 SQL PL 函数，只能作为赋值语句的右值被引用，而不能出现在任何表达式或者 SQL 语句中。

2. 编译型 SQL PL 函数

DB2 V9.7 引入了编译型 SQL PL 函数，它的程序体由 BEGIN 和 END 关键字定义的非原子性复合语句构成，并且能够使用完整的 SQL PL 语言。也就是说，SQL PL 函数能做存储过程所能做的任何事情，它们之间没有本质的区别，只是使用的方式和场合不同而已。

下面看一下如何使用 SQL PL 函数实现 4.3.6 节的存储过程 emp_sal_bonus 和 total_pay，这两个存储过程用游标变量的方式计算某部门的工薪总额。

```
CREATE OR REPLACE FUNCTION f_sal_bonus(
IN p_dept ANCHOR employee.workdept)   --(1)显示的输入参数
RETURNS CURSOR                  --(2)返回游标变量
```

```
BEGIN NOT ATOMIC                        -- (3) 非原子性复合语句
  DECLARE v_cur  CURSOR;
  Set v_cur = CURSOR FOR SELECT salary, bonus
    FROM EMPLOYEE WHERE workdept = p_dept;
  Open v_cur;
  Return v_cur;
END@

CREATE OR REPLACE FUNCTION f_total_pay(
 IN  p_dept ANCHOR  employee.workdept,
 OUT o_total DECIMAL(15,2)            -- (4) UDF 中的输出参数
)
RETURNS INTEGER
BEGIN                                   -- (5) 默认为 NOT ATOMIC
  DECLARE v_cur CURSOR;                 -- (6) 声明游标变量
  DECLARE v_salary ANCHOR employee.salary;
  DECLARE v_bonus ANCHOR employee.bonus;
  DECLARE v_count INTEGER DEFAULT 0;
  SET o_total = 0.0;
  SET v_cur = f_sal_bonus(p_dept);      -- (7) 调用函数，并接收游标变量的结果集
  L1: LOOP
    FETCH v_cur INTO v_salary, v_bonus;
    IF v_cur IS NOT FOUND THEN
      Leave L1;
    END IF;
    SET  o_total = o_total + v_salary + v_bonus;
    SET  v_count = v_count + 1;
  END LOOP;
  CLOSE v_cur;
  RETURN v_count;
END@
-- 通过如下方式在 SQL PL 程序中调用 SQL 函数 f_total_pay
BEGIN
  DECLARE v_total DECIMAL(15,2);
  DECLARE v_count INTEGER;
  -- (8) 调用函数，有输出参数的函数只能作为右值，而不能出现在 SQL 表达式中
  SET v_count = f_total_pay('D11', v_total);
  CALL DBMS_OUTPUT.PUT_LINE('Number of employee in D11:' || v_count);
  CALL DBMS_OUTPUT.PUT_LINE('Total pay of them: ' || v_total);
END@
```

从上面的例子可以看到，只需很小的改动，就用 SQL PL 函数实现了存储过程的功能。这充分说明它们在能力上没有区别，只是接口和调用方式不同而已。

4.4.3　触发器的是是非非

顾名思义，触发器就是被某些操作触发而执行另一些操作的数据库对象。触发器是数据库中很好的一个机制，然而，却时常被滥用。我曾经思考，是否可以用存储过程来代替触发器？答案是不可以。触发器有它的独特优势：对上层的应用逻辑透明。也就是说我们可以创建触发器来改变或实现某些逻辑而不改动应用程序。

创建触发器的精简语法如下：

```
CREATE TRIGGER trigger-name
  [NO CASCADE BEFORE | AFTER | INSTEAD OF]
  [INSERT | DELETE | UPDATE [OF column-name]] on table-view-name
  FOR EACH ROW | FOR EACH STATEMENT
  MODE DB2SQL
  [WHEN condition]
    SQL-procedure-statement
```

从语法中可以看出，创建一个触发器要决定四件事：

● 触发事件是 INSERT，UPDATE 还是 DELETE 操作。

● 触发器何时被触发，是在上述操作执行以前（BEFORE），之后（AFTER）还是用触发器的动作代替这个操作（INSTEAD OF）。

● 是在每行的数据上触发，还是在每条语句上触发。比如，一条 SQL 可能更新 1000 数据，如果在每行数据上触发，则触发器将被触发 1000 次。

● 触发器的动作是什么，这就涉及触发器的实现逻辑了。

提示	DB2 的一个触发器只能定义在一个触发事件上，而 Oracle 的一个触发器则可同时定义在多个触发事件上。

另外，需要注意的是 BEFORE 触发器总是不级联的（NO CASCADE），也就是它不能再触发其他的触发器。因此，在 BEFORE 触发器中不能再有 INSERT，UPDATE 和 DELETE 操作。

接下来通过一些例子来学习触发器的开发。

1. BEFORE INSERT 触发器

从前面的学习中我们知道，BEFORE 触发器在 SQL 语句执行前被触发执行。因此，利用 BEFORE 触发器，你可以检查数据、设置默认值，甚至拒绝触发事件中的那条 SQL。

下面的触发器实现这样的机制：如果我们向员工表中添加新员工时没有提供电话号码，就将他的电话设置为总机"4008"。行（1）表明这个触发器是定义在员工表 EMPLOYEE 上的，触发事件为 BEFORE INSERT，而行（2）用 n 引用新插入的行，行（3）则表示触发器将对插入的每行数据触发一次，然后触发器在行（4）检查新插入的电话号码是否为空，如果为空，则在行（5）设置默认电话。其中，行（4）的 WHEN 子句在创建触发器时是可选的。

```
CREATE TRIGGER default_phoneno
NO CASCADE BEFORE INSERT ON EMPLOYEE        --(1)触发事件为 BEFORE INSERT
REFERENCING NEW AS n                        --(2)用 n 来引用新插入的行
FOR EACH ROW                                --(3)在插入的每行上触发
MODE DB2SQL
WHEN (n.phoneno IS NULL)                    --(4)当新插入的电话号码为空时
```

```
    SET n.phoneno = '4008'                    --(5)设置电话为默认电话
```

测试这个触发器的行为如下所示，在插入新员工时不提供电话号码，触发器 default_phoneno 将被触发，员工的电话号码被设置为 4008。

```
INSERT INTO employee(empno, firstnme, lastname, edlevel)
    VALUES('300301', 'Jim', 'Gray',18)
DB20000I  SQL 命令成功完成。

SELECT empno, firstnme, phoneno FROM employee WHERE empno = '300301'

EMPNO  FIRSTNME     PHONENO
------ ------------ -------
300301 Jim          4008

  1 条记录已选择。
```

利用相似的代码，可以创建 BEFORE UPDATE 或者 BEFORE DELETE 触发器。

2. AFTER UPDATE 触发器

假如有这样一种业务需求，希望在更新员工工资的时候，记录下这个操作，以便日后查询或审计时使用。为说明这个例子，先创建下面的 salary_history 表。

```
CREATE TABLE salary_history(empno CHAR(6),
    old_salary DECIMAL(9,2), new_salary DECIMAL(9,2),
    operator VARCHAR(10), change_date DATE)@
```

实现这个需求的触发器如下所示，行（1）表明这个触发器定义在员工表 EMPLOYEE 上，触发事件为 AFTER UPDATE，在更新工资时被触发，而行（2）用 "o" 引用更新前的行，"n" 引用更新后的行，行（3）则表示触发器将对更新的每行数据触发一次，然后触发器在行（4）向 salary_history 表中插入一条数据以便记录下这个更新操作。

```
CREATE TRIGGER record_sal_update
AFTER UPDATE OF salary ON EMPLOYEE         --(1)触发事件为 AFTER UPDATE
REFERENCING old AS o NEW AS n     --(2)用 n 来引用更新后的行，o 引用更新前的行
FOR EACH ROW                      --(3)在更新的每行上触发
MODE DB2SQL
  INSERT INTO salary_history      --(4)触发时将工资的更新记录到工资历史表中
    VALUES (o.empno, o.salary, n.salary, user, CURRENT DATE)@
```

测试这个触发器的行为如下，当更新员工工资时，触发器 record_sal_update 被触发。

```
UPDATE employee SET salary = 200000 WHERE empno = '000010'
DB20000I  SQL 命令成功完成。

SELECT * FROM salary_history

EMPNO  OLD_SALARY   NEW_SALARY  OPERATOR   CHANGE_DATE
------ ------------ ----------- ---------- -----------
000010  175662.50   200000.00  DB2ADMIN   2011-03-01

1 条记录已选择。
```

3. 一个复杂的触发器

前面两个例子中触发器的触发动作都非常简单，只有一行代码。实际上，触发器中也可以包含复杂的业务逻辑。我们继续研究修改工资的例子，并增加一条规则：对员工工资的修改不能低于现在的工资。如下例所示，行（1）（2）（3）的触发器属性与前面的没有区别，然后行（4）表示触发器的动作是一个复合语句，行（5）当更新后的工资还少于原来的工资时抛出一个"SQLSTATE=80000"的自定义错误。

```
CREATE TRIGGER validate_rec_sal_update
AFTER UPDATE OF salary ON EMPLOYEE          --(1)触发事件为 AFTER UPDATE
REFERENCING old AS o NEW AS n    --(2)用n来引用更新后的行，o引用更新前的行
FOR EACH ROW                               --(3)在更新的每行上触发
MODE DB2SQL
BEGIN                          --(4)触发器的 ACTION 是一个复合语句
  IF (n.salary < o.salary) THEN
    SIGNAL SQLSTATE '80000' --(5)抛出一个自定义错误
      SET MESSAGE_TEXT='Can't update salary below the old salary!';
  ELSE
   INSERT INTO salary_history
     VALUES (o.empno, o.salary, n.salary, user, CURRENT DATE);
  END IF;
END
```

测试这个触发器的行为如下，当第一条 UPDATE 语句增加员工工资时，触发器 record_sal_update 被触发，并向 salary_history 插入一条数据记录下这个更新操作。而第二条 UPDATE 语句的更新工资值 180 小于原来的值，触发器被触发，抛出一个错误。

```
UPDATE employee SET salary = 200000 WHERE empno = '000010'
DB20000I  SQL 命令成功完成。

UPDATE employee SET salary = 180 WHERE empno = '000010'
DB21034E  该命令被当做 SQL 语句来处理，因为它是无效的"命令行处理器"命令。在
SQL 处理期间，它返回：
SQL0438N  应用程序发生错误或警告，其诊断文本为："Can't update salary below the old
salary!"。SQLSTATE=80000

SELECT * FROM salary_history

EMPNO  OLD_SALARY  NEW_SALARY  OPERATOR  CHANGE_DATE
------ ----------- ----------- ---------- -----------
000010  175662.50  200000.00 DB2ADMIN   2011-03-01

  1 条记录已选择。
```

触发器是一把利器，但是创建过多的触发器将导致数据库表之间的关系混乱，难以理解，出现问题时也难以定位和调试。因此，在使用触发器时要谨慎，不要盲目地创建触发器来实现各种各样的业务逻辑，只是在必要的时候才使用。

4.5　高级主题探讨

4.5.1　DB2 的模块 vs Oracle 的程序包

在 Oracle PL/SQL 编程中，程序包（package）实在太重要了。有 Oracle 经验的开发者刚转到 DB2 开发时，总是有这样的疑问："DB2 有没有 Oracle 中的程序包？"如果得不到合适的答案，就从网络上搜索关键字"DB2 package"或"DB2 程序包"，发现 DB2 还真有程序包。可仔细一看，却发现 DB2 的程序包跟 Oracle 的程序包完全不是一回事。

那么，DB2 的程序包到底是什么概念？

我们知道，Oracle 的程序包是编程概念，一个程序包可将关系密切的存储过程和 UDF 等对象组织一起。而 DB2 的程序包则是一个存储过程或者 UDF 编译后生成的可执行二进制代码。比如，一个存储过程包含 10 条 SQL 语句，在创建存储过程时，每一条 SQL 编译成一个可执行的节（section），这些节加上其他的一些必要信息组织成一个 DB2 程序包，并存储在 DB2 编目表中。当存储过程被调用时，DB2 从编目表中读取对应的 DB2 程序包直接执行。

那么，DB2 中到底有没有与 Oracle 的程序包对应的东西？

在 DB2 V9.7 之前，你恐怕要失望了。不过 DB2 V9.7 为 SQL PL 带来了新的东西——模块（Module）。DB2 的模块实际上就是 Oracle 的程序包，只是在技术细节上有些区别。

模块主要用于将相关联的一些存储过程和函数等组合在一起，便于应用系统的模块化和维护。例如，人力资源模块可能包含与员工管理相关的存储过程和函数等，这些例程可以包括员工入职、员工离职、增加薪水和查询员工信息等。另外，与 Oracle 的程序包一样，模块也提供了封装和隐藏这样的功能。

模块编程的流程一般是这样：首先创建模块，在模块中发布存储过程或函数的原型，并创建一些数据类型和变量；然后，向模块中添加这些存储过程或函数的实现；接下来，经过适当的权限管理，客户端程序就能引用模块中的对象进行编程。

因此，我们以人力资源模块为例，从以下四个方面讲解 DB2 的模块编程：

- 创建模块并在模块中发布对象。
- 在模块中添加例程的实现。
- 模块的权限管理和模块中对象的引用。
- DB2 内置的系统已定义模块。

1. 创建模块并在模块中发布对象

首先，通过 CREATE MODULE 语句创建模块，例如：

```
CREATE MODULE hr_emp@
```

然后，就可以在模块中发布存储过程或 UDF 的原型定义。这些原型相当于对外编程接口，有了这些 API，其他的模块或者客户端程序就可以引用它们来进一步编程。当然，也可以在模块中定义数据类型和声明全局变量。

如下所示，在人力资源模块 hr_emp 中，发布了 1 个 UDF 和 2 个存储过程：

```
ALTER MODULE hr_emp      --通过 ALTER MODULE...PUBLISH 语句发布
  PUBLISH FUNCTION get_manager(      --可以发布 Function 原型
  IN  p_empno ANCHOR  employee.empno)
RETURNS  ANCHOR  department.mgrno@

ALTER MODULE hr_emp
  PUBLISH PROCEDURE increment_salary(  --可以发布存储过程原型
  IN  p_empno ANCHOR  employee.empno,
  IN  p_inc    ANCHOR  employee.salary,
  OUT o_newsal ANCHOR  employee.salary
  )@

ALTER MODULE hr_emp
  PUBLISH PROCEDURE fire_employee(      --发布存储过程原型 fire_employee
  IN  p_empno  ANCHOR  employee.empno
  )@
```

而且，可以根据业务需要，随时用 ALTERMODULE...PUBLISH 语句在该模块中发布新的例程。

2. 在模块中添加例程实现

发布的例程原型只是一个空壳，不能被调用。只有当我们实现它们后，才能真正被其他程序调用。而当在模块发布例程原型后，就可以着手实现例程的工作。

将模块中的例程发布和实现分离非常有用，这体现了接口和实现分离的编程原则。一方面，客户端只需了解模块中发布的例程原型就能进行编程；另一方面，由于例程实现对客户端程序不可见，当例程实现改变而接口不变时，客户端程序不需要做任何修改。

另外，例程发布和实现分离，使得你也不必担心创建例程的顺序。例如，在不使用原型的情况下，如果有 3 个例程分别名为 X、Y 和 Z，并且 X 调用 Y，Y 调用 Z，那么必须按以下顺序创建例程：Z、Y、Z。如果先发布例程原型，就可以按任意顺序实现例程。这也是解决循环引用或递归调用的一种方式。

在模块 hr_emp 中添加存储过程和函数的实现，其代码如下所示，

```
ALTER MODULE hr_emp      --用 ALTER MODULE...ADD 语句添加实现
 ADD FUNCTION get_manager(  --实现的函数代码与创建独立的 SQL PL 函数一样
 IN  p_empno ANCHOR employee.empno)
RETURNS ANCHOR department.mgrno
BEGIN
  Declare v_mgrno ANCHOR department.mgrno;
  SELECT mgrno INTO v_mgrno
    FROM employee e, department p
    WHERE e.workdept = p.deptno
       AND e.empno = p_empno;
  RETURN v_mgrno;
END
@


--添加一个未发布的存储过程 get_salary 实现，外界将不可见，只有本模块的例程可以调用它
ALTER MODULE hr_emp
 ADD PROCEDURE get_salary(
 IN  p_empno ANCHOR employee.empno,
 OUT o_salary ANCHOR employee.salary
 )
BEGIN
  SELECT salary INTO o_salary
    FROM employee
    WHERE empno = p_empno;
END
@


--添加一个发布的存储过程 increment_salary 实现，它引用了 get_salary
ALTER MODULE hr_emp
 ADD PROCEDURE increment_salary(
 IN  p_empno ANCHOR employee.empno,
 IN  p_inc   ANCHOR employee.salary,
 OUT o_newsal ANCHOR employee.salary
 )
BEGIN
  Declare v_old_salary ANCHOR employee.salary;
  --引用内部存储过程 get_salary，前面不需要加模块名 hr_emp
  CALL get_salary(p_empno, v_old_salary);
  SET o_newsal = v_old_salary + p_inc;
  UPDATE employee SET salary = o_newsal
    WHERE empno = p_empno;
END
@
--添加一个发布的存储过程 fire_employee 实现
ALTER MODULE hr_emp
 ADD PROCEDURE fire_employee(
 IN  p_empno ANCHOR employee.empno
 )
BEGIN
  DELETE FROM employee
    WHERE empno = p_empno;
END
@
```

从上面可以看到，在模块中添加例程实现与创建独立的例程完全一样。注意，可以在

模块中添加未发布的例程实现，如 get_salary。这样该例程只在模块 hr_emp 内可见，而其他的模块或者客户端程序不能引用它。这是模块提供的一种封装和隐藏机制。

3. 模块的权限管理和模块中对象的引用

模块是作为一个整体进行权限管理的。我们不能对模块中的单个对象授予 EXECUTE 特权，只能对整个模块授予或取消 EXECUTE 特权。

例如，下面的 GRANT 语句将模块 hr_emp 的 EXECUTE 权限授予给 ZURBIE。这样 ZURBIE 将能引用 hr_emp 所有发布的存储过程和函数。

```
GRANT EXECUTE ON MODULE HR_EMP TO ZURBIE@
```

当拥有模块的 EXECUTE 权限后，就可以调用模块中的存储过程和函数了。模块中对象的完整名字由点表示法隔开的三部分组成：模式名.模块名.对象名。例如，db2admin.hr_emp.get_manager，其中 db2admin 是模式名，hr_emp 是模块名，get_manager 是对象名。

在模块内部引用对象时，只使用对象名就可以了。在模块外部则需要通过三部分或后两部分组成的名字来调用对象。

下面是引用模块 hr_emp 中 UDF 和存储过程的例子。注意，调用模块中未发布的存储过程 get_salary 将抛出错误。

```
--在 SQL 语句中引用模块中 UDF hr_emp.get_manager
select empno, hr_emp.get_manager(empno) from employee where workdept = 'D11'@

insert into employee(empno, firstnme, lastname, edlevel,salary)
values('400000', 'Jim', 'Green', 16,12000)@

--调用模块中发布的存储过程 hr_emp.increment_salary
CALL hr_emp.increment_salary('400000',2000, ?)@

--不能调用模块中未发布的存储过程 hr_emp.get_salary
--CALL hr_emp.get_salary('400000', ?)@

--调用模块中的存储过程 hr_emp.fire_employee
CALL hr_emp.fire_employee('400000')@
```

4. DB2 内置的系统已定义模块

Oracle 的开发者对 PL/SQL 内置程序包一定不陌生。实际上，DB2 用模块实现了 Oracle 的这些 PL/SQL 内置程序包。如我们在前面的示例中多次用到的 DBMS_OUTPUT。

DB2 支持的系统已定义模块如下。

● DBMS_OUTPUT：提供基本输出功能，可以通过命令行开关。

● DBMS_ALERT：该程序包使用时允许不同的会话之间彼此发信号。

- DBMS_PIPE：该模块允许会话彼此发送数据。

- DBMS_JOB：提供与 DB2 的任务调度器集成的可兼容 API。

- DBMS_LOB：用于 LOB 处理。

- DBMS_SQL：提供了用于执行动态 SQL 的 SQL API。

- DBMS_UTILITY：应用程序中使用的各种工具的集合。

- UTL_FILE：允许处理 DB2 服务器上的文件的模块。

- UTL_MAIL：该模块允许从 SQL 发送电子邮件通知。

- UTL_SMTP：低级别的 API，类似于提供 SMTP 集成的 UTL_MAIL。

我们可以很从容地在 DB2 的 SQL PL 程序开发中使用这些系统已定义模块，就像在 Oracle 的 PL/SQL 中使用内置程序包一样。

通过上面的学习，可以看出，DB2 的模块与 Oracle 的程序包在编程机制上基本一致，只是在语法细节上有些差别。相信这种差别对有 Oracle 开发经验的读者来说，不难理解和掌握。

4.5.2　存储过程的递归

在很多次支持客户的过程中，我都被问到关于 SQL PL 存储过程递归的问题。一些 DB2 用户在开发 SQL PL 存储过程时，直接递归调用自身，不可避免地遇到编译错误，于是惊呼："DB2 SQL PL 存储过程不支持递归"。也有人问："DB2 SQL PL 存储过程如何实现递归"？

关系数据库理论并不是为树型数据结构而设计的，因此 SQL 不擅长处理树型数据。然而，我们在数据建模的过程中总是不可避免地遇到树型结构的数据：部门的组织结构、产品的分类等。针对这些树型结构，递归是常用方法，那么 SQL PL 存储过程如何实现递归？

下面我们为读者讲述这个问题，并用三种不同的方式来实现 SQL PL 存储过程的递归。

再次考虑公司涨薪这个案例。公司完成新一年的财政预算后，决定按照各部门去年的业绩，对各个部门（包括该部门下辖的所有子部门）的员工涨工资。部门是按树型结构组织的，如图 4-4 所示，部门 A00 分管 4 个子部门，而 D11 和 D21 又由 D01 所管。

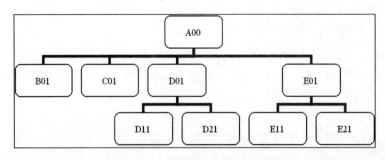

图 4-4　部门树型组织结构示意图

1. 错误的起源

很多 DB2 开发人员，特别是有 Oracle 经验的开发者会写出类似下面的存储过程，想要通过递归来实现这个功能。先找出当前部门的所有子部门，然后对每个子部门，在行（1）通过调用自身来达到递归的目的。

```
CREATE PROCEDURE SALARY_RAISE_RC(IN IN_DEPTNO CHAR(4), IN percent DOUBLE)
BEGIN
  DECLARE sub_dept CHAR(4);
  For dept_row as
    SELECT deptno FROM DEPARTMENT WHERE admrdept = in_deptno
  do
    SET sub_dept = dept_row.Deptno;
    CALL SALARY_RAISE(sub_dept, percent);   --（1）静态 SQL 调用自身
  END for;
  UPDATE employee SET salary = salary * (1 + percent)
    WHERE WORKDEPT = in_deptno;
END
```

很遗憾，这些开发者总是会遇到下面的错误：

```
SQL0440N No authorized routine named "SALARY_RAISE_RC" of type "PROCEDURE"
having compatible arguments was found. LINE NUMBER=8. SQLSTATE=42884
```

真正的原因是 DB2 不支持静态的递归调用。当 DB2 创建存储过程时，就会编译所有静态 SQL。对于静态的 CALL 语句，它会去找相应的存储过程 SALARY_RAISE_RC，但是，此时它还没有创建好，所以报错 SQL0440N，说找不到这个存储过程。

2. 常规武器：动态 SQL

动态 SQL 正是实现递归的常规途径。在 4.3.7 节提到，动态 SQL 功能强大，当静态 SQL 不能解决递归问题的时候，可以使用动态 SQL。

具体的实现代码如下例所示，行（1）设置 CALL 语句的动态 SQL 语句文本，它调用自身；行（2）通过 USING 子句传入参数动态执行 CALL 语句，从而实现递归。由于创建存储过程时，动态 SQL 并不编译，所以不会遇到查找调用的存储过程的问题。在运行时，动态 CALL 调用的存储过程已经存在，所以也不会有问题。

```
CREATE PROCEDURE SALARY_RAISE_RC1(IN IN_DEPTNO CHAR(4), IN percent DOUBLE)
 BEGIN
DECLARE sub_dept CHAR(4);
DECLARE recr_stmt_txt VARCHAR(3200);
DECLARE recr_stmt statement;
SET recr_stmt_txt =
  'CALL SALARY_RAISE_RC1(?,?)';   --（1）CALL 语句的动态 SQL 文本
prepare recr_stmt FROM recr_stmt_txt;
  for dept_row as
    SELECT deptno FROM DEPARTMENT WHERE admrdept = in_deptno
  do
```

```
      SET sub_dept = dept_row.deptno;
      execute recr_stmt using sub_dept, percent;  --(2)动态SQL递归调用
   END for;
   UPDATE employee SET salary = salary * (1 + percent)
      WHERE WORKDEPT = in_deptno;
END
```

3. 剑走偏锋：SQL 语句直接实现递归

我们知道 SQL 本身就支持递归。那么是否可以直接用递归 SQL 来实现呢？在实现按部门涨工资的存储过程中，一条递归 SQL 就可以将该部门以下的所有子部门都找出来，然后依次更新各员工的工资。代码如下例中第 6 ~ 16 行所示：

```
1 CREATE PROCEDURE SALARY_RAISE_RC2
2    (IN IN_DEPTNO CHAR(4), IN percent DOUBLE)
3 BEGIN
4  DECLARE v_dept CHAR(3);
5  for dept_row as
6    WITH report(dept, adept) AS
7    (
8     SELECT deptno, admrdept
9       FROM DEPARTMENT
10      WHERE deptno = IN_DEPTNO
11    union all
12    SELECT deptno, admrdept
13      FROM DEPARTMENT, report
14      WHERE DEPARTMENT.admrdept = report.dept
15    )
16   SELECT dept FROM report
17   do
18    SET v_dept = dept_row.dept;
19    UPDATE employee SET salary = salary * (1 + percent)
20      WHERE workdept = v_dept;
21   END for;
22 END
```

4. 新的捷径：用模块实现静态递归

从 DB2 V9.7 开始，DB2 提供了模块这一编程概念。使用模块和其中的发布功能，就可以简单地用静态 SQL 实现递归存储过程。

如下例所示，在第 1 行创建模块 HR，然后第 2 ~ 3 行发布存储过程 SALARY_RAISE_RC3，这相当于声明这个存储过程的原型，从第 4 行开始定义和实现这个存储过程，第 11 行通过模块名加过程名的方式静态地调用自身。

```
1 CREATE MODULE HR@
2 ALTER MODULE HR PUBLISH PROCEDURE
3   SALARY_RAISE_RC3(IN IN_DEPTNO CHAR(4), IN percent DOUBLE)@
4 ALTER MODULE HR ADD PROCEDURE
5    SALARY_RAISE_RC3(IN IN_DEPTNO CHAR(4), IN percent DOUBLE)
6  BEGIN
```

```
7 DECLARE sub_dept CHAR(4);
8   For dept_row as
9     SELECT deptno FROM DEPARTMENT WHERE admrdept = in_deptno
10  do
11   SET sub_dept = dept_row.Deptno;
12   CALL HR.SALARY_RAISE_RC3(sub_dept, percent);   -- 直接静态的递归调用
13   END for;
14   UPDATE employee SET salary = salary * (1 + percent)
15     WHERE WORKDEPT = in_deptno;
16 END
```

4.5.3　pureXML，不一样的编程体验

从版本 9 开始，DB2 开始支持原生的 XML 数据存储和查询处理，到 DB2 V9.7，XML 在 DB2 里已经得到完全的支持，包括 DPF 环境、存储过程和 UDF 等。 DB2 将 XML 数据解析后的树型结构直接保存在数据库中，并通过 XQuery 来查询 XML 数据，从而提供了很好的性能。

存储过程对 pureXML 提供支持后，带来了一种全新的编程体验。我曾参与过一个使用 pureXML 的大型项目，在这个项目中，所有的存储过程都是用 pureXML 技术开发的，最终发布成 Web 服务，那真是一种前所未有的体验。

我们来看一个 XML 在 DB2 中使用的例子。在 DB2 中，XML 数据和关系数据混合地存储在一个表中。例如，我们示例数据库（SAMPLE）中的客户表 Customer，它的结构如下所示，有一个大整型的 CID 和 XML 类型的 INFO 来保存客户信息。

```
describe table customer


            数据类型                    列
列名        模式      数据类型名称      长    小数位 NULL
------------ -------- -------------- ---- ----- ------
CID          SYSIBM   BIGINT          8     0    否
INFO         SYSIBM   XML             0     0    是
HISTORY      SYSIBM   XML             0     0    是
```

而 XML 类型的客户信息示例如下，包含名字、地址和多个电话信息。

```xml
<customerinfo Cid="1003">
  <name>Robert Shoemaker</name>
  <addr country="Canada">
    <street>1596 Baseline</street>
    <city>Aurora</city>
    <prov-state>Ontario</prov-state>
    <pcode-zip>N8X 7F8</pcode-zip>
  </addr>
  <phone type="work">905-555-7258</phone>
  <phone type="home">416-555-2937</phone>
  <phone type="cell">905-555-8743</phone>
  <phone type="cottage">613-555-3278</phone>
```

```
</customerinfo>
```

我们通过一个例子来说明存储过程对 pureXML 的支持。下面的例子实现这样一个存储过程：给定一个客户 ID，它能从 XML 形式的客户信息中获取客户姓名、工作电话和详细地址（城市和街道）。这个例子将一条语句拆成两条或多条语句来写，只是为了说明存储过程对 pureXML 的支持，没有从性能优化上考虑，请读者留意。

1. 参数和变量中的 XML 类型

首先在 SQL PL 存储过程中，可以使用 XML 数据类型作为参数，并且可采用任何模式：IN、OUT 或 INOUT，如例中行（1）的输出参数 p_detail_addr 就是 XML 类型。这种原生态的方式比起将 XML 数据作为 CLOB 或 VARCHAR 来处理，是一种极大的进步。

另外，我们可以将 XML 数据类型声明为局部变量，如行（2）所示的 XML 变量 v_addr。

2. 对 XML 变量赋值

4.2.2 节介绍的三种赋值方法，都能对 XML 变量进行赋值。

● SET：如行（3），将 XMLQUERY 的结果赋值给 XML 变量 v_name_xml。
● SELECT INTO：如行（6），将 XMLQUERY 的结果赋值给 XML 变量 v_addr。
● VALUES INTO：如行（7），将 XMLQUERY 的结果赋值给 XML 参数 p_detail_addr。

3. 查询 XML 数据

DB2 使用 pureXML 技术查询和处理 XML 数据的方式有两种：SQL/XML 和 XQuery。SQL/XML 提供一些函数在 SQL 语句中嵌入 XQuery 表达式以处理 XML 数据，这些函数包含 XMLQUERY、XMLTABLE、XMLEXISTS 等；与 SQL/XML 相对，XQuery 是纯天然的 XML 查询语言，直接作用于 XML 数据。我们来看看存储过程对这些技术的支持情况：

● 可以在 SQL 语句中嵌入 XMLQUERY 函数来处理和查询 XML 数据，如行（4）所示的语句通过一个 XMLQUERY 读取 XML 数据中的客户名字，行（6）和行（7）也是这样的例子。
● 可以用 XMLTABLE 函数提取 XML 数据并转换成关系表，如行（8）所示，从 XML 类型的客户信息中，提取电话信息并构建由两个 VARCHAR 列组成的关系表。
● PASSING 子句可以向 SQL/XML 函数传递参数，如将引用的列名或者存储过程变量传递给 XMLQUERY、XMLEXISTS 和 XMLTABLE。行（4）的语句将列名 C.INFO 以变量 info 传递给 XMLQUERY，然后在 XMLQUERY 中可以用美元符号$info 引用它；语句（7）则将 XML 局部变量 v_addr 通过 PASSING 传递给 XMLQUERY；语句（8）将引用列名传递给 XMLTABLE。

- PASSING 子句可以传递多个变量，而且传递变量不必限于 XML 数据类型，也可以传递关系数据类型。

然而，SQL PL 存储过程不支持静态的纯 XQUERY 语句，只能用动态语句的方式来实现。

4. 用 XMLCAST 对 XML 数据转换

在上面已经提到，可以用 XMLTABLE 从 XML 数据中提取出关系数据，也可以通过 PASSING 子句将关系类型的数据传给 SQL/XML 函数。然而，如果要将查询的 XML 结果或者 XML 变量赋值给关系类型的变量，或者将关系类型的数据转换成 XML 格式，必须用 XMLCAST，如行（5）所示。

```
CREATE PROCEDURE cust_contact_info
   (IN p_cust_id BIGINT,
   OUT p_name VARCHAR(20),
   OUT p_detail_addr XML,        --（1）可以 XML 类型作为输入输出参数
   OUT p_work_phone VARCHAR(12))
LANGUAGE SQL
READS SQL DATA
BEGIN
 DECLARE v_addr XML;             --（2）可以声明 XML 的局部变量
 DECLARE v_name_xml XML;

 --（3）支持 SET 语句对 XML 变量赋值
 --（4）可以在 SQL 语句中嵌入 XMLQuery 函数来处理和查询 XML 数据
 SET v_name_xml = ( SELECT XMLQUERY('$info/customerinfo/name'
                      passing C.INFO as "info")
                 FROM CUSTOMER C
                 WHERE C.CID = p_cust_id);

 --（5）必须使用 XMLCAST 在 XML 数据和关系数据之间进行转换
 SET p_name = XMLCAST(v_name_xml as VARCHAR(20));

 --（6）支持 SELECT INTO 语句对 XML 变量赋值
 SELECT XMLQUERY('$INFO/customerinfo/addr' passing C.INFO as "INFO" )
   INTO v_addr
   FROM CUSTOMER C
   WHERE C.CID = p_cust_id ;

 --（7）支持 VALUES INTO 语句对 XML 变量赋值
 VALUES XMLQUERY('<addr>{$p/city} {$p/street}</addr>'
                 passing v_addr as "p")
   INTO p_detail_addr;

 --（8）使用 XMLTABLE 以关系表的形式提取 XML 数据
 SELECT x.phone
   INTO p_work_phone
   FROM CUSTOMER C,
     XMLTABLE('$in/customerinfo/phone' passing C.INFO as "in"
     COLUMNS
       type VARCHAR(8) path '@type',
```

```
        phone VARCHAR(12) path '.'
      ) x
  WHERE c.cid = p_cust_id AND x.type = 'work';
END#
```

> **提示**　在 XQuery 表达式中，@字符是用来取属性的特殊字符，而$字符用来引用变量，它们不能用做这个 SQL 语句的分隔符，因此在最后一行使用#字符来作为分隔符。

> **提示**　XQuery 表达式是大小写敏感的，比如语句（4）中，$info 不能改成$INFO。

调用这个存储过程，执行结果显示如下：

```
CALL cust_contact_info(1003, ?, ?, ?)

  输出参数的值
  --------------------------
  参数名: P_NAME
  参数值: Robert Shoemaker

  参数名: P_DETAIL_ADDR
  参数值: <addr><city>Aurora</city><street>1596 Baseline</street></addr>

  参数名: P_WORK_PHONE
  参数值: 905-555-7258

  返回状态 = 0
```

5. pureXML 与表函数的天然联系

从 DB2 V9.7 开始，pureXML 技术在 UDF 中已经得到完全的支持，我们可以传入 XML 类型的参数，返回 XML 类型的结果，也可以使用 SQL/XML 在业务逻辑中查询或处理 XML。

下面通过一个简单的例子来展示如何使用 SQL/XML 中的 XMLTABLE 实现一个表函数：它从客户表 CUSTOMER 中的 XML 数据中抽取客户的姓名、邮编和电话等信息，而且每个客户可能有好几个电话，包括办公室的、家里的和移动电话等。

下例所示的表函数 cust_info 接受一个 XML 类型的参数，使用 XMLTABLE 对 XML 数据进行转换。

```
CREATE OR REPLACE FUNCTION cust_info(INFO XML)    --(1) 传入 XML 参数
RETURNS TABLE                          -- (2)表函数
   (name VARCHAR(20),
    phone_type VARCHAR(8),
    phone VARCHAR(12),
    zipcode XML)                       --(3) 返回 XML 数据
LANGUAGE SQL
SPECIFIC cust_info
```

```
RETURN SELECT * FROM XMLTABLE(        --(4) 使用 XMLTABLE 来转换 XML 数据
    '$info/customerinfo/phone' passing INFO as "info"
    COLUMNS
        name VARCHAR(20)        path '../name',
        phone_type VARCHAR(8)   path '@type',  --(5) 去属性的特殊字符@
        phone VARCHAR(12)       path '.',
        zipcode XML             path '../addr/pcode-zip'
    )#              --(6) 使用#作为 SQL 语句的分割符，整个 CREATE 语句结束
```

在上面的代码中，行（1）使用了 XML 类型的参数，行（3）返回 XML 类型的结果，行（4）利用 SQL/XML 函数 XMLTABLE 将 XML 数据转换成关系型数据。

测试这个表函数的 SQL 语句如下：

```
SELECT c.cid, x.*
FROM customer c, TABLE(cust_info(c.INFO)) x
WHERE c.cid = 1003

CID       NAME                 PHONE_TYPE   PHONE        ZIPCODE
--------- -------------------- ----------- ------------ ------------------
1003 Robert Shoemaker    work        905-555-7258
<pcode-zip>N8X 7F8</pcode-zip>
1003 Robert Shoemaker    home        416-555-2937
<pcode-zip>N8X 7F8</pcode-zip>
1003 Robert Shoemaker    cell        905-555-8743
<pcode-zip>N8X 7F8</pcode-zip>
1003 Robert Shoemaker    cottage     613-555-3278
<pcode-zip>N8X 7F8</pcode-zip>
```

4 条记录已选择。

本节讨论了如何在 SQL PL 程序中使用 pureXML 技术：包括如何使用 XML 参数、如何 XML 变量声明和赋值，以及如何通过 SQL/XML 函数和 XQuery 访问 XML 数据。希望这些内容可以帮助开发人员将 pureXML 技术融合到存储过程的开发中。

4.5.4 洞悉权限管理，为安全而努力

在我接触到的用户中，不乏有安全策略做得非常好的，但是大多数系统的安全策略一团糟，存在严重的安全隐患。实际上，安全策略说起来很简单，就是将敏感的数据保护起来，限制用户直接访问或者修改，但是执行起来难，怎么来实现这个策略呢？本节就来探讨一下如何对存储过程执行访问控制策略。

存储过程相当于提供一个接口，用户只有通过它才能访问或修改这些敏感数据。而且，需要在存储过程上进行授权，只有经过授权的用户才能执行存储过程。针对存储过程，我们了解到的安全问题有以下几点：

- 执行存储过程需要怎样的权限？

- 存储过程中的静态 SQL 和动态 SQL 在访问权限上有何不同？
- 谁能创建存储过程，需要怎样的权限？
- 如何授予用户存储过程的执行权限？

我们通过一个例子来说明上述问题。大家知道，员工表中的工资和奖金信息是高度保密的，不是什么人都可以随便查看或修改的，因此可以定义存储过程来做增加奖金这件事。为了阐述动态 SQL 和静态 SQL 在执行权限上的不同，我们创建这个存储过程的两个版本：HR.INC_BONUS 和 HR.INC_BONUS_DYN，如下例所示：

```
CREATE PROCEDURE HR.INC_BONUS
  (IN p_empno CHAR(6), IN p_incr DECIMAL(9,2))
BEGIN
  UPDATE db2admin.EMPLOYEE     --静态 SQL
    SET BONUS = BONUS + p_incr
    WHERE EMPNO = p_empno;
END@

CREATE PROCEDURE HR.INC_BONUS_DYN
  (IN p_empno CHAR(6), IN p_incr DECIMAL(9,2))
BEGIN
  DECLARE stmt_txt VARCHAR(200);
  DECLARE stmt statement;
  SET stmt_txt =               --动态 SQL
    'UPDATE db2admin.EMPLOYEE SET BONUS = BONUS + ? WHERE EMPNO = ?';
  prepare stmt FROM stmt_txt;
  EXECUTE stmt USING p_incr, p_empno;
END@
```

然后以数据库管理员登录数据库，按照下面的安全策略执行如下授权。

- 用户 BOSS（老板）：在 EMPLOYEE 表的 bonus 列上有修改权限，对存储过程 INC_BONUS 和 INC_BONUS_DYN 有执行权限。
- 用户 NEWTON（财务总监）：对存储过程 INC_BONUS 和 INC_BONUS_DYN 有执行权限。
- 用户 ZURBIE（普通用户）：对存储过程 INC_BONUS 和 INC_BONUS_DYN 都没有执行权限。

```
GRANT UPDATE (bonus) on HR.employee to BOSS;
GRANT EXECUTE ON PROCEDURE HR.INC_BONUS TO BOSS;
GRANT EXECUTE ON PROCEDURE HR.INC_BONUS TO NEWTON;
GRANT EXECUTE ON PROCEDURE HR.INC_BONUS_DYN TO BOSS;
GRANT EXECUTE ON PROCEDURE HR.INC_BONUS_DYN TO NEWTON;
--GRANT EXECUTE ON PROCEDURE HR.INC_BONUS TO ZURBIE; --注释掉，没有权限
--GRANT EXECUTE ON PROCEDURE HR.INC_BONUS_DYN TO ZURBIE; --注释掉,没有权限
```

接下来看这些拥有不同权限的用户在调用这两个存储过程时会发生什么。

普通用户 ZURBIE 调用这两个存储过程的结果显示：没有执行权限。

```
CONNECT TO SAMPLE

  Database Connection Information

 Database server        = DB2/LINUXX8664 9.7.2
 SQL authorization ID   = ZURBIE
 Local database alias   = SAMPLE


CALL HR.INC_BONUS('000160', 400.0)

SQL0551N  "ZURBIE" does not have the required authorization or privilege to
perform operation "EXECUTE" on object "HR.INC_BONUS".  SQLSTATE=42501

CALL HR.INC_BONUS_DYN('000160', 400.0)

SQL0551N  "ZURBIE" does not have the required authorization or privilege to
perform operation "EXECUTE" on object "HR.INC_BONUS_DYN".  SQLSTATE=42501
```

财务总监 NEWTON 调用这两个存储过程的结果显示：

- 调用 INC_BONUS 成功，尽管他没有直接修改 EMPLOYEE.bonus 的权限，但是存储过程中的静态 SQL 成功更新了 EMPLOYEE 表上的 bonus。因此静态 SQL 访问表时，使用的是存储过程创建者的权限。

- 调用 INC_BONUS_DYN 失败，他有执行这个存储过程的权限，但是存储过程中的动态 SQL 在更新 EMPLOYEE 表上的 bonus 列时，使用的是 NEWTON 自己的权限，而他没有修改 EMPLOYEE.bonus 的权限，所以更新失败。

```
CONNECT TO SAMPLE

  Database Connection Information

 Database server        = DB2/LINUXX8664 9.7.2
 SQL authorization ID   = NEWTON
 Local database alias   = SAMPLE


CALL HR.INC_BONUS('000160', 400.0)

 Return Status = 0

CALL HR.INC_BONUS_DYN('000160', 400.0)
SQL0551N  "NEWTON" does not have the required authorization or privilege to
perform operation "UPDATE" on object "DB2ADMIN.EMPLOYEE".  SQLSTATE=42501
```

老板 BOSS 调用这两个存储过程的结果显示：

- 调用 INC_BONUS 成功，成功更新了 EMPLOYEE 表上的 bonus。静态 SQL 更新

EMPLOYEE 表时，使用的是存储过程创建者的权限。

● 调用 INC_BONUS_DYN 成功，他有执行这个存储过程的权限，而存储过程中的动态 SQL 在更新 EMPLOYEE 表上的 bonus 列时，使用的是用户 BOSS 的权限，而他有修改 EMPLOYEE.bonus 的权限，所以更新成功。

```
CONNECT TO SAMPLE

  Database Connection Information

Database server       = DB2/LINUXX8664 9.7.2
SQL authorization ID  = BOSS
Local database alias  = SAMPLE


CALL HR.INC_BONUS('000160', 400.0)

 Return Status = 0

CALL HR.INC_BONUS_DYN('000160', 400.0)

 Return Status = 0
```

最后，我们来回答本节开始提出的问题：

● 执行存储过程需要怎样的权限？

当用户被授予存储过程的执行权限时，他就能执行这个存储过程。

● 存储过程中静态 SQL 和动态 SQL 的访问权限有何不同？

存储过程中静态 SQL 的访问权限由存储过程的创建者决定，动态 SQL 的访问权限由存储过程的调用者决定。

● 谁能创建存储过程，需要怎样的权限？

首先你需要有当前模式下 CREATEIN 的权限，然后对于存储过程中静态 SQL 涉及的表或视图，你必须有权限访问或修改。

● 如何授予用户存储过程的执行权限？

数据库安全管理员（SECADM）或者存储过程的创建者使用 GRANT 命令将存储过程的执行权限授予给某用户。

4.5.5　存储过程性能优化的五条黄金法则

有些开发者认为，保证功能正确是程序开发的最重要任务，至于性能，交给 DBA 吧！DBA 调节几个具有魔力的数据库参数就能解决性能问题。在这种错误理念的引导下，随着应用处理的数据量增多，系统性能越来越差，最后不可收拾。

事实上，如今大多数企业的数据量都面临爆炸式的增长，仅仅做到功能正确是远远不够的，还必须重视性能问题。其中，应用程序的性能优化尤为重要，因为它比升级硬件成本低得多。

谈起应用程序的性能优化，开发人员扮演重要的角色。在进行 SQL 编程的时候，开发人员从头到尾都应该考虑性能问题。这样带来的好处是，随着数据量不断增大，应用程序中优化的 SQL 将越来越显现它的性能优势。

不同的人对提高应用程序的性能会采取不同的方法和技巧。在本节中，就如何提高 SQL PL 存储过程性能这个话题，我们根据自己的实践经验，向读者介绍一下五条重要法则。

1. 一条 SQL 语句能解决问题的，一般不必创建存储过程来做

这条法则是颠覆性的。在设计存储过程的时候，你就需要认真考量，有没有必要创建存储过程，是否可以直接用 SQL 语句解决问题？

事实上，存储过程并不"便宜"，调用它也是有开销的，比如参数的准备和传送，上下文的切换等。然而，这不是最关键的因素。最重要的原因是：存储过程是你自己开发的应用逻辑，而 SQL 语句是交给 DB2 处理的，DB2 优化器会收集各种统计信息并根据系统环境对 SQL 语句的处理进行优化，最大限度地提高性能。要知道，DB2 优化器是数据库业界最好的。因此，DB2 能直接做的事，尽量交给 DB2 去做。本章讲到的一些存储过程例子，都可以用一条 SQL 语句处理相应的逻辑。比如 4.3.4 节讲到的存储过程 est_salary_raise，就可以用下面的一条 SQL 语句来处理：

```
SELECT SUM(salary * 1.1 + bonus * 1,20), COUNT(*)
  FROM Employee
  WHERE workdept = p_dept;
```

总结一下这条法则：存储过程适合做比较复杂的数据处理，如果应用逻辑很简单，直接使用 SQL 语句就能解决问题，就不用费心去创建存储过程。

不过这条法则有例外的情况，如果我们需要为客户端提供访问数据的统一接口，而性能并不是重点考虑因素，或者因为上一节中提到的数据安全问题，需要用存储过程进行权限控制，那么请忽略这条法则。

2. 使用一条语句即可做到的事，应尽量避免使用多条语句

让我们从最简单的例子开始阐述这条法则，如下所示的三个 INSERT 语句：

```
INSERT INTO inventory(pid, quantity, location)
  VALUES('100-202-01', 45,'STORE');
```

```
INSERT INTO inventory(pid, quantity, location)
  VALUES('100-301-01', 57,'WAREHOUSE');
INSERT INTO inventory(pid, quantity, location)
  VALUES('100-301-02', 78,'WAREHOUSE');
```

可以改写成：

```
INSERT INTO inventory(pid, quantity, location) VALUES
  ('100-202-01', 45,'STORE'),
  ('100-301-01', 57,'WAREHOUSE'),
  ('100-301-02', 78,'WAREHOUSE');
```

用这个改进的 INSERT 语句插入三个值所需时间大约是执行原来三条 INSERT 语句的三分之一。孤立地看，这一改进看起来似乎是微乎其微的，但是，如果这一代码段位于循环体内并被重复执行，那么改进将非常显著。下面从 4.3.5 节的存储过程 salary_raise 中抽取和改写的代码片段：

```
DECLARE C1 CURSOR FOR
 SELECT salary, bonus, hiredate FROM Employee WHERE workdept = p_dept
 FOR UPDATE;
OPEN c1;
FETCH c1 INTO v_salary, v_bonus, v_hiredate;
WHILE SQLSTATE='00000' DO
  SET v_ratio = 0;
  IF v_hiredate < '2000-01-01' THEN
    SET v_ratio = v_ratio + 0.15;
  ELSEIF v_hiredate < '2006-01-01' THEN
    SET v_ratio = v_ratio + 0.10;
  END IF;

  UPDATE EMPLOYEE SET salary = salary * (1 + v_ratio)
    WHERE CURRENT OF c1;    --(5)对游标指向的行执行更新操作
  FETCH c1 INTO v_salary, v_bonus, v_hiredate;  --（6）从游标取数据
END WHILE;
```

可以继续改写成：

```
UPDATE EMPLOYEE SET salary =
        salary * ( 1 + (CASE
                         WHEN hiredate <'2000-01-01' THEN 0.15
                         WHEN hiredate <'2006-01-01' THEN 0.12
                         ELSE 0
                       END))
WHERE workdept = p_dept;
```

改成一条 SQL 语句后，DB2 的优化器就可以对整个计算进行全局优化。因此使用 CASE SQL 表达式编写的逻辑，不但比使用 CASE 或 IF 的 SQL PL 语句编写的逻辑更紧凑，而且更有效。更为重要的是，游标循环是很消耗资源的，所以应尽量消除游标循环而花费的开销。

3. 在使用动态 SQL 语句时，一般先考虑静态 SQL 语句能否解决问题

动态 SQL 与静态 SQL 在执行过程中的最大区别在于：动态 SQL 是在执行过程中进行

编译的，而静态 SQL 在创建时就预先编译好了，以后直接执行无须编译。如果存储过程中有大量动态 SQL，而且执行很频繁，那么应用系统在运行时可能出现大量重复的编译工作，影响程序的性能。

一些程序中存在对动态 SQL 的滥用，比如：

```
EXECUATE IMMEDIATE 'DELETE FROM INVENTORY WHERE QUANTITY = 0';
```

请不要嘲笑这种写法，或许你不经意或者间接地犯着这样的错误。事实上，上述语句中，表名是确定的，而且没有变量，可以直接用静态 SQL 改写，如下所示：

```
DELETE FROM INVENTORY WHERE QUANTITY = 0;
```

另一种很常见的情况是语句比较复杂，可能用到未知变量，很多用户不自觉地使用动态 SQL。如果认真思考一下，用等价的带有宿主变量的静态 SQL 也是可以实现的。例如，前面提到的存储过程 change_mgr_bonus，有下面一种不太好的实现方式：

```
DECLARE v_dynSQL  VARCHAR(200);
…  …
OPEN c_manager;
FETCH c_manager INTO v_mgrno;
WHILE (SQLSTATE = '00000') DO
   SET v_dynSQL = 'UPDATE EMPLOYEE SET BONUS = BONUS + ' ||
       CHAR(p_bonus_increase) || ' WHERE EMPNO = ' || CHAR(v_mgrno)';
   PREPARE v_update_stmt FROM v_dynSQL;
   EXECUTE v_update_stmt;
   FETCH c_manager INTO v_mgrno;
END WHILE;
```

这种方式，每执行一次循环，都得组装和编译一次动态 SQL。

当然，对动态 SQL 掌握比较好的开发者可能会有下面的改进，这条动态 SQL 在存储过程运行时只需编译一次：

```
DECLARE v_dynSQL   VARCHAR(200);
…  …
SET v_dynSQL = 'UPDATE EMPLOYEE SET BONUS= BONUS + ? WHERE EMPNO = ?';
PREPARE v_update_stmt FROM v_dynSQL;
OPEN c_manager;
FETCH c_manager INTO v_mgrno;
WHILE (SQLSTATE = '00000') DO
  EXECUTE v_update_stmt USING p_bonus_increase, v_mgrno;
  FETCH c_manager INTO v_mgrno;
END WHILE;
```

然后，再看下面的实现方式，用静态 SQL 和宿主变量成功解决了问题，代码不易出错，还能提高性能：

```
OPEN c_manager;
FETCH c_manager INTO v_mgrno;
WHILE (SQLSTATE = '00000') DO
```

```
    UPDATE EMPLOYEE SET BONUS= BONUS + p_bonus_increase
        WHERE EMPNO = v_mgrno;
    FETCH c_manager INTO v_mgrno;
END WHILE;
```

4．改进游标性能

首先，游标也是一种资源消耗，在只需取一条数据的情况，请不要使用游标。比如：

```
DECLARE c1 CURSOR FOR
    SELECT salary, bonus FROM EMPLOYEE WHERE empno = p_empno;
OPEN c1;
FETCH c1 INTO v_salary, v_bonus;
CLOSE c1;
```

可以直接用 SELECT INTO 语句来实现同样的功能：

```
SELECT salary, bonus INTO  v_salary, v_bonus
    FROM EMPLOYEE WHERE empno = p_empno;
```

当 SELECT 的结果有多条记录时，可以在 SELECT 语句最后用 fetch first n rows only 可以用来取查询结果集的第一条数据（n=1）。

其次，正如本节在前面提到的那样，游标循环是很消耗资源的，可以思考是否用 SQL 语句改造应用逻辑，从而消除游标和循环。

最后，对处理大型结果集的存储过程而言，在改进游标性能时，一个非常重要的优化方法是启用游标行分块。使用行分块，DB2 将极大地提高 IO 的速度，从而提高游标性能。

关于游标行分块对性能的提升，我印象极其深刻。几年前，在某个处理海量数据的项目中，性能要求是每小时处理 1TB 的数据，而经过并行处理、内存优化等在内的多种优化后，还是没有达到性能要求。后来在美国同事的指点下，启用行分块，性能立即提高 4 倍，当时真是佩服得五体投地，而事情就是那么简单。

然而，默认情况下，DB2 只会对只读的游标启用行分块。所以，声明游标时在 SELECT 语句中指定 FOR READ ONLY 还是 FOR UPDATE 就显得非常重要。DB2 对游标启用行分块的规则如下。

● 只读游标：在游标声明时的 SELECT 语句中指定 FOR READ ONLY 选项，将游标显式地声明为只读，DB2 将始终使用行分块，除非指定 BLOCKING NO 绑定选项。

● 缺省游标：在游标声明时的 SELECT 语句中，既不指定 FOR READ ONLY，也不指定 FOR UPDATE，那么使用 BLOCKING ALL 绑定选项的情况下，DB2 将使用行分块。

● 可更新游标：在游标声明时的 SELECT 语句中指定 FOR UPDATE 选项，这时，DB2 将不执行行分块。

DB2 使用 DB2_SQLROUTINE_PREPOPTS 注册表变量来设置绑定选项。例如，将行分块设置为 BLOCKING ALL，可以使用下面这条命令：

```
db2set  DB2_SQLROUTINE_PREPOPTS="BLOCKING ALL"
```

当然，要使该设置生效，必须重新启动 DB2 实例。

因此，尽量在游标定义中使用 FOR READ ONLY 子句。另外，如果存储过程包含缺省游标，那么请使用 BLOCKING ALL 绑定选项启用行分块。

5. 重新绑定你的存储过程

2011 年 5 月，在某银行总部现场，其中一个应用系统出现严重性能问题，经过分析，瓶颈定位到一个存储过程，它跑一次的时间已达到惊人的 150 分钟。我与客户的工程师们一起研究了存储过程的逻辑和 SQL 语句，都没有找到问题。正当大家一筹莫展的时候，我突然灵光闪现，重新绑定了存储过程，然后重新运行，时间竟然减少到了 3 分钟。是的，当时就是那样！

我们知道，创建一个存储过程时，会生成一个程序包，包含存储过程的 SQL 语句编译后的可执行二进制代码。在编译 SQL 语句的过程中，DB2 优化器根据表的统计信息（比如，表的行数或某列中数据值出现的相对频率）以及可用的索引为 SQL 语句选择最优的执行计划。

当表经过重大更改、创建新的索引或者数据分布出现较大改变时，可以使用 RUNSTATS 命令更新表的统计信息，然后重新绑定相关的存储过程或者相关联的包，使得 DB2 重新编译这些 SQL 语句，从而生成最优的执行计划。

可以使用 REBIND_ROUTINE_PACKAGE 存储过程或 REBIND 命令重新绑定包，或者借助 Data Studio 这样的图形化工具。例如，下面这条命令重新绑定存储过程 MYSCHEMA.MYPROC 相关联的包：

```
CALL SYSPROC.REBIND_ROUTINE_PACKAGE('P', 'MYSCHEMA.MYPROC', 'ANY');
```

本节向读者介绍了改进 SQL PL 存储过程性能的五条重要法则，请利用这些法则来改进你所写的存储过程性能吧！

4.6 精彩絮言：一游香江解难题

2010 年 11 月 28 日 笔记整理   地点：珠海

高铁系统服务器端开发的任务由珠海团队负责，开发过程中出现了一系列的难题，有的难题关于动态 SQL 的障碍，有的难题事关 SQL PL 的编写规范，还有的难题是在用户自定义函数方面原地打圈圈。而我正在铜锣湾为朋友代购奶粉还没完事，就被他们从香港架回到了珠海。

说起珠海，景色宜人，享有"百岛之市"的美誉。我却更关注历史人文方面，珠海曾孕育出一位民族英雄，他就是被冠以"中国留学生之父"称号的容闳。容闳的博学广识影响了梁启超、詹天佑等一代英才。在去客户现场的路上，我正琢磨着找个时间去游览容闳故居，以缅怀英雄，激励自己，刚翻开日程表，小芸的电话又来了，于是我加快速度赶往开发团队现场。

到了现场后，针对他们在开发过程中所遇到的诸多难题，我首先将问题分门别类，之后逐一为大家进行讲解。我来此之前，大家还为难题的解决一筹莫展，结果经过我的问诊解患，众人已经找到了答案。虽然看似对这些问题的解决实属我举手之劳，但是这份技能需要在金融、电信等行业有过广泛的技术积累与技能锻炼。

珠海团队的技术负责人若有所思，给我出了最后一个难题：车台调度系统后台的存储过程应该使用什么语言来开发？身经百战的我，没有直接回答他的问题，而是反问，这个系统对事务吞吐量和可靠性有什么特别的要求？他回答，这个系统事务吞吐量在1000TPM，而且要求24*7可靠性。明白了他们的需求后，我们建议召开会议。在会议上，我给开发团队中的骨干讲解了 SQL PL 的特点，SQL PL 是 DB2 提供的开发存储过程、原生态的开发语言，在金融和电信行业应用极广，具有非常高的稳定性，满足目前车台调度系统后台建设的需要是绰绰有余的。另外，我还指出他们现在面临的问题的关键所在：团队在存储过程开发方面的经验很少，现在反而是优势了，因为无论如何都要新学一门开发存储过程的语言了，所以从 SQL PL 学起也是可以的。散会后，开发团队人员终于结束了无休止的争论，特别是开发团队的两位项目经理终于松了口气，他们最终采纳了我提出的方案。

晚上和小芸一边在海边散步，一边商讨应对新的挑战：网络售票系统的后台建设。从小芸那里了解到，这个系统也面临着很多难题，所以她要我晚上准备好方案，过几天就要去和该项目组成员讨论了。但这时，珠海美丽的海边夜景让我走神了，我不禁联想起去年在杭州西子湖畔留下的雄浑诗篇，"意气勃发思将飞，壮怀九天欲乘风。雷峰塔前青衫湿，愿为此地田舍翁"。

4.7　小结

本章首先讲述了为什么要使用 SQL PL 存储过程，存储过程有哪些优势，特别是在 DB2

已经支持 PL/SQL 的情况下，还要学习 SQL PL 编程的原因。随后为了帮助有 Oracle 经验的开发者更好地学习 SQL PL 编程，通过与 Oracle 对比的方式介绍了 DB2 的数据类型。在此基础上，以一种循序渐进的方式讲解了 SQL PL 存储过程的编程，从基本语句开始，到游标、结果集、动态 SQL 及条件处理。另外，还介绍了用户自定义函数和触发器的开发及内联 SQL PL 的能力。最后，选取 SQL PL 存储过程开发中的几个高级主题进行了深入剖析和分享，包括 DB2 的模块编程、存储过程的递归、pureXML 编程、存储过程的权限管理及性能调优的一些重要法则。

经过本章的学习，相信读者可以轻松地使用 SQL PL 开发 DB2 服务器端应用了。

第5章
PL/SQL 开发 DB2 服务器端应用

PL/SQL？这不是 Oracle 的开发语言吗？跟 DB2 有什么关系？大家想想本书的书名为《从 Oracle 到 DB2 开发——从容转身》，如果缺了 PL/SQL，那这个"从容转身"可就大打折扣了。

本章重点谈谈 DB2 的 Oracle 兼容性功能和对 PL/SQL 的支持给应用开发带来的革命性改变。现在，DB2 对 PL/SQL 的支持非常全面：从数据类型、Oracle 的 SQL 方言、PL/SQL 的语法，到 PL/SQL 存储过程、用户自定义函数、触发器，再到 PL/SQL 编程中必不可少的"包"，在 DB2 中都有很好的支持。DB2 对 PL/SQL 的支持使得 Oracle 开发者能直接使用 PL/SQL 语言开发 DB2 的应用，从而做到从 Oracle 到 DB2 的从容转身。

在本章中，作者对 DB2 PL/SQL 的深刻洞察和实际开发经验，将帮助你迅速转身！

5.1 PL/SQL, 从 Oracle 到 DB2 "从容转身" 的支点

5.1.1 兼容 Oracle, 支持 PL/SQL, 这是一场革命

用 Oracle 的 PL/SQL 开发 DB2 的应用! 不知有 Oracle 开发经验的读者看到这句话的第一感觉是惊讶还是欣喜?

在 DB2 V9.7 以前, 要从 Oracle 开发迅速转到 DB2, 谈何容易! 要知道, Oracle 与 DB2 在专业术语、数据类型、SQL 方言及编程语言等方面的差别就不小, 而从 Oracle 转到 DB2 的项目通常工期都很紧, 项目组开发人员一般只有 Oracle 开发经验, 对 DB2 又不熟悉, 想要在很短的时间内掌握 DB2 的设计和开发技术绝对是一种挑战。

从 DB2 V9.7 开始, 情况发生彻底的改变。DB2 增加了对 Oracle 数据库的兼容性功能, 并开始全面支持 PL/SQL 语言! 这是革命性的改变, 使得有 Oracle 经验的开发者可以直接用熟悉的 PL/SQL 来开发 DB2 应用。这也意味着 Oracle 开发者原有的编程习惯可以保留, 从而大大提升工作效率, 做到从 Oracle 到 DB2 开发的从容转身。

当然, 我要提醒的是, 一些有 Oracle 经验的开发者在用 PL/SQL 开发 DB2 应用程序时比较急, 恨不得马上动手, 套用 Oracle PL/SQL 的开发经验开始 DB2 的应用程序编程。然而, 这么做往往适得其反, 原因何在? DB2 对 Oracle 的 PL/SQL 兼容性不是相当好吗? 这是因为, DB2 中的 PL/SQL 在某些地方还是与 Oracle 中的 PL/SQL 稍有差别。理解这些差别, 将有助于我们更有效地使用 PL/SQL 语言进行 DB2 开发。本章在介绍 DB2 中 PL/SQL 编程技术时, 特别给出了这些差别, 读者要格外留意。

5.1.2 在 DB2 中玩 Oracle 的 PL/SQL? 你的地盘你做主

在讨论从 Oracle 转到 DB2 的项目时, 有些人听说要在 DB2 中使用 PL/SQL 语言来开发时, 就会心生一大堆疑问, 甚至对项目的前景担心, 总觉得 Oracle 是自己的一亩三分地, 到了 DB2 的地盘, 怕站不稳。这些疑问具体表现为:

- DB2 对于 PL/SQL 的支持是否能满足项目的需要?
- 在 DB2 中开发的 PL/SQL 程序性能怎样?
- 现阶段的项目用 PL/SQL 来开发, 如果以后另一些项目需要用 SQL PL 来开发, 这些 PL/SQL 程序能否与 SQL PL 程序兼容?

对第一个问题的担心是多余的, 如果开发新的项目, 那就更没有问题, DB2 中 PL/SQL

的能力完全满足你的项目需要。

对于其他的疑问，请先看图 5-1 PL/SQL 在 DB2 中的集成。

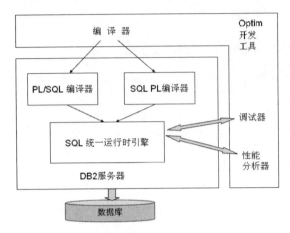

图 5-1　PL/SQL 在 DB2 中的集成

DB2 支持 PL/SQL 编程，具有以下几个特点：

- DB2 引擎包括一个 PL/SQL 编译器和一个 SQL PL 编译器。PL/SQL 程序和 SQL PL 程序在 DB2 中的编译和执行流程是一样的，分别由 PL/SQL 编译器和 SQL PL 编译器生成 SQL 统一运行时引擎能执行的二进制代码。在这种框架下，PL/SQL 程序和 SQL PL 程序的执行速度一样。

- PL/SQL 程序和 SQL PL 程序可以互相调用。因此，即使新程序是用 SQL PL 编写的，也可以调用原有的 PL/SQL 程序。

- 应用系统的数据库程序对 Oracle 和 DB2 可以使用同一份 PL/SQL 源代码，这对开发跨平台的应用系统很方便。

因此，有 Oracle 经验的开发者可以放心地使用 PL/SQL 编程语言开发 DB2 项目。

5.1.3　不要忘了设置 DB2 的 Oracle 兼容性

使用 PL/SQL 开发 DB2 应用程序，必须首先在 DB2 中设置 Oracle 的兼容性功能。设置 Oracle 兼容性功能的命令如下：

```
db2set DB2_COMPATIBILITY_VECTOR=ORA
```

关于 DB2 的 Oracle 兼容性功能的详细内容请参考第 2 章。

提示	必须在 DB2 中设置 Oracle 的兼容性功能，再创建数据库。这个先后顺序不能颠倒，否则数据库将不具有 Oracle 兼容性。

在 DB2 中开发 PL/SQL 程序有许多工具可用，包括：

- DB2 命令行处理器（CLP）
- DB2 CLPPlus
- IBM Optim Data Studio
- Toad for DB2

DB2 CLPPlus 命令行工具类似于 Oracle 的 SQL*Plus。在 DB2 CLPPlus 命令行开发 PL/SQL 程序与在 Oracle SQL*Plus 命令行下开发 PL/SQL 程序几乎完全一样。本章所有的 PL/SQL 示例程序都是在 DB2 CLPPlus 下开发运行的，有 Oracle 开发经验的读者看到这些程序一定会觉得很眼熟，从而更快地学习 DB2 中 PL/SQL 编程。

在开发实际项目时可以依实际情况选择合适的开发工具，工具的选择请参考第 3 章。

5.1.4 应用开发场景一瞥：某大型电子商务系统

本章的 PL/SQL 示例程序建立在一个电子商务应用系统（命名为 ESTORE）中。它涉及的表有客户表、商品表、订单表和购物车表等。我们的示例 PL/SQL 程序会完成诸如客户注册、商品管理、订单处理、订单支付等功能。

将 ESTORE 中涉及的表进行简化，通过下面所示的 SQL 脚本来创建这些表，并填充一些样本数据。这些表的描述如下。

- 客户表：包含客户 ID、姓名、电话、帐户余额、消费总额、注册时间和等级等。
- 商品表：包含商品 ID、类别、商品名称、价格和库存等。
- 订单表：包含订单 ID、客户 ID、订单总额、创建时间和订单状态等。
- 订单详情表：包括订单 ID、商品 ID 和商品数量，用于记录每个订单中的商品数量。
- 购物车表：包含商品 ID 和数量。它是一个全局临时表，记录用户在 ESTORE 系统中选择想要购买的商品和数量。

> **提示**　你可要注意哦，这里创建表的脚本是在 Oracle 兼容模式下运行的，如 VARCHAR2 和 NUMBER 数据类型、全局临时表和序列等，都是用 Oracle 的语法。嗯，把 DB2 当做 Oracle 来使用！

```
--客户表
CREATE TABLE estore.customer(
    cust_id NUMBER(10) NOT NULL PRIMARY KEY,    --Oracle 的 NUMBER 类型
    first_name VARCHAR2(30) NOT NULL,           --Oracle 的 VARCHAR2 类型
```

```
        last_name VARCHAR2(40) NOT NULL,
        phone_no CHAR(14) NOT NULL,
        account NUMBER(6,2) NOT NULL,
        total_consume NUMBER(10,2) NOT NULL,
        register_time TIMESTAMP(0) DEFAULT SYSDATE NOT NULL,
        level NUMBER(5) DEFAULT 0)
    /
    INSERT INTO estore.customer VALUES
      (1, 'Mike',   'Smith',   '534-234-2323',
        1024.56, 3420.78, '2009-09-20-09.10.28', 2),
      (2, 'John',   'Geyer',   '585-245-1212',
        234.00,  5874.00, '2010-05-28-15.48.25', 2),
      (3, 'Colin',  'Willian', '234-321-2341',
        2389.71, 9024.98, '2008-07-30-18.16.39', 3),
      (4, 'James',  'Stern',   '416-683-1092',
        128.32,  521.49, '2011-02-12-10.12.20', 1),
      (5, 'Eileen' ,'Peter',   '904-643-1432',
        876.65, 12078.00, '2008-01-30-18.10.36', 3)
    /
```

--商品表
```
    CREATE TABLE estore.product(
        product_id NUMBER(10) NOT NULL PRIMARY KEY,
        category VARCHAR2(30) NOT NULL,
        product_name VARCHAR2(30) NOT NULL,
        price NUMBER(8,2) NOT NULL,
        inventory NUMBER(18) DEFAULT 0 NOT NULL)
    /
    INSERT INTO estore.product VALUES
      (101, 'Electronics', 'IPad',             599.00, 1800),
      (102, 'Electronics', 'ThinkPad',        1299.00, 2000),
      (201, 'Flowers', 'Rose',                  5.99,   500),
      (203, 'Flowers', 'Tulip',                 3.99,   300),
      (305, 'Book',    'DB2 Pragramming',      45.00,  4000),
      (306, 'Book',    'Oracle Programming',   38.00, 10000),
      (307, 'Book',    'Unix Manuals',         68.00, 15000)
    /
```

--order_id 序列定义
```
    CREATE SEQUENCE estore.seq_order_id       --Oracle 定义序列的语法
      START WITH 1 INCREMENT BY 1
      NO MAXVALUE NO CYCLE NO CACHE
    /
    CREATE TABLE estore.orders(
        order_id NUMBER(10) NOT NULL PRIMARY KEY,
        customer_id NUMBER(10) NOT NULL REFERENCES estore.customer(cust_id),
        amount NUMBER(8,2),
        at_time DATE DEFAULT SYSDATE NOT NULL,
        status CHAR(10),
        CONSTRAINT check_order_status CHECK    --用约束将订单的状态限制为三种
          (status IN ('PROCESSING','DELIVERING', 'COMPLETE'))
        )
    /
```

--订单详情表
```
    CREATE TABLE estore.order_details(
```

```
        order_id NUMBER(10) NOT NULL REFERENCES estore.orders(order_id),
        product_id NUMBER(10) NOT NULL REFERENCES estore.product(product_id),
        quantity NUMBER(10)
    )
/
--如果没有创建临时表空间，在创建全局临时表会报 SQL0286N 的错误
    CREATE USER TEMPORARY TABLESPACE usertemp
/
--购物车表，全局临时表，不同会话之间数据不可见，也就是每个用户只能看到自己的数据
    CREATE GLOBAL TEMPORARY TABLE estore.shopping_cart (
        product_id NUMBER(10),
        quantity NUMBER(8)
    ) ON COMMIT PRESERVE ROWS
/
```

好了，我们在电子商务场景中创建完这些表并插入了一些简单的示例数据，接下来的示例程序都会基于这些表和数据，请大家不要忘记参照这个场景。

5.2　用类型精确控制你的数据

时常听到一些开发人员抱怨，维护数据库应用程序实在太难了。这些抱怨包括 SQL 语句的可读性差、程序逻辑混乱、难以维护等。而更让开发人员痛苦的是，如果数据库的表结构或者列的数据类型做了改动，PL/SQL 程序的修改将变成一项非常艰巨的任务。

Oracle 在数据类型及其计算规则上是非常灵活的，这种宽松的类型系统给开发人员带来了方便，但也使得一些开发人员在开发 PL/SQL 程序时疏于对数据类型进行控制。我们知道，PL/SQL 对 Oracle 的数据类型系统进行了扩展。特别地，%TYPE 和%ROWTYPE 属性可以将 PL/SQL 中的变量与数据库表中的数据类型紧密关联，为 PL/SQL 程序的可扩展性和可维护性提供了强有力的支持。

我一向倡导优雅的编程方式，优雅的 SQL 语句，精确的数据类型控制。这样的 PL/SQL 程序清晰易读，而且会给后期维护带来巨大的便利。

5.2.1　兼容 Oracle——从数据类型开始

数据类型系统是数据库的基础，而各个数据库厂商支持的数据类型系统却各有特点。DB2 一直支持 SQL 标准的数据类型系统，Oracle 却另辟蹊径，有自己独特的一套类型系统。PL/SQL 语言在 Oracle 数据类型系统上进行了扩展。因此，兼容 Oracle，支持 PL/SQL，最基本的一点就是在 DB2 中支持 Oracle 特有的数据类型和 PL/SQL 语言中扩展的数据类型。如表 5-1 所示，从 DB2 V9.7 开始，Oracle 的数据类型在 DB2 中都得到了支持。

表 5-1 DB2 对 Oracle 数据类型的支持

Oracle 数据类型	DB2 数据类型	描述
NUMBER	NUMBER	数值类型
NUMBER(p, [s])	NUMBER(p, [s])	带精度的数值类型
CHAR(n)	CHAR(n)	定长字符串，1 <= n <= 254
VARCHAR2(n)	VARCHAR2(n)	变长字符串，n <= 32762
DATE	DATE	包含日期和时间，等同于 timestamp(0); 例如 2011-04-09 22:12:09
TIMESTAMP(p)	TIMESTAMP(p)	时间戳，可包含 p 精度的小数秒，0<=p<=12
CLOB	CLOB	字符大对象
BLOB	BLOB	二进制大对象
LONG	LONG VARCHAR(n)	当 n <= 32700 字节时的长字符串
	CLOB(n)	当字符长度 n <= 2 GB 时
RAW(n)	CHAR(n) FOR BIT DATA	当 n <= 254 时
	VARCHAR(n) FOR BIT DATA	当 254 < n <= 32672 时
	BLOB(n)	当 32672 < n <= 2 GB 时

有 Oracle 经验的开发者可以从容地用自己熟悉的 Oracle 数据类型在 DB2 中定义和操作数据。不过，对于那些不常用的数据类型比如 LONG、RAW 及双字节字符 NCHAR 等，DB2 对应的数据类型与 Oracle 有所差别。

> **提示** 读者可能对 DB2 的 DATE 类型比较困惑。在这里说明一下，在 DB2 V9.7 以前或者 DB2 V9.7 以后未设置 Oracle 兼容性时，DATE 类型只包含日期，例如 2011-04-09。当 DB2 设置了 Oracle 兼容性以后，DB2 的 DATE 类型将包含日期和时间，例如 2011-04-09 22:12:09，等同于 TIMESTAMP(0)。

如表 5-2 所示，PL/SQL 扩展数据类型在 DB2 PL/SQL 中也得到了完全的支持，我们可以放心地在 DB2 的 PL/SQL 程序中使用。为方便 DB2 的读者理解这些类型，在表 5-2 的第二列列出了 DB2 SQL PL 中对照的数据类型。

除了表 5-1 和表 5-2 中的这些数据类型外，DB2 还支持 PL/SQL 中的集合类型、记录类型和引用游标类型。

- **VARRAY**：数组类型，DB2 支持 VARRAY 的语法和方法。
- **INDEX BY**：关联数组，DB2 支持整型和 VARCHAR2 作为键来索引元素。
- **ROW TYPE**：记录类型，此复合类型可以用在变量和参数中，并且可以作为元素用在数组和关联数组中。
- **REF CURSOR TYPE**：引用游标类型。

表 5-2 PL/SQL 扩展数据类型以及对应的 DB2 SQL 数据类型

PL/SQL 数据类型	DB2 SQL PL 数据类型	描　述
INT / INTEGER	INT / INTEGER	带符号 4 字节整型数字数据
SMALLINT	INTEGER	带符号 2 字节整型数字数据
BINARY_INTEGER	INTEGER	二进制整型
PLS_INTEGER	INTEGER	二进制整型
NATURAL	INTEGER	带符号 4 字节整型数字数据
BOOLEAN	BOOLEAN	布尔类型 true 或 false
DEC 或 DECIMAL	DEC 或 DECIMAL	十进制数字数据，相当于 DEC(9,2)
DEC(p, [s]) 或 DECIMAL(p, [s])	DEC(p, [s]) 或 DECIMAL(p, [s])	带精度的十进制数字数据，p 为精度，s 为小数点位数
DOUBLE	DOUBLE	双精度浮点数
FLOAT / FLOAT(n)	FLOAT / FLOAT(n)	浮点数或者带精度的浮点数
NUMERIC	NUMERIC	精确数字数据，等价于 NUMBER

这些复合类型的具体含义和用法，将在后面的章节陆续介绍。

5.2.2　变量声明与赋值语句

有必要先提一下 5.3.1 节将要讲到的程序块（block）这一重要编程对象。块是 PL/SQL 程序执行的基本单位，一个完整的块包含声明节、执行节和异常节。声明节包含各种变量的声明，执行节包括 SQL 语句、赋值及流程控制语句等，而异常节处理程序的异常情况。PL/SQL 匿名块可以在命令行直接执行。

通常，PL/SQL 中的变量包括程序包（package）中的全局变量和块中的局部变量。而块中使用的局部变量必须在块的声明节中进行定义。

> **提示**　必须在块的声明节定义块中所需的局部变量，不能在其他地方（比如循环体内）声明变量。

变量声明主要由变量名称和数据类型组成，具体的语法如下：

```
variable_name [CONSTANT] type [DEFAULT | :=] [expression];
```

下面的例子展示了变量声明和赋值操作的各种形式，其中的注释清楚地解释了这些语句的用法。

```
SQL>  DECLARE
  v_num_customers NUMBER;  --(1)NUMBER 类型变量
  v_rcount INTEGER;          --(2)INTEGER 类型变量
  v_date DATE := SYSDATE; --(3)日期类型，赋初始值
  v_account NUMBER(6,2) DEFAULT 0; --(4)NUMBER 类型，设置默认值
  v_cust_name VARCHAR2(40);         --(5)VARCHAR2 类型变量
  v_const_str CONSTANT VARCHAR2(40) := '# of Rows affected = '; --(6)常量
```

```
BEGIN
  v_num_customers := 10;      --(7)简单的赋值操作
  UPDATE estore.customer SET  account = account + 5;
  v_rcount := SQL%ROWCOUNT;   --(8)用 SQL 的 ROWCOUNT 进行赋值
  dbms_output.put_line( v_const_str || v_rcount);

  SELECT account INTO v_account  --(9) SELECT INTO 语句赋值
        FROM estore.customer where cust_id = 1;
--(10)SQL 的单值结果赋值
  v_num_customers := (SELECT COUNT(*) FROM estore.customer);
END
/
```

变量声明和赋值操作有这样几个要点。

- 数据类型：在 PL/SQL 中能使用的变量类型非常丰富，它不仅包括兼容 Oracle 的数据类型和 PL/SQL 扩展数据类型，还可以是记录类型、集合类型及自定义类型等。

- 常量：用关键字 CONSTANT 将变量指定为常量，这时必须指定默认表达式，并且不能在程序中修改该变量的值。

- 默认值：声明变量时可以对变量赋初值。在 PL/SQL 中指定变量默认值的方式有两种：一种是用 DEFAULT 关键字，如上例子中将 v_sum_account 的初值设置为 0；另一种方式是直接用赋值运算符 ":="，如上例中将 v_date 的初值设置为 SYSDATE。

- 变量赋值：可以将表达式、常量、数据库特殊寄存器值（如 SYSDATE）、SQL 查询结果及 SQL 语句的状态值等赋给变量。赋值运算符就是 ":="，非常简单。另外，还可以用 SELECT INTO 和 FETCH INTO 这样的语句将查询结果保存到变量中。

在声明变量时，应该为变量的数据类型指定需要的长度和适当的精度。这不仅可以节省空间，而且可以提高程序的性能。下面的代码中类型声明是不好的编程习惯：

```
DECLARE
  v_age NUMBER;
  v_cust_name VARCHAR2(4000);
  … …
```

在声明这样的变量时，我们要反问自己：真的需要将 v_age 声明成不定长度的 NUMBER 类型吗？也许 INTEGER 类型或者 NUMBER(3)就足够用来存储年龄了。而 v_cust_name 的类型为 VARCHAR(4000)，一个人的名字会有四千个字节那么长？这两个变量的例子也许有点夸张，然而，在某些 PL/SQL 程序的角落里就有类似这样差劲的代码。

> **提示**　　请将你的变量声明为精确的数据类型，避免使用没有精度的 NUMBER、没有长度的 VARCHAR 等。

5.2.3 Oracle 的类型隐式转换，是方便还是隐患

Oracle 的 PL/SQL 语言使用较宽松的类型规则，支持隐式类型转换（或叫自动类型转换）。Oracle 的隐式类型转换给开发人员带来了一些便利，让他们不需花费精力去关注这些"细枝末节"。在某个角度看，这是有益的。

DB2 一直遵循 SQL 标准的数据类型系统，遵守强类型运算规则。在 DB2 中，错误的数据类型运算将导致编译错误，比如字符串和数字不能比较，除非用显式类型转换将其中的一个转换成另外一个。

DB2 从 V9.7 开始也支持隐式类型转换，也就是可以用非常灵活的方式比较、赋值和操作字符串和数字。如下例所示，DB2 数据库能将字符类型自动转换成数值类型，也可以将数值类型转换成字符类型，还可以完成 DATE 类型与字符类型的相互转换。

```
-- 1．从字符类型转换成数值类型
CREATE TABLE tnum (c1 NUMBER);
INSERT INTO tnum VALUES('12');
INSERT INTO tnum VALUES(13+'2');
SELECT * FROM tnum WHERE c1 >= '12';
-- 2．从数值类型转换成字符类型
CREATE TABLE tch (c1 VARCHAR2(10));
INSERT INTO tch VALUES('abc');
INSERT INTO tch VALUES(12);
--3．在 PL/SQL 中的各种隐式转换
DECLARE
  d date;
  vc VARCHAR2(20) := '09-MAY-11';
  n NUMBER := 35;
BEGIN
  d :=vc;
  vc := d + 1 DAY;
  DBMS_OUTPUT.PUT_LINE(vc);
  vc := n;
  n := vc + '21';
  DBMS_OUTPUT.PUT_LINE(n);
END
```

> **提示** DB2 现在支持隐式数据类型的转换。隐式类型转换虽然给开发 PL/SQL 程序带来很方便，但是隐式数据类型转换是一把双刃剑，它带来方便的同时也有诸多缺点，请谨慎使用。

我不建议开发者使用隐式类型转换，原因有以下三点：

（1）对于那些错误的隐式类型转换，程序在编译时可能不会发现问题，而是在运行时才报错。而出错时，如果没有意识到是类型转换惹的祸，会给查找和解决问题带来很大的

困难，尤其在开发人员并不完全了解自动类型转换规则的情况下。

（2）从性能方面考虑，隐式数据类型转换虽然很方便，但也要消耗时间。如果在循环中频繁进行隐式类型转换，很消耗 CPU 资源。而且，在查询中使用隐式类型转换可能导致应该使用的索引没有用上，从而带来性能上的损害。

（3）使用隐式类型转换往往导致程序的可读性较差，难以维护。

因此，建议使用显式类型转换，可以在编译期间提前发现一些错误。这样，类型转换可以掌握在自己的控制中，也可以获得性能上的好处。精确控制自己编写的程序，也是程序员的一种积极态度。

5.2.4　%TYPE 属性——类型控制的最佳武器

为什么有时应用程序的升级项目需要几个月，耗资数十万？造成这个高昂代价的原因之一，恐怕就是数据模型的"简单"修改导致大量代码需要修改。

比如，我们在 PL/SQL 程序中声明了 NUMBER(6,2)类型的变量 v_account，用来保存数据库 customer 表中 account 列的数据。然而，由于业务需要，account 列的数据类型长度变大了。这时，变量 v_account 的数据类型也需要做出改变才能正确运行。当应用程序中有大量这样的变量声明时，维护起来可不轻松。因此，在定义变量时仅仅做到指定精确的类型是不够的。

用%TYPE 属性可以将 PL/SQL 程序中的变量直接与数据库表中的列挂钩，确保 PL/SQL 变量与数据库表中列的类型一致性。这样，即使列的数据类型发生更改，也不需要修改声明变量代码，大大提高了程序的可维护性。

DB2 PL/SQL 程序中的变量声明和存储过程的参数定义都可以使用%TYPE 属性。

在下面的代码中，我们看到多个变量是通过%TYPE 属性关联到列的数据类型，并用于保存该列的数据，存储过程的参数 p_cust_id 也是使用%TYPE 属性定义的。而 v_avg_account 变量则是引用了另一个变量 v_account 的%TYPE 属性来声明的。

```
CREATE OR REPLACE PROCEDURE estore.evaluate_customer (
    p_cust_id  IN  estore.customer.cust_id%TYPE  --(1)参数使用表中的列%TYPE 属性
)
IS
    v_cname  estore.customer.first_name%TYPE; --(2)局部变量使用表中的列%TYPE 属性
    v_phone  estore.customer.phone_no%TYPE;
    v_account  estore.customer.account%TYPE;
    v_consumed  estore.customer.total_consume%TYPE;
    v_register  estore.customer.register_time%TYPE;
    v_avg_account  v_account%TYPE;          --(3)使用局部变量的%TYPE 属性
BEGIN
```

```
    SELECT first_name, phone_no, account, total_consume, register_time
       INTO v_cname, v_phone, v_account, v_consumed, v_register
       FROM estore.customer
       WHERE cust_id = p_cust_id;
    DBMS_OUTPUT.PUT_LINE('customer#  : ' || p_cust_id);
    DBMS_OUTPUT.PUT_LINE('Name       : ' || v_cname);
    DBMS_OUTPUT.PUT_LINE('Phone      : ' || v_phone);
    DBMS_OUTPUT.PUT_LINE('Account    : ' || v_account);
    DBMS_OUTPUT.PUT_LINE('Consumed   : ' || v_consumed);
    DBMS_OUTPUT.PUT_LINE('Register at : ' || v_register);

    SELECT AVG(account) INTO v_avg_account FROM estore.customer;
    IF v_account > v_avg_account and v_consumed > 8000 THEN
       DBMS_OUTPUT.PUT_LINE(' Gold member customer! ');
    ELSIF v_account > v_avg_account and v_consumed > 3000 THEN
       DBMS_OUTPUT.PUT_LINE(' Silver member customer! ');
    ELSE
       DBMS_OUTPUT.PUT_LINE(' Copper member customer! ');
    END IF;
END
```

调用存储过程 evaluate_customer 将生成如下输出：

```
SQL> exec estore.evaluate_customer(3);
customer#  : 3
Name       : Colin
Phone      : 234-321-2341
Account    : 2389.71
Consumed   : 9024.98
Register at : 2008-07-30-18.16.39
 Gold member customer!
```

> **提示** 想要在控制台看到 DBMS_OUTPUT 的输出，需要先执行 SET SERVEROUTPUT ON。

利用%TYPE 属性在代码和表数据之间建立起了依赖机制。就算有一天，customer 表中 account 和 total_consume 列的数据类型长度需要进行改变，存储过程的代码都不需要做任何改变，依然能继续正常运行。

在本书中，我们也始终将%TYPE 的使用作为一种最佳实践，尽可能地在示例中使用%TYPE。

> **提示** 请尽可能用%TYPE 属性来定义 PL/SQL 的变量和参数的数据类型，将变量的类型直接与数据库表的列挂钩。

5.2.5 用%ROWTYPE 属性更进一步

在 PL/SQL 程序中尽可能使用%TYPE 属性，将使我们的程序具有更好的可维护性。而

PL/SQL 的%ROWTYPE 属性更进一步，将记录类型的变量与数据库的表结构关联起来。即使对表结构做增加列或者删除列这样的修改，声明记录类型变量的代码也不需要修改。用%ROWTYPE 属性声明记录类型变量时，记录类型的字段与列相对应，每个字段都采用表中相应列的数据类型，并使用点表示法来引用记录中的字段。

在 5.2.4 节的存储过程中，我们用%TYPE 声明了很多变量，看起来比较烦琐。在这个程序中，由于需要读取客户表中关于某个特定客户的大部分信息，也就是需要读取整条记录，我们可以以将该存储过程用%ROWTYPE 属性很优雅地改写如下：

```
CREATE OR REPLACE PROCEDURE estore.evaluate_customer2 (
    p_cust_id      IN estore.customer.cust_id%TYPE
)
IS
    v_cust    estore.customer%ROWTYPE;        --(1)ROWTYPE 属性，让变量关联到表的整个行
    v_avg_account  estore.customer.account%TYPE;
BEGIN
    SELECT *
        INTO v_cust                           --(2)读入整个行到这个 ROWTYPE 变量中
        FROM estore.customer
        WHERE cust_id = p_cust_id;
    DBMS_OUTPUT.PUT_LINE('customer#  : ' || v_cust.cust_id);
    DBMS_OUTPUT.PUT_LINE('Name       : ' || v_cust.first_name);
    DBMS_OUTPUT.PUT_LINE('Phone      : ' || v_cust.phone_no);
    DBMS_OUTPUT.PUT_LINE('Account    : ' || v_cust.account);
    DBMS_OUTPUT.PUT_LINE('Consumed   : ' || v_cust.total_consume);
    DBMS_OUTPUT.PUT_LINE('Register at : ' || v_cust.register_time);

    SELECT AVG(account) INTO v_avg_account FROM estore.customer;
    IF v_cust.account > v_avg_account and v_cust.total_consume > 8000 THEN
        DBMS_OUTPUT.PUT_LINE(' Gold member customer! ');
    ELSIF v_cust.account > v_avg_account and v_cust.total_consume > 3000 THEN
        DBMS_OUTPUT.PUT_LINE(' Silver member customer! ');
    ELSE
        DBMS_OUTPUT.PUT_LINE(' Copper member customer! ');
    END IF;
END
```

当然，我们有时并不希望用 "SELECT *" 这种 SQL 来读取行的所有字段，这样显得不够精致和优雅，而且对性能没有好处。这时，仍然可以使用%ROWTYPE 属性，不过我们只引用所需要的字段，如下所示：

```
DECLARE
    v_cust   estore.customer%ROWTYPE;  --(1)ROWTYPE 属性，让变量关联到表的整个行
BEGIN
    --(2)读入表的某些列到 ROWTYPE 变量中
    SELECT first_name, account, total_consume
        INTO v_cust.first_name, v_cust.account, v_cust.total_consume
        FROM estore.customer
        WHERE cust_id = 2;
    DBMS_OUTPUT.PUT_LINE('Name        : ' || v_cust.first_name);
```

```
    DBMS_OUTPUT.PUT_LINE('Account    : ' || v_cust.account);
    DBMS_OUTPUT.PUT_LINE('Consumed   : ' || v_cust.total_consume);
END
```

5.2.6 甚至可以自定义记录类型

在 DB2 的 PL/SQL 程序中除了使用%ROWTYPE 属性来声明记录类型变量，还可以通过自定义记录类型来声明记录类型变量。

只能在 CREATE PACKAGE 或 CREATE PACKAGE BODY 语句中定义记录类型。定义记录类型的语法如下：

```
TYPE record_type_name IS RECORD (field1 type1, ...)
```

> | 提 示 | 当我们需要把多个变量作为一个整体来处理，特别是需要在存储过程或者函数之间传递记录时，使用自定义记录类型就很方便。 |

如下例所示，我们在程序包 pkg_record 中将客户的名字、账户余额、消费总额和客户的级别定义成一个记录类型 cust_rec。存储过程 get_customer，根据 cust_id 将相应的客户信息通过自定义记录 cust_rec 返回。

```
CREATE OR REPLACE PACKAGE pkg_record
IS
 TYPE cust_rec IS RECORD (    --(1)在 PACKAGE 中自定义记录类型
   name      estore.customer.first_name%TYPE,    --(2)可使用%TYPE 属性来表示类型
   account   estore.customer.account%TYPE,
   consumed estore.customer.total_consume%TYPE,
   class     CHAR(6)
  );
END
/

CREATE OR REPLACE PROCEDURE estore.get_customer (
   p_cust_id      IN estore.customer.cust_id%TYPE,
   p_cust         OUT pkg_record.cust_rec  --(3)返回一个自定义记录类型
)
IS
   v_avg_account  estore.customer.account%TYPE;
BEGIN
   --(4)将 SQL 结果值赋值给自定义记录类型的变量
   SELECT first_name, account, total_consume
     INTO p_cust.name, p_cust.account, p_cust.consumed
     FROM estore.customer
     WHERE cust_id = p_cust_id;
   SELECT AVG(account) INTO v_avg_account FROM estore.customer;

   IF p_cust.account > v_avg_account and p_cust.consumed > 8000 THEN
      --(5)对自定义记录类型的变量成员赋值
      p_cust.class := 'Gold';
   ELSIF p_cust.account > v_avg_account and p_cust.consumed > 3000 THEN
```

```
      p_cust.class := 'Silver';
    ELSE
      p_cust.class := 'Copper';
    END IF;
END
/
```

5.2.7　用数组类型组织你的数据

数组是 PL/SQL 中实现批量读取机制的至关重要的部分。DB2 支持 PL/SQL 中的数组集合类型。那么如何来定义数组类型呢？主要有如下两种方式。

● 在 PL/SQL 程序中使用如下 TYPE 语法定义数组类型：

```
TYPE  array_type_name IS VARRAY(n) OF elem_type;
```

● 使用 CREATE TYPE 语句定义数组类型，可以在命令行处理器 (CLP)、任何受支持的交互式 SQL 界面、应用程序或存储过程中执行此语句：

```
CREATE TYPE  array_type_name IS VARRAY(n) OF elem_type;
```

数组的大小在定义时由 n 控制。而数组元素的数据类型 elem_type，可以是 NUMBER、VARCHAR2 或记录类型。另外，还可以使用%TYPE 属性和%ROWTYPE 属性来表示 elem_type。

下面的例子展示了数组的定义和使用。首先在程序包 pkg_array 中定义了一个大小为 6 的数组 cust_arr 来存储客户的名字；然后通过游标和循环将客户表中的前 6 个客户的名字保存在数组中；最后打印客户的名字。

```
CREATE OR REPLACE PACKAGE pkg_array
AS
    --(1)在 PACKAGE 中定义数组类型
    TYPE cust_arr IS VARRAY(6) OF estore.customer.first_name%TYPE;
END
/

DECLARE
    i INTEGER := 1;
    cust_names          pkg_array.cust_arr;       --(2)声明数组类型的变量
    CURSOR cust_cur IS SELECT first_name FROM estore.customer WHERE ROWNUM <=6;
BEGIN
    FOR r_cust IN cust_cur LOOP
        cust_names(i) := r_cust.first_name;       --(3)对数组中的元素赋值
        i := i + 1;
    END LOOP;
    FOR j IN 1..cust_names.count LOOP          --(4)数组的 count 属性表示数组的元素数目
        DBMS_OUTPUT.PUT_LINE(cust_names(j));    --(5)引用数组中的元素
    END LOOP;
END
/
```

此脚本生成以下样本输出:

```
Mike
John
Colin
James
Eileen
```

提 示	我们在第二个 FOR 循环中, 使用了数组的 COUNT 属性来确定数组中的元素个数。在我们的例子中, 一共才 5 个客户, 也就是说数组只存有 5 个元素, 如果读第 6 个数组元素会报错。

如此看来, 直接使用数组长度 n 来控制循环往往不是一个好的方式。于是, PL/SQL 提供了一系列操作数组集合的方法, 这些方法在 DB2 中也得到了完全的支持, 如表 5-3 所示。通过这些方法, 就可以用 FIRST 和 LAST 来控制循环, 或者检查元素是否为 NULL, 这样就不用担心访问空元素出错的情况。

表 5-3   DB2 支持的 PL/SQL 数组集合方法

数组集合方法	描　　　述
COUNT	返回集合中的元素数目
EXISTS(n)	如果指定的元素存在, 那么返回 TRUE
FIRST	返回集合中的最小索引号
LAST	返回集合中的最大索引号
NEXT(n)	返回 n 的后一个元素的索引号, 就是 $n+1$
PRIOR(n)	返回 n 的前一个元素的索引号, 也就是 $n-1$
TRIM	从数组末尾除去单个元素
TRIM(n)	从数组末尾除去 n 个元素
LIMIT	返回数组的容量, 即能保持的最大元素数目

使用这些方法操作数组的代码如下例所示:

```
DECLARE
   i  INTEGER := 1;
   k  INTEGER := 1;
   cust_names         pkg_array.cust_arr;            --(1)声明数组类型的变量
   CURSOR cust_cur IS SELECT first_name FROM estore.customer WHERE ROWNUM <=6;
BEGIN
   FOR r_cust IN cust_cur LOOP
      cust_names(i) := r_cust.first_name;            --(2)对数组中的元素赋值
      i := i + 1;
   END LOOP;

   -- Use FIRST/LAST to specify the lower/upper bounds of a loop range:
   FOR j IN cust_names.FIRST..cust_names.LAST LOOP  --(3)数组的 FIRST/LAST 属性
      DBMS_OUTPUT.PUT_LINE(cust_names(j));
   END LOOP;
```

```
-- Use NEXT(n) to obtain the subscript of the next element:
k := cust_names.FIRST;
WHILE k IS NOT NULL LOOP
  DBMS_OUTPUT.PUT_LINE(cust_names(k));
  k := cust_names.NEXT(k);      --(4)数组的 NEXT 属性
END LOOP;

DBMS_OUTPUT.PUT_LINE('COUNT: ' || cust_names.COUNT); --(5)数组的 COUNT 属性
cust_names.TRIM;                --(6)数组的 TRIM 方法，除去末尾的单个元素
DBMS_OUTPUT.PUT_LINE('COUNT: ' || cust_names.COUNT);
cust_names.TRIM(2);
DBMS_OUTPUT.PUT_LINE('COUNT: ' || cust_names.COUNT);
--(7)数组的 LIMIT 属性，表示数组的容量
DBMS_OUTPUT.PUT_LINE('Max. No. elements = ' || cust_names.LIMIT);
END
/
```

5.2.8　强大的关联数组

PL/SQL 的另一种集合类型是关联数组，它将唯一键与值相关联。

```
TYPE map_type_name IS TABLE OF elem_type
  INDEX BY [INTEGER | VARCHAR2(n)]
```

关联数组的索引可以是整型和变长字符类型。这里的整型可以用 INT、INTEGER、PLS_INTEGER 和 BINARY_INTEGER 来表示。毫无疑问，可以用%TYPE 属性来表示索引的数据类型，只要它是整型和 VARCHAR2。

关联数组中的元素是按索引的值排序的。关联数组的元素数目也没有限制，可以在添加元素时动态地增大。

提示	关联数组能动态地增大，但是尝试引用尚未进行赋值的数组元素将导致异常。

下面的例子展示了一个 VARCHAR2 作为索引的关联数组的使用，将商品的名字作为索引来存储和查找商品的价格。

```
CREATE OR REPLACE PACKAGE pkg_map
AS
    --(1)在 PACKAGE 中定义关联数组，用商品的名字索引商品的价格
    TYPE product_map IS TABLE OF estore.product.price%TYPE
        INDEX BY estore.product.product_name%TYPE;
END
/

DECLARE
    product_prices   pkg_map.product_map;  --(2)声明关联数组变量
    CURSOR prd_cur IS SELECT product_name, price FROM estore.product;
```

```
BEGIN
   FOR r_prd IN prd_cur LOOP
      --(3)对关联数组的元素赋值
      product_prices(r_prd.product_name) := r_prd.price;
   END LOOP;
   --(4)通过 Key 查询关联数组的值
   DBMS_OUTPUT.PUT_LINE('Price of Rose is ' || product_prices('Rose'));
END
/
```

此脚本生成如下的输出：

```
Price of Rose is 5.99
```

类似的，读者可以参照此例使用 INTEGER 作为索引的关联数组，将商品 ID 作为索引来存储和查找商品的价格。

另外，DB2 同样支持操作关联数组的集合方法，如表 5-4 所示。

表 5-4   DB2 支持的常用 PL/SQL 关联数组集合方法

集合方法	描　　述
COUNT	返回集合中的元素数目
EXISTS(n)	如果指定的元素存在，那么返回 TRUE，其中 n 为索引值
FIRST	返回集合中的最小索引值
LAST	返回集合中的最大索引值
NEXT(n)	返回 n 的后一个元素的索引号
PRIOR(n)	返回 n 的前一个元素的索引号
DELETE	从关联数组中删除所有元素
DELETE(n)	从关联数组中删除索引值为 n 的元素
DELETE(n1,n2)	从关联数组中删除索引值为 n1 到 n2 之间的元素

提示	表 5-4 中提到的索引值不仅可以是整型值，也可以是 VARCHAR2 类型的值。

5.3   从基本语句看真功夫

5.3.1   块与匿名块

PL/SQL 块是代码组织的重要结构，应用非常广泛。PL/SQL 的存储过程、函数或者触发器的程序体都是块结构，这部分内容将在 5.6 节介绍。块也可作为 PL/SQL 语句独立地在控制台执行，此时被称为匿名块。

PL/SQL 匿名块语句的结构如下：

```
DECLARE
  <Declare variables and cursors>        //可选声明节,声明变量和游标等
BEGIN
  <execute statements>                   //必需的可执行节, SQL 语句和 PL/SQL 逻辑
EXCEPTION
  <exception handle >                    //可选的异常节, 异常处理
END
```

匿名块语句包含 3 个节：可选的声明节、必需的可执行节和可选的异常节。

● 　声明节包含匿名块中使用的变量、游标和类型的声明。

● 　匿名块的可执行节可以包含 PL/SQL 控制语句和 SQL 语句的可执行语句。

● 　异常节用于处理程序中出现的异常，以关键字 EXCEPTION 开始，到它所在
　　 BEGIN-END 块的末尾为止，请参考 5.4.3 节。

> **提示**　匿名块并不像存储过程一样编译后持久地存储在 DB2 编目表中，而是一次性编译和执行的，这可以非常方便地用于代码测试、排解故障、在命令行实现稍微复杂的查询等。

本书中有大量示例程序使用匿名块来阐述 PL/SQL 的编程技术。

可以从交互式工具或命令行中执行匿名块，如下所示，在 CLPPlus 的控制台打印当前日期。

```
SQL> SET SERVEROUTPUT ON /
SQL> DECLARE
  2 current_date DATE := SYSDATE;
  3 BEGIN
  4 dbms_output.put_line( current_date );
  5 END
  6 /
2011-03-28-21.00.23

DB250000I: 成功地完成该命令。
```

5.3.2　NULL 语句的妙用

NULL 语句不执行任何操作。当你需要一条语句，但又不想执行 SQL 操作时，可以使用 NULL 语句作为占位符。例如，在 IF-THEN-ELSE 语句或者 CASE 语句的分支中使用 NULL 语句，或者在异常处理时想要忽略某个异常时使用 NULL 语句。

例如，下面的代码片段检查商品"ThinkPad"的库存。如果库存数量大于 1000，则警告不要继续进货；如果小于 10 台，则提示进货；库存数在 10 到 1000 之间的，则不做任何操作。

```
DECLARE
  v_num estore.product.inventory%TYPE;
BEGIN
  SELECT inventory INTO v_num FROM estore.product
```

```
    WHERE product_name = 'ThinkPad';
  IF v_num > 1000 THEN
    DBMS_OUTPUT.PUT_LINE('Enough inventory of ThinkPad for sale.');
  ELSIF v_num > 10 THEN
    NULL;  --(1)使用 NULL 语句
  ELSE
    DBMS_OUTPUT.PUT_LINE('Lack of ThinkPads for sale!');
  END IF;
END
/
```

也许，你的疑惑在于：既然不想执行任何操作，那为什么不直接从程序代码中删除这个分支呢？事实上，在你确定以后永远也不需要这个分支的逻辑，并确保程序正确的情况下，确实可以直接删除这个分支。然而，在写程序时你可能还不确定这个分支下的逻辑，或者程序的升级维护中删除分支可能导致不正确的逻辑，那么可以用 NULL 语句作为占位符。这也方便以后在这个分支下添加新的逻辑。

> **提示**　　　NULL 语句在维护程序时有妙用，如果某个分支下的程序逻辑需要去掉，使用 NULL 作为占位符比直接删除分支更有效。

5.3.3　Oracle 特有的 SQL？这一说法已成历史

DB2 的传统是一直支持标准 SQL，Oracle 则支持很多非标准的数据类型、关键字和 SQL 语句。没有对这些非标准 Oracle SQL 特性的支持，就谈不上对 Oracle 的兼容性。因此，DB2 从 V9.7 开始支持 Oracle 专用的 SQL 特性。常用 Oracle SQL 特性在 DB2 中的支持如下表 5-5 所示。

表 5-5　DB2 支持的常用 Oracle SQL 特性

Oracle SQL 特性	描　　述
CONNECT BY 递归	在 DB2 V9.7 之前，DB2 使用 ANSI SQL 标准的 with 子句公共表达式实现递归。DB2 现在支持 Oracle CONNECT BY 递归，包括相关的 LEVEL 和 CONNECT_BY_PATH 语法等
(+)外连接语法	DB2 支持这种外连接语法，但我更推荐直接用 OUTER JOIN 这种通用的外连接语法
DUAL 哑表	DB2 现在支持 Oracle 的 DUAL 哑表。DB2 中原有的哑表为 sysibm.sysdummy1
ROWNUM 伪列	行号，通常用于限制返回的行数并在结果集中显示行号，DB2 现在支持这种语法。另外 DB2 也可以使用 FETCH FRIST n ROWS ONLY 来限制返回的行数
ROWID 伪列	行的唯一标识，为其物理地址，可用于快速获取该行
MINUS 集合操作符	DB2 现在支持用 MINUS 做集合的减法，而 DB2 原来对应的操作符为 EXCEPT
SELECT INTO FOR UPDATE	DB2 现在是支持 FOR UPDATE 语法，它可以锁定所选择的一行，在你完成修改之前，不允许其他用户对其进行修改
CREATE TEMPORARY TABLE	DB2 现在支持创建临时表，另外 DB2 还能使用声明全局临时表
TRUNCATE TABLE	删除表中全部内容
SYNONYM	为表对象、序列和程序包创建别名。DB2 原来用 ALIAS 关键字

Oracle 这些特有的 SQL 和术语现在在 DB2 中得到了全面的支持，我们在开发时不用再担心 Oracle 的哪些 SQL 语句在 DB2 不能使用，也不用担心 Oracle 的 PL/SQL 程序迁移到 DB2 时在 SQL 方言方面的问题。一句话，就把 DB2 当做 Oracle 来用。

在下面的代码中，使用了 Oracle SQL 特性中的 DUAL 和 ROWNUM：

```
SQL> SELECT SYSDATE FROM DUAL;    --(1)使用 DUAL 语句,对应 DB2 的 sysibm.sysdummy1

1
--------------------
2011-04-12 22:42:25
SQL> SELECT ROWNUM, first_name FROM estore.customer WHERE ROWNUM <= 3;
            ROWNUM FIRST_NAME
-------------------- ------------------------------
                 1   Mike
                 2   John
                 3   Colin
```

5.3.4　BULK 实现批处理，很好很强大

PL/SQL 的批处理是提高应用程序性能的重要方法之一。然而 PL/SQL 中的批处理机制没有被开发人员充分利用，确实令人遗憾。大多数开发人员习惯于用熟悉的游标一行一行地读取数据。其实批处理读取多行并不复杂，它与游标结合使用往往能达到神奇的效果。

在 PL/SQL 中，BULK COLLECT INTO 语句用于将 SELECT 查询的多行结果批量地存储到数组中，具体语法如下：

```
BULK COLLECT INTO  arrry_var1 [, array_var2 …];
```

使用 BULK 批处理需要注意以下几点：

（1）对于 SELECT 语句中的每一列，在 INTO 后面都必须有一个数组变量与之对应。

（2）数组变量可以是记录类型数组，此时 INTO 后面只能有这一个记录类型数组变量。

（3）数组变量的容量（最大数目）必须大于或等于查询所返回的行数。

（4）BULK COLLECT INTO 实际上是 INTO 子句的扩展，能用 INTO 读取数据的地方就能用 BULK。比如，FETCH 语句和 EXECUTE IMMEDIATE 语句也支持 BULK COLLECT INTO。

在 5.2.7 节的示例中，我们用游标一行一行地往数组中存数据，现在我们可以用 BULK 改写，比起游标读取更简单。改写后的代码如下所示：

```
CREATE OR REPLACE PACKAGE pkg_array
AS
    TYPE cust_arr IS VARRAY(6) OF estore.customer.first_name%TYPE;
```

```
END
/
DECLARE
   cust_names          pkg_array.cust_arr;  --(1)声明数组变量
BEGIN
   --(2)BULK COLLECT 一次性读入 6 条语句到数组中
   SELECT first_name BULK COLLECT INTO cust_names
     FROM estore.customer WHERE ROWNUM <=6;
   FOR j IN 1..cust_names.count LOOP
     DBMS_OUTPUT.PUT_LINE(cust_names(j));
   END LOOP;
END
/
```

在这个简单的例子中，用 ROWNUM<=6 限制读取的行数不会超过数组的容量。那么如果结果集远远超过数组的容量，该怎么办？

游标 FETCH 的 LIMIT 子句正好用于解决这个问题！使用游标 FETCH 的 LIMIT 子句与 BULK COLLECT INTO 语句结合起来进行批量处理，可以达到更好的性能。

> **提示**　用 BULK COLLECT INTO 语句读取多行，与普通游标读取单行所花费的时间差别并不大，所以，BULK 批量处理能提高性能。

下面的例子展示了 BULK COLLECT 和 FETCH LIMIT 的结合使用，其中通过 LIMIT 子句限定每次读入到数组的行数。

```
DECLARE
   cust_names          pkg_array.cust_arr; --(1)声明数组变量
   CURSOR cust_cur IS SELECT first_name FROM estore.customer; --(2)声明游标
BEGIN
 OPEN cust_cur;
 LOOP
   --(3)BULK COLLECT 和游标的 FETCH LIMIT 结合使用
   FETCH cust_cur BULK COLLECT INTO  cust_names LIMIT 6;
   FOR j IN 1..cust_names.count LOOP
     DBMS_OUTPUT.PUT_LINE(cust_names(j));
   END LOOP;
   EXIT WHEN cust_cur%NOTFOUND;  --(4)读不到数据时退出循环
 END LOOP;
 CLOSE cust_cur;
END
/
```

5.3.5　用 RETURNING INTO 捕获增删改的值

使用 PL/SQL 的 RETURNING INTO 子句，捕获增删改（简称 IUD）的值。具体来说，它可以获取 IUD 中的以下数据：

● INSERT 语句插入后的记录值，如生成的 ID 值和默认值。

- ● UPDATE 语句更新前的旧记录值。

- ● DELETE 语句删除的记录值。

RETURNING INTO 语句的使用非常简单，其语法具体如下：

```
<INSERT 语句 | UPDATE 语句 | DELETE 语句>
  RETURNING column_list INTO host_variable_list
```

> **提示**　使用 RETURNING INTO 时，相关的 IUD 语句影响的数据只能是一行，如果增删改的行数大于 1，将会发生异常。

举一个使用 RETURING INTO 获取 UPDATE 更新前旧值的例子，代码如下所示：

```
CREATE OR REPLACE PROCEDURE estore.sellout_product (
    p_pid          IN estore.product.product_id%TYPE,
    p_sellout      IN estore.product.inventory%TYPE
) IS
    v_category       estore.product.category%TYPE;
    v_product_name   estore.product.product_name%TYPE;
    v_inventory      estore.product.inventory%TYPE;
    v_price          estore.product.price%TYPE;
BEGIN
    --(1)RETURNING INTO 返回 UPDATE 更新前的旧值
    UPDATE estore.product SET inventory = inventory - p_sellout
      WHERE product_id = p_pid
    RETURNING category, product_name, price, inventory
    INTO v_category, v_product_name, v_price, v_inventory;

    IF SQL%FOUND THEN
        DBMS_OUTPUT.PUT_LINE('Sold product # : ' || p_pid);
        DBMS_OUTPUT.PUT_LINE('Category        : ' || v_category);
        DBMS_OUTPUT.PUT_LINE('Product Name    : ' || v_product_name);
        DBMS_OUTPUT.PUT_LINE('Price           : ' || v_price);
        DBMS_OUTPUT.PUT_LINE('Remain Inventory: ' || v_inventory);
    END IF;
END
/
```

在这个例子中，UPDATE 语句会更新 ID 为 p_pid 的产品库存数量，而 RETURNING INTO 语句将更改之前的产品库存数量及相关信息存到局部变量中。由于 product_id 是主键，这保证 UPDATE 语句更新的记录最多只有一条，否则 RETURNING INTO 会出错。

5.3.6　SQL 属性告诉你 SQL 语句的影响力

在 PL/SQL 中，可以使用 SQL%FOUND、SQL%NOTFOUND 和 SQL%ROWCOUNT 属性来确定 SQL 语句的影响。PL/SQL 中 SQL 属性的含义和 DB2 SQL PL 对应的处理机制如表 5-6 所示。

表 5-6　SQL 语句属性

SQL 属性	描　　述	DB2 的 SQL PL 处理机制
%FOUND	布尔值，如果至少一行受到INSERT、UPDATE或DELETE语句影响或者SELECT INTO语句已检索到一行，那么此属性返回TRUE	SQLCODE=100 （或SQL0100W） SQLSTATE=02000
%NOTFOUND	与SQL%FOUND正好相反	SQLCODE=0
%ROWCOUNT	整数值，表示受INSERT、UPDATE或DELETE语句影响的行数	GET DIAGNOSTICS获取 ROW_COUNT值

提示	DB2 SQL PL 的处理机制是检查 SQL 语句返回的 SQLCODE 和 SQLSTATE。如果找不到可以执行 FETCH、UPDATE 或 DELETE 的行，DB2 返回的 SQLCODE 为 -100（SQL0100W）和 SQLSTATE=02000，这正好对应 PL/SQL 的 SQL%NOTFOUND。如果成功，返回 SQLCODE 为 0（SQL0000I），对应 PL/SQL 的 SQL%FOUND。

下面的例子使用 UPDATE 更新客户表，然后用 SQL%FOUND 属性和 SQL%NOTFOUND 属性来检查是否有数据被 UPDATE 语句更新。

```
BEGIN
    UPDATE estore.CUSTOMER SET account = account + 10
        WHERE register_time < '2009-01-01';
    IF SQL%FOUND THEN    --(1)SQL%FOUND 属性表示有记录被更新
        DBMS_OUTPUT.PUT_LINE('Some rows have been updated.');
    END IF;
    IF SQL%NOTFOUND THEN --(2)SQL%NOTFOUND 属性表示没有任何记录被更新
        DBMS_OUTPUT.PUT_LINE('No Row has been updated.');
    END IF;
END
/
```

SQL%ROWCOUNT 属性包含整数值，表示受 INSERT、UPDATE 或 DELETE 语句影响的行数。例如：

```
BEGIN
    UPDATE estore.CUSTOMER SET account = account + 10
        WHERE register_time < '2009-01-01';
    DBMS_OUTPUT.PUT_LINE('# rows updated: ' || SQL%ROWCOUNT);
END
/
```

DB2 的原有机制是使用 GET DIAGNOSTICS 获取变量 ROW_COUNT 的值，获得受 IUD 影响的行数。

5.3.7　动态 SQL 语句的是与非

DB2 中的 PL/SQL 程序同时支持静态 SQL 和动态 SQL。一些开发人员对动态 SQL 的认识和使用有一个误区，就是动辄使用动态 SQL。实际上，动态 SQL 和静态 SQL 各有特长，我们应该根据程序的实际情况选择动态 SQL 还是静态 SQL。

那么静态 SQL 和动态 SQL 有什么区别？

PL/SQL 程序中的静态 SQL 是在创建程序包或例程时被编译，并且编译生成的二进制代码存储在数据库编目表中。在例程被调用时，DB2 直接读取静态 SQL 相对应的二进制行代码执行数据库操作。

动态 SQL 则不同，它是指 PL/SQL 程序块中在编译时还"不确定"的 SQL 语句，例如，需要根据用户输入的参数生成的 SQL 语句。动态 SQL 在运行时才进行编译。

EXECUTE IMMEDIATE 是处理动态 SQL 语句的主要方式，它编译并执行字符串形式的 SQL 语句。当然，也可以用 DBMS_SQL 程序包来执行动态 SQL。一般情况下，EXECUTE IMMEDIATE 比 DBMS_SQL 程序包编程要简单，运行速度也快一些。

EXECUTE IMMEDIATE 的语法结构如下：

```
EXECUTE IMMEDIATE dynamic_SQL_text
  [ {INTO | BULK COLLECT INTO} host_variables ]
  [ USING   bind_arguments ]
```

| 提示 | 与 Oracle 不同的是，DB2 目前还不支持在 EXECUTE IMMEDIATE 中使用 RETURNING INTO 子句，也不支持在动态 SQL 中使用 SELECT 或者 VALUES 直接读取数据。当然，可以使用游标来实现等价的读取数据的效果，请参考 5.5 节。 |

下面通过一些示例来展示动态 SQL 的使用。

1. 用动态 SQL 执行 DDL 语句

下面所示的存储过程 drop_table 接收一个表名作为参数，使用动态 SQL 将该表删除。这种形式的动态 SQL 在开发数据库管理工具时用得非常多，比如，创建表、增加或者删除列、删除表等。这些操作都需要根据用户提供的对象名组装 DDL 语句，然后以动态 SQL 执行。

```
CREATE OR REPLACE PROCEDURE drop_table(
    p_tab_name      VARCHAR2(30)
) IS
BEGIN
    --(1)用 EXECUTE IMMEDIATE 执行动态 DDL
    EXECUTE IMMEDIATE 'DROP TABLE ' || p_tab_name;
END
/
```

2. 动态 SQL 的变量绑定

变量绑定就是在动态 SQL 中使用占位符，告诉数据库我们会在随后的执行中为这个占位符提供一个值，然后用 USING 子句传递这些值。

在动态 SQL 语句文本中指定绑定变量占位符的格式可以是:1, :2, :3，也可是:a, :b, :c 之类。执行动态 SQL 时通过 USING 子句对绑定变量传递参数值。

使用动态 SQL 调用存储过程时，可以在 USING 子句中用 IN/OUT/IN OUT 指定参数的模式，默认为 IN。如下所示。

```
EXECUTE IMMEDIATE 'call myProc(:1, :2, :3)'
USING v1, OUT v2, IN OUT v3;
```

对变量绑定来说，有两个问题经常让开发人员感到困惑：

（1）为什么要在动态 SQL 中使用绑定变量？我们用这些变量值进行拼接来生成完整的动态 SQL 语句不就可以了吗？

使用绑定变量的作用是减少 SQL 语句编译的开销，从而提高性能。大家知道，在编译动态 SQL 时，它首先会检查缓存中是否有这个 SQL 语句的执行计划，如果没有，才会重新编译。但是，对于不同的变量值，简单的拼接每次都会生成不同的动态 SQL 语句，因此每次都需要编译。如果使用绑定变量，就可以实现一次编译、多次执行的效果，这可以节省大量的编译开销，特别是在循环中使用动态 SQL 时。

> **提示** 绑定变量并不是万能的。如果动态 SQL 访问的表存在数据倾斜（就是在某些列上分布不均），使用绑定变量将可能生成很差的访问计划，从而带来性能问题。

（2）在动态 SQL 中，什么地方能用绑定变量，什么地方不能？

- 绑定变量只能用来替代 SQL 语句中的变量，如 WHERE 条件中的变量值，INSERT 和 UDPATE 的字段值等。
- 绑定变量不能用来替代表名或列名。
- 绑定变量不能用来替代整个 WHERE 条件。
- DDL 中不能出现绑定变量。比如，执行 DDL 的动态 SQL 语句"EXECUTE IMMEDIATE ' DROP TABLE :1' USING p_tab_name"，运行时将会报错。

下例的存储过程展示了动态 SQL 与绑定变量的使用。程序根据输入参数 o_operator 的值，决定更新还是删除客户表的记录。从代码和注释中可以看到动态 SQL 占位符和 USING 的用法。

```
CREATE OR REPLACE PROCEDURE customer_DML(
    p_operator    IN VARCHAR2(20),
    p_cust_id    IN estore.customer.cust_id%TYPE,
    p_acc_inc    IN estore.customer.account%TYPE
) IS
    v_dynamic_sql VARCHAR2(1000);   --(1)声明动态 SQL 文本变量
```

```
BEGIN
  -- (2) 根据不同的条件生成不同的动态 SQL, 并用 EXECUTE IMMEDIATE 执行
  IF p_operator = 'UPDATE' THEN
    v_dynamic_sql := 'UPDATE estore.customer SET account = account + :1 '
                  || 'WHERE cust_id = :2';
    EXECUTE IMMEDIATE v_dynamic_sql
      USING p_acc_inc, p_cust_id;    -- (3) 执行动态 SQL 时传入变量
  ELSIF p_operator = 'DELETE' THEN
    v_dynamic_sql := 'DELETE FROM estore.customer WHERE cust_id = :id';
    EXECUTE IMMEDIATE v_dynamic_sql
      USING p_cust_id;
  END IF;
END
/
```

3. 用动态 SQL 批量读取数据

BULK COLLECT INTO 语句可以与动态 SQL 结合使用，直接从动态 SQL 的 SELECT 中批量读取数据。

下面的存储过程 get_products 就是这样的例子，它根据用户的查询输入来组装动态的 SQL 查询语句，然后通过 BULK 语句一次性将查询结果保存到数据中。

```
CREATE OR REPLACE PACKAGE pkg_product
AS
   TYPE product_arr IS VARRAY(6) OF estore.product%ROWTYPE;
END
/
CREATE OR REPLACE PROCEDURE estore.get_products(
   p_catetory   IN estore.product.category%TYPE,
   p_name       IN estore.product.product_name%TYPE
) IS
   products    pkg_product.product_arr;
   v_dyn_sql VARCHAR2(500);
BEGIN
   v_dyn_sql := 'SELECT * FROM estore.product WHERE 1=1 ';
   IF p_catetory IS NOT NULL THEN
     v_dyn_sql := v_dyn_sql || ' AND category = ''' || p_catetory || '''';
   END IF;

   IF p_name IS NOT NULL THEN
     v_dyn_sql := v_dyn_sql || ' AND product_name = ''' || p_name || '''';
   END IF;
   -- (1) 用 BULK COLLECT 将动态 SQL 的结果读入到数组
   EXECUTE IMMEDIATE v_dyn_sql
     BULK COLLECT INTO products;
END
/
```

动态 SQL 非常灵活，而且能力很强。比如，我们可以从数据字典（DB2 叫目录表 Catalog）中读取表名和列名，并根据需要构建查询条件来组装 SQL 语句，从而编写出通用的代码。

但事有利弊。首先，动态 SQL 无法在编译时检查 SQL 语句是否正确，必须等到运行

时才能发现问题。其次，动态 SQL 语句可读性较差，难以维护。另外，从性能上考虑，静态 SQL 只需在存储过程创建时编译一次，以后直接执行。而动态 SQL 则每次运行都需要进行编译（当然其编译后的可执行代码会缓存在内存中，以减少重复的编译）。

5.4 老话新谈——程序流程控制

程序流程控制是任何编程语言中的基本内容，主要包括分支和循环两部分内容。在 PL/SQL 程序中，处理分支的语句有 IF 和 CASE，而 PL/SQL 的 CASE 语句有其独特的地方。PL/SQL 中的循环有各种不同的形式，一般与游标结合在一起使用。另外，异常处理是 PL/SQL 中的重要内容。那么，本节我们就来看看这三方面的内容吧。

5.4.1 用 IF 和 CASE 语句处理分支

条件分支是编程中最基本的内容。与其他的编程语言一样，PL/SQL 中的条件分支语句有两种：IF 和 CASE 语句。不过，PL/SQL 的 CASE 语句有一种特别的形式叫搜索型 CASE 语句，可用于处理 IF 条件分支较多的情况。另外，PL/SQL 的 CASE 语句是独立的语句，与 SQL 语句中的 CASE 表达式是不同的。

1. IF 语句

IF 语句几乎没有什么新鲜的，它具有下面四种格式：

- IF...THEN...END IF
- IF...THEN...ELSE...END IF
- IF...THEN...ELSE IF...END IF
- IF...THEN...ELSIF...THEN...ELSE...END IF

下面的存储过程根据客户的累积消费总额，用IF分支语句计算客户购买商品的折扣值。读者可以从例子中理解 IF 语句的用法。

```
SQL>  CREATE OR REPLACE PROCEDURE cust_discount
   2  (p_cust_id IN estore.customer.cust_id%TYPE,
   3   p_discount OUT NUMBER)
   4 IS
   5   v_total_consume  estore.customer.total_consume%TYPE;
   6 BEGIN
   7 SELECT total_consume INTO v_total_consume
   8   FROM estore.customer
   9   WHERE cust_id = p_cust_id;
  10  IF v_total_consume > 10000 THEN
  11    p_discount := 0.90;
```

```
12   ELSIF v_total_consume > 6000 THEN
13     p_discount := 0.95;
14   ELSIF v_total_consume > 1000 THEN
15     p_discount := 0.97;
16   ELSE
17     p_discount := 0.99;
18   END IF;
19   DBMS_OUTPUT.PUT_LINE('CUST_ID = ' || p_cust_id);
20   DBMS_OUTPUT.PUT_LINE('TOTAL_CONSUME = ' || v_total_consume);
21   DBMS_OUTPUT.PUT_LINE('DISCOUNT = ' || p_discount);
22 END
23 /
DB250000I: 成功地完成该命令。

SQL>  exec cust_discount(3,?)
   2 /
输出参数的值
--------------------------------
P_DISCOUNT = 0.95

CUST_ID = 3
TOTAL_CONSUME =  9024.98
DISCOUNT = .95
DB250000I: 成功地完成该命令。
```

2. 简单型的 CASE 语句

CASE 语句是程序分支处理的另一种形式，直接对某个表达式的各个特定值进行分支处理。如下所示，用 CASE 语句根据商品的类别来判断商品价格是便宜还是昂贵：

```
SQL>  DECLARE
   2  v_category       estore.product.category%TYPE;
   3  v_product_name   estore.product.product_name%TYPE;
   4  v_expensive      VARCHAR2(10);
   5  v_pid NUMBER := '&pid';
   6 BEGIN
   7  SELECT category, product_name
   8   INTO v_category, v_product_name
   9   FROM estore.product WHERE product_id = v_pid;
  10  CASE v_category
  11    WHEN 'Electronics' THEN
  12      v_expensive := 'Expensive';
  13    WHEN 'Book' THEN
  14      v_expensive := 'Normal';
  15    WHEN 'Flowers' THEN
  16      v_expensive := 'Cheap';
  17    ELSE
  18      v_expensive := 'UNKOWN';
  19  END CASE;
  20  DBMS_OUTPUT.PUT_LINE('CATEGORY = ' || v_category);
  21  DBMS_OUTPUT.PUT_LINE('PRODUCT_NAME = ' || v_product_name);
  22  DBMS_OUTPUT.PUT_LINE('Price is ' || v_expensive);
  23 END
  24 /
```

```
请为变量 pid 输入值: 101
原始语句:   v_pid NUMBER := '&pid';
带有替换内容的新语句: v_pid NUMBER := '&pid';      v_pid    NUMBER := '101';
CATEGORY = Electronics
PRODUCT_NAME = IPod
Expensive = Expensive

DB250000I: 成功地完成该命令。
```

> **提示**　对于这种简单的 CASE 语句，Oracle 还有一个专门函数 decode，decode 函数也在 DB2 中得到了支持。

3. 搜索型 CASE 语句

当条件分支比较多时，有时候写 IF-THEN-ELSIF-END IF 这样的长语句代码显得凌乱，特别是当 IF 语句还要嵌套 IF 语句时。这时，可以用 CASE 语句来处理，这样逻辑上显得更清晰一些。

比如，将上面的 IF-ELSE 逻辑用 CASE 语句改写如下，代码看起来显得更为清晰：

```
SQL> CREATE OR REPLACE PROCEDURE discount_case
  2  (p_cust_id IN estore.customer.cust_id%TYPE,
  3  p_discount OUT NUMBER)
  4 IS
  5  v_total_consume  estore.customer.total_consume%TYPE;
  6 BEGIN
  7  SELECT total_consume INTO v_total_consume
  8   FROM estore.customer WHERE cust_id = p_cust_id;
  9  CASE
 10   WHEN v_total_consume > 10000 THEN
 11    p_discount := 0.90;
 12   WHEN v_total_consume > 6000 THEN
 13    p_discount := 0.95;
 14   WHEN v_total_consume > 1000 THEN
 15    p_discount := 0.97;
 16   ELSE
 17    p_discount := 0.99;
 18  END CASE;
 19  DBMS_OUTPUT.PUT_LINE('CUST_ID = ' || p_cust_id);
 20  DBMS_OUTPUT.PUT_LINE('TOTAL_CONSUME = ' || v_total_consume);
 21  DBMS_OUTPUT.PUT_LINE('DISCOUNT = ' || p_discount);
 22 END
 23 /
```

5.4.2　你喜欢用哪一种循环

在 DB2 中，PL/SQL 同样支持各种不同的循环形式，主要通过如下语句进行控制。

- LOOP：循环的基本语句，而且可以独立使用。
- WHILE：在指定的表达式为真时一直循环。

● FOR 及其变种 FORALL：在一个游标、一个整数区间或者一个数组上进行循环。

> | 提示 | 这几种不同形式的循环，各有自己的特点，各有自己的使用场合，并广泛用在 PL/SQL 存储过程、函数和匿名块语句中。一般地，循环与游标的结合使用比较多。 |

为了取得好的学习效果，我们采取比较的形式。接下来看用这些不同的循环形式如何实现同一个功能：计算 1 到 100 的和。

1. LOOP 循环

LOOP 语句可以独立作为循环来使用，但是它没有特定的循环条件判断子句，需要用 EXIT 语句在某些条件下跳出循环。用 LOOP 循环计算 1 到 100 的代码如下例所示：

```
SQL>  DECLARE
   2  v_it  INTEGER := 0;
   3  v_sum INTEGER := 0;
   4 BEGIN
   5  LOOP  --(1)LOOP 循环
   6    v_it := v_it + 1;
   7    IF v_it > 100 THEN
   8     EXIT;  --(2)用 EXIT 语句跳出循环
   9    END IF;
  10    v_sum := v_sum + v_it;
  11  END LOOP;
  12  DBMS_OUTPUT.PUT_LINE('The sum of 1...100 is ' || v_sum);
  13 END
  14 /
The sum of 1...100 is 5050

DB250000I：成功地完成该命令。
```

2. WHILE 循环

WHILE 循环与 C/Java 语言的循环结构并无二致，每次执行循环体之前先判断循环条件。用 WHILE 循环计算 1 到 100 的代码如下例所示：

```
SQL>  DECLARE
   2  v_it  INTEGER := 0;
   3  v_sum INTEGER := 0;
   4 BEGIN
   5  WHILE v_it < 101 LOOP  --(1)WHILE 循环
   6    v_sum := v_sum + v_it;
   7    v_it := v_it + 1;
   8  END LOOP;
   9  DBMS_OUTPUT.PUT_LINE('The sum of 1...100 is ' || v_sum);
  10 END
  11 /
The sum of 1...100 is 5050

DB250000I：成功地完成该命令。
```

DB2 的读者需要注意，WHILE 循环中也有 LOOP 和 END LOOP。在 PL/SQL 中，LOOP 是各种循环的基础。

3. FOR 循环

PL/SQL 中 FOR 循环的最简单形式是在一个整数区间上进行循环。用 FOR 循环计算 1 到 100 的代码如下例所示，代码非常简单清晰。

```
SQL> DECLARE
  3 v_sum INTEGER := 0;
  4 BEGIN
  5 FOR v_it in 1..100 LOOP  --(1)FOR 循环的简单形式
  6   v_sum := v_sum + v_it;
  8 END LOOP;
  9 DBMS_OUTPUT.PUT_LINE('The sum of 1...100 is ' || v_sum);
 10 END
 11 /
The sum of 1...100 is 5050

DB250000I: 成功地完成该命令。
```

FOR 语句还可以在一个定义的游标上进行循环。下例的代码用 FOR 循环来计算所有客户的账户余额总和。其中，第 3 行首先声明了游标 cust_cur，然后第 5 行的 FOR 循环通过记录类型的变量 v_rec 对游标 cust_cur 指向的记录进行迭代，而第 6 行通过变量 v_rec 加上列名访问数据，如 v_rec.account。

```
SQL> DECLARE
  2 v_sum NUMBER := 0;
  3 CURSOR cust_cur IS SELECT account FROM estore.customer;
  4 BEGIN
  5 FOR v_rec in cust_cur LOOP --(1)游标上的 FOR 循环
  6   v_sum := v_sum + v_rec.account;
  7  END LOOP;
  8  dbms_output.PUT_LINE('Sum account of all customers is '|| v_sum);
  9 END
 10 /
Sum account of all customers is 4654

DB250000I: 成功地完成该命令。
```

> **提示**
>
> 使用游标的 FOR 循环简单精炼，有诸多好处：
>
> - 不需要使用 OPEN、FETCH 和 CLOSE 这样的游标操作语句。
> - 无须判断是否达到游标结尾，FOR 循环会自动结束循环。

因此，如果只需要以只读的方式遍历游标指向的结果集，FOR 循环是你的第一选择。

另外，DB2 也支持 FORALL 循环语句，它可以对数组的所有元素或数组中某个范围的元素执行 UPDATE 语句。例如：

```
FORALL i IN cust_id_arr.FIRST..cust_id_arr.LAST
  UPDATE estore.customer SET account = account + 10
    WHERE cust_id = cust_id_arr(i);
```

不过，这种 FORALL 循环比较生僻，而且可以轻易地用常见的 FOR 循环改写。因此，从程序的移植性方面考虑，一般不推荐读者使用。

5.4.3　必不可少的异常处理

异常处理一直是编程中必不可少的部分，是实现程序健壮性的保证。默认情况下，在 PL/SQL 程序中遇到的任何错误都将停止程序的执行。我们可以在异常节捕获错误，并对错误进行处理，使程序更为健壮。本节将介绍 DB2 中对 PL/SQL 异常处理机制的支持。

1. 异常处理

异常处理是对 BEGIN 块的语法扩展，由一个独立的异常节来处理各种异常。它的语法如下：

```
BEGIN
  executable statements
EXCEPTION
  WHEN condition1 [ OR condition2 ]... THEN
    exception handler logic
  [WHEN condition3 [ OR condition4 ]... THEN
    exception handler logic ]...
END;
```

这里的异常条件名（condition）可以是系统预定义的，也可以是用户自定义的。

如果未发生错误，那么异常节不会执行。但是，如果在程序运行时发生错误，那么程序的控制权将立即转移到异常节。异常处理依次在 WHEN 列表中搜索与发生的错误相匹配的条件。如果找到匹配项，那么将执行相应的异常处理逻辑，然后跳到 END 之后的语句。如果找不到匹配项，那么程序将终止。

> **提示**　PL/SQL 的异常处理与 DB2 SQL PL 的异常处理略有差别。DB2 SQL PL 在执行完异常处理逻辑后，可以有三种选择：CONTINUE，EXIT 和 UNDO。而 PL/SQL 处理完异常后都 EXIT 了。

下面的代码展示了一个捕获系统自定义异常的例子。如果要对 cust_id 为 100 的客户执行某些操作，而这个客户不存在，数据库将抛出 NO_DATA_FOUND 的异常条件。代码中的异常节将捕获这个异常，并打印错误信息。而其他的异常将由 OTHERS 条件捕获。

```
DECLARE
```

```
      v_account estore.customer.account%TYPE;
BEGIN
    SELECT account into v_account
       FROM estore.customer
       WHERE cust_id = 100;
       -- ... do some other thing
EXCEPTION
    WHEN NO_DATA_FOUND THEN
       DBMS_OUTPUT.PUT_LINE('WARNING: Customer #100 doesn't exists.');
    WHEN OTHERS THEN
       DBMS_OUTPUT.PUT_LINE('Any other exceptions catched.');
END
```

需要注意的是，示例中的异常处理只是简单地打印错误。在实际使用中你应该针对不同的错误进行业务逻辑的处理，比如记录错误的日志或者调用其他的程序处理异常等。

我们在上面的例子中使用的异常条件是 NO_DATA_FOUND。DB2 系统中预定义的 PL/SQL 异常条件名如表 5-7 所示，我们可以在程序中直接使用。

表 5-7　系统预定义的异常条件名

异常条件名	描　　述
CASE_NOT_FOUND	在 CASE 语句中，找不到匹配的分支条件
CURSOR_ALREADY_OPEN	试图打开已打开的游标
DUP_VAL_ON_INDEX	索引键有重复的值
INVALID_CURSOR	试图访问未打开的游标
INVALID_NUMBER	数字值无效
LOGIN_DENIED	用户名或密码无效
NO_DATA_FOUND	想要的数据不存在
NOT_LOGGED_ON	不存在数据库连接
OTHERS	表示任何异常
SUBSCRIPT_BEYOND_COUNT	数组下标超出范围或不存在
SUBSCRIPT_OUTSIDE_LIMIT	数组下标表达式的数据类型无法赋予数组下标类型
TOO_MANY_ROWS	多行满足选择标准，但只允许返回一行
VALUE_ERROR	值无效
ZERO_DIVIDE	试图除零

尽管使用系统预定义的这些异常条件能解决不少问题，但是它们并不能涵盖所有的异常情况。因此，我们希望能自定义异常，并借助异常处理机制来处理一些特殊的程序逻辑。那么问题来了：如何在 PL/SQL 中抛出自定义异常？又怎么捕获自定义异常呢？

带着这两个问题，我们学习下面的内容。

2．抛出自定义异常

PL/SQL 的 RAISE_APPLICATION_ERROR 语句用于抛出自定义异常。语法如下：

```
RAISE_APPLICATION_ERROR(error_code, error_text);
```

其中，用户自定义的错误号（error_code）值必须在-20000 到-20999 之间，错误消息的最大长度为 70 个字节。在最终返回给用户的错误信息中，SQLCODE 为 SQL0438N，而 SQLSTATE 是"UD"加上错误号的后三个数字。

下例的代码展示了 RAISE_APPLICATION_ERROR 抛出自定义异常的用法。存储过程 charge_customer 用于订单支付时，将从客户账户余额中扣除相应金额。而当客户的账户余额不够时，存储过程将抛出-20010 的自定义异常。我们在异常节捕获这个异常错误，并将该错误的 SQLCODE 和错误消息打印出来。

```
CREATE OR REPLACE PROCEDURE charge_customer
(p_cust_id IN estore.customer.cust_id%TYPE,
 p_amount  IN   estore.customer.account%TYPE )
IS
 v_account estore.customer.account%TYPE ;
BEGIN
  SELECT account INTO v_account
    FROM estore.customer
    WHERE cust_id = p_cust_id;
  IF v_account < p_amount THEN
    --(1)在账户余额不足抛出用户自定义异常
    RAISE_APPLICATION_ERROR (-20010,
        'Charged amount exceeds the account of #' || p_cust_id);
  END IF;
  UPDATE estore.customer SET account = account - p_amount
    WHERE cust_id = p_cust_id;
EXCEPTION
    WHEN OTHERS THEN   --(2)捕获所有的异常
      DBMS_OUTPUT.PUT_LINE ('SQLCODE: ' || SQLCODE);
      DBMS_OUTPUT.PUT_LINE ('SQLERRM: ' || SQLERRM);
END
/
SQL> execute charge_customer(2, 300);
SQLCODE: -438
SQLERRM: SQL0438N Application raised error or warning with diagnostic text:
"Charged amount exceeds the account of #2". SQLSTATE=UD010
DB250000I: 成功地完成该命令。

SQL> execute charge_customer(-2, 300);
SQLCODE: -438
SQLERRM: SQL0438N Application raised error or warning with diagnostic text:
"NO_DATA_FOUND". SQLSTATE=ORANF
DB250000I: 成功地完成该命令。
```

在上例中可以看到，我们使用 OTHERS 来捕获所有的异常，如果用一个不存在的 cust_id 调用这个存储过程，或者需要支付的额度大于客户余额，这些错误都会被 OTHERS 捕获。

但是有时我们只想捕获某些异常，而忽略其他的异常，这就需要为自定义异常命名。

3．为自定义异常命名

在 DB2 中，PL/SQL 程序的异常节不能显式地捕获某个 SQLCODE，只能使用异常名来捕获异常。那么如何为自定义的错误号定义异常条件名，然后再精确地捕获这个异常呢？请看下面的例子：

```
CREATE OR REPLACE PROCEDURE charge_customer
(p_cust_id IN estore.customer.cust_id%TYPE,
 p_amount  IN  estore.customer.account%TYPE )
IS
 v_account estore.customer.account%TYPE ;
 e_TooMuchCharge EXCEPTION;  --(1)声明自定义异常变量
 PRAGMA EXCEPTION_INIT (e_TooMuchCharge, -20010); --(2)将异常变量关联到SQLCODE
BEGIN
 SELECT account INTO v_account
   FROM estore.customer
   WHERE cust_id = p_cust_id;

 IF v_account < p_amount THEN
   --(3)在账户余额不足时抛出用户在定义异常
   RAISE_APPLICATION_ERROR (-20010,
      'Charged amount exceeds the account of #' || p_cust_id);
 END IF;

 UPDATE estore.customer SET account = account - p_amount
   WHERE cust_id = p_cust_id;

EXCEPTION
   WHEN e_TooMuchCharge  THEN  --(4)用自定义异常变量捕获特定的异常
     DBMS_OUTPUT.PUT_LINE ('SQLCODE: ' || SQLCODE);
     DBMS_OUTPUT.PUT_LINE ('SQLERRM: ' || SQLERRM);
   WHEN NO_DATA_FOUND THEN
     DBMS_OUTPUT.PUT_LINE('WARNING: Customer doesn''t exists.');
END
/
```

在上例中，先声明了一个 e_TooMuchCharge 的异常变量名，然后将其与错误号-20010相关联。于是，我们在异常节就可以精确地捕获 e_TooMuchCharge 这个异常了。

4．RAISE——更优雅的自定义异常处理

相比上面的将错误号和异常条件名关联起来的处理方式，RAISE 语句可以更优雅地处理自定义异常。如下例所示，首先声明自定义异常名 e_TooMuchCharge，然后在程序中用 RAISE 抛出 e_TooMuchCharge 异常。这样，就可以在异常处理时捕获 e_TooMuchCharge 这个自定义异常了。

```
CREATE OR REPLACE PROCEDURE charge_customer
(p_cust_id IN estore.customer.cust_id%TYPE,
 p_amount  IN  estore.customer.account%TYPE )
IS
```

```
v_account estore.customer.account%TYPE ;
e_TooMuchCharge EXCEPTION; --(1)声明自定义异常变量
BEGIN
SELECT account INTO v_account
  FROM estore.customer
  WHERE cust_id = p_cust_id;

IF v_account < p_amount THEN
  RAISE e_TooMuchCharge; --(2)抛出自定义异常变量
END IF;

UPDATE estore.customer SET account = account - p_amount
  WHERE cust_id = p_cust_id;

EXCEPTION
  WHEN e_TooMuchCharge  THEN  --(3)捕获自定义异常变量
    DBMS_OUTPUT.PUT_LINE ('ERROR: Charged amount ' ||
            'exceeds customer''s account.');
END
/

SQL> execute charge_customer(2, 300);
ERROR: Charged amount exceeds customer's account.
DB250000I: 成功地完成该命令。
```

这种处理异常的方式与 C++ 和 Java 程序中处理异常的方式很相似，而且更简单。

5.5   掌握游标，才掌握了数据库编程

5.5.1   按部就班的静态游标

游标在数据库编程中实在太重要了，通常稍微复杂的程序逻辑中都用到了游标。可以说，不懂游标，就谈不上掌握数据库编程。游标用起来并不难，难的是怎么用活它，用它实现复杂的程序逻辑。

游标编程包含了非常丰富的内容：从静态 SQL 上的游标定义、游标的基本操作，到参数化游标、动态 SQL 上的游标，再到无所不能的游标变量。每一个方面都需要仔细推敲，深入探讨。

下面就让我们从最基本的游标操作开始，步步为营，逐步深入地学习游标。

1. 使用游标的四步曲

在 PL/SQL 程序中使用游标有四个基本步骤。

（1）CURSOR *cursor-name* IS *select-statement*：为 SELECT 语句定义游标。

（2）OPEN *cursor-name*：打开游标，以供使用。

（3）FETCH *cursor-name* INTO *host_variables*：读取游标指向的数据并赋给变量。

（4）CLOSE *cursor-name*：在游标使用完后，关闭游标，释放资源。

其中，第 3 步的 FETCH 语句支持批量读取，一次将多行数据读入到数组中。具体的语法是：

```
FETCH cursor-name BULK COLLECT INTO array_variables LIMIT n;
```

游标一般与循环结合在一起使用。如下例所示的程序，使用游标依次遍历 Book 类别下的所有商品库存数量，操作游标的四步曲一目了然。

```
DECLARE
  v_name       estore.product.product_name%TYPE;
  v_inventory estore.product.inventory%TYPE;
  CURSOR pdt_cur IS     --（1）为 SELECT 语句声明静态游标
    SELECT product_name, inventory
    FROM estore.product WHERE category = 'Book';
BEGIN
  OPEN pdt_cur;         --（2）打开游标以供使用
  LOOP
    FETCH pdt_cur INTO v_name, v_inventory;  --（3）从游标取数据
    EXIT WHEN pdt_cur%NOTFOUND;   --通过检查游标的状态，退出循环
    DBMS_OUTPUT.PUT_LINE(v_name || ', Inventory = ' || v_inventory);
  END LOOP;
  CLOSE pdt_cur;        --（4）关闭游标
END
/
```

当 FETCH 读完最后一行后，通过检查游标的%NOTFOUND 属性来决定是否结束循环。这个匿名块的执行结果如下：

```
DB2 Pragramming, Inventory = 4000
Oracle Programming, Inventory = 10000
Unix Manuals, Inventory = 15000

DB250000I: 成功地完成该命令。
```

提示	一种良好的编程习惯是在使用完游标时就将它关闭，释放它所占用的数据库资源。当然，如果不关闭，在数据库连接断开的时候，DB2 会自动关闭游标。

提示	如果只取一行数据，使用 SELECT INTO 或者 SET 语句就可以实现，就没有必要使用游标了，毕竟游标有额外的资源消耗。

游标与 FOR 循环的结合使用方式请参考 5.4.2 节.

2．参数化的游标

参数化游标是指在声明游标时带有形参，并且在打开游标时能够接受传入参数值的静态游标。这样，当需要重复利用游标时，就可以通过传递不同的参数来实现了。

请看下面的例子，在声明游标时使用 v_category 作为参数，并在相应的 SELECT 语句中使用该参数作为查询条件；然后在执行块中打开游标时传入参数 'Book'；处理完相应的逻辑后，可以重新传入另外的参数以再次打开并操作游标。

```
DECLARE
  v_name        estore.product.product_name%TYPE;
  v_inventory estore.product.inventory%TYPE;
  CURSOR pdt_cur(v_category estore.product.category%TYPE)   --声明参数化游标
    IS SELECT product_name, inventory
        FROM estore.product
WHERE category = v_category;          --查询中引用参数
BEGIN
  OPEN pdt_cur('Book');               -- 打开游标时传入参数值
  LOOP
    FETCH pdt_cur INTO v_name, v_inventory;
    EXIT WHEN pdt_cur%NOTFOUND;
    DBMS_OUTPUT.PUT_LINE(v_name || ', Inventory = ' || v_inventory);
  END LOOP;
  CLOSE pdt_cur;
  OPEN pdt_cur('Flower');             -- 重复利用，打开游标时传入参数值
    NULL;   --在这里可以做任何逻辑
  CLOSE pdt_cur;
END
/
```

3．游标的%ROWTYPE 属性

PL/SQL 有很多优秀的特性，可以满足开发人员高效编程的需要。在 PL/SQL 中可以使用游标的%ROWTYPE 属性声明记录变量，从而方便地从游标中读取数据。

使用游标的%ROWTYPE 属性程序代码如下例所示，既简单又清晰。记录类型 r_pdt 正是由游标声明中 SELECT 的两列 product_name 和 inventory 组成的，在 FETCH 游标时直接存到 r_pdt 记录中。

```
DECLARE
  CURSOR pdt_cur IS SELECT product_name, inventory --游标的 SELECT 的列
    FROM estore.product WHERE category = 'Book';
  r_pdt        pdt_cur%ROWTYPE; --游标的%ROWTYPE，将记录定义成 SELECT 的两列
BEGIN
  OPEN pdt_cur;
  LOOP
    FETCH pdt_cur INTO r_pdt;   --直接 FETCH 到记录类型，非常方便
    EXIT WHEN pdt_cur%NOTFOUND;
    DBMS_OUTPUT.PUT_LINE(r_pdt.product_name
                || ',Inventory = ' || r_pdt.inventory);
```

```
    END LOOP;
    CLOSE pdt_cur;
END
/
```

4．游标的状态属性

PL/SQL 中，可通过检查游标的%ISOPEN、%FOUND、%NOTFOUND 和%ROWCOUNT 属性，来获取游标的当前状态。PL/SQL 中游标状态属性的含义如表 5-8 所示，表的最后一列列出了 DB2 SQL PL 实现同样功能的处理机制。

表 5-8　游标状态属性

PL/SQL 游标状态属性	描　述	DB2 SQL PL 处理机制
%ISOPEN	布尔值，表示游标是否处于打开状态	一般不需要检查游标的状态，如果非要如此做，可以使用EXCEPTION HANDLER：如果游标已经打开了，再次OPEN时，会返回SQLCODE = -502；如果没有打开就FETCH，会得到SQLCODE = -501错误
%FOUND	布尔值，执行FETCH游标是否读取到数据行	SQLCODE = 0 或SQLSTATE = '00000'
%NOTFOUND	与%FOUND相反	SQLCODE = 100 或 SQLSTATE = '02000'
%ROWCOUNT	打开游标后读取的行数	使用一个计数器变量统计从游标中获取到的行数

当然，在 DB2 V9.7 以后的 SQL PL 中，也支持游标的状态属性。

5.5.2　无所不能的游标变量

现在的数据库应用程序越来越复杂，往往需要在不同的程序组件之间传输数据。游标变量提供了一种途径，通过它可以在应用程序组件之间传递查询结果集。

游标变量与 PL/SQL 的普通游标不同，它只是简单地指向游标结果集，不与任何特定的查询相关联。因此，可以很方便地在 PL/SQL 程序之间或者 PL/SQL 程序与客户端之间传递数据。

1．万能的 SYS_REFCURSOR 游标变量

SYS_REFCURSOR 是内置的游标类型，可以与任何结果集相关联。因此将它称为万能的游标类型。SYS_REFCURSOR 类型也被称为弱游标类型，与下文中讲到的用户自定义强游标类型相对应，强类型游标变量只能指向特定类型的结果集。

下例的存储过程使用游标变量传递结果集，存储过程 sp_shopping_list 将购物车的商品以 SYS_REFCURSOR 游标变量返回，而存储过程 amount_in_cart 则接受这个游标变量的结果集，然后合计购物车内商品的总额。

- 行（1）将 SYS_REFCURSOR 游标变量作为输出参数。
- 行（2）为打开游标，将查询结果集关联到游标变量。
- 行（3）在调用的存储过程中，声明游标变量。
- 行（4）用游标变量作为实参调用存储过程，接收结果集。
- 行（5，6，7）就像操作普通游标一样，在游标变量上执行 FECTH 和 CLOSE 等操作。

```
CREATE OR REPLACE  PROCEDURE sp_shopping_list(
  rc_shopping OUT SYS_REFCURSOR)         --(1)游标变量作为输出参数
IS
BEGIN
  OPEN rc_shopping FOR SELECT * FROM estore.shopping_cart; --(2)打开游标
END
/

CREATE OR REPLACE PROCEDURE amount_in_cart(
  o_total   OUT  NUMBER(10,2)
)
IS
  v_ref_prds  SYS_REFCURSOR;              --(3)声明游标变量
  r_prd       estore.shopping_cart%ROWTYPE;
  v_price     estore.product.price%TYPE;
BEGIN
  o_total := 0;
  sp_shopping_list(v_ref_prds);           --(4)用游标变量接收过程的结果集
  LOOP
    FETCH v_ref_prds INTO r_prd;          --(5)FETCH 从游标上读取数据
    EXIT WHEN v_ref_prds%NOTFOUND;        --(6)检查游标状态
    SELECT price INTO v_price FROM estore.product
      WHERE product_id = r_prd.product_id;
    o_total := o_total + r_prd.quantity * v_price;
  END LOOP;
  CLOSE v_ref_prds;    --(7)关闭游标
END
/
```

存储过程执行的结果如下所示：

```
SQL>  INSERT INTO estore.shopping_cart (product_id, quantity)
   2  VALUES (101, 1), (305,20), (307, 10);
DB250000I: 成功地完成该命令。
SQL>  call amount_in_cart(?);
输出参数的值
--------------------------------
O_TOTAL = 2179.00

DB250000I: 成功地完成该命令。
```

SYS_REFCURSOR 游标变量可以与任何结果集相关联，这确实极其方便.

但这种通用性也存在一些潜在的隐患。我们可能不知道 SYS_REFCURSOR 游标变量到底指向什么样的结果集，除非阅读提供结果集的程序源代码，或者有详细文档可以查阅。这可能造成开发人员对 SYS_REFCURSOR 游标变量的误用，而且错误在编译时不容易被发现，只有运行时才会报错。

为减少这种误用，PL/SQL 提供自定义引用游标类型的机制，让这种游标变量只能指向特定的结果集。

2. 精确的自定义引用游标类型（REF CURSOR）

DB2 支持在 PL/SQL 中用 TYPE 定义引用游标类型。自定义引用游标类型也叫强游标类型，相应的游标变量只能指向特定的结果集，引用游标类型只能在创建程序包时定义，它的语法如下：

```
TYPE ref_cur_type IS REF CURSOR RETURN record_type;
```

下例中的 FUNCTION 展示了自定义引用游标类型的使用。

- 行（1）在程序包中定义游标类型，它只能关联与 shopping_cart 记录类型一致的结果集。也就是说该类型的游标变量指向的结果集只能有两列，其数据类型分别与 shopping_cart 表的列 product_id 和 quantity 对应，即 NUMBER(10) 和 NUMBER(8)。
- 行（2）将函数的返回类型声明为自定义引用游标类型，用于返回结果集。
- 行（3，5）用自定义的 REF 游标类型声明游标变量。
- 行（4）用游标变量关联到特定结果集，如果关联到其他结果集就会出错。
- 行（6）则表示可以使用自定义游标类型变量的%ROWTYPE 来声明记录变量。
- 行（7）接收函数调用的返回结果集，行（8）开始常规的游标操作。

```
CREATE OR REPLACE PACKAGE pkg_shopping
AS
    --(1)定义 REF CURSOR 游标类型，让它只能关联 shopping_cart 的记录类型结果集
    TYPE cart_ref_type IS REF CURSOR RETURN estore.shopping_cart%ROWTYPE;
END
/

CREATE OR REPLACE FUNCTION get_shopping_list
  RETURN pkg_shopping.cart_ref_type          --(2)返回 REF CURSOR 游标变量
IS
   rc_shopping pkg_shopping.cart_ref_type;--(3)声明自定义 REF CURSOR 游标变量
BEGIN
  OPEN rc_shopping FOR select * from estore.shopping_cart; --(4)关联到结果集
   RETURN rc_shopping;
END
/

CREATE OR REPLACE PROCEDURE amount_in_cart2(
```

```
  o_total   OUT  NUMBER(10,2)
)
IS
  v_ref_prds  pkg_shopping.cart_ref_type; --(5)声明自定义游标变量
  r_prd       v_ref_prds%ROWTYPE;              --(6)引用游标变量的%ROWTYPE 属性
  v_price     estore.product.price%TYPE;
BEGIN
  o_total := 0;
  v_ref_prds := get_shopping_list;            --(7) 接受返回结果集
  LOOP
    FETCH v_ref_prds INTO r_prd;              --(8) FETCH 读取游标数据
    EXIT WHEN v_ref_prds%NOTFOUND;
    SELECT price INTO v_price FROM estore.product
        WHERE product_id = r_prd.product_id;
    o_total := o_total + r_prd.quantity * v_price;
  END LOOP;
  CLOSE v_ref_prds;
END
/
```

3. 游标变量与动态 SQL

在声明静态游标时需要有确定的 SQL 语句。而在 5.3.7 节讲到，在某些场合不可避免地要用到动态 SQL，那么游标与动态 SQL 如何一起工作呢？

这个桥梁便是游标变量！

请看下例所示的存储过程，它用游标变量和动态 SQL 计算某个客户在一段时间内的订单总额。代码只需注意两点：

- 行（1）声明游标变量。
- 行（2）打开游标，将游标变量关联到动态 SQL 的查询结果集。如果动态 SQL 有占位符，USING 关键字可以用来向动态 SQL 传递参数。

```
CREATE OR REPLACE PROCEDURE orders_sum(
  p_cid        IN estore.orders.customer_id%TYPE,
  p_from_time   IN DATE,
  o_total       OUT estore.orders.amount%TYPE
)
IS
  order_refcur        SYS_REFCURSOR;  --(1)声明游标变量
  v_dyn_sql           VARCHAR2(500);
  v_amount            estore.orders.amount%TYPE;
BEGIN
  o_total := 0;
  v_dyn_sql := 'SELECT amount FROM estore.orders WHERE customer_id = :1 '
          || ' AND at_time >= :2';
  --(2)为动态 SQL 打开游标变量，可以用 USING 传递参数
  OPEN order_refcur FOR v_dyn_sql USING p_cid, p_from_time;
  LOOP
      FETCH order_refcur INTO v_amount;
```

```
        EXIT WHEN order_refcur%NOTFOUND;
        o_total :=  o_total + v_amount;
    END LOOP;
    CLOSE order_refcur;
    DBMS_OUTPUT.PUT_LINE(o_total);
END
/
```

> **提示**　游标编程看起来复杂，但最核心的内容是两点：首先必须掌握游标的基本操作，也就是静态游标操作的四步曲；然后就是用活游标变量。有了这两点，就能轻松用游标实现复杂的编程逻辑。

5.6　完整而独立的例程世界

本节将讲述 PL/SQL 中完整而独立的例程，包括存储过程、用户自定义函数和触发器。这些程序对象组成了 PL/SQL 的服务器端应用，它们可以独立存在，也可以包含在程序包中。

DB2 对这些 PL/SQL 的例程提供了很好的支持，但是也有一些限制。如果你是从 Oracle 转到 DB2 的开发人员，如果不认真了解这些限制，在 DB2 中进行 PL/SQL 编程的过程中将有可能遇到一些麻烦。

5.6.1　再回头看存储过程

毫无疑问，存储过程是最重要的服务器端应用，数据库应用系统中到处都留有它的身影，尤其在系统性能要求高的情况下。通常使用存储过程封装业务逻辑，并在服务器端执行。这样客户端程序只需通过一条语句调用，就可以完成相应的工作，并得到最后的结果。由于中间不需要用户的交互，这极大地减少了客户端和服务器之间的数据传输，从而提高整个系统的性能。

PL/SQL 存储过程的程序体就是块。它的具体结构如下：

```
CREATE [OR REPLACE]  PROCEDURE procedure_name
   (input and output parameters)
IS or AS
  <Declare variables and cursors>          //可选声明节，声明变量和游标等
BEGIN
  <execute statements>                     //必需的可执行节，SQL 语句和 PL/SQL 逻辑
EXCEPTION
    <exception handle >                    //可选的异常节，异常处理
END
```

我们在前面的许多例子中多次用到了存储过程。因此，这里只用一个完整的例子来阐

述存储过程的编程。

　　下例的存储过程 create_order 用于生成一个订单。它首先计算购物车内的商品总额，然后在订单表 orders 添加一条订单记录，将详细的商品项目保存到 order_details 表，并将订单的总额度返回。

　　在下面的代码中：行（1）开始为存储过程的头部，其参数有 IN 或者 OUT。事实上，还可以用"IN OUT"将参数声明为输入/输出两用。行（2）到行（3）为声明节，行（3）到行（4）为执行节，行（4）到行（5）为异常处理节。

```
CREATE OR REPLACE PROCEDURE create_order(       --(1)存储过程头部
  p_cust_id  IN  estore.customer.cust_id%TYPE,
  o_order_id OUT estore.orders.order_id%TYPE,
  o_amount   OUT estore.orders.amount%TYPE)
IS                --(2) 参数声明
  num INTEGER := 0;
  v_price estore.product.price%TYPE;
  v_order estore.orders%ROWTYPE;
  e_EmptyShoppingCart EXCEPTION;
  CURSOR c_shopping_list IS
    SELECT product_id, quantity FROM estore.shopping_cart;
BEGIN             --(3) 执行块
  o_amount := 0;
  FOR r_shopping IN c_shopping_list LOOP
    SELECT price INTO v_price
      FROM estore.product WHERE product_id= r_shopping.product_id;
    o_amount := o_amount + r_shopping.quantity * v_price;
      num := num + 1;
  END LOOP;


  IF(num < 1) THEN
    RAISE e_EmptyShoppingCart;
  ELSE
    INSERT INTO estore.orders
      VALUES(estore.seq_order_id.NEXTVAL, p_cust_id,
             o_amount, SYSDATE, 'PROCESSING')
      RETURNING order_id INTO o_order_id;
    INSERT INTO estore.order_details
      SELECT o_order_id, product_id, quantity FROM estore.shopping_cart;
  END IF;


EXCEPTION           --(4)异常处理
    WHEN e_EmptyShoppingCart THEN
      DBMS_OUTPUT.PUT_LINE('You have 0 product in shopping cart');
END create_order;   --(5)存储过程结束
```

　　上面的代码展示了如何创建 PL/SQL 存储过程，涵盖了很多技术要点，包括：变量声明和赋值、游标及其操作、循环与分支、异常处理、RETURNING 语句捕获更新值等。因此，这个存储过程示例非常完整，读者往往可以在实际编程中将它作为模板使用。

存储过程有以下几种调用形式：

```
--（1）在控制台用 Oracle 的 EXEC 执行
EXEC  create_order(2, v_order_id, v_amount);
--（2）在控制台用 DB2 的 CALL 调用
CALL create_order(2, v_order_id, v_amount);
--（3）在 PL/SQL 程序中调用
DECLARE
  v_order_id estore.orders.order_id%TYPE;
  v_amount   estore.orders.amount%TYPE;
BEGIN
  create_order(2, v_order_id, v_amount);
END;
/
```

> **提示**　　DB2 中 PL/SQL 存储过程不支持嵌套定义，也就是不能在存储过程中再定义存储过程或者用户自定义函数。

> **提示**　　在独立的存储过程中，也不支持直接静态递归。当然可以用动态 SQL 实现递归，或者用程序包的机制实现，即在程序包的头部声明存储过程，而后在程序包的主体中定义存储过程并调用自身实现递归。

5.6.2　用户自定义函数的真实面目

PL/SQL 用户自定义函数（UDF）是也一种重要的服务器端应用。UDF 可以用在 SQL 语句中，也可以用在 PL/SQL 的表达式中。

而在 PL/SQL 中，UDF 能做存储过程所做的任何事情，也就是说 PL/SQL 的 UDF 与存储过程基本没有区别，只是使用的方式和场合不同罢了。

PL/SQL UDF 的结构与存储过程类似，具体如下：

```
CREATE [OR REPLACE]  FUNCTION function_name
   (input and output parameters)
RETURN data_type
IS or AS
  <Declare variables and cursors>      //可选声明节,声明变量和游标等
BEGIN
  <execute statements>                 //必需的可执行节, SQL 语句和 PL/SQL 逻辑
EXCEPTION
   <exception handle >                 //可选的异常节，异常处理
END
```

下面的代码实现一个简单的 UDF，它计算两个数的和：

```
CREATE OR REPLACE FUNCTION SUM        --创建 UDF
  (n1 NUMBER, n2 NUMBER)              --输入参数
RETURN NUMBER                         --返回参数类型
IS
  v_sum NUMBER;
BEGIN
  v_sum := n1 + n2;
  return v_sum;
END
/
--在 SQL 语句使用 UDF sum 结果如下
SQL>  select sum(1,2) as sum from dual;
                    SUM
----------------------
                  3
```

PL/SQL 的 UDF 是支持输出参数的。下面的 UDF DIV 计算两个数的除法结果，并将商通过输出参数返回，而返回值用于返回错误代码，比如除数是否为零。

```
CREATE OR REPLACE FUNCTION DIV
  (n1 NUMBER, n2 NUMBER, res OUT NUMBER)
RETURN NUMBER
IS
BEGIN
   IF (n2 = 0 ) THEN
   return 1;
END IF;
   res := n1 / n2;
   return 0;
END
/
--通过如下方式在 PL/SQL 程序中调用 DIV
DECLARE
  res NUMBER;
  rc NUMBER;
BEGIN
  rc := DIV(5,2,res);
  IF (rc = 0) THEN
 DBMS_OUTPUT.PUT_LINE(res);
END IF;
END
/
```

5.6.3　开发 PL/SQL 触发器，当心

Oracle 的程序员在 DB2 上开发触发器时要当心了！虽然 DB2 能支持常用的 PL/SQL 触发器类型，但也存在着一些限制。

先看一下 DB2 中创建触发器的 PL/SQL 语法：

```
CREATE [OR REPLACE ] TRIGGER trigger-name
```

```
{ BEFORE | AFTER }
{ INSERT | DELETE | UPDATE [ OF column-names] }  ON  table-name
[ REFERENCING  OLD AS o_name NEW AS n_name ]
FOR EACH ROW
[WHEN condition]
    <Block structure: DECLARE ...BEGIN ... EXCEPTION ...END>
```

结合上面的语法可以看出，DB2 中 PL/SQL 触发器有以下特点和限制：

（1）支持行前（BEFORE）和行后（AFTER）触发，但是却没有代替（INSTEAD OF）这一说。

（2）支持基本表上的 INSERT、UPDATE 和 DELETE 触发事件，而且触发器只能定义在一个触发事件上。而 Oracle 的触发器则可同时定义在多个触发事件上。另外，DB2 并不支持 Oracle 的 DDL 触发器和数据库事件触发器。例如，下面的触发器期望在 INSERT 或者 UPDATE 客户表时触发，这在 DB2 中是不支持的。正确的做法是改成两个触发器：cust_ins 和 cust_update 分别对 INSERT 和 UPDATE 触发。

```
CREATE OR REPLACE TRIGGER cust_modify
BEFORE INSERT OR UPDATE ON estore.customer  //不支持多个触发事件
... ...
```

（3）只支持行级触发器（FOR EACH ROW），也就是在每条更改的数据上触发；而不支持语句级别的触发（FOR EACH STATEMENT），每条语句触发一次。这两者区别明显，比如，一条 SQL 可能更新 1000 行数据，而行级触发器在每行数据上触发，共触发 1000 次。

（4）触发器主体是一个块结构，跟匿名块的结构完全一致，可以包含声明节、执行节和异常节。

接下来通过一些例子来学习触发器的开发。

1. BEFORE INSERT 触发器

BEFORE 触发器在 SQL 语句执行前被触发执行。因此，利用 BEFORE 触发器，可以检查数据、设置默认值等。

下例的触发器 cust_reg 实现这样的功能：公司正举行注册送礼的活动，对于新注册的账号，对其赠送 10 元的现金券。默认情况下，直接用 NEW 引用新行。

```
CREATE OR REPLACE TRIGGER cust_reg
    BEFORE INSERT ON estore.customer
    FOR EACH ROW
BEGIN
    :NEW.account := :NEW.account + 10;
END
/
```

2. AFTER UPDATE 触发器

假如有这样一种业务需求：希望记录客户的账户充值记录，以便日后查询或者分析使用。为说明这个例子，先创建下面的 account_fill_his 表。

```
CREATE TABLE estore.account_fill_his
    (cust_id     NUMBER(10),
     increment   NUMBER(6,2),
     account     NUMBER(6,2),
     change_date date);
```

实现这个需求的触发器如下例所示：行（1）表明这个触发器定义在客户表 customer 上，触发事件为 AFTER UPDATE OF account，也就是更新账户额时被触发；行（2）用 "o" 引用更新前的行，"n" 引用更新后的行；行（3）则表示触发器将对更新的每行数据触发一次。

由于我们只记录客户的充值记录，因此程序中需要比较更新后的账户额与更新前的账户额，只有增额大于零时才认定为充值操作，然后向 account_fill_his 表中插入一条数据以便记录下这个充值操作。

```
CREATE TRIGGER cust_account_fill
  AFTER UPDATE OF account ON estore.customer   --(1)触发事件为 AFTER UPDATE
  REFERENCING old AS o NEW AS n            --(2)用 n 来引用更新后的行，o 引用更新前的行
  FOR EACH ROW                            --(3)在更新的每行上触发
DECLARE
  v_inc NUMBER(6,2) := 0;
BEGIN
  v_inc := :n.account - :o.account;
  IF v_inc > 0 THEN
    INSERT INTO estore.account_fill_his
      VALUES (:n.cust_id, v_inc, :n.account, SYSDATE);
  END IF;
END
/
```

测试这个触发器的行为如下所示：当第一条 UPDATE 语句增加客户的账户额时，cust_account_fill 被触发，并向 account_fill_his 插入一条数据记录下这个充值操作；而第二条 UPDATE 语句的减少账户额（支付操作），触发器也被触发但是并不会往 account_fill_his 插入记录。下面的查询中，account_fill_his 表的查询结果验证了这个过程。

```
SQL>  update estore.customer set account = account + 100 where cust_id = 5;
DB250000I: 成功地完成该命令。
SQL>  update estore.customer set account = account - 230 where cust_id = 5;
DB250000I: 成功地完成该命令。
SQL>  select * from estore.account_fill_his;
     CUST_ID  INCREMENT    ACCOUNT CHANGE_DATE
------------- -------- --------- ---------------------
         5    100.00    1001.65  2011-04-16 23:11:39
```

> | 提示 | 触发器是一种利器，但是创建过多的触发器将导致数据库表之间的关系混乱，难以理解，出现问题时也难以定位和调试。因此，我们在使用触发器时要谨慎，不要盲目地创建触发器来实现某些业务逻辑，只在最必要的时候才使用触发器。 |

5.7 "包"，容一切

5.7.1 接口与实现分离的编程原则

与 Oracle 的开发人员谈 PL/SQL 编程时，发现他们三句不离 "package"。这充分说明了程序包（package）在 PL/SQL 中的重要性。DB2 从 V9.7 开始支持 PL/SQL 程序包的所有机制。

程序包用于将那些具有相关用途的存储过程和函数等对象组织在一起。它遵循接口和实现分离的编程原则。在程序包中创建类型、声明全局变量及定义存储过程或函数原型等。而在程序包主体（package body）中用 PL/SQL 实现这些存储过程和函数。

对照 C/C++编程，PL/SQL 的程序包相当于*.h 头文件，包含外部接口原型的声明。而程序包主体则相当于 C 或 CPP 源文件，是对这些接口的具体实现。

需要调用这些存储过程和函数的客户端程序只依赖于程序包中的接口信息，而不需要了解它们的实现。当存储过程或者函数的实现改变时，客户端代码不需要做任何修改。

5.7.2 程序包，容纳所有的接口声明

在程序包中，我们可以定义存储过程或函数的原型。除此之外，我们还可以定义数组类型、记录类型、游标类型及声明全局变量等。这些声明必须放在存储过程和函数声明之前，包括：

- 数组、记录类型或引用游标类型定义；
- 异常声明记录声明；
- 全局变量声明。

在程序包中定义的对象等都被视为对外接口，对该程序包拥有 EXECUTE 权限的用户都可以引用这些对象。

下例中的程序包 pkg_order 声明了订单处理程序需要的存储过程和函数接口。客户端程序只需知道这些接口，不需要了解具体实现，就可以完成订单处理的整个过程。具体的存

储过程和函数接口如下：

- 存储过程 add_item_to_cart 将商品添加到购物车。
- 存储过程 create_order 在数据库中创建订单。
- 存储过程 charge_customer 支付订单。
- 存储过程 complete_order 将订单标记为完成。
- 函数 get_shopping_list 用游标变量返回购物车中的商品列表。

```
--程序包的对外接口
CREATE OR REPLACE PACKAGE estore.pkg_order IS
  --类型定义
  TYPE cart_ref_type IS REF CURSOR RETURN estore.shopping_cart%ROWTYPE;
  g_order_num   NUMBER;  --公有变量，或者叫全局变量
  --存储过程和函数的接口声明
  PROCEDURE add_item_to_cart(
    p_pid      IN  estore.shopping_cart.product_id%TYPE,
    p_quantity IN  estore.shopping_cart.quantity%TYPE);
  PROCEDURE create_order(
    p_cust_id IN  estore.customer.cust_id%TYPE,
    o_order_id OUT estore.orders.order_id%TYPE,
    o_amount   OUT estore.orders.amount%TYPE);
  PROCEDURE charge_customer(
    p_cust_id IN  estore.customer.cust_id%TYPE,
    p_amount  IN  estore.customer.account%TYPE );
  PROCEDURE complete_order(
    p_order_id OUT estore.orders.order_id%TYPE);
  FUNCTION get_shopping_list
    RETURN pkg_order.cart_ref_type;
END
/
```

5.7.3　程序包主体，容纳全部实现细节

程序包主体包含存储过程和函数的所有实现。

下面所示的代码是 pkg_order 的程序包主体，实现了订单处理的存储过程和函数。而这些例程的接口都是在上一节中的程序包 pkg_order 中声明的。

程序的逻辑简要描述如下：

- 存储过程 add_item_to_cart 将商品添加到购物车中。它首先检查购物车表中是否已经有这种商品，如果有，只需要累加它的数量，否则插入一条新的记录。
- 存储过程 create_order 在数据库中创建订单。它首先计算购物车中的商品总价值，然后在订单表 order 中创建一个新的订单记录，并将订单中包含的商品及其数量添加到订单详细表 order_details。
- 存储过程 charge_customer 完成订单的支付。它首先检查客户账户余额是否足够，

如果不够，抛出异常，并进行额外的处理（如选择其他的支付方式）。否则，直接从用户账户中扣除订单相应的总额。

- 存储过程 complete_order 完成订单，将订单标记为 COMPLTETE。
- 函数 get_shopping_list 用游标变量返回购物车中的商品列表。

```
--包主体的创建，包含存储过程和函数的实现
CREATE OR REPLACE PACKAGE BODY estore.pkg_order IS
  ----往购物车中添加商品
  PROCEDURE add_item_to_cart(
    p_pid      IN  estore.shopping_cart.product_id%TYPE,
    p_quantity IN  estore.shopping_cart.quantity%TYPE)
  IS
    v_prod_exists INTEGER;
  BEGIN
    SELECT count(*) INTO v_prod_exists
      FROM estore.shopping_cart WHERE product_id = p_pid;
    IF v_prod_exists=0 THEN          --如果商品在购物车中不存在，插入新记录
      INSERT INTO estore.shopping_cart VALUES(p_pid, p_quantity);
    ELSE                             --购物车中已有此商品，更新数量
        UPDATE estore.shopping_cart SET quantity = quantity + p_quantity;
    END IF;
  END;
  ---- 创建订单
  PROCEDURE create_order(
    p_cust_id IN estore.customer.cust_id%TYPE,
    o_order_id OUT estore.orders.order_id%TYPE,
    o_amount   OUT estore.orders.amount%TYPE)
  IS
    v_price estore.product.price%TYPE;
    v_order estore.orders%ROWTYPE;
    CURSOR c_shopping_list IS    --声明游标
      SELECT product_id, quantity FROM estore.shopping_cart;
  BEGIN
    --计算订单的总额
    SELECT sum(p.price * s.quantity)
      INTO o_amount
      FROM estore.shopping_cart s, estore.product p
      WHERE s.product_id = p.product_id;

    --插入新的订单,并返回订单ID
    INSERT INTO estore.orders
      VALUES(estore.seq_order_id.NEXTVAL, p_cust_id,
            o_amount, SYSDATE, 'PROCESSING')
      RETURNING order_id INTO o_order_id;
  --添加订单的详细信息，并更新库存
  FOR r_shopping IN c_shopping_list LOOP
    INSERT INTO estore.order_details
      VALUES (o_order_id, r_shopping.product_id, r_shopping.quantity);
    UPDATE estore.product SET inventory = inventory - r_shopping.quantity
      WHERE product_id = r_shopping.product_id;
  END LOOP;
END create_order;
```

```
----支付订单
PROCEDURE charge_customer
(p_cust_id IN estore.customer.cust_id%TYPE,
 p_amount  IN   estore.customer.account%TYPE )
IS
 v_account estore.customer.account%TYPE ;
 e_TooMuchCharge EXCEPTION;
BEGIN
 --查询客户的余额
 SELECT account INTO v_account
   FROM estore.customer
   WHERE cust_id = p_cust_id;
 --检查客户是否有足够的余额
 IF v_account < p_amount THEN
   RAISE e_TooMuchCharge;
 END IF;
 --从客户账户上扣除订单额度
 UPDATE estore.customer SET account = account - p_amount
   WHERE cust_id = p_cust_id;

EXCEPTION
   WHEN e_TooMuchCharge  THEN
     DBMS_OUTPUT.PUT_LINE ('Charged amount exceeds customer''s account.');
END charge_customer;
---- 完成订单
PROCEDURE complete_order(
  p_order_id IN estore.orders.order_id%TYPE)
IS
BEGIN
   --更新订单的状态为 COMPLETE
   UPDATE estore.orders SET STATUS = 'COMPLETE'
    WHERE order_id = p_order_id;
END complete_order;
----获取购物车中所有商品
FUNCTION get_shopping_list
 RETURN pkg_order.cart_ref_type
IS
   rc_shopping pkg_order.cart_ref_type;
BEGIN
   OPEN  rc_shopping FOR select * from estore.shopping_cart;
   return rc_shopping;
 END get_shopping_list;
END;
/
```

这样，就完成了整个程序包的编程。有了这些实现，其他的程序或者客户端才可以引用这些存储过程和函数实现业务逻辑。

5.7.4 程序包的权限管理和引用

虽说程序包中的对象是对外接口，但是要想引用程序包中的对象，还必须拥有该程序包的 EXECUTE 权限。程序包的创建者自动地拥有该包的 EXECUTE 权限。而其他用户则必须让管理员或者程序包的拥有者通过 GRANT 语句授予 EXECUTE 权限。

程序包是作为一个整体进行权限管理的。我们不能对程序包中的单个对象授予 EXECUTE 特权，只能对整个程序包授予或取消 EXECUTE 特权。

如下语句将程序包 estore.pkg_order 的 EXECUTE 权限授予用户 zurbie。

```
GRANT EXECUTE ON MODULE estore.pkg_order TO zurbie ;
```

可以看出，在 DB2 中，程序包的授予权限使用的关键字有点奇怪，用的是 "module" 而不是 "package"。这从另一个侧面说明在 DB2 中 PL/SQL 的程序包和 SQL PL 的模块是同一个概念。

当拥有程序包的 EXECUTE 权限后，ZURBIE 就能够引用程序包 estore.pkg_order 中的类型、存储过程和函数了。而程序包中对象的完整名字由点表示法隔开的三部分组成：模式名.程序包名.对象名，例如，estore.pkg_order.create_order。

在模块内部引用对象时，只使用对象名就可以了。在模块外部则需要通过使用三部分或后两部分组成的名字来应用对象。

调用 pkg_order 中存储过程和函数完成整个订单处理流程的程序如下例所示。首先，调用存储过程 pkg_order.add_item_to_cart 将商品添加到购物车；然后 pkg_order.create_order 在数据库中创建订单，并调用 pkg_order.charge_customer 完成订单的支付；最后调用 pkg_order.complete_order 将订单标记为完成。

```
DECLARE
  v_order_id        estore.orders.order_id%TYPE;
  v_order_amount  estore.orders.amount%TYPE;
  v_cust_id         estore.customer.cust_id%TYPE;
BEGIN
  v_cust_id := 3;
  estore.pkg_order.add_item_to_cart(201, 6); --调用程序包中的存储过程
  estore.pkg_order.add_item_to_cart(305, 2);
  estore.pkg_order.create_order(v_cust_id, v_order_id, v_order_amount);
  estore.pkg_order.charge_customer(v_cust_id, v_order_amount);
  estore.pkg_order.complete_order(v_order_id);
END
```

5.7.5　全面支持 Oracle 的内置程序包

除了程序包机制，DB2 也支持 Oracle 的一些内置程序包。如我们在前面的示例中多次用到的 DBMS_OUTPUT，以及可以处理动态 SQL 的 DBMS_SQL。

DB2 支持的内置程序包如下。

● DBMS_OUTPUT：提供基本输出功能，可以通过命令行开关。

- DBMS_ALERT：该程序包使用时允许不同的会话之间彼此发信号。
- DBMS_PIPE：该模块允许会话彼此发送数据。
- DBMS_JOB：提供与 DB2 的任务调度器集成的可兼容 API。
- DBMS_LOB：Oracle API，用于 LOB 处理。
- DBMS_SQL：提供了用于执行动态 SQL 的 SQL API。
- DBMS_UTILITY：应用程序中使用的各种工具的集合。
- UTL_FILE：允许处理 DB2 服务器上的文件的模块。
- UTL_MAIL：该模块允许从 SQL 发送电子邮件通知。
- UTL_SMTP：低级别的 API，类似于提供 SMTP 集成的 UTL_MAIL。

我们可以很从容地在 DB2 的 PL/SQL 程序开发中使用这些内置程序包，就像在 Oracle 使用这些程序包一样。最后，值得一提的是，在 DB2 的官方文档中，这些内置程序包被称为系统已定义模块。也就是说，在 DB2 中，程序包与模块本质上是一样的。

5.8　精彩絮言：候鸟小谈

2010 年 12 月 5 日　　　笔记整理　　　　　　　　　　　　　　　　地点：珠海

当下已进十二月，北方千里冰封、草木凋零，华南仍旧绿草如茵，温暖舒适。这也衍生出一个群体——"候鸟族"。夏季炎热，他们北上避暑；冬季严寒，他们南下寻暖。而珠海，正是"候鸟"们理想的过冬之地。我还要在珠海呆一段时间，自然就是"短期候鸟"了，想起来就心清气爽。

一大早我赶赴网络售票系统项目组所在地做一次技术服务。到了现场，项目负责人开门见山地说："我们的救星终于来了，本以为您昨天会来我们这边指导，结果还是被他们抢先了。"我还没来得及说什么，他已经在桌子上摊开项目进度表，几个大红叉映入眼帘。原来是项目进度已经比计划晚了三周。"项目计划延后三周的主要原因是项目组成员以前都是在 Oracle 平台上作开发的，基本上没有 DB2 应用开发经验，大家花了三周时间去突击 DB2。但是即使大家已经倾其全力，对于 DB2 依然觉得很吃力。现状让我十分焦虑，我担心项目会无限期拖延。"

他的助手补充道："我在网上看到，PL/SQL 是 Oracle 的东西啊，DB2 不可能支持 PL/SQL 呀，那我们的 PL/SQL 经验在这个项目中还有什么用途呢？看来我们走错了方向。"

看来"家燕"们严重缺乏信心啊，我这只"候鸟"掷地有声地说到："你们的情况我曾经遇到过许多次，其实大家多虑了。我昨晚了解了一下你们团队的情况，咱们这个团队虽然缺乏 DB2 开发经验,但是有非常丰富的 Oracle 开发经验,在 PL/SQL 方面有过硬的技能。DB2 V9.7 及之后的版本都支持 Oracle 兼容特性,这个特性为习惯使用 PL/SQL 的 Oracle 开发者在 DB2 平台上做开发带来了福音。需要强调的是,DB2 并不是 100%完全兼容的,有一些部分需要手工修改,对于这些不兼容的地方,我会给你们一些文档,里面详细列出了我所发现的不兼容的问题及解决办法。这些文档都是我在电信、金融等行业提供咨询时总结出来的,对你们应该会有非常强的指导意义。"

"这下子我们有救了,有这些文档,就可以顺利实施了。"项目负责人兴奋地说道。

我摇摇头:"光看文档还是不够的,必须要实际演练一下。不如现在用电脑现场演示,我亲自示范如何创建兼容 Oracle 的 DB2 数据库,怎样在 DB2 上开发 PL/SQL 存储过程。大家通过练习,必能掌握,这样才能顺利开发。"在给大家讲述的时候,我还重点讲授了他们感兴趣的关键点,并和他们就如何在项目中应用进行了深入讨论。现场讨论结束后,众人如释重负,项目负责人也面带微笑,对开发团队所取得的进展感到满意。这时小芸打电话来说,准备在下月初逛一逛这里的美食节。凭我对小芸的了解,她应该对美食没这么强烈的兴趣,看来她想吃的不仅仅是美味的生蚝。

5.9 小结

DB2 对 Oracle PL/SQL 的支持,给 Oracle 转到 DB2 的项目带来惊人的变化,为 Oracle 开发者转身到 DB2 提供了非常大的便利。本章从数据类型的兼容说起,讲述了 PL/SQL 中的类型系统和数据组织,并倡导一种在程序中用类型精确操控数据的思想。在此基础上,我们以一种循序渐进的方式讲解了 PL/SQL 的编程技术,从基本 PL/SQL 语句开始,到流程控制、游标和游标变量等。之后,讲述了如何创建存储过程、用户自定义函数和触发器。最后,介绍了 PL/SQL 编程必不可少的程序包开发。

经过本章的学习,相信读者可以得心应手地使用 PL/SQL 开发 DB2 服务器端应用了。

第6章
Java 存储过程

随着 Java 的成功及互联网的发展，无数的应用系统基于 Java 和数据库这两种核心技术而构建。很多人认为，懂 Java，懂 SQL，是开发人员需要练就的两大本领。事实上，除此以外，Java 存储过程更是需要练就的重要本领。

大家知道，访问数据库的 Java API 有两种：JDBC 和 SQLJ。这两种 API 对 Java 存储过程的开发都提供了良好支持。那么哪种 API 更适合你开发 Java 存储过程呢？

开发 Java 存储过程，难的不是 Java 程序的编码，而是存储过程的开发和部署流程。本章将深入浅出地讲清楚这个问题。

另外，生动而丰富的应用场景和开发案例，将让你轻松而愉快地享受开发 Java 存储过程的乐趣！

6.1 DB2 中 Java 存储过程

6.1.1 左手 Java，右手 SQL

谈到 Java 编程，首先要向 Java 之父 James Gosling 致敬，这位先后在 IBM、SUN、Oracle、Google 工作过的语言大师曾经说过："我从来没有想到 Java 技术会这么火！"如今，Java 已成为世界上最流行、最成功的编程语言之一，Java 的简单和面向对象技术特性极大地提高了开发效率，缩短了应用系统的开发时间。而可移植性使得 Java 应用系统可以方便地进行跨平台部署和迁移，避免了应用系统的二次开发费用。

随着 Java 的成功及互联网的发展，无数的应用系统基于 Java 和数据库这两种核心技术而构建。一些 Java 开源框架如 Spring、Struts、Hibernate 等的出现，也极大地提高了开发效率，促成了基于 Java 的数据库应用的流行。而在这些应用系统的开发中，JDBC 和 SQL 是必不可少的技术。懂 Java，懂 SQL，成为项目开发人员需要练就的本领。可以这样说，一大批程序员"左手 Java，右手 SQL"，漫步于 IT 世界。

"JDBC 和 SQL 就可以搞定一切。存储过程？我不需要！"

这是很多程序员真实的心理写照，不过这种想法是有失偏颇的。毫无疑问，JDBC 和 SQL 基本上能完成所有的数据库操作功能。但是，对于一名高水平的开发人员，仅考虑程序的功能是远远不够的！应用系统的性能、安全控制、可扩展性及后期维护都是必须要考虑的问题，存储过程正是解决这些问题的灵丹妙药。

我们再来回顾一下存储过程都带来了什么好处。

- 性能：使用存储过程可以大大减少客户端与数据库服务器之间的数据交换，从而降低了网络流量，提高了应用系统的整体性能。
- 安全性：安全控制在数据库应用系统中显得日益重要，而使用存储过程能提供更好的数据库访问安全控制。
- 模块化：应用系统越来越复杂，使用存储过程可以很方便地将数据库操作和业务逻辑分离。让数据库开发人员负责数据库端的开发，用存储过程来封装数据库的操作；而应用开发人员只需要关注业务逻辑的实现就可以了。这样做不仅能提高开发效率，而且使得开发的应用系统有更好的可扩展性。
- 维护：使用存储过程的应用系统上线后，维护的成本相对很低，这是因为当数据库的表结构或者数据库的操作逻辑变化时，往往只需要修改相应的存储过程。

因此，我们接下来的主题是：懂 Java，懂 SQL，更要懂存储过程。

6.1.2　选择 JDBC 还是 SQLJ

在 DB2 中，访问数据库的 Java API 有两种：JDBC 和 SQLJ。那么在项目开发中，你是选择 JDBC，还是选择 SQLJ 作为开发语言呢？

首先来看 JDBC，JDBC 是 Java 应用程序访问数据库最常用的一种方法，为广大开发人员所熟悉。JDBC 提供了一个与数据库供应商无关的动态 SQL 接口，通过标准化的 Java 方法访问数据库。因此，JDBC 应用程序有很好的可移植性，这是当今跨平台应用系统必需的特征。

SQLJ 是 Java 应用程序访问数据库的另一种常用方法，其 API 在 SQL 1999 规范中定义。SQLJ 是在 Java 程序中嵌入静态 SQL 语句的一种编程方式，它基于 JDBC 实现，并补充了 JDBC 的功能。嵌入式的静态 SQL 语法简洁，而且使得 SQLJ 程序具有很好的安全访问控制能力。

> 提示　JDBC 和 SQLJ 并不是 IBM 所特有的，而是业界通用的编程接口。也就是说，可以使用 JDBC 和 SQLJ 开发 DB2 应用，也可以开发 Oracle 应用。如果以后数据库供应商发生变化了，应用系统移植的工作量通常都比较小。

在 DB2 中，Java 应用程序的体系结构如图 6-1 所示。JDBC 驱动是连接和操作 DB2 的通用接口，SQLJ 应用程序和 JDBC 应用程序都是通过底层的 JDBC 访问数据库。SQLJ 基于 JDBC 实现，并扩展了 JDBC 的功能，所以 SQLJ 应用及其依赖的 SQLJ 运行时类最终通过 JDBC 驱动与 DB2 通信。用户不仅可以编写执行动态 SQL 的 JDBC 应用程序，也可以编写嵌入静态 SQL 的 SQLJ 应用程序。

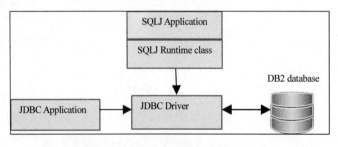

图 6-1　DB2 中的 SQLJ/JDBC 体系架构

开发 Java 存储过程时，可以使用任意一种 Java API。为方便读者选择，表 6-1 给出了这两种 Java API 的概述性比较。接下来的章节会进行更深入的讲解。

表 6-1　JDBC 和 SQLJ 比较

	JDBC	SQLJ
上手速度	JDBC 编程上手真的不难！懂 Java 和 JDBC 接口就可以开始编程	SQLJ 编程不仅需要了解 JDBC，还需要学会嵌入式 SQL 和 SQLJ 规范。另外，SQLJ 要求预处理步骤，这给一些开发人员带来困扰
程序简洁性	作为底层的 API，JDBC 编程逻辑则相对复杂，代码较长	SQLJ 编程非常直观简洁，直接将静态 SQL 语句嵌入 Java 代码中，逻辑清晰，代码量相对较小
性能	JDBC 使用的动态 SQL，执行时需要编译 SQL，对于重复执行的 SQL，可能会带来较大的开销	SQLJ 支持静态 SQL，在执行前这些 SQL 语句已经被编译成执行计划，存储在 DB2 编目表（Catalog）中，比起 JDBC 所支持的动态 SQL，执行速度更快，性能更优
安全性	对于 JDBC 程序，执行者需要获取 JDBC 程序中动态 SQL 所操作的数据表或视图上相应操作的权限	SQLJ 程序中的静态 SQL 被编译成程序包（package）之后，执行者需要具有对该程序包的 EXECUTE 权限，这为数据访问提供更好的安全控制
SQL 语义与类型检查	JDBC 程序在编译时不会对 SQL 进行语义检查，只有在运行时才能对错误的 SQL 抛出异常	SQLJ 程序在预编译时进行 SQL 语义和类型检查，避免了异常的运行时错误
开发工具支持	JDBC 在各种开发工具中都得到了很好的支持	一些 IDE 和 Java 框架如 Hibernate 不支持 SQLJ，这导致许多开发人员选择使用 JDBC

从表 6-1 可以看出，JDBC 和 SQLJ 编程各有千秋，JDBC 入门更快，编程接口更容易掌握和理解，开发工具对 JDBC 的支持也比较好。而 SQLJ 程序在逻辑简洁性、性能和安全控制等方面都表现出更好的优势。

6.1.3　Java 开发环境，不要设置错

在正式开始 Java 存储过程开发之前，需要设置（或检查）正确的 Java 编程环境，也就是正确地设置环境变量 JAVA_HOME、PATH 和 CLASSPATH，正确地设置 DB2 数据库管理器参数 JDK_PATH 和 JDBC 驱动。这是后面所有工作的前提。

我们以 Linux 64 位平台为例，来讲述一下如何设置 Java 开发环境。DB2 本身携带一个 JDK，该 JDK 为<DB2_DIR>/sqllib/java/jdk6，其中<DB2_DIR>为 DB2 的安装路径。可以使用与 DB2 的 Java 版本兼容的任何 JDK 作为开发环境，最方便的当然是将 DB2 的 JDK 设置为 Java 的开发环境，即将 JAVA_HOME 设置为<DB2_DIR>/sqllib/java/jdk6。PATH 应包含$JAVA_HOME/bin 和<DB2_DIR>/sqllib/lib；CLASSPATH 应包含如下所列的文件或路径：

```
<DB2_DIR>/sqllib/java/db2java.zip
<DB2_DIR>/sqllib/java/db2jcc.jar
<DB2_DIR>/sqllib/java/db2jcc_license_cu.jar
<DB2_DIR>/sqllib/java/sqlj.zip
```

```
<DB2_DIR>/sqllib/java/runtime.zip
<DB2_DIR>/sqllib/java/jdk64/lib
<DB2_DIR>/sqllib/lib
<DB2_DIR>/sqllib/function
```

这里面包含 Java 开发和运行所需要的包，包括 JDBC 驱动和 SQLJ 编程接口的 JAR 包。

> **提示**
>
> 　　在 DB2 中，通用 JDBC 驱动程序由 db2jcc.jar 提供，一般也称为 JCC 驱动。而 db2jcc_license_cu.jar 是 JCC 驱动的许可证 JAR 文件。JDBC 驱动 db2jcc.jar 和 sqlj.zip 支持的是 JDBC 3.0 和早期版本。如果需要使用 JDBC 4.0 的功能，请使用 db2jcc4.jar 和 sqlj4.zip。

DB2 数据库管理器参数 JDK_PATH 应该指向 <DB2_DIR>/sqllib/java/jdk64。可以用 DB2 GET DBM CFG 和 DB2 UPDATE DBM CFG 查看和修改该参数的值。如下所示：

```
$db2 get dbm cfg | grep JDK_PATH
Java Development Kit installation path (JDK_PATH) = /home/db2admin/sqllib/
java/jdk64
```

6.1.4　应用开发场景一瞥：某大型电子商务系统

接下来的 Java 存储过程示例程序，将建立在某电子商务应用系统（命名为 ESTORE）中。它涉及的表包含客户表、商品表、订单表和购物车表等，我们的示例 Java 存储过程会完成诸如用户注册、商品管理、订单处理、订单支付等功能。

有人会说，"这与上一章的应用场景是一样的啊？"。你可要注意，这里创建表的脚本是在 Oracle 非兼容模式下的，并且存储过程是基于 Java 开发的。通过比较，大家可以很容易地体会 Oracle 兼容模式和非兼容模式数据库编程的区别，以及 PL/SQL 存储过程和 Java 存储过程的区别。

我们将 ESTORE 中涉及的表进行简化，通过下面所示的 DDL 脚本来创建表，并填充一些样本数据。这些表的说明如下。

- 客户表：包含客户 ID、姓名、电话、账户余额、消费总额、注册时间和等级。
- 商品表：包含商品 ID、类别、商品名称、价格和库存。
- 订单表：包含订单 ID、客户 ID、订单总额、创建时间和订单状态。
- 订单详情表：包括订单 ID、商品 ID 和商品数量，用于记录每个订单中的商品数量。
- 购物车表：包含商品 ID 和数量，它是一个全局临时表，记录用户在 ESTORE 系统中选择想要购买的商品和数量。

--客户表
```
CREATE TABLE estore.customer(
```

```
        cust_id INT NOT NULL PRIMARY KEY,  --对应 Oracle 兼容模式下的 NUMBER 类型
        first_name VARCHAR(30) NOT NULL,
        last_name VARCHAR(40) NOT NULL,
        phone_no char(14) NOT NULL,  account double NOT NULL,
        total_consume double NOT NULL,
        register_time TIMESTAMP(0) DEFAULT SYSDATE NOT NULL,
        level int default 0
        );

INSERT INTO estore.customer VALUES
    (1, 'Mike',   'Smith',   '534-234-2323',
        1024.56, 3420.78, '2009-09-20-09.10.28', 2),
    (2, 'John',   'Geyer',   '585-245-1212',
        234.00, 5874.00, '2010-05-28-15.48.25', 2),
    (3, 'Colin',  'Willian', '234-321-2341',
        2389.71, 9024.98, '2008-07-30-18.16.39', 3),
    (4, 'James', 'Stern',   '416-683-1092',
        128.32,  521.49, '2011-02-12-10.12.20', 1),
  (5, 'Eileen' ,'Peter',  '904-643-1432',
        876.65, 12078.00, '2008-01-30-18.10.36', 3);
--商品表
CREATE TABLE estore.product(
        product_id integer NOT NULL PRIMARY KEY,
        category VARCHAR(30) NOT NULL,
        product_name VARCHAR(30) NOT NULL,
        price double NOT NULL,
        inventory integer default 0 NOT NULL);

INSERT INTO estore.product(product_id, category, product_name, price, inventory)
    VALUES
        (101, 'Electronics', 'IPad',            599.00, 1800),
        (102, 'Electronics', 'ThinkPad',       1299.00, 2000),
        (201, 'Flowers', 'Rose',                  5.99,  500),
        (203, 'Flowers', 'Tulip',                 3.99,  300),
        (305, 'Book',    'DB2 Pragramming',      45.00, 4000),
        (306, 'Book',    'Oracle Programming',   38.00, 10000),
        (307, 'Book',    'Unix Manuals',         68.00, 15000);
--order_id 序列定义
CREATE SEQUENCE estore.seq_order_id
    START WITH 1 INCREMENT BY 1
    NO MAXVALUE NO CYCLE NO CACHE;
--订单表
CREATE TABLE estore.orders(
        order_id  integer NOT NULL PRIMARY KEY,
        customer_id integer NOT NULL REFERENCES estore.customer(cust_id),
        amount  double,
        at_time TIMESTAMP(0) default sysdate NOT NULL,
        status  char(10),
        CONSTRAINT check_order_status CHECK     --用约束将订单的状态限制为 3 种
            (status IN ('PROCESSING','DELIVERING', 'COMPLETE'))
        );
--订单详情表
CREATE TABLE estore.order_details(
        order_id  integer NOT NULL REFERENCES estore.orders(order_id),
```

```
        product_id integer NOT NULL REFERENCES estore.product(product_id),
        quantity integer
        );

--如果没有创建临时表空间，在创建全局临时表会报 SQL0286N 的错误。
CREATE USER TEMPORARY TABLESPACE usertemp;
--购物车表，全局临时表，不同会话之间数据不可见，也就是每个用户只能看到自己的数据
CREATE GLOBAL TEMPORARY TABLE estore.shopping_cart (
        product_id integer,
        quantity   integer
) ON COMMIT PRESERVE ROWS;   --临时表的数据一直保留到会话结束
```

上面的 SQL 脚本有几点需要注意的地方：

- 请注意上面定义列的 INT 和 double 类型，并与第 5 章的 Oracle 兼容模式下的 NUMBER 类型进行比较。

- 创建全局临时表之前，需要定义用户临时表空间，否则 DB2 会报 SQL0286N 错误，说找不到表空间。这个问题，很多用户都遇到过。

- ON COMMIT PERSERVE ROWS 表示全局临时表的数据行在整个会话（或叫连接）期间存在，并且不同用户只能看到或修改自己的数据。

6.2 细说 JDBC 存储过程

恐怕有人等不及了，终于开始讲 JDBC 存储过程编程了！JDBC 是 Java 平台下开发数据库应用程序最基本、最常用的编程接口。DB2 提供了对 JDBC 存储过程的全面支持。在 DB2 环境中，不仅可以使用普通的 Java 类实现 Java 存储过程，也可以通过继承 IBM 提供的特有接口 COM.ibm.db2.app.StoredProc 来实现 Java 存储过程。

6.2.1 开发 JDBC 存储过程的从容五步曲

开发 Java 存储过程最烦的是什么？搞了半天，Java 程序编译完了，创建存储过程的 DDL 也运行成功了，用 CALL 语句调用 Java 存储过程却报各种各样的错误，说 Java 存储过程不能装入 Java 类，或者 Java 存储过程找不到 Java 方法等，而且这种问题来回反复，简直让人崩溃。你是否也曾经历这样的困扰：

- DB2 的 Java 存储过程与 Java 方法如何对应？
- 编译好的 Java 类（class）文件该怎么管理，放在什么路径下面？
- 我准确无误地将 Java 类文件安装到 DB2 的 sqllib/function 目录下，为什么还说找不到 Java 类？

万事开头难，我相信 Java 程序的编码难不倒你，但 Java 存储过程的开发和部署过程一定会折腾你一番！其实这个过程并不太难，只要你步步为营，一切都很简单啊！

JDBC 存储过程的整个开发流程如图 6-2 所示，分为 5 个步骤：

（1）编写 Java 代码实现存储过程的功能。

（2）用 javac 编译 Java 源代码，生成 Java 类文件。

（3）用打包工具将编译得到 Java 类文件和其他相关的 Java 类文件打成 JAR 包。

（4）将 JAR 包安装到 DB2 服务器中。

（5）用 CREATE PROCEDURE 语句在 DB2 中创建存储过程。

注意，在学习和实践 Java 存储过程开发时，对于第（3）步和第（4）步，我们可能不使用 JAR 包，而是直接将 Java 类文件复制到 DB2 的 sqllib/function 目录下，简化这个流程。但是在实际项目的开发中，强烈建议使用 JAR 包。

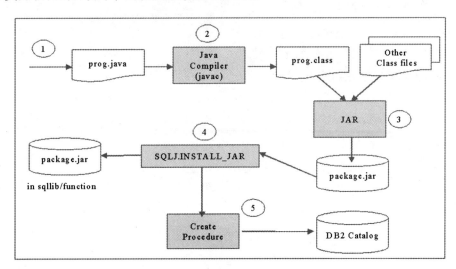

图 6-2　JDBC 存储过程的开发流程

接下来通过一个简单而完整的例子来阐述 JDBC Java 存储过程开发的来龙去脉，通过示例来详细地讲解这些步骤。

第一步：编写实现存储过程的 Java 代码。

编写基于 JDBC 的 Java 源代码，就是根据存储过程的功能设计，用 JDBC 实现数据库操作的 Java 程序。

如下所示的 Customer.java 代码根据客户的 ID 值获取当前账户的余额。编写 Java 代码需要考虑的技术细节，将在下一节详细阐述。

```
package com.estore;        // 用到了 Java package
import java.sql.*;          // JDBC core classes

public class Customer {
public static void getAccount(               //public static 方法对应 Java 存储过程
    int cust_id,                              //输入参数
    double[] acc) throws SQLException{        //输出参数需要用数组来实现
  try {
    Connection con =
      DriverManager.getConnection("jdbc:default:connection"); //获取默认连接
    String qry = "SELECT account FROM estore.customer where cust_id = ?";
    PreparedStatement pstmt = con.prepareStatement(qry);
    //语句与结果集的处理
    pstmt.setInt(1,cust_id);
    ResultSet rs = pstmt.executeQuery();
    if(rs.next()){
        acc[0] = rs.getDouble(1);
    }
    if(rs != null ) rs.close();
    if(pstmt != null) pstmt.close();
    if(con != null) con.close();
  }catch (SQLException e) {
    //... log the error     //这里可以对错误做一些处理，比如记录错误日志
    throw new SQLException
      (e.getErrorCode() + " : Get customer account failed!");
  }
} // end getAccount method
}//end of Customer class
```

注意，Customer.java 源代码是含有包结构的，此文件应该位于子目录 com/estore 下，如在当前实验的 Linux 机器上，它位于/home/db2admin/java_ch6/jdbc/com/estore 下。

```
/home/db2admin/java_ch6/jdbc/com/estore-> ls
Customer.java
```

第二步：编译 Java 源文件。

如下所示，这一步 Java 程序员应该非常熟悉，就是使用 javac 编译 Java 源文件，生成 Java 类文件。一般我们在实际项目开发的过程中使用图形化的开发工具，如 Data Studio，不需要在控制台用 javac 命令来编译 Java 代码。但是了解和掌握这样的过程是非常必要的。

```
/home/db2admin/java_ch6/jdbc/com/estore-> javac Customer.java

/home/db2admin/java_ch6/jdbc/com/estore-> ls
Customer.class    Customer.java
```

在本例中，我们这个 Java 包只有 Customer.class 这一个类。而实际使用中，可能有很多的 Java 包，每个 Java 包下有很多的 Java 类，我们将这些所有的 Java 类文件打成一个 JAR 包。这样，管理起来将非常方便。

第三步：创建 JAR 包。

使用 Java 打包工具将编译得到的 Java 类文件和其他相关的一些 Java 类文件打成一个 JAR 包。使用 jar 命令创建 Customer.jar 包的过程如下所示：

```
/home/db2admin/java_ch6/jdbc/com/estore->cd ../..
/home/db2admin/java_ch6/jdbc-> jar cvf Customer.jar com/estore/Customer.class
added manifest
adding: com/estore/Customer.class(in = 1336) (out = 802)(deflated 39%)
```

注意，如上所示，使用 jar 命令打包时，所在的目录应为工程的顶级目录，如例中的 /home/db2admin/java_ch6/jdbc/，而不是 Java 类文件所在的子目录/home/db2admin/java_ch6/ jdbc/com/estore 下。

第四步：将 JAR 包安装到 DB2 中。

这一步有很多种选择方式，但关键是需要将 JAR 安装到正确的位置。安装 JAR 包有两种方式：

● 最简单的方式是直接将 JAR 包复制到 sqllib/function 目录下。

● 使用 SQLJ.INSALL_JAR 存储过程来安装 JAR 包，并将安装的 JAR 包映射成 DB2 中的一个名字（如下例中的 ESTORE.CUST）。这个名字可以用于后面的使用和管理，如在这个 JAR 包上创建存储过程，用 SQLJ 存储过程更新和删除这个 JAR 包等，相关内容请参考 6.3.7 节。本书中的示例都是使用这种方式来安装 JAR 包的。

在 Linux 下使用 SQLJ 存储过程安装 JAR 包的示例如下所示：

```
/home/db2admin/java_ch6/jdbc-> db2 "CALL sqlj.install_jar ('file:/home/db2admin/
java_ch6/jdbc/Customer.jar','ESTORE.CUST')";
DB20000I  The CALL command completed successfully。
```

而在 Windows 下的文件路径写法稍有差别，具体的命令如下所示：

```
C:\estore\java_ch6\jdbc>db2 "CALL sqlj.install_jar('file:C:\estore\java_ch6\
jdbc\Customer.jar', 'ESTORE.CUST')";
DB20000I  CALL 命令成功完成。
```

从上面的例子可以看到，通过 DB2 的 SQLJ 存储过程对 JAR 包进行管理非常方便，而且这种管理是透明的，不需要知道这些 JAR 包的具体路径。

使用直接复制 JAR 这种方式，必须清楚 JAR 文件的目标位置。一般地，在 Linux 平台下，这个目标目录为<DB2_DIR>/sqllib/function，如 /home/db2admin/sqllib/function；在 Windows 平台下，该目录为<DB2_DIR>/SQLLIB/FUNCTION，如 C:\Program Files\IBM\ SQLLIB\FUNCTION。需要注意的是，如果设置了 DB2 实例级别的注册变量 DB2INSTPROF，则应该将 Java 类文件复制到注册变量对应目录的 function 子目录下。例如，下面的 db2set 命令看到的是我的 Windows 实验环境中该变量的设置：

```
C:\estore\java_ch6\jdbc>db2set DB2INSTPROF
```

```
C:\DOCUMENTS AND SETTINGS\ALL USERS\APPLICATION DATA\IBM\DB2\DB2COPY1
```

> **提示**　　在 Java 存储过程的开发中，创建并使用 JAR 包是一种良好的开发习惯，并建议使用 SQLJ.INSTALL_JAR 存储过程来安装和管理 JAR 包。

对于第三步和第四步，一种最简单的替代方法是直接复制 Java 类文件到 DB2 的 function 目录。这种方式在编程学习和实验时是非常实用的。如果在 Java 源文件中没有使用 Java 包，直接将 Java 类文件复制到 function 目录即可。在使用 Java 包的情况下，需要在 function 目录下创建相同的目录结构，然后再复制文件。比如，在这个示例程序中，我们使用的 Java 包为 com.estore，因此需要在 *<DB2_DIR>*/sqllib/function 目录下创建 com/estore 的目录结构，然后将 Customer.class 复制到该子目录下：

```
/home/db2admin/java_ch6/jdbc/com/estore-> mkdir -p /home/db2admin/sqllib/
function/com/estore
/home/db2admin/java_ch6/jdbc/com/estore-> cp Customer.class /home/db2admin/
sqllib/function/com/estore
```

直接复制 Java 类这种方法虽然简单，但是在实际项目的部署过程中，可能有无数的 Java 类文件，直接复制会导致 function 目录杂乱无章，而且容易产生文件冲突，所以创建并使用 JAR 包是一种良好的开发习惯。

> **提示**　　请将 Java 类文件复制到正确的位置，并创建与 Java 包结构相同的子目录结构，否则在调用存储过程时会报错误 SQL4304N，说找不到相应的 Java 类。

第五步：创建 Java 存储过程。

终于，到了创建 Java 存储过程这一步，这一步的关键是正确地将存储过程对应到 Java 方法，包括参数的匹配。创建示例 Java 存储过程的 DDL 语句如下所示，在 DB2 中执行这条语句，将使用 JDBC 实现的 Java 存储过程注册到 DB2 中。

```
CREATE PROCEDURE ESTORE.GetCustomerAcc(IN cust_id INTEGER,
                    OUT account DOUBLE)
SPECIFIC ESTORE.GetCustomerAcc
DYNAMIC RESULT SETS 0
NOT DETERMINISTIC
LANGUAGE JAVA
PARAMETER STYLE JAVA
FENCED
THREADSAFE
EXTERNAL NAME 'ESTORE.CUST:com.estore.Customer.getAccount';
```

上面的 DDL 语句创建了 Java 存储过程 estore.GetCustomerAcc，带有一个 INT 类型输入和一个 double 类型的输出参数，对应的 Java 方法为 Customer.getAccount。

在这一步中，需要弄清楚 Java 存储过程的一些主要参数的含义。

- SPECIFIC：存储过程在 DB2 编目表中的唯一标识，如果用户不指定，系统将自动生成一个唯一编号。一般地，指定其为存储过程名。
- DYNAMIC RESULT SETS：指定动态返回 ResultSet 的个数，取非零值时，要求 Java 方法声明中有对应的 ResultSet[]类型的输出变量。
- LANGUAGE：指定编写存储过程的语言。对于 Java 存储过程，当然为 Java。
- PARAMETER STYLE：指定参数风格，对于 Java 存储过程，可以取 PARAMETER STYLE JAVA 或 PARAMETER STYLE DB2GENERAL。参数风格为 Java 时，存储过程对应普通 Java 类的公共静态(public static)方法；而参数风格为 DB2GENERAL 时，实现存储过程的 Java 类需要继承 COM.ibm.db2.app.StoredProc 和 COM.ibm.db2.app.UDF 接口，而存储过程对应公共 Java 方法。在 Java 的输出参数形式上，也有很多的区别，请参考 6.2.4 节和 6.2.6 节。
- FENCED/NOT FENCED：指定存储过程是否 FENCED，表示该存储过程是在 DB2 内核地址空间外还是在内核里执行。对于 Java 存储过程，只能为 FENCED。
- EXTERNAL NAME：指定存储过程执行时将调用的某个类的某个方法。对于 Java 存储过程，其格式如下：

```
[jar_id:] class_id.method_id
```

其中，只有在上面第四步使用 SQLJ.INSTALL_JAR 安装 JAR 文件的情况下需要使用 jar_id；而 class_id 包含 Java 包名和具体的类名，如上例中的 com.estore.Customer；类名和方法名的分隔符可以是 "."，也可以是 "!" 号。

提示	创建Java 存储过程DDL 的关键是指定存储过程对应的 Java 方法，包括 jar_id、包结构、类名和方法名都不能有丝毫的差错，而且这些名称都是大小写敏感的。如果有丝毫的不匹配，在调用存储过程时会报错误 SQL4304N，说找不到相应的 Java 类。

创建存储过程成功后，我们用 CALL 语句调用这个存储过程看是否运行成功。结果如下所示，我们得到了正确的结果。一切很简单嘛！

```
db2 "call ESTORE.GetCustomerAcc(1,?)"

输出参数的值
--------------------------
参数名：ACCOUNT
参数值：1024.56
返回状态 = 0
```

在输入完 CALL 语句这条命令, 敲回车键的那一刹那, 很多读者的心情估计很忐忑吧, 生怕又遇到不能装入 Java 类、找不到 Java 方法或者抛出异常导这样那样的错误。当然, 遇到错误是正常的, 不需要过分担心, 6.4 节将告诉我们如何进行错误处理和程序调试。

6.2.2   趁热打铁讲安全控制

"安全就是生命, 责任重于泰山"。在数据库应用中, 安全是个重要问题。上一节我们一步一个脚印地讲完了存储过程的开发流程, 现在趁热打铁, 讲讲 JDBC 存储过程的安全控制。

存储过程的安全控制实际上是两个问题:

● 给谁用? 如何做到让合适的用户有权限来执行这个存储过程?

● 谁不能用? 如何将非法用户拒之门外?

这两点就是安全控制的核心话题。经常听到不少人说自己系统的安全性非常重要, 然而大多数系统的安全策略一团糟。比如, 一种常见的错误做法是将表的读写权限和存储过程的执行权限赋给 public, 这样的结果是任何用户都能访问这些数据, 从而导致安全隐患。

> **提示**   DB2 与 Oracle 的用户管理有很大区别, Oracle 可以在数据库上任意创建用户, 而 DB2 数据库的用户必须是操作系统账号。

下面就以上一节的存储过程 ESTORE.GetCustomerAcc 为例, 来阐述 JDBC 存储过程的安全访问机制。

首先说明一点, 上一节中我们是以 db2admin 数据库管理员的身份部署和创建这个存储过程的, 因此, db2admin 作为创建者, 默认地具有调用存储过程的权限。

那么, 对于普通用户 (以用户 ZURBIE 为例), 他是否能调用这个 Java 存储过程呢? 请看下面使用 Zurbie 用户调用存储过程的示例:

```
connect to estore user zurbie using passw0rd

   数据库连接信息

数据库服务器         = DB2/LINUXX8664 9.7.3
SQL 授权标识         = ZURBIE
本地数据库别名       = ESTORE

call estore.GetCustomerAcc(1,?)
SQL0551N  "ZURBIE" 不具有对对象 "ESTORE.GETCUSTOMERACC" 执行操作 "EXECUTE"
的必需权限或特权。  SQLSTATE=42501
```

Zurbie 调用存储过程时遇到了 SQL0551N 的错误。也就是说, 默认情况下, 普通用户没有权限调用存储过程 ESTORE.GetCustomerAcc。

要让 ZURIBE 能调用此存储过程，必须赋予它执行权限。如下所示，用管理员连上数据库，并用 GRANT 语句赋予 ZURBIE 在此存储过程上的执行权限。然后 ZURBIE 就能调用存储过程了。

但是还是没有成功，DB2 返回的错误是 SQLCODE=-551。查一下 SQL0551N 错误消息就知道，ZURBIE 没有访问某些数据库对象的权限。这就得从 JDBC 存储过程的动态 SQL 语句分析了。简单地说，JDBC 中动态 SQL 的访问权限与调用这个存储过程的用户有关。在 ESTORE.GetCustomerAcc 的 Java 程序中，唯一的 SQL 语句是 Customer 表上的 SELECT。正如下面示例的最后一条语句所示，ZURBIE 并没有 Customer 表上的 SELECT 权限，所以导致调用存储过程失败。

```
connect to estore

   数据库连接信息

数据库服务器          = DB2/LINUXX8664 9.7.3
SQL 授权标识          = DB2ADMIN
本地数据库别名         = ESTORE


grant execute on procedure estore.getcustomeracc to zurbie
DB20000I  SQL 命令成功完成。

connect to estore user zurbie using passw0rd

   数据库连接信息

数据库服务器          = DB2/LINUXX8664 9.7.3
SQL 授权标识          = ZURBIE
本地数据库别名         = ESTORE

call estore.GetCustomerAcc(1,?)
SQL4302N  过程或用户定义的函数 "ESTORE.GETCUSTOMERACC"（特定名称
"GETCUSTOMERACC"）由于异常 "-551: Get customer account failed!" 而异常终止。
SQLSTATE=38501

select * from estore.customer
SQL0551N  "ZURBIE" 不具有对对象 "ESTORE.CUSTOMER" 执行操作 "SELECT"
的必需权限或特权。  SQLSTATE=42501
```

因此，要让这一切正常运行，还需要赋予 ZURBIE 在 Customer 表上的 SELECT 权限。如下所示：

```
connect to estore

   数据库连接信息

数据库服务器          = DB2/LINUXX8664 9.7.3
```

```
    SQL 授权标识          = DB2ADMIN
    本地数据库别名        = ESTORE

grant select on estore.customer to zurbie
DB20000I  SQL 命令成功完成。

connect to estore user zurbie using passw0rd

    数据库连接信息

    数据库服务器          = DB2/LINUXX8664 9.7.3
    SQL 授权标识          = ZURBIE
    本地数据库别名        = ESTORE

call estore.GetCustomerAcc(1,?)
    输出参数的值
    --------------------------
    参数名: ACCOUNT
    参数值: 1024.56
    返回状态 = 0
```

> **提示**　　由于 JDBC 的动态 SQL 机制，要想成功地执行 JDBC 存储过程，调用者不仅需要有该存储过程的 EXECUTE 权限，还必须获取 JDBC 程序中动态 SQL 所涉及的数据表或视图上相应操作的权限。

如此说来，JDBC 存储过程的安全控制并不如想象的那么容易，因为你必须了解 JDBC 存储过程的具体实现，了解它用到了哪些动态 SQL，操作了哪些数据库对象，才能进行相应的权限管理。

> **提示**　　在实际项目中，如果使用 JDBC 存储过程，一般都是通过数据库管理员（DBADM）来创建和调用 JDBC 存储过程的。

而后面讲到的 SQLJ 存储过程在权限控制上高明得多、灵活得多，这也是 SQLJ 开发 Java 存储过程的优势之一。

最后要说的一点是关于权限的收回。当某个用户不再需要存储过程的执行权限时，数据库管理员可以通过 REVOKE 语句收回某用户执行存储过程的权限。下面的 REVOKE 语句用于收回 ZURBIE 在 ESTORE.GetCustomerAcc 的执行权限。

```
revoke execute on procedure estore.getcustomeracc from ZURBIE restrict
```

接下来将深入到 JDBC 存储过程编程的具体技术细节中。

6.2.3　一个存储过程，一个 Java 方法

进入 Java 存储过程编程了，你是否已弄清楚以下几个问题：

- 一个存储过程对应一个 Java 类还是对应一个 Java 方法？
- Java 存储过程对应的 Java 类需要满足什么要求？是一般的 Java 类还是需要继承某个特别的接口？
- Java 存储过程对应的 Java 方法有什么特别的要求？
- 一个 Java 类中只能有一个 Java 方法用于实现存储过程吗？
- Java 包在存储过程中扮演怎样的角色？

带着这些问题，来看图 6-3。在 Java 编程的框架中，一个 Java 包下可以包含多个 Java 类，而一个 Java 类可以包含多个 Java 方法。单个的存储过程则对应于单个的 Java 方法，而多个存储过程可以对应同一个 Java 类下的多个方法。

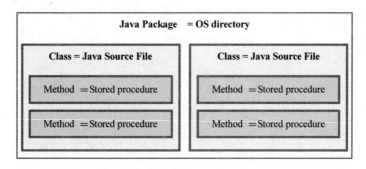

图 6-3　存储过程与 Java 对象的关系

那么 Java 类与方法有什么要求？你是否还记得 6.2.1 节创建存储过程的步骤中关于 Java 存储过程的参数风格的讨论？对于 PARAMETER STYLE JAVA 的存储过程，要求 Java 类是公共的，对应的 Java 方法是公共静态的。而对于 PARAMETER STYLE DB2GENERAL 的存储过程，要求 Java 类必须继承 COM.ibm.db2.app.StoredProc，存储过程则对应公共非静态的 Java 方法。

> **提示**　　参数风格为 Java 的存储过程，对应着一个公共静态 Java 方法，而且相应的 Java 类也必须是公共的。

6.2.4　输出型参数与返回结果集

对于 Java 存储过程，如何处理输出参数是很耐人寻味的技术问题。

不知你在学习 Java 语言编程时，是否对 Java 的参数传递有过深入的研究？比如有这样一个编程题目，写一个 Java 方法实现两个整数的除法，要求返回两个值：结果和余数。你如何去定义这个 Java 方法呢？

我们知道，Java 对于基本数据类型是通过传值来传递参数的，没有 C/C++中的指针那种处理方式。也就是说，基本类型作为参数传递时，是传递值的拷贝，无论你在 Java 方法内部怎么改变这个参数，原值是不会改变的。

那么，如何在 Java 函数中实现输出参数？当然我们可以用 Java 类来封装参数，但这样稍显复杂。用数组是一种更简单的方式，传入一个数组，然后将结果保存在数据的第一个元素中返回。DB2 中参数风格为 Java 的存储过程正是如此处理的。而对于参数风格为 DB2GENERAL 的 Java 存储过程，将在 6.2.5 节讨论输出参数传递。

在 Java 存储过程中，输出型（INOUT 和 OUT）参数将作为数组传递，以便于向调用者返回值。例如，存储过程 getAccount 的输出参数为 double 类型的单个值，但是在对应的 Java 方法中必须将输出参数声明为数组 double[] acc：

```
public static void getAccount(int cust_id, double[] acc)
```

通过引用数组的第一个元素来引用输出参数，对输出参数赋值，如 6.2.1 节例子中的 acc[0]。

如果需要从存储过程中返回动态结果集，则在对应的 Java 方法中的参数中也使用 ResultSet 数组来接收这个结果集。对于每一个返回的动态结果集，都需要有一个独立的数组来保存返回结果集。实现时，在 Java 方法中获取结果集后并不关闭这个结果集，而是把它保存在这个 ResultSet 数组中用于返回。

下例中的存储过程使用动态结果集返回某分类下的所有商品，如下所示：

```
public class Product {
public static void getProducts(            //公共静态方法
  String category, ResultSet[] outRs)      //动态结果集用数组返回
  throws SQLException{
  Connection con =
    DriverManager.getConnection("jdbc:default:connection");
  String query = "SELECT product_id, product_name, price, inventory " +
               " FROM estore.product WHERE category = ?";
  PreparedStatement stmt = con.prepareStatement(query);

  // set the value of the parameter marker (?)
  stmt.setString(1, category);
  // get the result set that will be returned to the client
  outRs[0] = stmt.executeQuery();          //将结果集赋值给数组的第一个元素，用于返回
  // to return a result set to the client, do not close ResultSet
  stmt.close();                            //作为 Result Set 返回时，不要关闭这个结果集
}
}
```

对于返回动态结果集的存储过程，在创建存储过程的 DDL 中，使用 DYNAMIC RESULT SETS 表明存储过程返回动态结果集的数目。如下所示：

```
CREATE procedure ESTORE.getProducts(
   In category varchar(30))
SPECIFIC ESTORE.getProducts
DYNAMIC RESULT SETS 1        --返回 1 个动态结果集
NOT DETERMINISTIC
LANGUAGE JAVA
PARAMETER STYLE JAVA
NO DBINFO
FENCED
THREADSAFE
EXTERNAL NAME 'ESTORE.ORDER:com.estore.Product.getProducts';
```

如果需要从存储过程中返回两个或者多个结果集，对每一个结果集都需要在 Java 方法的参数中使用一个独立 ResultSet 数组。如下所示的存储过程返回两个动态结果集，分别保存库存量大于某值和小于某值的商品。

```
public class Product {
public static void getInventory(int threshold, ResultSet[] outRs1,
 ResultSet[] outRs2) throws SQLException{  //两个返回动态结果集对应两个数组
 Connection con =
  DriverManager.getConnection("jdbc:default:connection");
 String qry_above = "SELECT product_id, product_name, inventory " +
                " FROM estore.product WHERE inventory > " + threshold;
 String qry_below = "SELECT product_id, product_name, inventory " +
                " FROM estore.product WHERE inventory <= " + threshold;
 Statement stmt = con.createStatement();

 // get the result set that will be returned to the client
 outRs1[0] = stmt.executeQuery(qry_above);  //将结果集保存在数组中
 outRs2[0] = stmt.executeQuery(qry_below);

 // to return a result set to the client, do not close ResultSet
 stmt.close();        // 不关闭结果集
}
}
```

提示	对于参数风格为 Java 的存储过程，在对应的 Java 方法中，输出参数和动态结果集都是用数组来实现的。

6.2.5　JDBC 编程中的三驾马车

尽管第 7 章会深入地阐述 JDBC 编程技术的方方面面，但是在存储过程中，JDBC 编程有着特殊的内容，特别是关于连接和结果集。如果你不仔细了解这些，稍有不慎，就会遇到意想不到的麻烦，然后无谓地在错误处理和程序调试中耗费时间。

首先说到 Java 编程的数据类型，我们知道，数据类型是编程的基础，在数据库编程中尤其如此。Java 有自己的数据类型系统，DB2 也有自己的一套类型系统，然而它们之间的类型并不完全一致。例如，DB2 数据类型 VARCHAR 在 Java 中不存在，于是，Java 编程中用 String 来表示 VARCHAR 数据类型。因此，Java 对于 SQL 中的基本数值类型、字符类型、时间类型和 LOB 等都有相应的类型映射和处理方式。于是我们就可以在 JDBC 和 SQLJ 程序中用 Java 数据类型处理数据库的数据。关于 JDBC 中的类型处理的详细内容，请参考第 7 章。

JDBC 编程中核心内容是如何获取数据库连接，如何执行 SQL 语句，如果处理结果集。因此，在 JDBC 编程中，需要掌握的核心接口就是这三种：Connection、Statement 和 ResultSet。驾驭了这三驾马车，就掌握了 JDBC 编程。但是，在存储过程中，关于连接、Statement 和结果集都有特别之处，这是需要格外注意的地方。

1. 获取 JDBC 的默认 Connection

对于存储过程中的 Connection，首先应该明白的一个事实是，以 CALL 语句调用存储过程前，需要首先获得一个数据库的连接。因此在存储过程对应的 Java 方法中，它已经处于数据库的连接中。因此，在存储过程中，问题不是如何去建立新的连接，而是如何获取这个默认的连接。

下面的这行代码就是 JDBC 中获取默认的 Connection 的方式：

```
Connection con = DriverManager.getConnection("jdbc:default:connection");
```

> **提示**　在 Java 存储过程中，不要尝试去建立新的 DB2 连接，正确的做法是通过上述方式获取默认的 DB2 连接。

2. 执行 SQL 时，选择哪种 Statement 接口

Statement 对象用于在 JDBC 程序中执行 SQL 语句。实际上，JDBC 中有三种 Statement 对象：Statement、PreparedStatement（继承 Statement）和 CallableStatement（继承 PreparedStatement）。选择哪种 Statement 取决于我们要执行的 SQL 语句。

● Statement 对象用于执行不带参数(where 条件确定)的简单 SQL 语句和 DDL 语句。

● PreparedStatement 对象用于执行可带参数 SQL 语句，它继承自 Statement，因此具有 Statement 对象的所有功能。一般的，它首先预编译需要执行的 SQL，然后在该对象上执行。由于 PreparedStatement 对象执行的 SQL 已预编译过，所以其执行速度要快于 Statement 对象。因此，对于多次执行的 SQL 语句往往创建为 PreparedStatement 对象，以提高效率。另外，PreparedStatement 还能通过方法 addBatch 和 executeBatch 实现批处理功能。因此，PreparedStatement 是处理 SQL 语句的首选。

● CallableStatement 对象用于执行对存储过程的调用。

请参考第 7 章关于这三种 Statement 的详细介绍。

下面的代码用更新语句展示了 Statement 和 PreparedStatement 的使用：

```
//1. Statement 语句更新 customer 表
Statement stmt = con.createStatement();          // 创建 Statement
String upt_level = "UPDATE estore.customer SET level = 2 WHERE "
                +" total_consume < 8000 and total_consume >= 3000";

int num_rows = stmt.executeUpdate(upt_level); //通过 Statement 执行 SQL
    stmt.close();

    //2. PreparedStatement 语句更新 product 表
    PreparedStatement ps = con.prepareStatement( //为 SQL 语句创建 PreparedStatement
      "UPDATE estore.product SET  price = ?, inventory = ? " +
      " WHERE product_id = ? ";

for (n = 0; n < 50; n++) {
  ps.setDouble(1, price[n]);          // 设置 PreparedStatement 的参数
  ps.setInt(2, inventory[n]);
  ps.setInt(3, pid[n]);
  ps.executeUpdate();                 // 执行 PreparedStatement
}
ps.close();
```

3. ResultSet 处理结果集

Java 中执行 SELECT 语句总是返回一个结果集 ResultSet。ResultSet 的操作很简单，用 next()方法移动到结果集下一行，然后用 getter 方法获取数据行上的值，当完成所有操作之后，关闭结果集。

```
double total = 0.0;
String qry = "SELECT amount FROM estore.orders WHERE customer_id = ?";
PreparedStatement ps = con.prepareStatement(qry);
ps.setInt(1, cust_id);
ResultSet rs = ps.executeQuery(); //SELECT 查询返回的结果集
    while (rs.next()) {             //next()移到下一行，当移到最后一行之后，返回 false
      total += rs.getDouble(1);     //getter 方法取值
}
rs.close();                         //最后关闭结果集
```

6.2.6 IBM 特有的存储过程编程接口

还记得吗？在 6.2.1 节我们讲到了 Java 存储过程的参数风格，可以取 PARAMETER STYLE JAVA 或 PARAMETER STYLE DB2GENERAL。前面的例子中，存储过程的参数风格都是 Java，对应的实现都是普通 Java 类和公共静态 Java 方法。那么 DB2GENERAL 的参数风格对 Java 存储过程的实现有什么特别的地方？

> **提示**　　　DB2 专门提供了一个编程接口 COM.ibm.db2.app.StoredProc 来支持 Java 存储
> 过程的编程，实现存储过程的 Java 类必须继承此接口，而创建存储过程 DDL 中
> 的参数风格必须为 DB2GENERAL。

使用 DB2 的特有接口编程时，一切变得特殊，我们不需要再以数组的方式来保存输出参数的值。Java 方法的所有参数都被认为是 INOUT 模式。在设置返回结果时，需要通过输出参数在参数列表中的位置索引（第一个参数的索引为 1），通过如下 set 方法设置返回值：

```
public void set(int, short) throws Exception
public void set(int, int) throws Exception
public void set(int, double) throws Exception
public void set(int, float) throws Exception
public void set(int, java.math.BigDecimal) throws Exception
public void set(int, String) throws Exception
public void set(int, COM.ibm.db2.app.Blob) throws Exception
public void set(int, COM.ibm.db2.app.Clob) throws Exception
```

这些 set 方法的第一个 int 参数表示该参数在参数列表中的位置，而第二个参数是有效的输出值。如果参数仅用于输出参数，它在 Java 方法的声明中只起到占位符的作用，以标识参数的位置和类型。

> **提示**　　　参数风格为 DB2GENERAL 的 Java 存储过程，其对应的 Java 方法中的输出参
> 数不再是数组，而是简单类型，其返回值通过 set 方法来设置。

另外，还可以通过 isNull(int index) 方法检查输入参数是否为空，如 isNull(2) 检查第二个参数是否为空。

用 COM.ibm.db2.app.StoredProc 接口来改写 6.2.1 节示例中的 GetCustomerAcc 存储过程的 Java 代码如下所示：

```
package com.estore;
import java.sql.*; // JDBC core classes
import COM.ibm.db2.app.StoredProc;        //导入 DB2 的特有存储过程接口

public class Customer extends StoredProc{   //继承 StoredProc 接口
public void getAccount(       //公共非静态方法
  int cust_id, double acc)  //简单的输出参数形式
  throws Exception{
  try {
  Connection con =
        DriverManager.getConnection("jdbc:default:connection");
  ResultSet rs = null;

  PreparedStatement pstmt = con.prepareStatement(
        "SELECT account FROM estore.customer where cust_id = ? ");
```

```
    pstmt.setInt(1,cust_id);
    rs = pstmt.executeQuery();

    if(rs.next()){
        set(2, rs.getDouble(1));  //通过 set 方法设置返回值
    }
    rs.close();
    pstmt.close();
    con.close();
}catch (SQLException e) {
    // log errors
    throw new SQLException ( e.getErrorCode() +
      " : Get customer account failed!");
}
}
}
```

根据 Java 参数的值传递规则，Java 方法 getAccount 的输出参数 double acc 是无法用于向调用者返回值的。因此，它的实际意义是一个占位符，表明这个输出参数的位置和它的类型。最后，需要通过 set(int，double)方法来返回输出参数的值。

如下所示，创建该存储过程的 DDL 语句除了参数风格选项为 DB2GENERAL 外，其他部分与 Java 参数风格的存储过程都是一样的。

```
CREATE PROCEDURE ESTORE.GetCustomerAcc(IN cust_id INTEGER,
                OUT account DOUBLE)
SPECIFIC ESTORE.GetCustomerAcc
DYNAMIC RESULT SETS 0
NOT DETERMINISTIC
LANGUAGE JAVA
PARAMETER STYLE DB2GENERAL     --参数风格应为 DB2GENERAL
NO DBINFO
FENCED
THREADSAFE
EXTERNAL NAME 'ESTORE.CUST:com.estore.Customer.getAccount';
```

6.2.7 强大的 Java 用户自定义函数

用户自定义函数（UDF）用于扩展数据库 SQL 语言的功能。DB2 支持 Java 实现的 UDF 包括自定义标量函数和用户自定义表函数。Java 实现的用户自定义表函数的功能很强大，因为它可以将文件系统或网络中的异构数据源转换成 DB2 中的表结构数据，然后就可以用在 SQL 查询中。

本节将介绍有关 UDF 编程的三部分内容：

- 用普遍的 Java 类实现参数风格为 Java 的用户自定义标量函数。
- 用 COM.ibm.db2.app.UDF 接口实现参数风格为 DB2GENERAL 的用户自定义标量函数。

● 用 COM.ibm.db2.app.UDF 接口实现用户自定义表函数。

1. 参数风格为 Java 的用户自定义标量函数

用 JDBC 编写 UDF 与编写存储过程没什么本质的不同。

> **提示** UDF 的参数风格也有两种：PARAMETER STYLE JAVA 还是 PARAMETER STYLE DB2GENERAL，对应两种截然不同的编程方式和输出参数传递方式。

对于参数风格为 Java 的用户自定义标量函数，对应的 Java 方法是普通 Java 类的公共静态方法，而且只返回一个值。参数风格为 DB2GENERAL 的 UDF，对应的 Java 类需要继承 COM.ibm.db2.app.UDF，对应的 Java 方法是 public void 方法，而将存储过程返回值作为 Java 方法的最后一个参数。

我们用这两种不同的方式来实现同样功能的 UDF，通过比较进行学习。该 UDF 处理的应用场景为：ESTORE 公司决定在某段时间进行促销，对不同的客户采取不同的优惠措施。

在下面的示例中，用普通的 Java 类来实现 UDF。UDF 对应公共静态 Java 方法，Java 方法的返回值即是 UDF 的返回值。在 UDF 的 Java 实现中，对于 Connection、Statement 和 ResultSet 的处理与存储过程中是一样的。不过，由于 SQL 查询中的标量 UDF 对每行数据都需要调用一次，对这种多次的重复调用，使用 PreparedStatement 是最好的选择，因为每次执行的带参 SQL 语句是一样的，能够命中 SQL 执行计划的缓存，省去编译的时间，从而提高整体的性能。

```java
import java.sql.*; // JDBC core classes

public class Discount{
public static double getDiscount(        //公共静态方法,返回类型为 double
  int cust_id)
  throws Exception{
  double discount = 1.0;
  Connection con =                        //获取默认的 connection
    DriverManager.getConnection("jdbc:default:connection");
  // 由于标量 UDF 对每行数据都要调用一次，在这里用 PreparedStatement
  // 性能比较好，因为多次调用的 SQL 语句是一样的，能命中缓存，省去编译时间
  PreparedStatement pstmt = con.prepareStatement(
      "SELECT account FROM estore.customer where cust_id = ? ");
  pstmt.setInt(1,cust_id);
  ResultSet rs = pstmt.executeQuery();

  if (!rs.next()) {        //如果不存在此客户，抛出异常
    throw new SQLException(76550 + ": No customer with id = " + cust_id);
  }
```

```
int level = rs.getInt(1);
if(level == 1) {          //Java 程序逻辑，不同的 level 有不同的折扣
    discount = 0.98;
}else if (level == 2) {
    discount = 0.95;
}else if(level == 3) {
  discount = 0.90;
}
rs.close();
stmt.close();
con.close();
return discount;          //用 return 语句将结果值返回
}
}
```

对应的创建存储过程的 DDL 语句如下：

```
CREATE function ESTORE.getDiscount(cust_id INTEGER)
RETURNS DOUBLE              -- 用户自定义标量函数，返回 double 类型的值
SPECIFIC ESTORE.getDiscount
NOT DETERMINISTIC
LANGUAGE JAVA
PARAMETER STYLE JAVA        -- 参数风格为 Java
NO DBINFO
FENCED
THREADSAFE
EXTERNAL NAME 'Discount2.getDiscount';
```

测试和调用此存储过程的 SQL 语句如下：

```
/home/db2admin-> db2 "select cust_id, level, estore.getdiscount(cust_id) as
discount from estore.customer"

CUST_ID     LEVEL       DISCOUNT
----------- ----------- ------------------------
          1           2 0.95
          2           2 0.95
          3           3 0.90
          4           1 0.98
          5           3 0.90
```

  5 条记录已选择。

```
/home/db2admin-> db2 "select cust_id, first_name from estore.customer where
estore.getdiscount(cust_id) <0.95"

CUST_ID     FIRST_NAME
----------- ----------------------------
          3 Colin
          5 Eileen
```

  2 条记录已选择。

```
/home/db2admin-> db2 "select estore.getdiscount(1) from sysibm.sysdummy1"
1
```

```
-----------
      0.95

  1 条记录已选择。

/home/db2admin-> db2 "values estore.getdiscount(100)"
1
-------------------------
SQL4302N  过程或用户定义的函数 "ESTORE.GETDISCOUNT"（特定名称
"GETDISCOUNT"）由于异常 "76550: No customer with id = 100" 而异常终止。
SQLSTATE=38501

/home/db2admin-> db2 "values estore.getdiscount(null)"
1
-------------------------
SQL0470N  用户定义的例程 "ESTORE.GETDISCOUNT"（特定名称
"GETDISCOUNT"）对于不能传送的自变量 "1" 具有空值。  SQLSTATE=39004
```

从上面的测试中可以看到，标量 UDF 可以用在 SELECT 的列表中，也可用在 where
条件中。第四条 SQL 语句试图通过 UDF 获取一个不存在的客户的打折信息，UDF 抛出异
常 "76550: No customer with id = 100"，这正是 getDiscount 的预期行为。

而此 UDF 对于 NULL 值的输入，返回了错误 SQL0470N，表示参数的数据类型不支持
空值。对于 UDF，可以在创建 UDF 的 DDL 中使用选项 "RETURNS NULL ON NULL
INPUT"，那么对于 NULL 值的输入，UDF 将返回空值。

2. 参数风格为 DB2GENERAL 的用户自定义标量函数

对于参数风格为 DB2GENERAL 的用户自定义标量函数，其对应的 Java 类需要继承
COM.ibm.db2.app.UDF，并将 UDF 的返回值作为 Java 方法的最后一个参数。如下所示的
UDF，返回类型 double 作为 Java 方法的最后一个参数，并在函数返回前，通过 set(2, discount)
设置返回值。

```
import java.sql.*; // JDBC core classes
import COM.ibm.db2.app.UDF;                 //导入 DB2 的特有存储过程接口

public class Discount extends UDF{      //class 继承 COM.ibm.db2.app.UDF
public void getDiscount(             // public 方法，不需要有返回值
  int cust_id, double res)           //返回值占位符作为 Java 方法的最后一个参数
  throws Exception{
  if(isNull(1)) return;              //对于空值输入，返回空值
  double discount = 1.0;
  Connection con = DriverManager.getConnection("jdbc:default:connection");
  Statement stmt = con.createStatement();
  String query = "SELECT level FROM estore.customer where cust_id = " + cust_id;
  ResultSet rs = stmt.executeQuery(query);

  if (!rs.next()) {      //如果不存在此客户，抛出异常
    throw new SQLException(76550 + ": No customer with id = " + cust_id);
  }
```

```
    int level = rs.getInt(1);
     if(level == 1) {
       discount = 0.98;
    }else if (level == 2) {
       discount = 0.95;
    }else if(level == 3) {
     discount = 0.90;
    }
    set(2, discount);    // 通过 set 方法设置返回值
    rs.close();
    stmt.close();
    con.close();
  }
}
```

对应的创建存储过程的 DDL 语句如下：

```
CREATE function estore.getDiscount2(cust_id INTEGER)
RETURNS DOUBLE
SPECIFIC estore.getDiscount2
NOT DETERMINISTIC
LANGUAGE JAVA
PARAMETER STYLE DB2GENERAL   --参数风格为 DB2GENERAL
NO DBINFO
FENCED
THREADSAFE
EXTERNAL NAME 'Discount.getDiscount2';
```

调用此存储过程的 SQL 语句如下所示，可以看到 estore.getdiscount2 与上面的 estore.getdiscount 的处理结果是一样的。不过，在处理 NULL 输入上是有区别的，estore.getdiscount2 对 NULL 的输入进行了处理，并返回 NULL 值，而 estore.getdiscount 在输入 NULL 值时会返回错误。这也说明，COM.ibm.db2.app.UDF 比普通的 Java 类提供了更广泛的功能。

```
/home/db2admin-> db2 "select cust_id, level, estore.getdiscount2(cust_id) as
discount from estore.customer"

CUST_ID     LEVEL      DISCOUNT
----------- ---------- ------------------------
        1          2  0.95
        2          2  0.95
        3          3  0.90
        4          1  0.98
        5          3  0.90

  5 条记录已选择。

/home/db2admin-> db2 "values estore.getdiscount2(null)"
1
--------
      -
1 条记录已选择。
```

3．Java 用户自定义表函数的强大功能

在 DB2 中，Java 实现的用户自定义表函数的功能非常强大，可以将异构数据源转换成 DB2 中的表结构数据，然后通过 SQL 语句进行处理。因此，Java 用户自定义表函数可以用于下面的情况：

- 将文件系统的数据（如 CSV，XML 格式的数据）转换成符合数据库格式的表结构，然后在 SQL 语句中使用。
- 从网络中接收数据，转换成关系表结构的数据，以供 SQL 语句使用。
- 对异构数据库中的数据进行转换，生成的表结构供 SQL 语句使用。

> **提示**　　Java 用户自定义表函数功能强大，可以将各种异构数据源转换成关系型数据格式进行处理。而 Java 用户自定义表函数的实现必须继承 DB2 的特有接口 COM.ibm.db2.app.UDF。

我们先来了解 DB2 调用表函数的机制。在执行一个包含表函数的 SQL 语句时，DB2 会多次调用该表函数对应的 Java 方法，每一次调用都有一个调用类型。这些调用类型的含义如下。

- SQLUDF_TF_FIRST(-2)：在每条使用该 UDF 的 SQL 语句上调用。在一个 SQL 语句中可能多次用到这个 UDF，这次调用对 SQL 语句使用该 UDF 做初始化。
- SQLUDF_TF_OPEN(-1)：OPEN 调用发生在读取数据之前，一般用于对 UDF 的数据进行初始化，对 SQL 语句上每个 UDF 调用一次。
- SQLUDF_TF_FETCH(0)：FETCH 调用用于读取一行数据。表函数并不是将所有的数据行一次性返回给 DB2，而是每一次调用读一行数据。
- SQLUDF_TF_CLOSE(1)：读完所有的数据后，CLOSE 调用做一些清理工作。
- SQLUDF_TF_FINAL(2)：当整个 SQL 完成后，释放表函数使用的一些全局资源。

另外，由于 DB2 是用表函数多次调用的，如何在调用之间保存一些数据呢？这便是 SCRATCHPAD 的功能。如果定义存储过程时使用了 SCRATCHPAD 选项，那么 DB2 会分配相应的内存空间用于保存 UDF 调用之间的数据。

下面的示例处理的应用场景为：ESTORE 公司新进了一批商品，这批商品的信息以 CSV 的格式保存在文件中，为了能用 SQL 直接处理这些商品信息，需要将这些数据通过 Java UDF 将其转换成关系表数据。

```
import java.io.*;
import java.sql.*;
```

```
import COM.ibm.db2.app.UDF;

public class CSVProduct extends UDF  // 继承 COM.ibm.db2.app.UDF
{
  // A file reader.
  private InputStream in;
  private BufferedReader reader;

  /**
   * A Simple CSV Reader table function that takes a comma delimited file
   * and returns rows for product information.
   **/
  public void csvRead(String inFilename,          //输入参数：csv 文件路径
                      int outPid,                  //以下参数为返回表结构的列
                      String outCategory,
                      String outName,
                      double outPrice,
                      int outInventory) throws Exception
  {
    switch (getCallType()) {        //getCallType 方法用于获取调用类型
    case SQLUDF_TF_OPEN:            //OPEN 调用，初始化文件输入流，准备数据
      in = new FileInputStream(inFilename);
      reader = new BufferedReader(new InputStreamReader(in));
      break;
    case SQLUDF_TF_FETCH:          //FETCH 调用，读取一行数据
      String tempString = reader.readLine();
      if(tempString != null)
      {
        String[] outRow = tempString.split(",");
        set(2, Integer.parseInt(outRow[0].trim()));
        set(3, outRow[1].trim());   //用 set 方法设置每行数据的每一列值
        set(4, outRow[2].trim());
        set(5, Double.parseDouble(outRow[3].trim()));
        set(6, Integer.parseInt(outRow[4].trim()));
      }
      else
      {
        setSQLstate("02000");        //通过设置 SQLstate=02000，表示已达到最后一行
      }
      break;
    case SQLUDF_TF_CLOSE:          //close，释放资源，关闭文件输入流
      in.close();
      break;
    } // end switch
  } // end csvRead
} // end CSVProduct
```

注册这个用户自定义表函数的 DDL 语句如下所示：

```
CREATE FUNCTION CSVProduct (VARCHAR(1000))              --输入参数，csv 文件路径
RETURNS TABLE (product_id int, category VARCHAR(30),   -- 返回表结构
  product_name VARCHAR(30), price double, inventory INT)
EXTERNAL NAME 'CSVProduct!csvRead'
LANGUAGE JAVA
PARAMETER STYLE DB2GENERAL    --参数风格应为 DB2GENERAL
```

```
NOT NULL CALL
NO SQL                       --在 UDF 的实现，没有用到 SQL 语句
FENCED THREADSAFE
NO SCRATCHPAD
NO EXTERNAL ACTION
NO FINAL CALL
DISALLOW PARALLEL
NO DBINFO;
```

文件 product.csv 保存的 CSV 格式的商品示例数据如下所示：

```
101,  "Electronics",   "IPad",       587.02, 1800
102,  "Electronics",   "ThinkPad", 1273.02, 2000
201,  "Flowers",       "Rose",         5.87, 500
```

最后，看一下调用这个用户自定义表函数的调用结果：

```
db2 => select * from TABLE(CSVUDF('/home/db2admin/java_ch6/product.csv'))

PRODUCT_ID CATEGORY      PRODUCT_NAME   PRICE       INVENTORY
---------- ------------- ------------   ----------  -----------
       101 Electronics   IPad            587.02       1800
       102 Electronics   ThinkPad       1273.02       2000
       201 Flowers       Rose              5.87       500

3 条记录已选择。
```

6.2.8　示例：JDBC 存储过程实现订单处理

我们已经学习了 JDBC 存储过程的很多技术，本节将整合前面学习的各种技术，用 JDBC 存储过程实现 ESTORE 中订单处理的完整功能。订单处理的步骤包括向购物车添加商品、创建订单、支付订单、完成订单等。实现这些功能的 JDBC 存储过程说明如下。

- add_item_to_cart：往购物车中添加商品，如果商品在购物车中已存在，则更新购物车中商品数量。
- create_order：创建新的订单，包括生成订单 ID，计算订单的总额度，向订单表中插入新的订单记录，更新商品库存等。
- charge_customer：订单支付，从客户账户中减掉订单总额相应的额度。
- complete_order：完成订单，将订单标记为 COMPLETE。

如下所示的 JDBC 程序，用到以上章节用到的各种技术，包括获取默认连接、Statement 和结果集的处理、输出参数的设置等。

```
package com.estore;
import java.sql.*;  // JDBC core classes

public class Order {
////往购物车中添加商品
public static void add_item_to_cart(int prod_id, int quantity)
```

```
  throws SQLException{
  int prod_exists = 0;
  String sql_qry = "SELECT count(*) FROM estore.shopping_cart " +
                   " WHERE product_id = ?";
  String sql_ins = "INSERT INTO estore.shopping_cart VALUES (?,?)";
  String sql_upt = "UPDATE estore.shopping_cart SET quantity = quantity+? " +
                   " WHERE product_id = ?";
  try {
    Connection con = DriverManager.getConnection("jdbc:default:connection");
    PreparedStatement pstmt = null;
    pstmt = con.prepareStatement(sql_qry);
    pstmt.setInt(1,prod_id);
    ResultSet rs = pstmt.executeQuery();
    rs.next();
    prod_exists = rs.getInt(1);
    rs.close();

    if(prod_exists == 0) {  //如果商品在购物车中不存在，再插入新记录
      pstmt = con.prepareStatement(sql_ins);
      pstmt.setInt(1,prod_id);
      pstmt.setInt(2,quantity);
      pstmt.executeUpdate();
    }
    else {      //购物车中已有此商品，更新数量
      pstmt = con.prepareStatement(sql_upt);
      pstmt.setInt(1,quantity);
      pstmt.setInt(2,prod_id);
      pstmt.executeUpdate();
    }
    pstmt.close();
    con.close();
  }catch (SQLException e) {
    //log errors,  可以做错误处理，比如记录错误日志
    throw new SQLException(e.getErrorCode() + ": add_item_to_cart FAILED");
  }
}// end of add_item_to_cart
//// 创建订单
public static void create_order(int cust_id, int[] order_id,
 double[] amount)throws SQLException{
  int new_order_id = 0;
  int product_id = 0;
  int quantity = 0;
  int num_items = 0;
  double total = 0.0;
  String gen_orderid = "SELECT estore.seq_order_id.nextval " +
" FROM sysibm.sysdummy1";
  String comp_amount = "SELECT sum(p.price * s.quantity) " +
                       " FROM estore.shopping_cart s, estore.product p " +
                       " WHERE s.product_id = p.product_id";
  String new_order = "INSERT INTO estore.orders " +
                     " (order_id, customer_id, amount, status)" +
                     " VALUES (?,?,?,?)";
  String get_items  = "SELECT product_id, quantity FROM estore.shopping_cart";
  String order_det  = "INSERT INTO estore.order_details VALUES (?, ?, ?)";
```

```
String update_inv = "UPDATE estore.product SET inventory = inventory - ?" +
              " WHERE product_id=? ";

Connection con = DriverManager.getConnection("jdbc:default:connection");

Statement stmt = con.createStatement();
ResultSet rs = null;
rs = stmt.executeQuery(gen_orderid);   //生成订单 ID
rs.next();
new_order_id = rs.getInt(1);
rs.close();

rs = stmt.executeQuery(comp_amount);   //计算订单的总额
rs.next();
total = rs.getDouble(1);
rs.close();
stmt.close();
//插入新的订单
PreparedStatement ps_new_order = con.prepareStatement(new_order);
ps_new_order.setInt(1,new_order_id);
ps_new_order.setInt(2,cust_id);
ps_new_order.setDouble(3,total);
ps_new_order.setString(4, "PROCESSING");
ps_new_order.executeUpdate();
ps_new_order.close();

//更新库存，并添加订单的详细信息
PreparedStatement ps_update_inv = con.prepareStatement(update_inv);
PreparedStatement ps_order_det = con.prepareStatement(order_det);
rs = stmt.executeQuery(get_items);
while(rs.next()){
    product_id = rs.getInt(1);
    quantity   = rs.getInt(2);

    ps_update_inv.setInt(1, quantity);
    ps_update_inv.setInt(2, product_id);
    ps_update_inv.executeUpdate();

    ps_order_det.setInt(1, new_order_id);
    ps_order_det.setInt(2, product_id);
    ps_order_det.setInt(3, quantity);
    ps_order_det.executeUpdate();
}
ps_order_det.close();
ps_update_inv.close();
//设置返回值，订单 id 和订单总额
order_id[0] = new_order_id;
amount[0] = total;
} // end of create_order
////支付订单
public static void charge_customer(int cust_id, double amount)
 throws SQLException{
  double orig_amount;
  String sql_qry = "SELECT account FROM estore.customer " +
              " WHERE cust_id = " + cust_id;
```

```
    String sql_upt = "UPDATE estore.customer SET account = account - ? " +
            " WHERE cust_id = ?";
    Connection con = DriverManager.getConnection("jdbc:default:connection");
    Statement stmt = con.createStatement();
    ResultSet rs = stmt.executeQuery(sql_qry);
    rs.next();
    orig_amount = rs.getDouble(1);
    rs.close();
    stmt.close();

    if(orig_amount >= amount ) {  //检查客户是否有足够的余额
      PreparedStatement pstmt = null;
      pstmt = con.prepareStatement(sql_upt);
      pstmt.setDouble(1,amount);
      pstmt.setInt(2,cust_id);
      pstmt.executeUpdate();
      pstmt.close();
    }
    else {
     throw new SQLException("No enough accout!");
    }
} // end of charge_customer
//// 完成订单
public static void complete_order(int order_id) throws SQLException{
  Connection con = DriverManager.getConnection("jdbc:default:connection");
  Statement stmt = con.createStatement();
  // 更新订单的状态为 COMPLETE
  stmt.executeUpdate("UPDATE estore.orders SET STATUS = 'COMPLETE' " +
                    " WHERE order_id = " + order_id);
  stmt.close();
}// end of complete_order
}
```

创建这些存储过程的 DDL 语句如下所示，保存在 reg_orders.sql 中：

```
CREATE PROCEDURE estore.add_item_to_cart(
    IN p_pid  INT,
    IN p_quantity INT)
 SPECIFIC estore.add_item_to_cart
 DYNAMIC RESULT SETS 0
 NOT DETERMINISTIC
 LANGUAGE JAVA
 PARAMETER STYLE JAVA
 NO DBINFO
 FENCED
 THREADSAFE
 EXTERNAL NAME 'ESTORE.ORDER:com.estore.Order.add_item_to_cart';

CREATE PROCEDURE estore.charge_customer(
    IN cust_id INT,
    IN amount   double)
 SPECIFIC estore.charge_customer
 DYNAMIC RESULT SETS 0
 NOT DETERMINISTIC
 LANGUAGE JAVA
```

```
  PARAMETER STYLE JAVA
  NO DBINFO
  FENCED
  THREADSAFE
  EXTERNAL NAME 'ESTORE.ORDER:com.estore.Order.charge_customer';

 CREATE PROCEDURE estore.create_order(
     IN  cust_id INT,
     OUT order_id INT,
     OUT amount  double)
  SPECIFIC estore.create_order
  DYNAMIC RESULT SETS 0
  NOT DETERMINISTIC
  LANGUAGE JAVA
  PARAMETER STYLE JAVA
  NO DBINFO
  FENCED
  THREADSAFE
  EXTERNAL NAME 'ESTORE.ORDER:com.estore.Order.create_order';

 CREATE PROCEDURE estore.complete_order(
     IN order_id INT)
  SPECIFIC estore.complete_order
  DYNAMIC RESULT SETS 0
  NOT DETERMINISTIC
  LANGUAGE JAVA
  PARAMETER STYLE JAVA
  NO DBINFO
  FENCED
  THREADSAFE
  EXTERNAL NAME 'ESTORE.ORDER:com.estore.Order.complete_order';
```

部署这些 Java 存储过程的脚本如下，正好对应 6.2.1 节的几个步骤：

```
javac com/estore/Order.java

jar cvf Order.jar com/estore/Order.class

db2 "connect to estore";

db2 "CALL sqlj.install_jar('file: /home/db2admin/java_ch6/jdbc/Order.jar',
'ESTORE.ORDER')";

db2 -tvf reg_orders.sql
```

6.3　畅聊 SQLJ 存储过程

6.3.1　SQLJ 到底是什么

前面多次说到了 SQLJ, 说 SQLJ 是在 Java 应用程序嵌入静态 SQL 的一种方式, 说 SQLJ

简单安全。但这不是全部! 那么 SQLJ 到底是什么? 它在各种数据库平台之间的移植性如何?

1. SQLJ 是一种通用规范, 具有很好的可移植性

我先用一种老套的方式介绍一下 SQLJ 吧。SQLJ 是一种通用的技术规范和 API。回顾 SQLJ 技术的历史, 它是由 IBM、Oracle 和 Sybase 等数据库厂商于 1997 年提出的技术规范, 确定了如何在 Java 编程语言中使用静态 SQL 语句。1998 年 12 月, 将 SQL 嵌入 Java 语言 的整个规范开发工作完成, 并被 ANSI 接纳为技术标准。这一规范具体规定了在 Java 方法 中嵌入 SQL 的语法和语义, 以及一系列保证 SQLJ 应用程序的二进制可移植性的机制, 一 般被称为 SQLJ 规范第 0 部分, 如今被称为 SQL/OLB, 即 SQL 对象语言绑定 (Object Language Binding)。SQLJ 标准的另一部分, 被称为 SQL/JRT, 即 SQL 的 Java 语言例程和类型 (Java Routines and Types), 确定了将 Java 静态方法作为 SQL 存储过程和用户定义函数来调用以 及将 Java 类用做 SQL 用户定义数据类型的规范。

简单地说, SQLJ 是一种规范, 一种通用的编程接口, 我们可以在 DB2 中用 SQLJ 编 程, 也能在 Oracle 中用 SQLJ 编程。而且, SQLJ 程序具有很好的可移植性, 不用担心在 DB2 和 Oracle 之间的移植性问题。

2. SQLJ 定义了在 Java 应用程序中嵌入静态 SQL 的方式

SQLJ 是在 Java 应用程序嵌入静态 SQL 的一种数据库编程方式。它基于 JDBC 实现, 并扩展了 JDBC 的功能。

SQLJ 在 Java 程序中嵌入静态 SQL 语句, 这类似于 SQL-92 允许 SQL 语句嵌入到 C、 COBOL、FORTRAN 及其他编程语言中的方式。SQLJ 程序中的静态 SQL 语句在执行前已 经被编译和优化成执行计划, 并绑定到数据库, 存储在 DB2 编目表中, 比起 JDBC 所支持 的动态 SQL, 执行速度更快, 性能更优。

3. 提供了对 Java 存储过程的支持

SQLJ 规范也提供了对 Java 存储过程的支持, 确定了将 Java 静态方法作为 SQL 存储过 程和用户自定义函数来调用。

实际上, SQLJ 存储过程与 JDBC 存储过程仅是编程实现上的不同, 其他都是一致的, 比如存储过程与 Java 静态方法的映射, 参数风格和输出参数的处理方式。在对 COM.ibm.db2.app.StoredProc 接口和 UDF 的支持上, SQLJ 和 JDBC 也是一样的。

SQLJ 存储过程的安全权限模型为数据的访问控制提供了一种很好的选项。我们知道, SQLJ 使用静态 SQL, 这些静态 SQL 在定制概要文件时被编译成程序包, 并存储在 DB2 编

目表中。定制时提供的用户需要具有 SQLJ 中静态 SQL 操作的数据表和视图上的相应权限，以便用于编译这些静态 SQL。任何需要调用该 SQLJ 存储过程的用户只需被授予该存储过程的 EXECUTE 权限，而不需要具有对所查询或修改的表或视图执行 SELECT、INSERT、UPDATE 或 DELETE 操作的权限。因为在这些表或视图上操作的权限是由在定制时提供的用户决定的。

而对于 JDBC 存储过程，调用者不仅需要有该存储过程的 EXECUTE 权限，还必须获取 JDBC 程序中动态 SQL 所操作的数据表或视图上相应操作的权限。

> **提示**　　SQLJ 是一种通用的编程接口，它是 Java 程序中嵌入静态 SQL 的一种编程方式。SQLJ 也提供了对 Java 存储过程的支持，简洁的语法和良好的安全访问机制是 SQLJ 适用于 Java 存储过程开发的两个重要原因。

6.3.2　开发 SQLJ 存储过程：从五步到七步

曾经听到一些 SQLJ 开发者抱怨：编写 SQLJ 存储过程真是麻烦！可是，经过深入的讨论，又发现他们往往对 SQLJ 程序的编码驾轻就熟，或者说问题不是在 SQLJ 编码这一块。比如，创建存储过程的 DDL 运行成功后，用 CALL 语句调用 Java 存储过程时，却总是报各种各样的错误，说 Java 存储过程不能装入 Java 类，或者 Java 存储过程找不到 Java 方法，或者程序包已过期等。而且这种问题一旦缠上你，就不会那么快离开。

真的这么难吗？SQLJ 存储过程的开发和部署过程也会让你伤脑筋吗？

其实这个过程并不难，只要你步步为营，一切都在掌握中！

SQLJ 存储过程整个开发流程如图 6-4 所示，分 7 个步骤：

（1）编写 SQLJ 源代码实现存储过程的功能。

（2）调用 SQLJ 转换程序对 SQLJ 源代码进行预处理，生成 Java 源文件和 SQLJ 概要文件。

（3）用 javac 编译 Java 源代码，生成 Java 类文件。

（4）用 db2sqljcustomize 命令将 SQLJ 概要文件定制到 DB2 数据库中。

（5）用打包工具将 Java 类文件和概要文件打成 JAR 包。

（6）将 JAR 包安装到 DB2 服务器中。

（7）用 CREATE PROCEDURE 语句在 DB2 中创建存储过程。

我们在 6.2.1 节讲解了 JDBC 存储过程开发的五步曲，SQLJ 存储过程的开发和部署仅仅比它多两步，即第 2 步预编译 SQLJ 程序和第 4 步定制 SQLJ 概要文件。

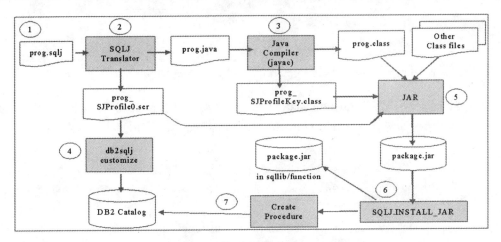

图 6-4　SQLJ 存储过程的开发流程

接下来通过一个简单而完整的例子来讲解这些步骤。这个例子与 6.2.1 节的例子实现同样的功能，读者可以对 JDBC 和 SQLJ 存储过程的开发流程进行比较。

第一步：编写 SQLJ 源代码。

编写 SQLJ 源文件，就是根据存储过程的功能设计，编写嵌入静态 SQL 语句的 Java 程序。如下所示的 Customer.sqlj 代码根据客户的 ID 值获取当前账户的余额。关于编写代码技术细节，将在后面的章节做详细描述。

```
package com.estore;

import java.sql.*;              //导入 JDBC 的类
import sqlj.runtime.*;         //导入 SQLJ API 类
import sqlj.runtime.ref.*;     // SQLJ API

#sql context EstoreContext;    // SQLJ 中的连接上下文

public class Customer {
public static void GetAccount(int cust_id,
 double[] acc) throws SQLException{   //用数组传递输出参数，与 JDBC 一样
   double hostAcc = 0.0;
   try {
     // 获取默认 SQLJ 默认连接上下文，基于 JDBC 驱动
     EstoreContext ctx = new EstoreContext("jdbc:default:connection", false);
     //嵌入的静态 SQL 处理查询
    #sql [ctx]{ SELECT account into :hostAcc FROM estore.customer
           WHERE cust_id = :cust_id
          };
   acc[0] = hostAcc;                    //设置输出参数值
```

```
    }catch (SQLException e) {
    //这里可以对错误做一些处理，比如记录错误日志...
    throw new SQLException
      (e.getErrorCode() + " : Get customer account failed!");
  }
}
}
```

第二步：调用 SQLJ 转换程序对 SQLJ 源代码进行预处理。

调用 SQLJ 转换程序（SQLJ translator）将 SQLJ 源文件转换 Java 源文件，并生成 SQLJ 概要文件。如下的命令显示了如何转换 SQLJ 源文件 Customer.sqlj：

```
/home/db2admin/java_ch6/sqlj-> sqlj -compile=false com/estore/Customer.sqlj

/home/db2admin/java_ch6/sqlj-> ls
Customer.java Cusotmer_SJProfile0.ser Customer.sqlj
```

其中，Customer.java 是 SQLJ 转换器根据 Customer.sqlj 生成的标准 Java 源代码，Customer_SJProfile0.ser 是生成的 SQLJ 概要文件。注意选项-compile=false，它使得 sqlj 命令不调用 javac 对生成的 Java 程序进行编译。

第三步：编译 Java 程序。

使用 javac 编译第二步生成的 Java 文件，这将生成多个 Java 类文件，包括与概要文件关联的 Java 类文件。示例如下所示，编译后生成了 3 个 Java 类文件。

● Customer.class：主程序中的 Customer 类。

● Customer_SJProfileKeys.class：与概要文件关联的 Java 类文件。

● EstoreContext.class：SQLJ 源文件中定义的类 EstoreContext 的 Java 字节码，即语句 "#sql context EstoreContext ;" 定义的连接上下文类。

```
/home/db2admin/java_ch6/sqlj-> javac com/estore/Customer.java

/home/db2admin/java_ch6/sqlj-> ls
Customer.class                Customer.java
Customer.sqlj                 Customer_SJProfile0.ser
Customer_SJProfileKeys.class  EstoreContext .class
```

其实，在实际操作过程中，第二步的 SQLJ 转换和第三步的编译 Java 源代码可以合并到一个步骤中，即调用 sqlj 时不提供 "compile=false" 选项，sqlj 内部会自动调用 javac 对生成的 Java 文件进行编译。

第四步：定制 SQLJ 概要文件。

用 db2sqljcustomize 命令将 SQLJ 概要文件绑定到 DB2 数据库中。在执行定制命令时，除了待定制的概要文件名称外，还需要提供 DB2 服务器的主机名或 IP 地址、DB2 服务端口、DB2 数据库名、连接的用户名和密码。

定制的过程包含对 SQLJ 中静态 SQL 的编译，因此，SQLJ 代码中 SQL 操作的数据表和视图等，都必须是已经创建好的，而且只有 SQL 操作的表、列及相应的数据类型等信息合法匹配的情形下，定制才会成功。默认情况下 db2sqljcustomize 生成四个 DB2 程序包，对应四个隔离级别 UR、CS、RS 和 RR。

调用 db2sqljcustomize 的命令示例如下：

```
/home/db2admin/java_ch6/sqlj-> db2sqljcustomize -url jdbc:db2://localhost:50001/
ESTORE -user db2admin -password passw0rd com/estore/Customer_SJProfile0.ser
[jcc][sqlj]
[jcc][sqlj] Begin Customization
[jcc][sqlj] Loading profile: com/estore/Customer_SJProfile0
[jcc][sqlj] Customization complete for profile com/estore/Customer_SJProfile0.
ser
[jcc][sqlj] Begin Bind
[jcc][sqlj] Loading profile: com/estore/Customer_SJProfile0
[jcc][sqlj] Driver defaults(user may override): BLOCKING ALL VALIDATE BIND
STATICREADONLY YES
[jcc][sqlj] Fixed driver options: DATETIME ISO DYNAMICRULES BIND
[jcc][sqlj] Binding package CUSTOM01 at isolation level UR
[jcc][sqlj] Binding package CUSTOM02 at isolation level CS
[jcc][sqlj] Binding package CUSTOM03 at isolation level RS
[jcc][sqlj] Binding package CUSTOM04 at isolation level RR
[jcc][sqlj] Bind complete for com/estore/Customer_SJProfile0
```

第五步：创建 JAR 包。

使用 Java 打包工具将 SQLJ 转换和编译得到的所有 calss 文件和概要文件打成一个 JAR 包。使用 jar 命令创建 Customer.jar 包的过程如下所示：

```
/home/db2admin/java_ch6/sqlj-> jar cvf Customer.jar com/estore/*.class com/
estore/*.ser

added manifest
adding: com/estore/Customer.class(in = 2207) (out = 1251)(deflated 43%)
adding: com/estore/Customer_SJProfileKeys.class(in=1137) (out=651)(deflated 42%)
adding: com/estore/EstoreContext.class(in = 2279) (out = 916)(deflated 59%)
adding: com/estore/Customer_SJProfile0.ser(in = 4454) (out = 2052)(deflated 53%)
```

这里需要特别注意，SQLJ 概要文件 Customer_SJProfile0.ser 也需要放在 JAR 包中。

第六步：安装 JAR 包到 DB2 中。

6.2.1 节提到，安装 JAR 包有两种方式：第一种是，直接将 JAR 包直接复制到 sqllib/function 目录下；第二种是使用 SQLJ 存储过程 sqlj.install_jar 来安装 JAR 包。

在 Linux 下使用 SQLJ 存储过程 sqlj.install_jar 安装 JAR 包的示例如下所示：

```
/home/db2admin/java_ch6/sqlj-> db2 "CALL sqlj.install_jar('file:/home/db2admin/
```

```
java_ch6/sqlj/Customer.jar', 'ESTORE.CUST')";
DB20000I  CALL 命令成功完成。
```

正如在 6.2.1 节提到的，我们也可直接将所有 Java 类文件和概要文件复制到 *<DB2_DIR>*/sqllib/function 目录下，但是这种方法会导致 function 目录杂乱无章，而且容易产生文件冲突，所以创建并使用 JAR 包是一种良好的开发习惯。

第七步：创建存储过程。

使用 CREATE PROCUDURE 语句，将 SQLJ 实现的 Java 存储过程注册到 DB2 中。

```
CREATE PROCEDURE estore.GetCustomerAcc(IN cust_id INTEGER,
                 OUT account double)
SPECIFIC estore.GetCustomerAcc
DYNAMIC RESULT SETS 0
NOT DETERMINISTIC
LANGUAGE JAVA
PARAMETER STYLE JAVA
NO DBINFO
FENCED
THREADSAFE
EXTERNAL NAME 'ESTORE.CUST:com.estore.Customer.GetAccount';
```

这与 6.2.1 节创建 JDBC Java 存储过程的语句完全一致。

创建存储过程成功后，用 CALL 语句调用这个存储过程，如下所示。成功了！我们得到了正确的结果！

```
db2 "call estore.GetCustomerAcc(1,?)"

  输出参数的值
  --------------------------
  参数名：ACCOUNT
  参数值：1024.56

  返回状态 = 0
```

6.3.3　安全机制是 SQLJ 存储过程的杀手锏

JDBC 存储过程的安全控制确实过于烦琐与复杂，调用者不仅需要有该存储过程的 EXECUTE 权限，还必须获取 JDBC 程序中动态 SQL 所涉及的数据表或视图上相应操作的权限。

SQLJ 存储过程的安全机制简单得多，要让用户能成功调用某 SQLJ 存储过程，只需赋予该用户在存储过程的 EXECUTE 权限。

例如，对于上一节的 SQLJ 存储过程 ESTORE.GetCustomerAcc，可以通过下面的 GRANT 命令赋予 ZURBIE 这个存储过程的执行权限。尽管 ZURBIE 不具有 Customer 表上的 SELECT 权限，也能调用该存储过程。这比 JDBC 存储过程的授权机制简单多了。

```
connect to estore

    数据库连接信息

 数据库服务器          = DB2/LINUXX8664 9.7.3
 SQL 授权标识           = DB2ADMIN
 本地数据库别名         = ESTORE


grant execute on procedure estore.getcustomeracc to zurbie
DB20000I  SQL 命令成功完成。

connect to estore user zurbie using passw0rd

    数据库连接信息

 数据库服务器          = DB2/LINUXX8664 9.7.3
 SQL 授权标识           = ZURBIE
 本地数据库别名         = ESTORE

call estore.GetCustomerAcc(1,?)
 输出参数的值
 --------------------------
  参数名: ACCOUNT
  参数值: 1024.56
  返回状态 = 0

select * from estore.customer
SQL0551N  "ZURBIE" 不具有对对象 "ESTORE.CUSTOMER" 执行操作 "SELECT"
的必需权限或特权。   SQLSTATE=42501
```

> **提示**
> SQLJ 存储过程提供非常好的安全访问控制，只需用 GRANT 语句赋予某用户在存储过程上的 EXECUTE 执行权限，此用户就能成功调用存储过程。而不需要像 JDBC 存储过程安全控制那样，去了解内部实现中的每条 SQL 及其访问权限。

6.3.4　SQLJ 的魅力也来自简单

爱因斯坦有句名言："Everything should be made as simple as possible,but no simpler." 任何事情都应该尽可能做到简单，简单到不能再简单。

我有一个朋友从事数据库 Java 开发多年，有一次聊天的时候谈到 JDBC 和 SQLJ，他说："我喜欢 SQLJ 是因为它够简单，简单是一种编程艺术，当我用一行代码实现十几行代码的功能时，我有一种满足感！"

> **提示**
> 嵌入式静态 SQL 的简洁，是 SQLJ 存储过程最受大家欢迎的特性之一。

SQLJ 到底如何简单了？有比较才有说服力。

我们分别用 JDBC 和 SQLJ 实现从数据库读取一条记录的功能，如下所示。

● 使用 JDBC 查询一行：

```
Connection con = DriverManager.getConnection("jdbc:default:connection");
double orig_amount;
ResultSet rs = null;
String sql_qry = "SELECT account FROM estore.customer " +
                 " WHERE cust_id = ?";
PrepareStatement pstmt = con.prepareStatement(sql_qry);
pstmt.setInt(1,cust_id);
rs = pstmt.executeQuery();
If(rs.next())
{
  orig_amount = rs.getDouble(1);
}
rs.close();
pstmt.close();
```

● 使用 SQLJ 查询一行：

```
#sql [ctx]{ SELECT account INTO :orig_amount FROM estore.customer
            WHERE cust_id = :cust_id };
```

相比 JDBC 的一大段代码，以及复杂的 Statement 和 ResultSet 操作，使用 SQLJ 提供的 SELECT INTO 语法，一条 SQL 语句就非常简单地实现了，真是畅快之极！

这样的比较例子在 SQLJ 代码和 JDBC 代码中比比皆是。

6.3.5　SQLJ 的三驾新马车

SQLJ 和 JDBC 作为 Java 编程的两种重要 API，它们之间有很多的区别，也有密切的联系。我们前面提到了在 JDBC 编程中的三驾马车，即最核心的三个对象是 Connection、Statement 和 ResultSet。那么 SQLJ 的这三驾马车呢？

在 SQLJ 中，这三驾马车已经升级了，对应的是 Context、静态 SQL 和 Iterator。本节接下来的内容，将通过与 JDBC 编程中三个核心对象的对比，阐述 SQLJ 中的三驾新马车。

1. 连接上下文 Context

在 SQLJ 中，连接上下文 Context 相当于 JDBC 中的连接，所有的静态 SQL 执行都是基于 Context 对象的。而在存储过程执行时，已经处于一个数据连接中，也就是用户需要首先获得一个数据库的连接，才能用 CALL 语句调用存储过程。因此在 Java 存储过程中，我们需要获取这个默认的连接上下文。但是在 SQLJ 中，使用连接上下文之前，需要对它进行定义。

下面的代码就是 SQLJ 中定义连接上下文和获取默认的连接上下文的方式，这与 JDBC 中获取默认连接的方式非常相似：

```
#sql context MyContext;        //定义 SQLJ 的连接上下文
...
//在存储过程中获取默认的连接上下文
MyContext ctx = new MyContext("jdbc:default:connection", false);
```

> **提示**　在 SQLJ 存储过程中，不要尝试去建立新的 DB2 连接，正确的做法是获取默认的连接上下文。而在使用连接上下文之前，需要用 SQLJ 的语法对连接上下文进行定义。

事实上，由于 SQLJ 和 JDBC 的紧密关系，我们可以用 JDBC 的 Connection 来建立 SQLJ 的连接上下文，如下所示：

```
#sql context MyContext;        //定义 SQLJ 的连接上下文
...
//在存储过程中获取默认的 JDBC 连接
Connection con = DriverManager.getConnection("jdbc:default:connection");
//用 JDBC 连接构建 SQLJ 连接上下文
MyContext ctx = new MyContext(con);
```

当然，也可以从 SQLJ 的连接上下文获取 JDBC 的连接，如下所示：

```
Connection conn = ctx.getConnection();
```

2. 静态的 SQL

SQLJ 使用静态 SQL，而 JDBC 支持的是动态 SQL，这是 SQLJ 与 JDBC 的最关键区别。SQLJ 静态 SQL 语法在简单性方面优于 JDBC。SQLJ 的简单性受到了许多 Java 开发人员的欢迎，因为编写 SQLJ 模块通常要比 JDBC 模块简洁、容易，这也意味着可以缩短项目开发周期并减少开发和维护成本。

下面的两段代码比较了向数据库插入一行数据的 JDBC 和 SQLJ 实现。可以看到，相比 JDBC 的一大段代码和复杂的逻辑，SQLJ 只用一条嵌入式的 INSERT 语句就实现了。语法简单，逻辑清晰。

● 使用 JDBC 插入一行数据：

```
String new_order   = "INSERT INTO estore.orders " +
                     " (order_id, customer_id, amount, status)" +
                     " VALUES (?,?,?,?)";
PreparedStatement ps_new_order = con.prepareStatement(new_order);
ps_new_order.setInt(1,new_order_id);
ps_new_order.setInt(2,cust_id);
ps_new_order.setDouble(3,total);
ps_new_order.setString(4, "PROCESSING");
```

```
ps_new_order.executeUpdate();
ps_new_order.close();
```

● 使用 SQLJ 插入一行数据：

```
#sql [ctx]{ INSERT INTO estore.orders(order_id, customer_id, amount, status)
            VALUES (:new_order_id, :cust_id, :total, 'PROCESSING')};
```

> **提示**　必须注意的是，SQLJ 的静态 SQL 需要基于一个连接上下文对象，也就是上面的**[ctx]**，在 DB2 V9.5 及其以后的版本中，这个 Context 不能省略。

3. 迭代器

SQLJ 的迭代器相当于 JDBC 中的 ResultSet、PL/SQL 的游标，用于从结果集中一行一行地读取数据。在 SQLJ 程序中使用迭代器前，需要对其进行定义，迭代器中的列数目与类型必须与 SELECT 的列完全匹配。

下面的几段代码比较了从数据库读取多行数据的 JDBC 和 SQLJ 实现，JDBC 用 ResultSet 处理，而 SQLJ 用迭代器处理。从 SQLJ 的迭代器读取数据有两种方式：getter 方法和 FETCH INTO。

● 使用 JDBC 读取多行数据：

```
String get_items  = "SELECT product_id, quantity FROM estore.shopping_cart";
Statement stmt = con.createStatement();
ResultSet rs = stmt.executeQuery(get_items);  //获取查询的结果 ResultSet
while(rs.next()){
    product_id = rs.getInt(1);
    quantity  = rs.getInt(2);
    //... Do something
}
rs.close();
stmt.close();
```

● 使用 SQLJ 读取多行数据的 Getter 方式：

```
#sql iterator Shopping_item (int product_id, int quantity);  //定义迭代器
Shopping_item pIter;                            //声明迭代器
//将 SELECT 查询的结果赋值给迭代器
#sql [ctx] pIter = {SELECT product_id, quantity FROM estore.shopping_cart};
while(pIter.next()){                            //next 方法移到下一行
    product_id = pIter.product_id();            //getter 方法从迭代器读数据
    quantity  = pIter.quantity();
    //... Do other things
    }
```

● 使用 SQLJ 读取多行数据的 FETCH INTO 方式：

```
#sql iterator Shopping_item (int product_id, int quantity);
Shopping_item pIter;
#sql [ctx] pIter = {SELECT product_id, quantity FROM estore.shopping_cart};
```

```
while(true){
  #sql {FETCH :pIter INTO :product_id, :quantity }; //FETCH 语句从迭代器读数据
  if (pIter.endFetch()){            //判读是否取完最后一行
    break;
  }
  //... Do other things
  }
  pIter.close();
```

从上面的对比中，可以看到 SQLJ 程序的开发比 JDBC 要简洁得多。

另外，由于 SQLJ 基于 JDBC 实现，SQLJ 程序中也能使用 JDBC API。当需要在 SQLJ 程序中使用动态 SQL 语句时，就可以使用 JDBC 来完成这部分功能。

关于 SQLJ 和 JDBC 互操作的更详细内容，请参考第 7 章的相关内容。

6.3.6　示例：用 SQLJ 存储过程实现订单处理

我们已经学习了 SQLJ 存储过程的很多技术,本节将整合前面学习的各种技术,用 SQLJ 存储过程来完成一个具体的应用。为了与 JDBC 存储过程进行比较，我们照搬了 6.2.8 节的应用背景，用 SQLJ 存储过程实现 ESTORE 中订单处理的完整功能，订单处理的步骤包括向购物车添加商品、创建订单、支付订单、完成订单等。

请看下面的 SQLJ 程序，用到的技术包括连接上下文定义和默认上下文的获取，迭代器的定义和使用，嵌入式静态 SQL 的使用技巧等。与 JDBC 代码相比，可以看到实现相同功能的 SQLJ 代码要简洁得多。

```
package com.estore;

import java.sql.*;  // JDBC core classes
import sqlj.runtime.*; // SQLJ API
import sqlj.runtime.ref.*; // SQLJ API

#sql context EstoreContext;        //SQLJ 的连接上下文定义
#sql iterator Shopping_item (int product_id, int quantity);  //定义迭代器

public class Order {
////往购物车中添加商品
public static void add_item_to_cart(int prod_id, int quantity)
  throws SQLException{
  int prod_exists = 0;
  try {
    //获取默认的 SQLJ 的连接上下文
    EstoreContext ctx = new EstoreContext("jdbc:default:connection", false);
    //SQLJ 的静态 SQL, 含有宿主变量, 并在 ctx 上下文中执行
    #sql [ctx]{ SELECT count(*) INTO :prod_exists FROM estore.shopping_cart
           WHERE product_id = :prod_id };

    if(prod_exists == 0) { //如果商品在购物车中不存在，插入新记录
```

```
      #sql [ctx]{ INSERT INTO estore.shopping_cart
                  VALUES(:prod_id, :quantity) };
    }
    else {                    //购物车中已有此商品，更新数量
      #sql [ctx]{ UPDATE estore.shopping_cart
                  SET quantity = quantity + :quantity
                  WHERE product_id = :prod_id };
    }
  }catch (SQLException e) {
    //log errors  可以做错误处理，比如记录错误日志
    throw new SQLException(e.getErrorCode() + ": add_item_to_cart FAILED");
  }
}// end of add_item_to_cart
```
//// 创建订单
```
public static void create_order(int cust_id, int[] order_id,
 double[] amount)throws SQLException{
  int new_order_id = 0;
  int product_id = 0;
  int quantity = 0;
  double total = 0.0;

  EstoreContext ctx = new EstoreContext("jdbc:default:connection", false);
  Shopping_item  pIter;    //声明一个迭代器，相当于游标变量

  #sql [ctx]{ SELECT estore.seq_order_id.nextval INTO :new_order_id
              FROM sysibm.sysdummy1 };    //生成订单 ID
  //计算订单的总额
  #sql [ctx]{ SELECT sum(p.price * s.quantity) INTO :total
              FROM estore.shopping_cart s, estore.product p
              WHERE s.product_id = p.product_id };
  //插入新的订单
  #sql [ctx]{ INSERT INTO estore.orders (order_id, customer_id, amount, status)
              VALUES (:new_order_id, :cust_id, :total, 'PROCESSING')};
  //将 SELECT 的结果集赋值迭代器，注意迭代器定义中的列与 SELECT 列匹配
  #sql [ctx] pIter = {SELECT product_id, quantity FROM estore.shopping_cart};

  while(pIter.next()){   //迭代器的操作
    product_id = pIter.product_id();   //从迭代器中去数据，也可以用另一种方式：FETCH
    quantity   = pIter.quantity();
    //更新库存，并添加订单的详细信息
    #sql [ctx]{ INSERT INTO estore.order_details
                VALUES (:new_order_id, :product_id, :quantity) };
    #sql [ctx]{ UPDATE estore.product SET inventory = inventory - :quantity
                WHERE product_id = :product_id };
  }
  order_id[0] = new_order_id; //设置返回值，订单 id 和订单总额
  amount[0] = total;
} // end of create_order
```

////支付订单
```
public static void charge_customer(int cust_id, double amount)
 throws SQLException{
  double orig_amount;
```

```
EstoreContext ctx = new EstoreContext("jdbc:default:connection", false);

#sql [ctx]{ SELECT account INTO :orig_amount FROM estore.customer
           WHERE cust_id = :cust_id };
if(orig_amount >= amount ) { //检查客户是否有足够的余额
   #sql [ctx]{ UPDATE estore.customer SET account = account - :amount
              WHERE cust_id = :cust_id };
}
else {
 throw new SQLException("No enough accout!");
}
} // end of charge_customer
//// 完成订单
public static void complete_order(int order_id) throws SQLException{

EstoreContext ctx = new EstoreContext("jdbc:default:connection", false);
// 更新定单的状态为 COMPLETE
#sql [ctx]{ UPDATE estore.orders SET STATUS = 'COMPLETE'
           WHERE order_id = :order_id };
} // end of complete_order
}
```

部署这些 SQLJ 存储过程的脚本如下，正好对应 6.3.2 节讲到的几个步骤：

```
cd /home/db2admin/java_ch6/sqlj

sqlj com/estore/Order.sqlj

db2sqljcustomize -url jdbc:db2://localhost:50001/ESTORE -user -user db2admin
-password passw0rd com/estore/Order_SJProfile0.ser
jar cvf Order.jar com/estore/*.class com/estore/*.ser

db2 "call sqlj.remove_jar('ESTORE.ORDER');

db2 "CALL sqlj.install_jar('file:/home/db2admin/java_ch6/sqlj/Order.jar', 'ESTORE.
ORDER')";

db2 -tvf reg_orders.sql
```

这里，注册 SQLJ 存储过程的 DDL 语句与 JDBC 存储过程完全一致，这充分说明 SQLJ 和 JDBC 存储过程的接口是一样的，只是在 Java 程序实现方式上有所不同。

6.3.7　DB2 中 JAR 文件的管理

我们曾多次强调，在 Java 存储过程开发中，创建并使用 JAR 包是一种良好的开发习惯。DB2 提供了四个内置的 SQLJ 存储过程，帮助我们管理 JAR 文件。

● SQLJ.INSTALL_JAR：语法为 CALL sqlj.install_jar(jar-url, jar-id)。将 JAR 文件安装到 DB2 中。当 DB2 类装载器寻找要装载的存储过程对应的 Java 类时，它会通过 jar_id 找到 JAR 文件并且装载这个存储过程。

- ● SQLJ.REPLACE_JAR：语法为 CALL sqlj.replace_jar(jar-url, jar-id)。用一个新副本替换 DB2 中的 JAR 文件。如果存储过程由于任何更改而重新编译过，那么这个操作特别有用。

- ● SQLJ.REMOVE_JAR：语法为 CALL sqlj.remove_jar(jar-id)。从 DB2 中删除 JAR 文件。如果打算删除存储过程并且不会重新创建它，那么这个操作就有用了。不过，删除 JAR 文件时，必须先删除创建在这个 JAR 文件中的存储过程，否则无法删除并报错。

- ● SQLJ.REFRESH_CLASSES：语法为 CALL sqlj.refresh_classes(void)。在 DB2 实例中刷新所有的 Java 类。当存储过程对应 Java 类被更新时，需要调用它促使 DB2 重新装载新的类。如果没有使用这个命令，DB2 将使用类的旧版本。它一般与 SQLJ.REPLACE_JAR 结合使用。

| 提示 | SQLJ.INSTALL_JAR 和 SQLJ.REPLACE_JAR 里面的 jar-url 只支持 file 协议，而且文件路径也只能是绝对路径。 |

使用 SQLJ 存储过程管理 JAR 包的示例如下：

```
--必须先删除 JAR 定义的存储过程，才能删除 JAR 包
DROP PROCEDURE estore.GetCustomerAcc;
CALL SQLJ.REMOVE_JAR ('ESTORE.CUST');
CALL SQLJ.INSTALL_JAR ('file:/home/db2admin/estore/Customer.jar','ESTORE.CUST');
--在 JAR 包上创建存储过程
CREATE PROCEDURE estore.GetCustomerAcc(IN cust_id INTEGER,
                        OUT account double)
    … …
    EXTERNAL NAME 'ESTORE.CUST:com.estore.Customer.GetAccount';
--由于某种原因更改了 Java 实现，需要更新 JAR 包
CALL SQLJ.REPLACE_JAR ('file:/home/db2admin/estore/Customer.jar','ESTORE.CUST');
CALL SQLJ.REFRESH_CLASSES();
```

| 提示 | 在 Java 存储过程编程中，创建并使用 JAR 包是一种良好的开发习惯，而这 4 个内置的 SQLJ 存储过程为 DB2 中 JAR 包的管理提供了极大的方便。 |

6.4　Java 过程的"无毒"处理和"无邪"调试

6.4.1　消灭错误，世界清静了

调用存储过程时，如果出现错误，往往让初学者手足无措。事实上，与所有应用程序一样，初次写完的 Java 存储过程往往会有些问题，尤其是那些实现逻辑比较复杂的存储过

程，所以错误处理和调试也是必不可少的步骤。

其实，如果使用正确的方法，存储过程的错误处理和调试并不是想象中的那么难。根据返回的 SQLCODE 和错误信息，就可以基本明确错误原因；然后修改程序代码、正确配置环境和参数、更正创建存储过程 DDL 等方式；最后，重新部署存储过程，运行并验证结果。

存储过程调用出现的错误，总体上可以分为如下两类。

- 配置和部署不当引起的错误：错误引起的原因可能是 Java 环境的配置不当、DB2 参数配置问题、存储过程 DDL 或 Java 类和方法的声明有问题等。这时，调用存储过程后，DB2 返回一个 SQLCODE，并包含确切的错误信息。可以根据这个错误信息进行错误定位和处理。

- Java 程序的实现逻辑存在错误：程序抛出未知异常，或者程序运行的结果不正确。这一般就是 Java 代码本身有错误，我们需要对 Java 程序进行调试，定位和处理错误。

不论是因为 Java 程序代码本身有问题，还是运行环境、参数配置不当，如果出现错误，都有一个错误处理的流程，如图 6-5 所示。

图 6-5　Java 存储过程的错误处理流程

从另一个角度说，存储过程出现调用错误时，可以检查如下四方面的内容来解决错误：

（1）检查 Java 环境是否配置得当。按照 6.1.3 节提到的 Java 环境设置，检查 JDBC 驱动和 SQLJ 驱动是否配置正确，以及 JAVA_HEAP_SZ 参数是否足够大？

（2）检查 Java 代码的逻辑是否正确。如果必要，可以使用 6.4.2 节的方法进行调试或者增加调试跟踪信息。

（3）检查 JAR 包或者 Java 类文件是否放在正确的路径上，比如 sqllib/function。尤其在使用 Java 包的时候，更需要注意，这时，如果使用 JAR 包，我们需要在 Java 包的顶级目录来创建 JAR 包，然后安装到正确的位置；而如果直接复制 Java 文件，需要保证 Java 类文件位于 sqllib/function 下与 Java 包结构一致的目录结构中。

（4）检查创建存储过程的 DDL 是否有误：检查存储过程对应的 Java 方法是否为公共；存储过程定义中的 EXTERNAL NAME 是否正确地指向唯一的公共 Java 方法，包括 JAR 包名、Java 包名、类名和 Java 方法名,而且这些名字都是大小写敏感的;检查存储过程的参数列表是否与 Java 方法声明的参数列表匹配;存储过程的参数风格是否设置正确。

表 6-2 列出了 Java 存储过程的一些常见运行错误及应对措施。

此外,DB2 诊断日志是错误处理和调试存储过程中一个重要的帮手。有时存储过程会因为一些严重的错误而异常终止,返回错误的 SQLCODE,如 SQL4302N 等。这时,我们需要查看 db2diag.log 诊断日志文件,调查分析发生错误的具体原因。通常 DB2 诊断日志文件会给我们更多的信息,比如告诉我们发生了空指针异常、系统配置和访问权限等错误,这对我们处理存储过程错误大有帮助。

6.4.2 调试 Java 存储过程很难吗

如果程序的应用逻辑有问题,往往需要调试。而存储过程的调试一直是个老大难的问题。比如,由于 JDBC 存储过程是由 DB2 内部调用 JVM 来执行 Java 字节码的,无法输出到控制台,因此不能用 System.out.println 打印信息来调试 Java 存储过程。

表 6-2 Java 存储过程运行错误以及应对措施

错　误	原　因	措　施
SQL4306N Java 存储过程或用户定义函数不能调用其对应的 Java 方法	DB2 找不到由创建存储过程的 EXTERNAL NAME 子句给定的 Java 方法,或者 Java 方法声明的参数列表可能与存储过程的参数列表不匹配,或者它可能不是公共方法	1. 检查 CALL 语句调用的存储过程名称和参数类型是否正确 2. 检查 JAR 或 calss 文件是否正确地安装在指定的位置,如 sqllib/function 目录,特别是含有 Java 包结构的情况
SQL4304N Java 存储过程或用户定义的函数不能装入 Java 类	1. RC=1:在 CLASSPATH 上找不到该类。往往可能是我们在 DDL 发生了拼写错误; 2. RC=2:该类未实现必需的接口 COM.ibm.db2.app.Stored Proc 或缺少公共访问权标志	3. 检查存储过程 DDL 中的 EXTERNAL NAME 子句是否指定了正确的 JAR 包名、Java 类名和 Java 方法名,而且参数列表是否与 Java 方法的参数列表匹配
SQL20204N 存储过程或用户定义函数无法映射至单个 Java 方法	存储过程找不到匹配的 Java 方法,或者找到多个匹配的 Java 方法	4. 检查存储过程 DDL 的参数风格,如果为 DB2GENERAL,则对应的 Java 类必须继承接口 COM.ibm.db2.app.StoredProc
SQL4302N Java 存储过程或用户定义函数由于异常而终止	存储过程由于异常而终止。通常可能是 Java 代码出现错误	检查 db2diag.log 诊断日志,找到错误,或者用 6.4.2 节的方法调试 Java 程序,然后修正 Java 代码,重新部署
SQL4301N Java 或.NET 解释器启动或通信失败	启动或与 JVM 通信时出错。可能是因为 Java 环境变量或 Java 数据库配置参数无效,如 JDK_PATH 和 JAVA_HEAP_SZ 配置失当或 db2java.zip 不在 CLASSPATH 中等	1. 检查 JDK_PATH 是否指向正确的目录,CLASSPATH 中是否包含 db2java.zip,请参考 6.1.3 节中 Java 环境的设置 2. 检查是否指定了足够大的 java_heap_sz

不过，对于 Java 存储过程，至少有三种方法，来获取存储过程运行的内部情况：

● 添加 main 方法进行调试。

● 将跟踪调试信息记录写到文件中。

● 将跟踪调试信息记录写到临时表中，并通过结果集返回。

1．添加 main 方法进行调试

第一种方法就是在 Java 类中添加 main 方法，试图绕过存储过程，直接在 DB2 外面运行 Java 代码，进行调试工作。这时，可以使用一般的 Java 程序调试方法，比如输出信息到控制台，或者直接在图形化开发工具中进行调试等。

添加 main 函数调试存储过程，并将调试信息打印到控制台的代码如下所示：

```java
import java.sql.*; // JDBC core classes
public class Customer {
public static void GetAccount(int cust_id, double[] acc)
   throws SQLException{
   System.out.println("D[10]:Enter GetAccount function...");
   try {
     //Connection con = DriverManager.getConnection("jdbc:default:connection");
     Connection con = DriverManager.getConnection("jdbc:db2:estore",
                "db2admin", "passw0rd");  //获取 DB2 的连接，不能使用默认连接
   System.out.println("D[20]:Get connection sucessfully!");
   String qry = "SELECT account FROM estore.customer where cust_id = ? ";
   PreparedStatement pstmt = con.prepareStatement(qry);
   pstmt.setInt(1,cust_id);

   System.out.println("D[30]:SQL Query is : " + qry ); //打印 SQL 语句
   ResultSet rs = pstmt.executeQuery();
   System.out.println("D[40]:Run Query sucessfully!");
   if(rs.next()){
       acc[0] = rs.getDouble(1);
       System.out.println("D[50]: The result account is " + acc[0] );
   }
   if (rs != null) rs.close();
   if (pstmt != null) pstmt.close();
   if (con != null) con.close();
   }catch (SQLException e) {
      e.printTrace();
     throw new SQLException(e.getErrorCode() +
          " : Get customer account failed!");
   }
   System.out.println("D[60]:Exit GetAccount function...");
}
public static void main(String args[]) throws Exception{
    Class.forName("com.ibm.db2.jcc.DB2Driver");
    double[] acc = new double[1];
   GetAccount(1, acc);
   System.out.println("D[70]:The account = " + acc[0] + " for customer id=1" );
 }
}
```

请注意，使用 main 方法时，需要使用 DriverManager 或 DataSource 接口来建立数据库连接，而不能像 Java 存储过程那样获取默认的 DB2 连接。

确保 Java 代码没有问题后，在 Java 方法中恢复使用默认连接上下文，然后将存储过程部署到 DB2 中。

2. 将跟踪调试信息记录写到日志文件

第二种方法，可以使用日志文件来记录调试信息，比如可以在存储过程的 Java 类中添加 logf() 方法，利用这个方法在代码中将调试信息输出到文件，代码如下所示：

```java
public class Customer {
  private static final String logDir = "/home/db2admin/log";
  public static PrintWriter printer = null;
  private static void logf(int probe, String logContent ) {
    printer.println("D[" + probe +"]: " + logContent );
  }
  public static void GetAccount(int cust_id, double[] acc)
    throws SQLException{
    printer = new PrintWriter( new FileWriter(logDir+"/debug.log"), true );
    logf(10, "Enter GetAccount function...");
    try {
      //Connection con = DriverManager.getConnection("jdbc:default:connection");
      Connection con = DriverManager.getConnection("jdbc:db2:estore",
                    "db2admin", "passw0rd");
      logf(20, "Get connection sucessfully!");
      String qry = "SELECT account FROM estore.customer where cust_id = ? ";
      PreparedStatement pstmt = con.prepareStatement(qry);
      pstmt.setInt(1,cust_id);
      logf(30, "SQL Query is : " + qry );
      ResultSet rs = pstmt.executeQuery();
      logf(40, "Run Query sucessfully!");
      if(rs.next()){
       acc[0] = rs.getDouble(1);
       logf(50, "The result account is " + acc[0] );
      }
      if (rs != null) rs.close();
      if (pstmt != null) pstmt.close();
      if (con != null) con.close();
    }catch (SQLException e) {
        logf(60, "Catch Exception In GetAccount" + e.toString() );
        throw new SQLException(e.getErrorCode() +
            " : Get customer account failed!");
    }
    logf(70, "Exit GetAccount function...");
  }
}
```

然后，将这个程序注册成 Java 存储过程在 DB2 中运行，并检查日志文件，看存储过程是否运行正确。当然这仅仅是个示例，在实际使用这个方法时，一般都会在存储过程中加一个开关参数（比如，其值为 ON 或者 OFF），来表示运行存储过程是否打开调试模式，而日志文件的名字也应该随机生成，因为可能有多个人同时调用同一个存储过程。

3. 将跟踪调试信息记录写到临时表中，并通过结果集返回。

这个方法通过临时表来保存调式信息，并在最后以结果集的方式返回。这时一般需要为存储过程的 Java 方法添加两个参数：一个参数表示是否打开跟踪调试，一个参数用来返回动态结果集。

```
import java.sql.*;  // JDBC core classes
public class Customer {
 public static boolean traceOn = false;
 public static Connection con = null;
 private static void init(int traceParm) throws Exception {
  con = DriverManager.getConnection("jdbc:default:connection");
  if(traceParm == 1) traceOn = true;
  else traceOn = false;
  if(traceOn) {
   Statement stmt = con.createStatement();
   stmt.execute("DECLARE global temporary table SESSION.TRACE_TAB" +
     "(function varchar(20), probe int, info varchar(100))" +
     " on commit delete rows with replace");  //声明临时表用于存调试跟踪信息
   stmt.close();
  }
 }

 private static void traceData(String function, int probe,
   String logContent) throws SQLException {
  if(traceOn) {
    PreparedStatement pstmt =
      con.prepareStatement("INSERT INTO SESSION.TRACE_TAB " +
                 " (function, probe, info)" +
                 " VALUES (?,?,?)");    // 插入调试跟踪信息
    pstmt.setString(1, function);
    pstmt.setInt(2, probe);
    pstmt.setString(3, logContent);
   pstmt.executeUpdate();
   pstmt.close();
  }
 }

 public static void GetAccount(int cust_id, double[] acc, int traceParm,
   ResultSet[] traceRes) throws Exception{   //Java方法添加两个 trace 参数

 init(traceParm);
 traceData("GetAcount", 10, "ENTER");
 PreparedStatement pstmt = con.prepareStatement(
   "SELECT account FROM estore.customer where cust_id = ? ");

 pstmt.setInt(1,cust_id);
 ResultSet rs = pstmt.executeQuery();

 traceData("GetAcount", 20, " Execute the query successfully!");
```

```
    if(rs.next()){
      acc[0] = rs.getDouble(1);
    }
    traceData("GetAcount", 30, " The result account is " + acc[0]);
    if(traceOn) {
      Statement stmt = con.createStatement();
      //返回调试跟踪信息的结果集
      traceRes[0] = stmt.executeQuery("SELECT * FROM  SESSION.TRACE_TAB");
    }
    if (rs != null) rs.close();
    if (pstmt != null) pstmt.close();
  }
}
```

在调用存储过程时，通过输入不同的参数值来决定是否启用调试模式。

在大型项目实践中，调试跟踪信息是必不可少的，最常用的是第 3 种方法，用临时表记录跟踪调试信息。我曾经参与一个大型项目中的存储过程开发，调试信息也正是用这种方式嵌入程序中的。

存储过程的错误处理和调试，需要不断地学习实践。在项目实践中遇到存储过程调用错误时，仔细地进行分析，明确产生的原因，找到相应的应对措施，并加以归纳总结，对我们提高开发水平、保证产品质量和提高工作效率等方面都非常重要。

6.5　精彩絮言："蚝"情万丈

2011 年 1 月 6 日　　　　　笔记整理　　　　　　　　　　地点：珠海

在香港过完圣诞节，1 月初我又返回了珠海。在这次技术服务的最后一天，小芸陪我去横琴岛过美食节，一尝生蚝，二品生活。

在路上，她问道："车站现场设备系统这个项目是用 Java 来开发的，项目组成员也有很丰富的 Java 开发经验。相比另外两个项目组，这个项目组的问题应该是最少的，实施最顺利的吧？"

我笑着回答："可以说是天时、地利。在天时上，首先 Java 语言本身生命力极强，它的粉丝群体已经超过 C++的规模，Java 程序员薪酬、职业规划方面都有先天优势，而 DB2 面对 Java 这么大的应用人群，一定会提供优秀的接口，方便存储过程开发，这是天时；在地利上，在珠海为何见这么多'候鸟'族，还不是此地适合发展？这是地利。"

到了现场后，我了解到项目组在 Oracle 平台上具有使用 Java 语言开发存储过程的经验，但是对在 DB2 平台上使用 Java 开发存储过程并不熟悉。于是，我花了一天半的时间，重点讲述了使用 Java 语言开发 DB2 应用和 Oracle 应用的不同之处，并且通过现场演示手把手地教大家如何实际操作。结束时，大部份人已经初步掌握了方法，关键是信心得到了显著提高。

在生蚝生态园，小芸捞的生蚝真是饱满肥美，我一边支起烤架，一边打开了话匣子："其实，刚开始建议使用 Java 开发的时候，大家还是有一些困惑的。为了帮助大家打消顾虑，我从项目的角度入手，为他们深入讲解了 Java 开发存储过程的思路和方法。作为咨询顾问，不但要教给大家如何去做，更重要的是要让大家弄清楚为什么要这样做。"

小芸反驳说，"说起来容易做起来难，你是怎么让大家信服的？"我回答："首先是从性能上考虑，我告诉大家，用 Java 语言开发的存储过程，运行效率上和 PL/SQL、SQL PL 没什么不同。其次，考虑到他们以前曾熟练使用 Java 开发过 Oracle 存储过程，对 Java 语言非常熟悉，而在 DB2 上开发存储过程，只是语法不同而已。"

小芸真是"蚝"情万丈，顾不得烫嘴，更顾不上一个女孩子的斯文，一口咬掉半个肥蚝，打断我的话，说道："看您说得口干舌燥的，其实让他们多看看"舞动 DB2"系列的书就行了。"小芸的话，让我一时有些飘飘然，等我缓过神来，发现已经答应小芸去成都指导客户端开发的重任了。

6.6　小结

本章介绍了在 DB2 中使用 JDBC 或者 SQLJ 开发 Java 存储过程的技术。JDBC 和 SQLJ 都提供了对 Java 存储过程的支持，它们各有特点，既有区别又有联系。SQLJ 技术简洁的静态 SQL 语法和良好的安全访问机制，使得它特别适合于 Java 存储过程的开发。

Java 存储过程开发中，最让初学者困惑的是存储过程的开发和部署流程。因此，本章深入浅出地讲解了 JDBC 存储过程和 SQLJ 存储过程的开发和部署完整流程。在此基础上，分别用 JDBC 存储过程和 SQLJ 存储过程实现了订单处理这个应用场景。通过这种强烈的对比，让读者对 JDBC 和 SQLJ 的编程技术有更深刻的体会。

最后，介绍了 Java 存储过程出错时一般的处理方式，并针对 Java 存储过程调试难的问题，介绍了几种常用的调试方法。

通过本章的学习，相信读者已经轻松掌握 Java 存储过程的开发了。

第 7 章
Java EE 平台下开发 DB2

　　Java EE 平台提供了一组企业级的技术规范与指南，其最大的成就在于让各种遵循 Java EE 架构设计的应用平台之间能够在最大程度上实现兼容，从而解决了过去企业内部各个应用系统之间无法兼容，难以互通的难题。

　　本章会带你去学习如何在 Java EE 平台下开发 DB2 数据库应用。我们会通过对比的形式学习 JDBC 和 SQLJ 这两种标准接口的具体使用方法：从建立数据库连接到执行 SQL 语句，一步步带你深入数据库应用开发的每个方面。此外，会讨论一下数据持久化编程技术。最后，还会花一些篇幅来探讨一下 Oracle 和 DB2 在 Java EE 平台下开发应用程序的区别，并让大家认识到如何通过"三步走"实现将应用程序从 Oracle 迁移到 DB2 平台上。

在前面的三个章节中从 DB2 服务器端编程的角度向大家介绍了存储过程、用户自定义函数和触发器等的开发技术。接下来会用两个章节的篇幅来介绍 DB2 客户端编程的方法和技巧。

7.1　DB2 和 Java EE

Java EE（Java Enterprise Edition）的大名可谓是无人不知无人不晓。作为一个开放的标准，Java EE 一直是开发企业级应用的主流平台，是能与.NET 平台分庭抗礼的强者。但是在大型 Java EE 开发项目中，每个开发人员大多只参与到某一个模块的开发中，很多时候只见树木，不见森林。这样几年下来，虽然可以积累丰富的 Java EE 开发经验，但是 Java EE 技术博大精深，如何突破技术瓶颈，成为 Java EE 应用系统的架构师呢？特别地，如何基于 DB2 数据库构建性能优良、具有可扩展性的 Java EE 应用系统？这便是本章讨论的主题。

首先，让我们来认识一下 Java EE 的世界是如何建立起来的。

7.1.1　从 J2EE 到 Java EE

相比于 Java EE 这个名字，或许 J2EE 叫起来更加响亮，更耳熟能详。J2EE 是 Java 2 Platform Enterprise Edition 的缩写，即 Java 2 平台企业版，它是针对创建服务器应用程序和服务来设计的，自推出以来就被广泛用于企业级应用的开发中。同时，Java 还提供针对桌面系统设计的 Java 2 平台标准版（Java 2 Platform Standard Edition，J2SE），以及针对小型设备和智能卡设计的微型版本（Java 2 Platform Micro Edition，J2ME）。由于 Java 简单易用，并具有良好的可移植性，一时间，Java 程序员数量暴增，Java 语言一跃成为最流行的编程语言之一。时至今日，Java 的版本已经进化到了版本 6，J2EE 的这个"2"显得非常不合时宜了，于是改叫 Java EE 了。不过仍有不少开发人员还在使用 J2EE 这个名称。

Java EE 的核心思想是提供一套完整的应用系统架构，按照标准的组件对架构进行划分，从而简化并且规范企业应用系统的开发和部署，提高企业应用的伸缩性和可重用性。

Java EE 使用多层的分布式应用模型。应用逻辑按照功能划分成不同的组件，各个组件再根据其所在的层分布在不同的服务器上。典型的 Java EE 分为四层结构，如图 7-1 所示：客户层、Web 层、逻辑层和 EIS（Enterprise Information System，企业信息系统）层。

● 客户层组件

Java EE 客户端应用程序可以是基于 web 方式的，也可以是基于传统的窗口界面方式。

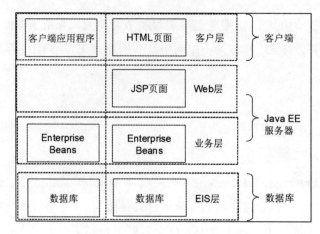

图 7-1　Java EE 的四层结构

- Web 层组件

Java EE Web 层组件可以是 JSP 页面或 Servlets。按照 Java EE 规范，静态的 HTML 页面和 Applets 不算是 Web 层组件。Web 层可能包含某些 JavaBean 对象来处理用户输入，并把输入发送给运行在业务层上的 Enterprise Beans 进行处理。

- 业务层组件

业务层用来实现银行、零售、金融等领域的业务逻辑，由运行在业务层上的 Enterprise Beans 进行处理。Enterprise Beans 从客户端程序接收数据，进行必要的处理，并发送到 EIS 层存储。

- EIS 层

EIS 层包括企业基础建设系统，例如企业资源计划（ERP）系统、大型机事务处理系统、数据库系统和其他信息系统等。Java EE 应用组件与数据库相关的所有操作都需要访问 EIS。因此，与数据库应用开发最息息相关的就是 EIS。

Java EE 平台提供了一系列标准的 API 接口，用于在不同的分层上实现标准的组件功能。对于数据库开发部分，这个标准的 API 就是 JDBC 和 SQLJ。

本章将主要关注于如何利用 JDBC 和 SQLJ 这两个标准组件进行基于 DB2 的 Java EE 应用程序开发。

7.1.2　准备 Java 数据库开发环境

正如前面提到的，用 Java 开发 DB2 数据库的应用，有两种通用的 API：JDBC 和 SQLJ。基于 JDBC 和 SQLJ 的 Java 应用程序具有很好的可移植性，只需要进行非常小的改动就可以在不同的数据库之间迁移。

如图 7-2 所示，Java 应用程序通过 JDBC 驱动或 SQLJ 驱动访问 DB2 数据库。

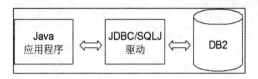

图 7-2　Java 应用调用数据库

因此，在进行开发工作之前，我们首先需要在开发环境中安装好 JDBC 和 SQLJ 的驱动。默认情况下，在安装 DB2 Server 或者 Client 的同时，JDBC 和 SQLJ 的驱动都会被自动安装好。也可以从以下安装介质中获得 JDBC 和 SQLJ 的驱动程序：

● DB2 Data Server Edition
● IBM Data Server Client
● IBM Data Server Runtime Client
● IBM Data Server Deriver for JDBC and SQLJ

JDBC 和 SQLJ 的驱动程序是由一组.zip 和.jar 文件组成的，如表 7-1 所示。

表 7-1　DB2 驱动程序版本和文件对照表

驱动名称	驱动类型	安装文件	支持的 JDBC 版本	最低 Java SDK 版本的要求
DB2 JDBC Type 2 Driver for LUW（deprecated）	Type 2	Db2java.zip	JDBC 1.2 和 JDBC 2.0	1.4.2
IBM Data Server Driver for JDBC and SQLJ	同时包含 Type 2 和 Type 4	Db2jcc.jar 和 sqlj.zip	兼容 JDBC 3.0	1.4.2
		Db2jcc4.jar 和 sqlj4.zip	兼容 JDBC4.0 及以前版本	6

DB2 V9.7 版本提供的 JDBC 驱动.程序包含了最流行的 Type 2 和 Type 4 这两个类型。其中 Type 2 类型为本地调用类型，要求执行 JDBC 应用程序的机器上必须安装有 DB2 的客户端才可以执行调用，如图 7-3 所示。

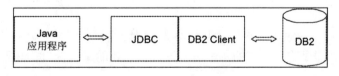

图 7-3　JDBC Type 2 示例

而 Type 4 是由纯 Java 编写的驱动，它将 JDBC 的调用转化为网络协议层，直接和 DB2 实现交互，而不需要额外安装 DB2 客户端，是应用最广泛的 JDBC 驱动类型，如图 7-4 所示。

图 7-4　JDBC Type 4 示例

| 问道 | 在实际编写应用程序时，如何获取当前需要使用的 JDBC 驱动类型呢？ |

| 答曰 | 在默认情况下，当安装 DB2 server 或者 client 之后，系统会默认使用 JDBC 3.0 的驱动，即安装过程会自动将 db2jcc.jar 和 sqlj.zip 这两个文件加入到系统的 CLASSPATH 路径当中。如果你需要使用 JDBC 4.0 的驱动，那么请手动将 CLASSPATH 中这两个文件替换为 db2jcc4.jar 和 sqlj4.zip。 |

| 注意 | DB2 V9.7 提供的 JDBC Type 2 驱动库文件 db2java.zip 为旧版本的实现，今后将不再进行更新，所以不提倡大家使用。 |

虽然 DB2 仍然保留对了 JDBC Type 2 的支持，但是在实际应用开发中，Type 2 已经很少使用了。在本章的例子中，虽然我们同时给出了 Type 2 和 Type 4 的示例，但是在选择 JDBC 版本时，还是建议大家尽量选择使用 Type 4。

在了解 DB2 JDBC/SQLJ 驱动程序的组成和版本的区别之后，下面就让我们开始 Java 数据库应用程序开发之旅吧！首先我们会先去看一下如何使用 JDBC 的动态 SQL 开发 Java 应用。稍后，探究一下使用 SQLJ 的静态 SQL 编程的奥妙。

7.2　与 JDBC 共舞

几乎 80% 以上的 Java 数据库应用程序及 Java 存储过程都是使用 JDBC 编写的。每天数以亿万计的 JDBC 程序跑在全球的各个角落。这么重要的编程接口，必须要掌握。

虽然 JDBC 非常重要，但使用起来并不复杂。在 JDBC 编程中，需要掌握的核心接口只有三种：Connection、Statement 和 ResultSet。Java 应用的数据库操作就是与这三个对象打交道：连接数据库、执行 SQL 语句、处理结果集。掌握了这三个接口，就掌握了 JDBC 编程。无论业务逻辑多么复杂，落在数据库的层面，一切就这么简单！这也是我喜欢数据库的原因：有一种演奏音乐的奇妙感觉，只要抓住了它的韵律，其余的部分就可以自由发挥了。

7.2.1　数据库连接从 DriverManager 开始

DriverManager 是最常见的建立数据库连接的方式，大家见过的绝大部分示例程序都是使用 DriverManager 编写的。由于它简洁易懂，很多人开始接触 JDBC 时的"Hello World"程序也都是使用 DriverManager 编写的。

但是很多人并不知道，在使用 JDBC 驱动建立数据库连接时，其实是有两种方式可以选择的，即 DriverManager 和 DataSource。两种方法各有各的特点：在开发简单应用的情况下，我们往往使用 DriverManager 来完成数据库连接。在开发大型应用项目中，特别是配合中间件开发或者考虑到程序在异构数据库之间的移植性时，DataSource 是最佳的选择。

首先看一下如何使用 DriverManager 建立数据库连接。我们会在下一节中讨论 DataSource 的使用方法。

在 7.1.2 节中，我们知道 DB2 分别支持 JDBC Type 2 和 Type 4 两种类型的驱动。在编写 JDBC 程序时，这两者的区别主要体现在建立数据库连接上。

下面用两个例子分别阐述 Type 2 和 Type 4 的数据库连接是如何建立的。

建立 Type 2 数据库连接：

```java
import java.sql.*;    //JDBC 的主包
class testType2 {
public static void main (String argv[]){
try {
Connection con = null;

//加载 JDBC 驱动
Class.forName("com.ibm.db2.jcc.DB2Driver");

//设定 JDBC 连接字符串
String url = "jdbc:db2:SAMPLE";
String username = "db2adm";
String passwd = "password";

//通过连接字符串，用户名和密码建立数据库连接
con = DriverManager.getConnection(url,username,passwd);

con.close();
}
catch (Exception e) {
e.printStackTrace();}
}}
```

建立 Type 4 数据库连接：

```
import java.sql.*;
class testType4 {
public static void main (String argv[]){
try {
Connection con = null;
Class.forName("com.ibm.db2.jcc.DB2Driver");

//注意字符串连接格式的不同
String url = "jdbc:db2://127.0.0.1:50000/SAMPLE";
String username = "db2adm";
String passwd = "password";
con = DriverManager.getConnection(url,username,passwd);
con.close();
}
catch (Exception e) {
e.printStackTrace();}
}}
```

有人看到上面的两种连接，会说："咦？代码看着差不多啊？"请注意，在连接字符串上是有区别的，这种区别非常关键，请看下文。建立数据库连接有如下 4 个要点。

（1）Import java.sql.*：java.sql 这个包是进行数据库开发的核心，包含了 JDBC 提供的所有核心类的定义和 API 接口。所以在进行 JDBC 应用开发时，必须是引用这个包。

（2）Class.forName：这个方法的功能是装载 IBM Data Server Driver for JDBC and SQLJ 的驱动程序。

> **注意**　在这两个示例程序中，我们装载的类名为 "com.ibm.db2.jcc.DB2Driver"，对应 Type 2 的类包含在 db2jcc.jar 和 sqlj.zip 文件中，对应 Type 4 的类包含在 db2jcc4.jar 和 sqlj4.zip 文件中。我们需要对 CLASSPATH 进行修改以控制具体使用的是哪一组文件。

> **注意**　不提倡使用 db2java.zip，但是如果需要使用，在 Class.forName 方法中应该指定 "com.ibm.db2.jdbc.app.DB2Driver"。

（3）连接字符串部分都是以 "jdbc:db2:" 为前缀开始的，区别在于，Type 2 的连接字符串直接填写数据库的名称即可，而 Type 4 的连接字符串需要填写完整的目标数据库服务器的 ip 地址、DB2 实例端口号及数据库名称。

> **注意**　前面已经介绍了，在使用 Type 2 类型的驱动时，必须在本地安装有 DB2 客户端。Type 2 的连接字符串之所以只需要填写数据库名称，原因就在于必须事先在 DB2 的客户端中配置好对目标数据库的连接信息。

（4）数据库的连接是通过 DriverManager.getConnection()方法建立的。在示例程序中我们提供的基本参数为连接字符串、用户名和密码。

注意	在 Type 2 的连接中，可以不提供用户名和密码，程序会使用当前系统的用户进行连接。但是在 Type 4 的连接中，用户名和密码是必需的，因为所有的 Type 4 连接都是通过 TCP/IP 远程连接进行的。如果没有提供用户名和密码，建立连接时会抛出异常。

注意	刚才在示范如何建立 Type 2 和 Type 4 的数据库连接的例子中，可以看到在进行数据库连接、执行数据库操作时，必须使用 try/catch 逻辑，以保证能够接收到异常信息。本书为了保证示例代码片段简洁，从这里开始就不再重复写出 try/catch 部分了。请读者在编程过程中一定要注意使用 try/catch。

只要你细心地遵守以上这 4 个要点，就能够顺利地建立 JDBC Type 2 和 Type 4 数据库连接。

但是对于复杂的应用程序来说，仅使用基础用法可能不够。下面看一下在建立连接时还有什么其他高级选项可供选择。

1．建立连接的属性列表

除了提供用户名和密码参数外，DriverManager.getConnection 的参数列表还有另外一种形式，即 DriverManager.getConnection(url, properties)。其中，properties 为 java.util.Properties 对象。与将连接参数写在 URL 中的方式不同，可以把用户名、密码等信息添加到 Properties 对象中，然后使用它来建立数据库连接。下面的示例演示了如何使用这种连接方式：

```
//建立一个 Properties 对象，以保存所有的参数对
Properties properties = new Properties();

//添加参数列表
properties.put("user", "db2admin");
properties.put("password", "password");
String url = "jdbc:db2://localhost:50000/sample";
//相比于填入用户名和密码，这里直接填入 Properties 对象
Connection con = DriverManager.getConnection(url, properties);
```

2．指定数据库连接参数

在通过 IBM Data Server for JDBC/SQLJ Driver 进行 Type 2 和 Type 4 的连接时，可以在连接字符串的结尾部分指定一系列 property = value 的二元组，每一个参数都必须以分号结尾。例如，通过指定参数对来打开 DB2 的 trace：

```
//以二元组的形式指定连接参数
String url = "jdbc:db2:SAMPLE" +
":user=db2adm;password=password;" +
"traceLevel=" +
(com.ibm.db2.jcc.DB2BaseDataSource.TRACE_ALL) + ";";
Connection con = java.sql.DriverManager.getConnection(url);
```

注意	DB2 已经预定义了一些参数的整型值。在使用预定义的参数时，必须将其整型值填写到连接字符串中。以上面的连接字符串为例，我们将整型值 com.ibm.db2.jcc. DB2BaseDataSource.TRACE_ALL 添加到连接字符串中，而不能直接在字符串中填写，如下面的使用方法就是错误的。

```
"traceLevel=com.ibm.db2.jcc.DB2BaseDataSource.TRACE_ALL"
```

注意	在使用 property=value 二元组时，中间不能夹杂有任何空格或者其他空白字符，否则会导致抛出异常。

7.2.2　更加弹性的 DataSource

通过 DriverManager 建立数据库连接非常简单，过程也非常清晰：首先通过 Class.forName 来获取驱动，然后指定 DB2 的连接字符串就可以了。因为它简单明了，所以很多程序员都倾向于使用这种方法。

但是 DriverManager 也有一些致命的弱点，那就是程序的可移植性差，代码中的驱动程序名称和连接字符串名称都依赖于特定的数据库。一旦需要将应用迁移到其他数据库上，程序就需要改动了。因此，当考虑到应用程序的可移植性时，使用 DataSource 来建立数据库连接是更好的选择。

下面的示例程序展示了如何使用 DataSource 对象来建立数据库连接：

```
import java.sql.*;
import javax.naming.*;
import javax.sql.*;
import com.ibm.db2.jcc.*;
............
//创建并初始化一个 SimpleDataSource 对象
DB2SimpleDataSource sds = new DB2SimpleDataSource();
sds.setDatabaseName("Sample");
sds.setDescription("Sample Database");
sds.setUser("db2admin");
sds.setPassword("password");

Connection con=sds.getConnection();

............
```

```
Context ctx=new InitialContext();

//通过 Context 的 lookup 方法来寻找已经注册过的数据源
DataSource ds=(DataSource)ctx.lookup("jdbc/sample");

//通过数据源的定义建立数据库连接
Connection con=ds.getConnection();
```

从这个例子中，我们可以看到整个过程分为以下 6 个步骤：

- 创建一个 DB2SimpleDataSource 对象。DB2SimpleDataSource 是 DB2 对 DataSource 类的一个实现。

- 通过 sds.set*Properties*()系列方法设置该 DB2SimpleDataSource 的属性，*Properties* 包括数据库名称、用户名和密码等。

- 通过 sds.getConnection()方法建立数据库连接。

- 如果 DataSource 已经在 JNDI 中注册过，我们可以创建一个 Context 对象来实现 DataSource 的获取。Context 对象是 JNDI（Java Naming and Directory Interface）的 组成部分，我们用它来注册和查找 DataSource。

- 通过向 Context.lookup()方法提供逻辑名称，我们可以找到之前定义好的 DataSource 对象。

- 通过 DataSource.getConnection()方法建立到数据库的链接。

在实际使用 DataSource 建立数据库连接的项目中，常常会配合中间件一起使用。一般 的做法是：在中间件如 WebSphere Application Server 中利用 JNDI 对所有数据库创建并管理 其相应的 DataSource，然后在其他 JDBC 应用程序中通过逻辑名称查找并使用这些预定义 好的 DataSource。例如在 7.2.3 节介绍连接池的例子中，我们可以看到在 Tomcat 中配置并 使用 DataSource 的方法。

凭借这样的方式，我们实现了数据源的统一管理，将 JDBC 应用程序和数据库对象解 耦。无论底层的数据库之后如何变化，只需要系统管理员修改相应的 DataSource 定义就可 以了。这些变化对于应用程序是不可见的，应用程序不需要进行太多修改。

在上面的示例中，我们使用的是 DataSource 对象在 DB2 中的实现之一—— DB2SimpleDataSource，是最简单、最常用的一种实现。实际上，IBM Data Server Driver for JDBC and SQLJ 一共提供了如下三种实现。

- com.ibm.db2.jcc.DB2SimpleDataSource：支持 IBM Data Server Driver for JDBC and SQLJ Type 2 和 Type 4 两种连接方式，但不支持连接池。

- com.ibm.db2.jcc.DB2ConnectionPoolDataSource：支持 IBM Data Server Driver for JDBC and SQLJ Type 2 和 Type 4 两种连接方式，并支持连接池。
- com.ibm.db2.jcc.DB2XADataSource：该实现支持连接池和分布式事务处理，但是连接池需要由应用服务器如 WebSphere Application Server 管理。该实现仅支持 IBM Data Server Driver for JDBC and SQLJ Type 4 连接方式。

在实际应用中，开发人员可以根据项目的需要选择最合适的 DataSource 类型。

7.2.3　选择连接池，拒绝手忙脚乱

对于所有大型数据库应用来说，数据库连接的管理都非常关键！我们都知道，大量并发的数据库连接可能导致数据库反应速度降低，严重的甚至会造成数据库宕机。想象一下，如果某企业举办了秒杀活动，吸引了数以万计的用户在线苦苦坚持到最后一秒钟，却因为应用程序对数据库连接的管理不当造成了并发压力太大，数据库无法及时响应。那么恐怕公司损失的就不仅仅是一次秒杀活动了，而是公司信誉受损和客户流失。

虽然有点危言耸听的意味，但是在应用程序层面集中管理数据库连接是非常必要的，这个实现方法就是使用连接池。

在不使用连接池的时候，每一个数据库连接都会在调用 getConnection()方法的时候建立，并为连接分配相关资源。而在调用 Connection.close()方法的时候，连接被关闭，相关资源被释放。这样就造成建立和关闭数据库连接所花的开销太大。

在启用了连接池的情况下，调用 close()方法时，并没有真正关闭一个数据库连接，而是将其放回到连接池中。当再次建立连接时，我们可以直接使用连接池中已经创建好的连接，实现连接的复用，减少了通信开销和资源管理的开销。

连接池对于应用程序来说是完全透明的。具体的连接池的设置是在应用服务器中实现的，如 WebSphere Application Server 或者 Tomcat 等。

这里列出了一个在 Tomcat 服务器中设置 DB2 连接池的简单例子。在 WEB-INF 下的 web.xml 文件中加入下面的代码：

```
<resource-ref>
    <description>Sample DB2 DataBase</description>
    <res-ref-name>jdbc/SAMPLE</res-ref-name>
    <res-type>javax.sql.DataSource</res-type>
    <res-auth>Container</res-auth>
</resource-ref>
```

在 Context.xml 文件中加入以下代码：

```
<Context>
  ......
  <Resource auth="Container" driverClassName="com.ibm.db2.jcc.DB2Driver"
  maxActive="10" maxIdle="5" maxWait="10000" name="jdbc/SAMPLE" username=
  "db2admin" password="password" type="javax.sql.DataSource" url="jdbc:
  db2:127.0.0.1:50000" />
  ......
</Context>
```

其中，主要的配置信息在 Context 当中的 Resource 部分设定：

● driverClassName 为驱动程序的名称，这里选择的是 com.ibm.db2.jcc.DB2Driver，即 IBM Data Server Driver for JDBC。

● maxActive=10 设定了连接池中的最大连接数为 10。

● maxIdle=5 设定了连接池中最多的空闲连接数为 5。

● maxWait=10000，即当连接池中的连接数大于 maxIdle 的时候，如果有一个连接的空闲时间超过了 maxWait 值，则将释放这个连接。如果连接池中的总连接数小于等于 maxIdle，则不会释放空闲的连接。

● name=jdbc/SAMPLE 指定了该数据源的逻辑名称。

● type="javax.sql.DataSource" 说明该资源的类型为 DataSource。

● url="jdbc:db2:127.0.0.1:50000" 指定了数据库的连接字符串，这里使用了 JDBC Type 4 的连接形式。

通过这样的配置，运行在该 Tomcat 服务器上的应用程序就可以通过以下形式来使用定义好的公共数据源，并且建立到这个数据源上的连接都将使用连接池进行管理。

```
DataSource ds = (DataSource) Context.lookup("jdbc/SAMPLE");
```

掌握了连接池的使用方法，还要知道如何恰当地配置连接池。对于 OLTP 系统来说，数据库的主要负载是大量的短事务操作，建立数据库连接所花费的时间占整个操作执行时间的比重较大。为了保证快速的响应时间和较好的并发度，连接池的最大连接数应该与应用的需求相适应。但是如果换到 OLAP 系统中，由于涉及复杂的查询，单个事务的执行时间一般较长。如果在这里使用连接池且配置不当，可能会造成由于数据库连接长期被占用，后面的事务无法得到连接而失败或长时间等待。因此，在使用连接池时，一定要根据应用系统的特点，进行正确的配置。

7.2.4 三招玩转 JDBC

对于数据库应用来说，最核心的逻辑是使用 SQL 语句来操作数据库的数据。JDBC 为我们提供了三个对象来处理不同类型的 SQL 语句，如表 7-2 所示。

表 7-2　执行 SQL 语句的三个 JDBC 对象

对象名称	创建该对象的 Connection 方法	描　　述
Statement	createStatement	用于执行不带占位符的 SQL 语句,包括不带任何参数的存储过程调用
PreparedStatement	prepareStatement	可用于执行带占位符的 SQL 语句,也可以调用不带输出参数和结果集的存储过程
CallableStatement	prepareCall	用于调用存储过程,可以携带输入/输出参数及返回结果集

在开始探究这三类对象如何执行 SQL 语句之前,让我们来研究一下 Java 中的数据类型。Java 中的数据类型和 DB2 数据库中的数据类型不完全相同。所以我们要面对的一个问题就是如何将 DB2 中的数据匹配到 Java 数据类型中进行保存。

这里总结了最常用的 DB2 数据类型与 Java 数据类型之间的映射关系,如表 7-3 所示。

表 7-3　常用 DB2 数据类型和 Java 数据类型对照表

DB2 数据类型	Java 类型	描　　述
SMALLINT	short	短整型,2 字节
INTEGER	int	整型,4 字节
BIGINT	long	大整型,8 字节
FLOAT	double	浮点型
REAL	float	单精度浮点数
DOUBLE	double	双精度浮点数
DECIMAL	java.math.BigDecimal	十进制类型
NUMERIC	java.math.BigDecimal	同 DECIMAL
DATE	java.sql.Date	日期类型
TIME	java.sql.Time	时间类型
TIMESTAMP	java.sql.Timestamp	时间戳
CHAR	String	定长字符串,$1 <= n <= 254$
VARCHAR	String	变长字符串
GRAPHIC	String	图形数据
CHAR FOR BIT DATA	byte[]	BIT DATA 都用 Java 的 byte 数组
BLOB	java.sql.Blob	二进制大对象
CLOB	java.sql.Clob	字符大对象

> **注意**　我们必须要最大限度地保证数据类型的匹配,因为数据类型的匹配与否将在很大程度上影响程序处理 DB2 数据的性能。

在下面的三节中就让我们分别来看一下如何使用这三种 Statement 对象分别执行相应的 SQL 语句。

7.2.5 最简单的 Statement

Statement 是 JDBC 执行数据库操作的最基本方法，在 7.2.4 节中讲到的 PreparedStatement 和 CallableStatement 都是从它继承而来的。

如果你需要执行的 SQL 语句很简单，并且不需要使用占位符传入参数，那么毫不犹豫，直接上 Statement 对象就好了！下面的示例程序演示了如何使用 Statement 对象来执行不带占位符的 SQL 语句：

```
int numUpd;        //保存受更新操作影响的行数
//指定查询语句
String sqltext="SELECT EMPNO, FIRSTNME, LASTNAME " +
" FROM EMPLOYEE " +
" WHERE SALARY > 50000";

//通过数据库连接创建一个 Statement 对象
Statement stmt = con.createStatement();

//执行查询语句，并将结果集保存在 rs 对象中
ResultSet rs = stmt.executeQuery(sqltext);

//将查询结果依次打印出来
while ( rs.next() ) {
System.out.println("Empno: " + rs.getString(1) +
" Full name is " + rs.getString(2) + " " + rs.getString(3));
}

//指定更新操作的 SQL 语句
sqltext="UPDATE EMPLOYEE SET SALARY=10000 where EMPNO='000010'";

//执行查询语句，返回值为受该条语句影响的行数
numUpd = stmt.executeUpdate(sqltext);
System.out.println("Affected row number is" + numUpd);

//使用完成后一定记住要释放资源
rs.close();
stmt.close();
con.close();
```

从这个示例程序中可以看到使用 Statement 执行 SQL 语句主要有两个步骤：

● 通过 Connection.createStatement()方法为当前连接创建一个 Statement 对象。

● 通过 *execute*（sql）方法执行要执行的 SQL 语句。

其中，*execute* 一共提供了三个方法，如表 7-4 所示。

表 7-4　Statement 对象提供的执行 SQL 方法

方 法 名	功能描述
executeQuery	执行 select 查询语句，并返回一个 ResultSet
executeUpdate	执行更改数据的操作，即 Insert、Update 和 Delete 操作。返回值为一个整型值，代表受该条语句影响的行数
execute	当不知道要执行的语句究竟是 Select 或者是 Update 时，可以使用 execute 方法。如果执行时为 select 语句，则返回一个 true 值；反之则返回 false。该方法一般配合 getResultSet 和 getUpdateCount 函数一起使用，以获取需要的返回值

使用 execute()方法的示例代码如下：

```
if (stmt.execute(sqltext)){        //判断该语句是否为查询语句
    rs = stmt.getResultSet();   //如果是查询语句，则保存结果集

    //遍历结果集，这里省略了针对每行数据的处理过程
    while ( rs.next() ) {
    System.out.println("Display query result");
    }
    rs.close();
  }
else {   //若为更新操作，则保存受更新影响的行数
    numrows = stmt.getUpdateCount();
    System.out.println("Number of rows updated: " + numrows);
  }
```

> **提示**
>
> 　　在这里需要简单介绍一下 JDBC 的 ResultSet 对象。ResultSet 是专门用来保存数据库查询结果的对象，最基本的 ResultSet 提供了一个只读的、只能单向遍历的游标，可以通过 next()方法对结果集进行单向遍历。通过一系列 get*Type*（column_number）方法，可以将当前行的指定列中的数据转化为 *Type* 所代表的数据类型。如示例中使用的 getString(1)将当前行的第一列数据转化为 String 类型读取出来。
>
> 　　默认情况下创建的 ResultSet 是只读的，并且只能够通过 next()方法单向遍历结果集。但是，也可以在创建 Statement 对象时通过指定参数以增强 ResultSet 对象的功能。可用的参数如下。
>
> ● ResultSet.TYPE_SCROLL_SENSITIVE：使用该参数后，可以调用 previous()、first()、last()、afterLast()、beforeFirst()和 absolute()等函数，从而实现在结果集中的导航浏览。
>
> ● ResultSet.CONCUR_UPDATABLE：使用该参数后，可以通过 ResultSet 进行更新和插入操作。
>
> 　　一个简单的例子如下所示：
>
> ```
> //在创建 Statement 对象时指定 ResultSet 是可导航、可更新的
> Statement stmt = con.createStatement(ResultSet.TYPE_SCROLL_SENSITIVE,
> ResultSet.CONCUR_UPDATABLE);
> ```

<table>
<tr>
<td>提
示</td>
<td>

```
//创建 ResultSet 对象
ResultSet rs=stmt.executeQuery("select * from EMPLOYEE");

//读取第一行数据
rs.next();

//定位到第10行数据
rs.absolute(10);

//更新数据
rs.updateString(1,"000001");
rs.updateRow();
```

</td>
</tr>
</table>

7.2.6　有备而来，使用"PreparedStatement"

Statement 对象在每次执行 SQL 语句时都需要重新编译，不会保存上次的编译结果。所以，它适用于 SQL 语句执行频率较低的情况。当一条 SQL 语句需要多次重复执行时，就需要使用 PreparedStatement 了。

PreparedStatement 继承自 Statement 类。因此，PreparedStatement 对象也继承了 Statement 对象的三种执行方法：即 executeQuery()、executeUpdate()和 execute()。

与 Statement 不同的是，PreparedStatement 只需编译一次就可以重复执行同一条 SQL 语句。所以，需要频繁执行同一条语句的时候，使用 PreparedStatement 效率更高。

另外 PreparedStatement 支持在 SQL 语句中使用占位符。添加占位符的方法很简单，在 SQL 语句的字符串中需要引入参数的位置以占位符"?"代替即可。在该语句执行之前，每个占位符必须通过适当的 *setType*()方法来设置具体的值。具体的调用方法如下所示：

```
//在创建 PreparedStatement 时利用 SQL 语句进行初始化
PreparedStatement pStmt = con.prepareStatement ("SELECT firstnme, lastname  " +
        "FROM employee WHERE salary > ? "); // 传入参数的部分用"?"标记

//设置传入参数的类型和值
 pStmt.setInt(1,80000);

//执行查询并将结果集保存在 rs 中
 ResultSet rs = pStmt.executeQuery();

//遍历结果集
   while ( rs.next() ) {
     System.out.println("Full name is " + rs.getString(1) +
                             " " + rs.getString(2));
}

 rs.close();
 pStmt.close();
```

其中，重点需要注意三个地方：

● 建立数据库连接后，通过 Connection.prepareStatement()方法为当前连接创建一个 PreparedStatement 对象。

● 在指定 SQL 语句的字符串中，用 "？" 代替需要引入参数控制的位置。在例子中，通过传入参数来控制查询的工资范围。

● 参数的传入是通过一系列 set*Type*()方法实现的，其中 *Type* 代表的是参数的类型。在本例中，由于参数是整型，所以我们调用的是 setInt()方法。参数列表中的第一个整型值代表的是传入参数的序号，即第几个占位符。Setter()方法第二个参数代表的是传入的具体值，这里为 80000。

只要掌握了以上三点，你就可以自由地使用 PreparedStatement 对象来执行带参数的 SQL 语句了！executeUpdate()和 execute()这两个方法同样使用 set*Type*()方法来指定参数值。

> **注意**　使用 PreparedStatement 除了提高运行效率以外，还有另一大优点，那就是安全性。使用占位符可以有效地防止 SQL 注入的发生，所以，建议大家更多地使用 PreparedStatement。

7.2.7　专为存储过程而来，CallableStatement

至此，基本的 Select、Update、Insert 和 Delete 命令我们都能够顺利地调用了。在数据库应用程序中，还有一类调用是非常重要的，那就是存储过程的调用。在前面提到过，有一种对象是专门用于调用存储过程的，那就是 CallableStatement 对象。虽然我们也提到了，Statement 和 PreparedStatement 同样都可以实现存储过程的调用（只需要在 SQL 语句字符串里面指定 call procedure 的形式就可以了），但是有着非常大的局限性，即两者都无法接收返回类型和动态结果集，所以不建议使用这两个对象来调用存储过程。

CallableStatement 继承自 PreparedStatement，同样提供了三种执行 SQL 语句的方法。但是这三个方法的意义完全不同。

● executeUpdate()：当存储过程不返回结果集的时候使用该方法。

● executeQuery()：当存储过程返回单一结果集的时候使用该方法。

● execute()：当存储过程返回多个结果集的时候使用该方法。

下面分别看一下这三种方法都是如何调用存储过程的。

1. executeUpdate()

假设需要调用的存储过程的定义如下：

```
CREATE PROCEDURE increase_salary (IN p_empno CHAR(6),
                    INOUT p_increase INT,
                    OUT p_firstname VARCHAR(12))
```

使用 executeUpdate()方法调用该存储过程的示例程序如下：

```
CallableStatement cstmt;

//通过数据库连接对象创建一个CallableStatement，并通过"?"标识参数
cstmt = con.prepareCall("call increase_salary(?,?,?)");

//依次指定输入参数的类型和值
cstmt.setString(1,"000010");
cstmt.setInt(2,10000);

//注册返回类型的参数数据类型
cstmt.registerOutParameter(3, Types.VARCHAR);

//执行存储过程
cstmt.executeUpdate();
System.out.println("We have increased salary for " +
cstmt.getString(3) +
        "by " +
        cstmt.getInt(2));
cstmt.close();
```

其中，需要注意的主要有以下 5 点：

- 建立数据库连接后，通过 Connection.prepareCall()方法初始化一个 CallableStatement 对象。
- 在指定 SQL 语句的时候，通过使用"？"来指定参数。
- 对于 IN、INOUT 类型的参数，使用 set*Type*()方法来指定参数的值，使用方法同 PreparedStatement 一致。
- 对于 OUT 类型的参数，必须使用 registerOutParameter()方法进行注册。该方法参数 列表中第一个代表的是 OUT 参数的顺序号，第二个代表的是 OUT 参数的数据类 型。
- 在使用 executeUpdate()执行了存储过程的调用之后，可以使用 get*Type*()方法来获得 输出类型的参数值。其中 *Type* 代表了参数的数据类型。在这个例子中，第二个和 第三个参数都具有输出性质，因此这里使用了 getString(3)和 getInt(2)分别将两个返 回值保存为 String 和 Int 变量。

2．executeQuery()

当调用的存储过程有一个结果集需要返回时，需要使用 executeQuery()方法。假设需要 调用带有返回结果集的存储过程时，调用并接收返回结果集的示例代码如下：

```
//设定调用存储过程的 SQL 语句，并为 IN 参数赋值
cstmt = con.prepareCall("call proc_with_resultset(?)");
cstmt.setInt(1,1000);

//有结果集返回的存储过程只需要用 ResultSet 接收返回结果即可
ResultSet rs = cstmt.executeQuery();

while ( rs.next() ) {
    System.out.println("Display Result...");
    }
  rs.close();
  cstmt.close();
```

与 executeUpdate 不同的是，在执行 executeQuery()方法的时候，我们使用了一个 ResultSet 对象来接收返回的结果集。这种使用方法同 Statement 调用 executeQuery()方法一样，区别在于 CallableStatement 对象可以对 SQL 语句中指定输入和输出类型的参数，因此它更符合存储过程调用的情况。

3．execute()

当存储过程返回多个结果集的时候，必须使用 execute()方法来调用存储过程。使用 execute()的示例代码如下：

```
//通过布尔变量来确定是否有结果集返回
boolean resultsAvailable = cstmt.execute();
while (resultsAvailable) {

//获取当前结果集
ResultSet rs = cstmt.getResultSet();

//循环得到结果集中的数据
while (rs.next()) {
System.out.println("Display Result...");
}
//判断是否还有结果集返回
resultsAvailable = cstmt.getMoreResults();
}
```

这里需要注意的主要有以下几点：

● 通过execute()方法调用存储过程会返回一个布尔值。如果有结果集返回其值为true，反之为 false。

● 使用 getResultSet()方法获得当前的结果集。

● 使用 getMoreResults()方法来查询是否还有其他返回的结果集。该方法的返回值也是布尔值，如果还有其他结果集则返回 true，反之则返回 false。当判断还有其他结果集时，再次调用 getResultSet()函数以获取下一个结果集。

至此，已经学习了如何使用 JDBC 建立数据库连接，并且使用三种对象来执行 SQL 语

句和调用存储过程。这些技术已经可以满足我们日常 Java 开发中 90%的需求。

7.2.8　大数据蕴含大智慧，LOB 和 XML

处理 SQL 语句、调用存储过程和处理返回结果集，这三件事情做好了基本上可以完成 JDBC 数据库应用开发的大部分工作了。接下来的三节中，将进一步讨论大对象数据、事务及异常处理这三个话题。

大对象数据一直是需要特别对待的一类数据类型，包括 BLOB、CLOB 以及 XML。先让我们来看一下 LOB 数据是如何处理的。

对于 LOB 类型的数据处理，你首先需要了解三个参数，分别是 progressiveStreaming、streamBufferSize 和 fullyMaterializeLobData。由于一般情况下 LOB 数据是非常大的，因此在读取 LOB 数据的时候，我们需要在全部读取数据和按需读取部分数据之间进行控制和选择。这三个参数就是为了这个目的而存在的。

- progressiveStreaming：从 DB2 V9.5 版本开始，可以通过顺序流式传输（progressive streaming）的方法来读取 LOB 和 XML 数据。默认情况下该选项是被打开的。
- streamBufferSize：顾名思义，这个参数表示每次读取的数据大小。如果 LOB 对象的大小小于该参数值，则直接完整地读取整个 LOB 记录。
- fullyMaterializeLobData：使用该参数指明是否采用完整读取 LOB 数据的方式。默认情况下是 false。

注意	fullyMaterilizeLobData 这个参数需要配合 progressiveStreaming 参数一起发挥作用。只有当数据库不支持顺序流式传输，或者 progressiveStreaming 参数设置为 NO 时，设置 fullyMaterilizeLobData 为 true 才会生效。否则，该参数将被忽略。因此，progressiveStreaming 的优先级别更高。推荐大家使用 progressiveStreaming 这种方式读取 LOB 数据。

为了获取 LOB 数据，需要从 ResultSet 中提取 LOB 数据类型。ResultSet 提供的针对 LOB 数据类型的操作方法如表 7-5 所示：

表 7-5　ResultSet 提供的对 LOB 数据操作方法

LOB 类型	提取数据	更新数据
BLOB	getBinaryStream getBlob getBytes	updateBinaryStream updateBlob

LOB 类型	提取数据	更新数据
CLOB	getAsciiStream getCharacterStream getClob getString	updateAsciiStream updateCharacterStream updateClob

这一系列函数的参数列表有着完全相同的两种形式，如表 7-6 所示。第一种是按照列的脚标进行操作；第二种是按照列的名称进行操作。

表 7-6　参数列表的两种形式

操作类型	参数列表 1	参数列表 2
update*Type*	(Int columnIndex, InputStream x, [long length])	(String columnLabel, InputStream x, [long length])

下面以一个简单的例子来演示一下如何处理 CLOB 数据：

```
//查询语句返回一个 CLOB 列，保存在 rs 中
ResultSet rs = stmt.executeQuery("SELECT C LOB FROM MY TABLE");

while(rs.next())
{
//获取第一列中的 CLOB 数据
Clob clobData = rs.getClob(1);

//取 CLOB 数据中的前 50 个字符并存为字符串
String substr1Clob = clobData.getSubString(1,50);

System.out.println("The first 50 characters in Clob is:" + substr1Clob);

//对 clobData 做任何修改
…………

//通过指定字符串和长度更新 CLOB 对象
rs.updateClob(1,clobData);
}
```

在这个例子中，需要掌握以下几个要点：

- 执行了一个返回 CLOB 类型的查询语句，通过 ResultSet.getClob()方法来获取当前行的 CLOB 数据。
- 通过 Clob 对象的 getSubString 方法截取了 CLOB 对象中前 50 个字符。
- 通过 ResultSet.updateClob()方法，更新当前行的 CLOB 对象。

注意	在默认的情况下，LOB 数据的读取是通过顺序流式传输的，即数据是以流的方式按需读取的。在游标离开一条数据或者结果集关闭之后，就无法再访问该条记录中的 LOB 数据了。

下面，再来看一下另一类特殊的大数据类型——XML 数据。和 LOB 数据一样，也可以通过 get*Type*()方法和 update*Type*()方法来将 XML 数据转化为字符串等其他数据类型。

另外，DB2 还提供了 SQLXML 对象用于处理 XML 数据，可以将 XML 数据直接读取到 SQLXML 对象中，如下所示：

```
PreparedStatement selectStmt = null;
String sqltext = null;

//查询返回的 info 列为 XML 数据类型
sqltext= "SELECT info FROM customer WHERE cid = " + cid;

selectStmt = con.prepareStatement(sqltext);

ResultSet rs = selectStmt.executeQuery();

while (rs.next()) {

//直接将 XML 数据保存到 SQLXML 对象中
SQLXML xml = (SQLXML)rs.getObject(1);
System.out.println (xml.getString());
}
rs.close();
```

SQLXML 对象是解析好的 XML DOM 结构，通过这种方式将 XML 数据转换成 SQLXML 对象后，可以更方便地操纵数据，并通过它的层次结构进行浏览。

7.2.9　有条不紊的事务处理

使用 JDBC 编写 DB2 应用程序时，可以通过控制提交或回滚进行事务处理，也可以设置隔离级别来控制事务的并发。

1．提交和回滚（commit/rollback）

在连接到 DB2 数据库时，默认的设置为自动提交模式（auto commit mode），即每一条 SQL 语句执行后数据库都会执行 commit 操作。可以通过以下方法来控制是否使用自动提交模式：

```
Connection.setAutoCommit(true[false]);
```

如果需要显式地执行提交或者回滚操作，可以调用以下方法：

```
Connection.commit();
Connection.rollback();
```

● 隔离级别

大家都知道，DB2 有四个隔离级别。在 JDBC 程序中，也可以通过参数来设置当前连接的隔离级别，如表 7-7 所示。

表 7-7　在 JDBC 中设置 DB2 隔离级别

JDBC 参数	DB2 隔离级别
java.sql.Connection.TRANSACTION_SERIALIZABLE	Repeatable read
java.sql.Connection.TRANSACTION_REPEATABLE_READ	Read stability
java.sql.Connection.TRANSACTION_READ_COMMITTED	Cursor stability
java.sql.Connection.TRANSACTION_READ_UNCOMMITTED	Uncommitted read

设置隔离级别的方法如下：

```
Connection.setTransactionIsolation(transaction_isolation_level);
```

通过这些方法，就可以轻松地控制应用程序在连接数据库时的隔离级别。

7.2.10　管理异常和警告，让程序更完善

当处理以下几类对象的时候，必须将操作包裹在 try/catch 块当中，因为这些操作可能会抛出异常或者是警告信息：

- Connection
- Statement
- PreparedStatement
- CallableStatement
- ResultSet

SQLException 对象包含异常的所有信息，它有三个主要成员，用来保存异常的详细信息，如表 7-8 所示。

表 7-8　SQLException 的成员组成

SQLException 成员	描　　述
Message	字符串，用来保存出错的详细信息
SQLState	字符串，用来保存 DB2 错误的 sqlstate 号码
ErrorCode	整型值，用来保存 DB2 错误的 error code 号码

程序抛出异常时，我们会在 Catch 部分捕获 SQLException 对象，然后通过它的成员来获得出错的详细信息，以供诊断和调试之用。如果连续抛出了多个异常，并且多个异常信息是连接到一起的，那么可以通过 SQLException.getNextException()方法来获取下一个异常信息。一个简单的处理异常的示例程序如下：

```
try {
…………
}
//如果 try 部分抛出异常，会在 catch 部分捕获
catch (SQLException sqle){
  While(sqle!=NULL)
```

```
  {
    //依次打印出异常的成员信息
    System.out.println ("Exception description: " + sqle.getMessage());
    System.out.println ("SQLSTATE: " + sqle.getSQLState());
    System.out.println ("Error code: " + sqle.getErrorCode());

    //获取下一条异常信息
    sqle = sqle.getNextException();
  }
  System.exit(1);
}
```

某些 SQL 语句在执行时会返回一些警告信息，这些警告信息不影响程序的正确运行，也不会抛出异常。这类信息在 JDBC 中保存为 SQLWarning 对象。

同 SQLException 一样，SQLWarning 也包含着三个同名的成员，含义也是一样的。区别在于：SQLWarning 不会在 try/catch 块中被捕获，只能通过 Statement/PreparedStatement 对象中手动去获取。参见如下示例程序：

```
//创建并执行一条 SQL 语句
Statement stmt=con.createStatement();
stmt.executeUpdate("delete from employee where empno='101000'");

//在执行 SQL 语句之后，可以通过 stmt 对象得到警告信息
SQLWarning sqlwarn=stmt.getWarnings();
while(sqlwarn!=null)
{
//依次打印出警告信息的成员
System.out.println ("Warning description: " + sqlwarn.getMessage());
System.out.println ("SQLSTATE: " + sqlwarn.getSQLState());
System.out.println ("Error code: " + sqlwarn.getErrorCode());

//如果有多条信息，则使用 getNextWarning 方法来获取下一条信息
sqlwarn=sqlwarn.getNextWarning();
}
```

通过捕获警告和异常信息，可以让程序更加完美，让数据库应用运行更加平稳。这一点是每个数据库开发人员都必须牢记在心的，因为和数据库相关的应用马虎不得。

> **提示**
>
> 　　最后需要再次着重强调的一点就是资源的释放。Connection/Statement/ResultSet 等对象都占据着系统资源，在使用完毕之后必须及时地加以释放，否则就会造成资源泄漏的严重后果。
>
> 　　所以在处理异常时，我们一般会在 finally 部分对这些资源进行释放，从而避免发生资源泄漏的情况。在 SQLJ 编程中同样需要进行这样的处理，请读者注意。

至此，我们已经完成了 JDBC 的全部讨论，相信你对用 JDBC 编写数据库应用程序已经胸有成竹了，不妨自己去尝试一下，将这些知识实践一下吧！

7.3　SQLJ 编写数据库应用

在上一节中，我们对 JDBC 极尽赞美之能事。JDBC 功能确实强大，不过你可千万不要飘飘然地以为学会了 JDBC 就掌握了整个天下。在 Java 数据库应用的世界里，还有一方沃土，那就是 SQLJ。

JDBC 是编写动态 SQL 应用程序的标准，而 SQLJ 是在 Java 中编写嵌入式 SQL 的标准，所有以 SQLJ 编写的 SQL 语句都是静态执行的。

提示	大多初识 SQLJ 的程序员所持的疑问： "Context、Iterator，这些概念很抽象，怎么跟 JDBC 相对照呢？" "SQLJ 的代码看起来就像是在 Java 里面写 SQL 语句一样，就这么简单吗？" "SQLJ 相比 JDBC 有什么特别的地方值得我们用它吗？" 其实将 SQLJ 和 JDBC 进行简单的比较，所有的这些问题就都清楚了。对应于 JDBC 的 Connection，SQLJ 使用两种 Context 对象，即用于建立数据库连接的 Connection Context 和用于执行 SQL 语句的 Execution Context。

SQLJ 执行操作的时候会遵循几种标准的语法，每一种语法都是由#sql 开头的，如下所示：

```
#sql [connection-context] { sql statement };
#sql [connection-context, execution context] { sql statement };
#sql [execution context] { sql statement };
```

需要将程序中的宿主变量插入到 SQL 语句中时，我们可以通过在变量名前加冒号（:）的形式来标明。例如：

```
#sql {SELECT FIRSTNME, LASTNAME FROM EMPLOYEE WHERE EMPNO = :emp_no};
```

虽然知道了基本对象和标准语法，不了解 SQLJ 的读者恐怕还是一头雾水。接下来，我们看一下 SQLJ 是如何建立数据库连接，并执行 SQL 语句的。

7.3.1　连接数据库，SQLJ 自有一套

用 SQLJ 开发 Java 应用程序的步骤要比 JDBC 多一步。需要调用 SQLJ 转换程序将 SQLJ 的源码（一般保存为.sqlj 文件）进行预处理，生成 Java 源文件和 SQLJ 概要文件，然后将 SQLJ 概要文件绑定到数据库。如果使用 Data Studio 工具进行开发，这个过程全部由工具自动完成，不会给开发人员增添任何负担。

所有的 SQLJ 的操作都是通过上下文对象（Context）实现的。如前面介绍的，数据连

接是通过 Connection Context 实现的。为了建立到数据库的连接，我们需要创建一个 Connection Context。请参见如下示例代码：

```
import sqlj.runtime.*;
import java.sql.*;


//定义一个 context，这条语句需要在类定义之外进行
 #sql context ctx;

public class sqljtest {
public static void main(String args[])
throws SQLException
{
try {
//加载驱动
Class.forName("com.ibm.db2.jcc.DB2Driver").newInstance();
} catch (Exception e)
{
   throw new SQLException("Error: Could not load the driver");
}

try {
//通过连接字符串等信息，建立一个连接 Context
 ctx ctx1 = new ctx("jdbc:db2:sample",false);

//通过 ctx1 来执行 SQL 语句
 #sql [ctx1] { DELETE FROM EMPLOYEE };

} catch (SQLException e)
{
System.out.println ("Error msg: " + e.getMessage());
System.out.println ("SQLSTATE: " + e.getSQLState());
System.out.println ("Error code: " + e.getErrorCode());
}}}
```

可以看到，类似于 JDBC 建立数据库连接的过程，SQLJ 建立连接需要三步：

- 首先用 SQLJ 语法定义一个 Connection Context。

- 其次，同样调用 Class.forName()方法装载 IBM Data Server Driver for JDBC and SQLJ。需要注意的是，与 JDBC 相比，这里需要调用 newInstance()方法。

- 最后，通过建立一个 Connection Context 的对象，将数据库的连接信息赋予该对象，从而实现数据库连接的建立。

除了通过连接字符串的方式创建 Connection Context 对象外，还可以通过 JDBC 中的 Connection 对象，来创建 Connection Context。示例代码如下：

```
Class.forName("com.ibm.db2.jcc.DB2Driver").newInstance();

//通过 JDBC 的连接来初始化一个 connection context
```

```
Connection con=DriverManager.getConnection();

//通过 JDBC 建立的连接来初始化 Context
ctx ctx1 = new ctx(con);

//使用 SQLJ 执行 SQL 语句
#sql [ctx1] { DELETE FROM employee };
```

在这个例子中，我们是通过 JDBC 的 Connection 对象来对 Connection Context 进行初始化的。

另外，SQLJ 还提供了设置默认 Connection Context 的方法。在设置了默认 Connection Context 之后，如果不指定该参数，所有的 SQL 语句将会在默认数据源中执行。创建默认 Connection Context 的示例代码如下所示：

```
Class.forName("com.ibm.db2.jcc.DB2Driver").newInstance();
Connection con = DriverManager.getConnection();

//创建一个默认 connection context 对象
 DefaultContext ctx1 = new DefaultContext(con);

//设定为默认值
DefaultContext.setDefaultContext(ctx1);

//执行 SQL 语句时如果不指定 context 对象，则在默认数据源中执行
#sql { DELETE FROM employee };
```

可以看到，建立默认 Connection Context 的主要步骤有两步：

- 创建并初始化一个 DefaultContext 对象。
- 调用 DefaultContext.setDefaultContext()方法将当前的 DefaultContext 对象设置为程序的默认值。

至此，我们已经掌握了 SQLJ 建立连接上下文的方法，下面就让我们看看各种类型的 SQL 语句是如何执行的。

7.3.2　不一样的体验，SQLJ 执行 SQL 语句

前面提到过，Connection Context 相当于 JDBC 的 Connection 对象。那么，负责执行各类 SQL 语句并管理返回值的 Execution Context 就相当于 JDBC 的 Statement 对象了。

通过下面的示例代码，让我们首先简单认识一下 Execution Context 是如何工作的：

```
#sql context ctx; //要在类定义的外部声明
..............
//设定连接参数并建立数据库连接
String url = "jdbc:db2:sample";
Class.forName("com.ibm.db2.jcc.DB2Driver").newInstance();
Connection con=DriverManager.getConnection(url);
```

```
//创建一个 Connection Context 对象
ctx ctx1=new ctx(con);

//创建一个 Execution context,用于管理 SQL 语句的执行
ExecutionContext exectx1 = ctx1.getExecutionContext();

//在执行 SQL 语句时指定 exectx1,执行的结果和信息将保存在其中
#sql[ctx1,exectx1] { DELETE FROM employee WHERE
                         empno='100010'} ;

//通过 ExecutionContext 对象的方法来获取受影响的行数
int i = exectx1.getUpdateCount();
```

可以看到,使用 Execution Context 的主要步骤有三步:

● 建立一个 Connection Context 对象。

● 调用 Connection Context 对象的 getExecutionContext()方法,创建一个与当前数据库连接相关联的 ExecutionContext 对象。

● 通过标准的 SQLJ 语法执行 SQL 语句,即:

```
#sql [connection context, execution context] { sql statement }
```

由于在本示例中执行的是 Delete 语句,因此我们可以使用 getUpdateCount()方法得到受该语句影响的数据库中的行数。该方法同样适用于 Insert 和 Update 命令。

可以发现,这一点和 Statement 对象提供的 executeUpdate()方法是类似的。而且更方便的是,可以直接在 SQL 语句里添加变量,而不需要像在 JDBC 中那样需要用 Statement 和 PreparedStatement 两种对象来应付 SQL 语句中无参数和有参数的两种情况。我们需要做的只是在 sql statement 部分通过冒号来标明变量,如下面的示例:

```
int i = 50000;
//向 SQL 语句中传入变量
#sql[ctx1,exectx1] { DELETE FROM EMPLOYEE WHERE salary > :i } ;
```

所以,在 SQLJ 中执行 SQL 语句其实很简单,比 JDBC 更为方便。

7.3.3 忙前忙后的 Iterator

前面的例子中,我们执行的都是增删改 SQL 语句。那么,在 SQLJ 中如何处理 SELECT 查询语句返回的结果集呢?

我们知道,JDBC 中使用 ResultSet 来接收返回的结果集,在 SQLJ 中也有类似功能的对象,那就是迭代器(Iterator)。

Iterator 对象用于在 SQLJ 中保存返回的结果集,并且提供在结果集中遍历的功能。具体的实现中分为两类,即 Named Iterator 和 Position Iterator,它们的作用和区别如下。

- Named Iterator：通过指定列的名字来获取结果集中每行数据的具体值。在创建 Named Iterator 时我们需要指定每个列的名字及列的数据类型。

- Position Iterator：通过列的位置来获取结果集中每行数据的值。在创建 Position Iterator 时，只需要指定每个列的数据类型。

这里首先演示一下 Named Iterator 是如何使用的：

```
//声明一个 named iterator，注意要在类定义的外部声明
#sql iterator namediterator (String empno, String firstnme);
…………

//创建一个 iterator 的对象实例
 namediterator iterator1;

//将结果保存在 iterator 中
 #sql [ctx1] iterator1 = { select empno, firstnme from employee};

//使用 iterator 的 next 方法来遍历结果集
 while(iterator1.next()) {
   System.out.println("empno: " + iterator1.empno() + "firstname: "+
     iterator1.firstnme());
     }
//使用完毕后释放 Iterator
 iterator1.close();
```

通过示例可以看到，创建并使用一个 Named Iterator 的重点步骤包括：

- 声明一个 Iterator 类，并在类的定义中指定结果集中包含的列的名称及其数据类型。

- 在程序中创建一个 Iterator 的实例。

- 在执行 Select 查询语句时，将结果集赋给这个 Iterator 实例。

- 通过 Iterator.next()方法，遍历整个结果集。

- 通过 Iterator.*column_name*()方法获取当前行中的每个列的值。其中，*column_name* 为各个数据列的名称。

- 在 Iterator 对象使用完毕后，调用 close()方法来释放它的资源。

下面再演示一下 Position Iterator 是如何工作的：

```
//声明一个 positioned iterator，注意要在类定义的外部声明
#sql iterator positionedIterator (String, String);
………………

 String empno = null;
 String firstname = null;

 //创建一个 positioned iterator 对象实例并接收返回结果
 positionedIterator iterator1;
 #sql [ctx1] iterator1={ select empno, firstnme from employee };
```

```
//在访问结果集时，需要使用 fetch 方法将结果读入到预定义的变量中
#sql { fetch :iterator1 into :empno, :firstname};

//通过 endFetch 方法判断是否已经读到结果集末尾
while(!iterator1.endFetch()) {
  System.out.println("empno: " + empno+ "firstname: "+ firstname);
  #sql { fetch :iterator1 into :empno, :firstname };
  }
```

可以看到，Position Iterator 和 Named Iterator 之间的主要差别在于：

● 定义 Iterator 类时，只需要定义每个列的数据类型，而不需要定义列的名称。

● 与 Named Iterator 使用 next()方法不同，Position Iterator 需要使用 SQLJ 的 fetch 语法，将当前行的值取到程序的变量当中。

● 判断是否已经到达数据末尾的方法为 endFetch()。该方法不会读取下一行数据，只是返回一个布尔值，如果到达数据末尾，将返回 true，反之则返回 false。

SQLJ 提供的这两个对象让我们在处理结果集的时候多一些选择。不过，这里讲的仅仅是 Iterator 最基本的功能。它还有许多更强大的地方等待着我们一起去发掘呢！

7.3.4 Iterator 升级版，Scrollable 和 Updatable

通过这两个简单的示例，我们发现除了语法不同外，Iterator 的使用方法和 ResultSet 非常相似，提供了相同的功能——获取返回结果集，并提供了基本的单向遍历功能。

SQLJ 的 Iterator 也提供了额外的两个非常强大的功能，即 Scrollable 和 Updatable 的游标。顾名思义，定义为 Scrollable 的 Iterator 是可以随意浏览的，不局限于单方向向前遍历；定义为 Updatable 的 Iterator 除了进行结果集的遍历外，还可以随时对游标所在的记录进行更新操作。

默认的 Iterator 都是单向遍历及只读的。为了实现 Scrollable 和 Updatable，必须在 Iterator 的定义中添加额外的参数。

这里，首先让我们来看一下如何定义 Updatable 的 Iterator。一个 Updatable Named Iterator 的示例代码如下所示：

```
//声明一个 updatable named iterator，注意要在类定义的外部声明
#sql public iterator namediterator implements sqlj.runtime.ForUpdate
    with (updateColumns="SALARY") (String empno, double salary);
............

//创建一个 named iterator 对象
 namediterator iterator1;

//通过 named iterator 接收查询的返回结果集
 #sql [ctx1] iterator1={ select empno,salary from employee};
```

```
//循环遍历结果集
while(iterator1.next()) {
System.out.println("before increase, empno: " + iterator1.empno() +
    "salary: "+ iterator1.salary());
if(iterator1.empno().compareTo("100000")==0){
    salary = salary + 10000;
    //将变化更新到数据库中
    #sql [ctx1] {update employee set salary=
                :salary where current of :iterator1 };
    }
}
#sql [ctx1] {commit};
```

通过示例程序可以看到创建一个 Updatable 的 Iterator 需要注意以下几个要点：

● 在声明 Iterator 类的时候，需要指定该类继承 sqlj.runtime.ForUpdate 类。同时，通过 "with" 子句指定需要进行更新操作的列名，这个参数是可选的。

● 在读取每一行数据的同时，都可以对该行数据的对应列进行更新操作。方法同执行标准的 Update SQL 语句一样，只是在 "where" 条件子句中指定 current of :iterator，从而指定更新当前行的值。

同样，也可以定义一个 Updatable Position Iterator，参见下面的示例：

```
//声明一个 updatable positioned iterator，注意要在类定义的外部声明
#sql public iterator positioniterator implements sqlj.runtime.ForUpdate
                                (String, Double);
…………
//创建一个 position iterator 对象
positioniterator positer;
Double salary=0.0;
String empno=null;

//执行查询并用 position iterator 接收结果集
#sql [ctx1] positer={ select empno,salary from employee};

//通过 fetch 方法将结果集中的数据读入到变量中
#sql { fetch :positer into :empno, :salary};

//循环遍历结果集
while(!positer.endFetch()) {
  if(empno.compareTo("100000")==0)
  {
    salary = salary + 10000;

    //将修改后的结果更新到数据库中
    #sql [ctx1] {update employee set salary=
                :salary where current of :positer };
  }
  #sql { fetch :positer into :empno, :salary };
}
#sql [ctx1] {commit};
```

可以看到，Updatable Position 和 Named Iterator 的定义方法是非常相似的。主要的区别在于获取数据的方法不同。这里，需要使用 FETCH 命令来获取数据。最终更新数据的方式都是一样的。

下面看一下如何创建 Scrollable 的 Iterator。Scrollable Iterator 提供了向前、向后、跳转到第一条、最后一条和任意一条记录等功能。由于 Iterator 分为 Named 和 Position 两种类型，所以我们分别针对这两种 Iterator 演示一下。

Named Iterator：

```
#sql context Ctx;
//声明一个 Scrollable named iterator，注意要在类定义的外部声明
#sql public iterator ScrollIter implements sqlj.runtime.Scrollable with
(sensitivity=sqlj.runtime.ResultSetIterator.SENSITIVE)
(String EmpNo, String LastName);
············

//创建一个数据库连接 Context
Ctx ctx1 = new Ctx("jdbc:db2://127.0.0.1:50000/SAMPLE",
userid,password,false);

//创建一个 Scrollable iterator 对象
ScrollIter scrliter;

//执行查询并将结果集保存在 scrliter 对象中
#sql [ctx1]
scrliter={SELECT EMPNO, LASTNAME FROM EMPLOYEE};

//将当前游标指向最后一行记录之后
scrliter.afterLast();

//反向遍历结果集
while (scrliter.previous())
{
System.out.println(scrliter.EmpNo()+" " + scrliter.LastName());
}
scrliter.close();
```

通过这个示例可以看到建立一个 Scrollable 的 Named Iterator 包括以下几个步骤：

● 在定义 Iterator 类的时候，需要指定它继承 sqlj.runtime.Scrollable 类。

● 在获取了返回结果集之后，就可以使用一系列导航函数来对结果集进行浏览。

Scrollable Named Iterator 可以使用的导航方法如表 7-9 所示。

表 7-9 Scrollable Named Iterator 可用导航方法列表

导航方法	游标的位置
First	将游标指向结果集的第一行
Last	将游标指向结果集的最后一行

续表

导航方法	游标的位置
Previous	将游标向前移一行
Next	将游标向后移一行
Absolute(int i)	如果 $i>0$，则游标移动到第 i 行；如果 $i<0$，则假设结果集中共有 n 行数据，游标将移动到 $n+i+1$ 行的位置
Relative(int i)	如果 $i>0$，则游标向后移动 i 行；如果 $i<0$，则游标向前移动 i 行；如果 $i=0$，则游标停在当前行
afterLast	将游标移动到最后一行的后面
beforeFirst	将游标移动到第一行之前

相应地，如果在定义一个 Scrollable Position Iterator 时，可以使用类似的方法，参见下面的例子：

```
#sql context Ctx;
//声明一个 Scrollable positioned iterator，注意要在类定义的外部声明
#sql public iterator ScrollIter implements sqlj.runtime.Scrollable with
(sensitivity=sqlj.runtime.ResultSetIterator.SENSITIVE)(String, String);
...
String EMPNO,LASTNAME;

//创建一个数据库连接 Context
Ctx ctx1 =
new Ctx("jdbc:db2://127.0.0.1:50000/SAMPLE",userid,password,false);

 String EMPNO=null;
 String LASTNAME=null;

//执行查询并将结果集保存在 scrliter 对象中
ScrollIter scrliter;
#sql [ctx1]
scrliter={SELECT EMPNO, LASTNAME FROM EMPLOYEE};

//将游标指向结果集的最后一行之后
 #sql { fetch NEXT from :scrliter into :EMPNO, :LASTNAME };

//反向遍历结果集
 while(!scrliter.endFetch()) {
  #sql { fetch PRIOR from :scrliter into :EMPNO, :LASTNAME };
System.out.println("EMPNO: " + EMPNO + "LASTNAME: "+ LASTNAME);}
```

可以看到，与 Scrollable Named Iterator 不同，Scrollable Position Iterator 需要在 FETCH 语句中使用导航方法来定位游标的位置。Scrollable Position Iterator 可以使用的导航方法如表 7-10 所示。

表 7-10　Scrollable Position Iterator 可用导航方法列表

导航方法	游标的位置
FIRST	将游标指向结果集的第一行
LAST	将游标指向结果集的最后一行

续表

导航方法	游标的位置
PRIOR	将游标向前移一行
NEXT	将游标向后移一行
ABSOLUTE(i)	如果 $i>0$，则游标移动到第 i 行；如果 $i<0$，则假设结果集中共有 n 行数据，游标将移动到 $n+i+1$ 行的位置
RELATIVE(i)	如果 $i>0$，则游标向后移动 i 行；如果 $i<0$，则游标向前移动 i 行；如果 $i=0$，则游标停在当前行
AFTER	将游标移动到最后一行的后面
BEFORE	将游标移动到第一行之前

虽然两类 Iterator 使用导航方法的位置不同，但是实现的功能是完全一样的。

至此，我们已经能够接收查询语句返回的结果集，并且通过两种升级版 Iterator 实现对结果集的遍历、导航和更新操作。

7.3.5 双剑合璧，攻克存储过程

通过学习前面的示例程序，细心的读者可能已经发现了，所有的 SQL 语句在 SQLJ 中都可以通过下面的语法来执行，那就是：

```
sql [Connection Context] { sql statement }
```

调用存储过程也不例外，将"call procedure"的命令直接填写在"sql statement"部分即可。需要注意的就是如何指定输入和输出参数，在 SQLJ 中，所有的参数传入都可以通过":mode variable"的方式嵌入到 SQL 语句中。综合这两点，你就已经掌握了如何在 SQLJ 中调用存储过程了！下面的示例程序演示了 SQLJ 中如何调用带参数的存储过程。

```
//定义存储过程用到的参数值
String FirstName="Bill";
String LastName="Green";
String Address="Beijing";
int CustNo;
...

//执行存储过程调用，并用宿主变量为参数赋值
#sql [myConnCtx] {CALL ADD_CUSTOMER(:IN FirstName,
                                    :IN LastName,
                                    :IN Address,
                                    :OUT CustNo};

System.out.println("Customer number is: "+ CustNo);
```

在 SQLJ 中调用存储过程的要点有以下几点：

- 在程序中为存储过程输入和输出参数定义相应数据类型的变量，并为输入变量赋值。

- 执行存储过程，用":mode variable"的形式指定参数模式和参数变量。其中，mode

代表了输入/输出模式，对应着 IN、OUT、INOUT；variable 对应着在 Java 程序中定义的变量名称。

● 在执行存储过程之后，输出变量中就已经保存有存储过程的输出参数值了。

通过这个例子，我们可以轻松实现调用带参数的存储过程。现在唯一对我们有挑战的问题就是如何调用具有返回结果集的存储过程。

我们已经知道在 JDBC 中，用 ResultSet 来接收存储过程的结果集。相应地，在 SQLJ 中用什么呢？没错，就是我们刚刚花了很大力气学会的 Iterator！

让我们先从简单的开始。下面的例子展示了如何调用只有一个返回结果集的存储过程 Get_EMP_NAME：

```
#sql iterator namediterator (String empno, String firstnme)
............

//创建 named iterator 对象并接收存储过程返回的结果集
namediterator iterator1;
#sql [ctx1] iterator1 = { call Get_EMP_NAME() };

//顺序遍历结果集
while(iterator1.next()) {
  System.out.println("empno: " + iterator1.empno() + "firstname: "+
    iterator1.firstnme());
}
iterator1.close();
```

这个例子中，我们调用了一个简单的存储过程 GET_EMP_NAME，来获取之前例子中的查询语句的结果集。在执行存储过程时，我们指定了一个 Named Iterator 来接收返回的结果集。

接下来，让我们来看一下最复杂的情况，即有多个返回结果集的情况。如果一个存储过程有多个结果集要返回，那么在 SQLJ 中，必须定义一个 Execution Context，并且通过它提供的 getNextResulteSet()方法来顺序获取结果集。参见下面的示例代码：

```
//创建 ExecutionContext 对象，并在执行存储过程调用时指定该对象
ExecutionContext execCtx=myConnCtx.getExecutionContext();
#sql [myConnCtx, execCtx] {CALL proc_with_multi_rs()};

ResultSet rs;

//通过 ExecutionContext 的 getNextResultSet 方法确定是否还有下一个结果集
while ((rs = execCtx.getNextResultSet()) != null)
{
//通过 ResultSetMetaData 来获取每一个结果集的列信息
ResultSetMetaData rsmeta=rs.getMetaData();
int numcols=rsmeta.getColumnCount();
```

```
//循环遍历结果集
while (rs.next())
{
for (int i=1; i<=numcols; i++)
System.out.println(rs.getString(i));
}
}
```

通过这个例子，可以看到在 SQLJ 中调用具有多个返回结果集的存储过程需要注意以下几个要点：

● 创建一个 Execution Context。

● 在执行存储过程时，除了指定 Connection Context 之外，还需要指定 Execution Context。

● 通过 ResultSet 对象来保存每一个返回结果集。

● 通过 Execution Context 的 getNextResultSet()方法，获取下一个返回结果集。

至此，我们已经可以在 SQLJ 中顺利地执行各种 SQL 语句、调用存储过程、处理各种返回结果集了，可以说你已经掌握了日常所需的 90%的 SQLJ 的知识。在下一节中，我们继续去探索一下还有哪些可能用到的高级编程知识。

7.3.6　SQLJ 中的事务

在 7.2 节中深入讨论了在 JDBC 编程中如何处理大对象、管理事务及处理程序异常。相应地，在接下来的几节中进一步讨论一下 SQLJ 中是如何处理这些问题的。

首先来看一下 SQLJ 中事务的处理。同 JDBC 编程一样，也可以设定 SQLJ 数据库连接的隔离级别，对应的参数如表 7-11 所示。

表 7-11　SQLJ 设定 DB2 隔离级别

SQLJ 参数	DB2 隔离级别
SERIALIZABLE	Repeatable read
REPEATABLE READ	Read stability
READ COMMITTED	Cursor stability
READ UNCOMMITTED	Uncommitted read

设置相应的隔离等级时，只需要执行下面的语句即可：

```
#sql [myConnCtx] {SET TRANSACTION ISOLATION LEVEL ...}
```

在 SQLJ 中控制事务的提交和回滚，方法也是执行相应的 Commit 和 Rollback 命令，如下所示：

```
#sql [myConnCtx] {COMMIT};
#sql [myConnCtx] {ROLLBACK};
```

其实对比 JDBC 会发现，只要熟悉了 SQLJ 的语法，处理事务和隔离级别的方式也很简单。

7.3.7　从容应对大数据

在 SQLJ 中处理大对象比 JDBC 更简单，只需要在 SQL 语句中传入和 LOB 类型相符的参数就可以了。

以 BLOB 数据为例，在存储过程中指定输入参数为 BLOB 类型的例子如下所示：

```
//创建一个Blob对象
Blob blob_in;
//为blob_in赋任意值
......
Blob blob_out = null;

//将Blob数据作为参数传入存储过程，并用blob_out接收输出参数
#sql {CALL STORPROC(:IN blob_in, :OUT blob_out)};
```

基于此种形式，还可以使用和 BLOB 兼容的数据类型来存取 BLOB 对象，如下面的例子所示：

```
//将byte数组转化为ByteArrayInputStream，从而作为存储过程的BLOB类型输入
java.io.ByteArrayInputStream byteStream =
  new java.io.ByteArrayInputStream(byteData);
int numBytes = byteData.length;
sqlj.runtime.BinaryStream binStream =
  new sqlj.runtime.BinaryStream(byteStream, numBytes);

//使用和BLOB数据类型兼容的BinaryStream作为输入参数
#sql {CALL STORPROC(:IN binStream)};
```

> **注意**　BinaryStream 数据类型只能用于 IN 或者 OUT 类型的参数，不能用于 INOUT 类型。

同样，对于 CLOB 对象来说，也可以使用 java.sql.Clob、sqlj.runtime.CharacterStream 或者最基本的 String 对象来存取数据，这里就不再赘述了。

另一类大家会关心的大对象就是 XML 数据。对于 XML 数据来说，有两种处理方法，即转化为其他兼容的数据类型，如 byte[]或者 String 等；或者保存为专门为 XML 数据设计的 SQLXML 和 DB2XML 对象。

在 SQLJ 中，将 XML 数据转化为兼容的数据类型进行保存非常简单，不需要人工进行任何操作，只要在 Iterator 声明中，在对应的 XML 列的位置指定目标数据类型的变量即可。

一个简单的将 XML 数据返回为字符串的例子如下所示：

```
#sql iterator XmlStringIter (int, String);
```

```
................

int id;
String xmlstring;

//该查询中，XML_DATA 列保存有 XML 数据
#sql [ctx] siter = {SELECT ID, XML_DATA from XML_TABLE};

//因为在 Iterator 定义中已经将第二列定义为 String，所以可以用 String 来接收 XML 数据
#sql {FETCH :siter INTO :id, :xmlString};
```

另一种方法，就是通过将 XML 数据保存在 SQLXML 或者 DB2XML 对象中。SQLXML
对象是解析好的 XML DOM 结构，通过这种方式将 XML 数据转换成 SQLXML 对象后，可
以更方便地操纵数据，并通过它的层次结构进行浏览。一个使用 SQLXML 的例子如下所示：

```
//指定 iterator 的参数类型为 SQLXML
#sql iterator SqlXmlIter (int, java.sql.SQLXML);
......

SqlXmlIter SQLXMLiter = null;
java.sql.SQLXML outSqlXml = null;

#sql [ctx] SqlXmlIter = {SELECT id, XML_DATA from XML_TABLE};

//将 XML 数据直接读入到 SQLXML 对象中
#sql {FETCH :SqlXmlIter INTO :id, :outSqlXml};
```

所以，在 SQLJ 中处理大对象，关键就在于选对合适的变量类型来接收结果。其他的
和处理普通数据类型基本一致。接下来，让我们一起去看一下 SQLJ 中是如何处理异常和
警告信息的。

7.3.8　轻松应对异常和警告

SQLJ 处理异常和警告的方法和 JDBC 几乎完全一样：

- 异常需要在 try/catch 块中捕获，结果保存为一个 SQLException 对象。可以通过读
  取 SQLException 对象的成员来了解 DB2 出错信息。
- 警告信息同样保存在 SQLWarning 对象中。警告信息不会在异常处理块中捕获到，
  所以同样需要我们在执行完 SQL 语句后手动来查看，方法如下：

```
ExecutionContext execCtx=myConnCtx.getExecutionContext();
......
    SQLWarning sqlWarn;
......
#sql [myConnCtx,execCtx] {SELECT LASTNAME INTO :empname
FROM EMPLOYEE WHERE EMPNO='000010'};

//在执行 SQL 语句后即可以使用 Execution Context 的 getWarnings 方法来获取警告信息
if ((sqlWarn = execCtx.getWarnings()) != null)
System.out.println("SQLWarning " + sqlWarn);
```

可以看到，SQLJ 处理异常和警告的方式和 JDBC 中几乎一致。这里还是要再强调一下异常和警告处理的重要性！数据库应用无小事，我们一定要仔细再仔细地让程序真正做到无懈可击！

7.3.9　SQLJ 与 JDBC，鱼和熊掌可以兼得

人们常说，鱼和熊掌不可兼得。JDBC 和 SQLJ 就恰似这两道美味，难道真的不能一同享用吗？其实在前面的章节中，我们早已偷偷给出了答案！仔细回想一下，在介绍 SQLJ 的 Connection Context 的时候，我们看到了一种通过 JDBC 的 Connection 对象进行建立的方式。大家可能觉得很奇怪，为什么 SQLJ 的程序还会依赖于 JDBC 的对象？

事实上，在 Java 进行数据库编程时，JDBC 和 SQLJ 是可以互操作的！我们已经知道了如何使用 JDBC 的 Connection 对象来建立 SQLJ 的 Connection Context，那么反过来可以吗？看看下面的例子吧！

```
#sql context ctx;
......
Class.forName("com.ibm.db2.jcc.DB2Driver").newInstance();

//建立了一个 Connection Context
ctx ctx1 = new ctx("jdbc:db2:sample",false);

//通过 ctx1 来建立一个 JDBC 连接对象
Connection conn = ctx1.getConnection();
```

也就是说，JDBC 和 SQLJ 的连接是可以互相创建的，非常方便。

连接对象可以互相操作，那么 JDBC 结果集 ResultSet 和 SQLJ 的 Iterator 是不是也可以相互转换呢？答案是肯定的！

首先看一下如何将 ResultSet 对象转换为 Iterator，只需下面所示的一条语句就可以实现了：

```
#sql iter={CAST :rs};
```

不过需要注意的是，在将 ResultSet rs 转换为 Iterator iter 之前，需要满足以下三个条件：

● 在 iter 的声明中必须定义为 public。

● 如果 iter 是 Positioned Iterator，那么 iter 声明中列的个数必须和 rs 中的列数一样，并且对应列的数据类型也必须完全匹配。

● 如果 iter 是 Named Iterator，那么 iter 中每个列的名字必须和 rs 中的列的名字相同，并且对应列的数据类型也必须完全匹配。

同样，将 Iterator 转换为 ResultSet 对象也非常简单，参见下面的例子：

```
EmpIter iter=null;
```

```
#sql [connCtx] iter=
  {SELECT EMPNO, FIRSTNAME FROM EMPLOYEE};

//将 iterator 中保存的结果集转化为 ResultSet 对象
ResultSet rs=iter.getResultSet();

//通过 ResultSet 来遍历结果集
while (rs.next())
{ System.out.println("EMPNO : "rs.getString(1) + " first name : " +
    rs.getString(2));
}
rs.close();
```

由此看来，在 Java EE 平台上进行数据库应用的开发时，还真是得心应手！我们可以根据项目需要选择 JDBC 或者 SQLJ 进行开发，这两者之间并不存在什么鸿沟。

7.4　数据库编程中的快餐文化，持久化技术

本章的前三节，是在讲一个好媳妇的故事，洗衣做饭样样周到，这是小两口居家过日子的典范。不过，在现实生活中，也有不少年轻小夫妻过的日子是在家从不做饭，经常吃快餐。因为吃快餐省事儿啊，洗菜做饭一步一步太麻烦。在数据库应用开发中，确实存在着这样一种快餐文化，即持久化技术。以 Hibernate 为代表的一系列持久化技术已深入人心，因为使用起来非常快捷、简单。依靠专为"懒人"设计的数据持久化方法——对象/关系映射（O/R Mapping），我们可以用操作程序对象的方式来处理数据库中的表，从编写和维护 SQL 语句的繁重工作中解放出来。

本节中，我们会首先介绍一下 O/R Mapping 的基本概念，然后再带着大家去认识一款非常流行的对象关系映射框架——Hibernate。

7.4.1　O/R Mapping，从表到对象

首先要认识一下 O/R Mapping，即对象/关系映射的概念。很多人在进行 JDBC/SQLJ 编程的时候都会遇到一个非常大的困扰，那就是需要维护的 SQL 语句数量会随着时间的推移迅速扩张。而且，如果表的结构发生变化，那么相关的 SQL 语句全部需要修改。

这是一个非常致命的问题！因为它严重制约了程序的可重用性和可维护性。而且，直接将 JDBC 连接或者结果集返回给上层应用也不符合 Java EE 的理念。

因此，很自然的一个想法就是，能不能把针对一个表的 JDBC 的操作封装成一个对象，将所有针对该表的操作转化为该对象的成员方法。这样，对于一张表来说，我们只要维护好一个类的定义就好了。

顺着这个想法延伸开来，你就已经掌握了 O/R Mapping 的精髓了。它的基本思想就是通过一种对象/关系映射的定义，提供一组 API 来将数据库中的关系模型转化为业务逻辑层中的一个对象。如图 7-5 所示。

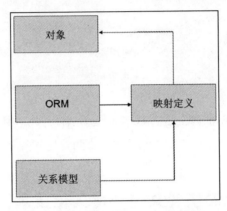

图 7-5　ORM 实现关系模型和对象的映射

因此，作为 O/R Mapping 的一种实现，Hibernate 也遵循着这样的形式，实现了 Java 对象和关系数据库中数据的映射。

Hibernate 对 JDBC 进行了轻量级的对象封装，也就是说，可以抛开 JDBC 编程的知识，完全按照面向对象编程的思维来操纵数据库中的数据。另外，Hibernate 可以应用在任何使用 JDBC 的场合，完全不会限制到你使用的范围。所以，如果你厌倦了 JDBC，厌倦了维护大量的 SQL 操作语句，想要找一个更省事的替代工具，那么可以试一试 Hibernate。

在 Java 应用中使用 Hibernate 只需要 4 步：

● 创建 Hibernate 配置文件；
● 创建持久化的 Java 类；
● 创建对象/关系映射文件；
● 通过 Hibernate 的标准 API 来编写业务逻辑。

下面通过一个例子来看一下这四步是如何实现的。

7.4.2　Hibernate 从配置文件开始

在使用 Hibernate 前，首先需要创建一个配置文件，让程序知道数据库的连接信息。该配置文件需要放置于程序的 classpath 路径下。同时，可以通过两种方式进行配置。下面的两段示例分别演示了如何使用这两种方式进行配置。

使用 Java 属性文件，即"键=值"二元组的形式：

```
Hibernate.dialect = org.hibernate.dialect.DB2Dialect
Hibernate.connection.driver_class = com.ibm.db2.jcc.DB2Driver
Hibernate.connection.url = jdbc:db2://localhost:50000/sample
Hibernate.connection.username = db2admin
Hibernate.connection.password = password
Hibernate.show_sql = true
```

使用 XML 文件的形式：

```xml
<hibernate-configuration>
    <session-factory name="java:/hibernate/HibernateFactory">
        <property name="show_sql">true</property>
        <property name="connection.driver_class">
                            com.ibm.db2.jcc.DB2Driver</property>
        <property name="connection.url">
                    jdbc:db2://localhost:50000/sample</property>
        <property name="connection.username">db2admin</property>
        <property name="connection.password">password</property>
        <property name="dialect">
                    org.hibernate.dialect.DB2Dialect</property>
        <mapping resource="Employee.hbm.xml" />
    </session-factory>
</hibernate-configuration>
```

可以看到，两种形式虽然样式不同，但是都包含有以下几个信息。

● Hibernate.dialect：数据库方言，这里为 org.hibernate.dialect.DB2Dialect，即使用的是 DB2 的 SQL 方言。

● connection.driver_class：JDBC 驱动程序的名称。

● Url，username，password：连接字符串、用户名和密码。

● Show_sql：如果设置为 true，则会在运行过程中向控制台打印 SQL 语句。这个选项一般在调试阶段使用，系统正式上线后再将其设置为 false。

通过配置文件，Hibernate 已经了解了数据库的信息，能够建立数据库的 JDBC 连接了。

7.4.3　将表"对象化"

完成了配置文件，下面要做的就是将数据库中的表映射为 Java 中的对象。针对每一个需要操作的表，都需要在 Java 程序中创建一个持久化类，将表中各个列的信息作为类的成员，并为每个成员提供标准的 get 和 set 方法。

这里，还是以 DB2 Sample 数据库中的 EMPLOYEE 表为例，让我们来看一下该表对应的持久化类是如何定义的：

```java
Package myexample
import java.io.Serializable;
Import java.sql.Date;
```

```
public class Employee implements Serializable
{
      //对应于表中的每一列，需要定义一个相应数据类型的成员
      private String empno;
      private String firstnme;
      private String midinit;
      private String lastname;
      private String workdept;
      private String phoneno;
      Private Date    hiredate;
      ................

      //针对每个成员，需要提供一个 get 和 set 函数
      public String getEmpno()
      {
            return empno;
      }

      private void setEmpno(String empno)
      {
            this.empno=empno;
      }

      public String getFirstnme()
      {
            return firstnme;
      }
      void setFirstnme(String firstnme)
      {
            this.firstnme = firstnme;
      }
      ......
}
```

持久化类必须符合 JavaBean 的规范，表中的所有列都必须定义一个成员，以及与之对应的 get 和 set 方法。get 和 set 函数的后面紧跟着每个成员的名称，并且成员名的首字母大写。如果命名不符合规范，Hibernate 在运行时会抛出以下异常：

```
Could not find a getter[setter] for property *** in class *.*
```

这个例子中的 Employee 类实现了 java.io.Serializable 接口。Hibernate 并不强制要求这样做。但是，Java EE 平台上的大部分应用都是采用分布式架构，当 Java 对象在不同进程节点间传输时，必须实现 Serializable 接口。因此，建议大家在定义持久化类时都默认实现 Serializable 接口。

7.4.4　O/R Mapping 的精髓，一切尽在映射中

有了数据库连接信息，建立了持久化类，现在唯一缺少的就是定义一下对象/关系映射了。

Hibernate 采用的是 XML 文件格式来定义对象/关系映射。以 EMPLOYEE 表为例，需

要创建一个名为 Employee.hbm.xml 文件，代码如下：

```
<?xml version="1.0"?>
<!DOCTYPE hibernate-mapping PUBLIC
      "-//Hibernate/Hibernate Mapping DTD 3.0//EN"
            "http://hibernate.sourceforge.net/hibernate-mapping-3.0.dtd">

<hibernate-mapping>
      <class name="myexample.Employee" table="EMPLOYEE">
            <id name="empno" column="EMPNO">
                  <generator class="assigned" />
            </id>

            <property name="midinit" type="string" column="MIDINIT" />
            <property name="lastname" type="string" column="LASTNAME" />
            ................

      </class>
</hibernate-mapping>
```

这里需要注意三点：

● 通过 class 元素中的 name 指定持久化类的名称，table 指定数据库中的表名。通过这个标签，实现了将表 EMPLOYEE 和类 myexample.Employee 相关联。

● id 元素代表的是表中的主键和持久化类的映射，type 属性指明了该列的数据映射类型。每个映射中最多存在一个 id 元素。

● Property 元素代表的是普通列到持久化类的映射，type 属性指明了该列的数据映射类型。每个映射中可以有 0 个到多个 property 元素。

通过这样的映射文件，就将数据库中的表和Java程序中的持久化类紧密连接到一起了。

7.4.5 漫游数据只需两步

简单回顾一下前面的内容：首先完成了 Hibernate 的配置文件，保存了数据库连接信息；然后在 Java 程序中按照表的定义创建了对应的持久化类；最后通过映射文件来设置 O/R Mapping 规则。至此，我们已经做好了全部准备工作，可以开始数据漫游之旅了。通过下面的例子你会发现这些准备工作都是值得的，操作数据只需要两步就可以了。

以 Type 2 的 Oracle JDBC 驱动为例，使用持久化类操作数据库中数据的示例程序如下所示：

```
Package myexample;

import java.util.Iterator;

import org.hibernate.HibernateException;
import org.hibernate.Query;
import org.hibernate.Session;
```

```
import org.hibernate.SessionFactory;
import org.hibernate.Transaction;
import org.hibernate.cfg.Configuration;

public class TestEmployee
{
      public static void main(String[] args)
      {
            try
            {     //创建一个配置对象
                  Configuration config = new Configuration();

                  //读取映射类 Employee
                  config.addClass(Employee.class)

            //通过配置对象生成 SessionFactory，进而生成 Session
            SessionFactory sf = config.buildSessionFactory();
            Session session = sf.openSession();

            //Trasaction 对象控制事务
            Transaction tx = session.beginTransaction();
            String empno = null;
            String firstnme = null;

            //通过 session 对象创建一个查询，并将结果保存于 iterator 对象中
            Iterator iter = session.createQuery("from Employee").iterate();

            //遍历结果集
             while ( iter.hasNext() )
            {
                //每一条记录都是一个 Employee 对象
                Employee emp = (Employee) iter.next();
                empno = emp.getEmpno();
                firstnme = emp.getFirstnme();
                System.out.println("empno = " + empno +", firstnme =" + firstnme);
            }
            tx.commit();
            session.close();
      }
catch (HibernateException e)
{
    e.printStackTrace();
}}}
```

可以看到，使用 Hibernate API 操纵数据库的整个过程大致分为两步。

1. 初始化

首先我们创建了一个 Configuration 对象。它的构造函数会把默认路径下的配置文件读入到内存中，从而获取建立数据库连接的信息。

然后，通过 config.addClass(Employee.class)方法加载 Employee.hbm.xml 中定义的映射信息，将数据库对应到持久化类中。

最后，通过创建一个 SessionFactory 实例，将所有的配置和映射信息都传递到 SessionFactory 对象中。

在初始化的过程中，Configuration 对象扮演着一个读取配置和映射信息的角色。最后所有的信息都传递到 SessionFactory 对象中。每个 SessionFactory 对象就相当于一个数据源，所有针对该数据源的操作都需要经过它来发起。

2．通过 Session 进行数据操作

初始化完成后，所有对数据的操作都需要通过 session 对象来进行。通过 SessionFactory.openSession()方法即可获取一个 Session 实例。

Session 对象提供了操纵数据库的各种方法。

- Save()：将 Java 对象保存到数据库中。
- Update()：将当前对象更新到数据库中。
- Delete()：将当前对象从数据库中删除。
- Load()：从数据库中加载 Java 对象。
- createQuery()：从数据库中返回查询结果。

在本示例中使用了 createQuery()方法，通过执行查询的 from 子句，可以得到数据库中所有的数据并映射为 Employee 对象；然后使用 Iterator 对象来遍历所有的结果。这样，就实现了用面向对象的方法来处理数据库中的数据。

通过使用持久化技术，可以实现通过面向对象的方式来操作数据库中的表，从而隔离了底层的 JDBC 和具体的 SQL 语句，增强了程序的可移植性和可重用性。当然，虽然本节的名称是"数据库编程中的快餐文化"，不过 Hibernate 的空间如此之广，不是简简单单就可以全部掌握的。详尽的 Hibernate 介绍超出了本书的范畴，不过"海阔凭鱼跃，天高任鸟飞"，有兴趣的读者可以自行扩展学习。

7.5 Java 程序从 Oracle 迁到 DB2，easy 到流泪啊

常常有人问我："你说 Oracle 到 DB2 可以实现从容地转身，我原来在 Oracle 数据库上开发的 Java 项目就真的能很轻松地就移植到 DB2 数据库平台上吗？两家数据库厂商各有特点，而且处于竞争关系，迁移肯定不会那么干脆利落吧？"

在回答这个问题前，我们需要了解 Java 数据库应用的特点。从 DB2 V9.7 开始，在 Oracle 兼容模式下，大部分 Oracle 的语法都可以直接在 DB2 中执行。而 Java EE 平台上的 Java

应用对数据库的操作基本上都在底层经由 JDBC 或 SQLJ 进行了封装，底层的数据库对于上层应用逻辑来说是不可见的。而且，JDBC 和 SQLJ 是行业标准，不论是 Oracle 还是 DB2 都按照这统一的标准提供 API。

所以，综合分析起来，Oracle 数据库上的 Java 应用程序要迁移到 DB2 上，其实只要遵循一个三步走的方法就可以了。

7.5.1　第一步，修改数据库连接

为了看清楚 DB2 和 Oracle 的 Java 程序在数据库连接上的区别，让我们看一下 Oracle 的 Java 应用是如何建立数据库连接的。Oracle 数据库同样提供了 JDBC Type 2 和 Type 4 的驱动。这里以 Type 2 的 Oracle JDBC 驱动为例。

```
import java.sql.*;
import java.io.*;
import oracle.jdbc.driver.*;

...........
// 加载驱动名称不同
Class.forName(oracle.jdbc.driver.OracleDriver);

// 连接到数据库，注意连接字符串的区别
Connection conn =
DriverManager.getConnection ("jdbc:oracle:oci8:@oracle","uid","pwd");
// ...
```

可以看到，DB2 和 Oracle 建立数据库连接的主要区别有三点：

- 引用的包：oracle.jdbc.driver.*。
- 加载的驱动：oracle.jdbc.driver.OracleDriver。
- 连接字符串：jdbc:oracle:oci8:@oracle。

非常好理解，对于两种数据库来说，建立 JDBC 的连接区别就在于加载各自的驱动程序，然后按照各自的数据库连接字符串连接即可。

7.5.2　第二步，修改参数类型

除了数据库连接外，数据类型也和数据库紧密相关。大家回想一下，在 SQL 语句、存储过程或者声明 Iterator 等情况下会传递参数，这些地方需要我们按照数据库中的数据类型定义来指定参数的数据类型。

因此，迁移 Java 应用程序的第二步就是修改这些地方传入的参数类型。举一个简单的例子，在 Oracle 应用程序中，调用了一个带有输入和输出参数的存储过程，其 Java 示例代码如下所示：

```
String procName = "sproc1";
String SP_CALL = "call " + procName + "(:in_parm1, :out_parm2)";
Connection conn =
DriverManager.getConnection (url, userName, password);
CallableStatement stmt;
try {
stmt = conn.prepareCall(SP_CALL);
stmt.setInt(1,10);

//注册参数类型的时候需要使用 Oracle 的数据类型
stmt.registerOutParameter(2, Oracle.VARCHAR);
stmt.execute();
...
}
catch (SQLException e)
{
        e.printStackTrace();
}
```

其中,在注册输出类型的参数时,我们为 Oracle 数据库中的数据指定了 Oracle.VARCHAR 的类型;那么,迁移到 DB2 数据库之后,只需要把相应的注册参数部分更改为 DB2.VARCHAR,即可实现同样的调用存储过程的功能。

7.5.3　第三步,修改不兼容的 SQL 语句

迁移 Oracle 应用程序的最后一步,就是需要检查不兼容的 SQL 语句并进行修改。

值得庆幸的是,从 DB2 V9.7 开始,在 Oracle 兼容模式,Oracle PL/SQL 语法在 DB2 中已经得到较为完善的支持。但是不能否认的是,还是会有一些不兼容的地方。因此,我们最后需要做的,就是将这些不兼容的 SQL 语句进行修改。

由于我们在第 4 章和第 5 章中已经讲解了 DB2 对 SQL PL 和对 Oracle PL/SQL 的支持,并且在第 2 章中介绍了如何使用迁移工具来发现不兼容的语句,所以这里不再赘述,请大家参考这前面章节的内容来寻找需要改动之处,并进行修改。

现在完成了不兼容 SQL 语句的修改,恭喜你,你已经基本实现了将 Oracle 的应用程序迁移到 DB2 数据库! 回头来看,其实整个过程非常清晰明朗,只要大家掌握了这三个步骤的精髓思想,轻松转身绝不只是个传说!

7.6　精彩絮言:川情似火贯天地,锦味胜椒辛古今

| 2011 年 1 月 20 日 | 笔记整理 | 地点:成都 |

　　每次来到天府之国,都会立即感受到四川人的热情和四川菜的火辣,真可谓"川情似

火贯天地，锦味胜椒辛古今"。美食慢慢品尝，但是美景也不能遗忘，无奈高铁项目工期紧张，我只有半天的自由支配时间，于是直奔杜甫草堂，期望在幽静而伴有书香的院落中求得片刻的闲适，以帮助我去除燥热，梳理思绪。

第二天一早我来到了客户端开发团队所在地——天府软件园。项目负责人开门见山地说："听闻高铁项目服务器端开发过程中遇到了很多难题，您亲自到开发现场，一个个地帮他们解决并给出很多建议。其实我们客户端开发过程中也遇到了一些问题，您现在来了，我相信我们的问题也将迎刃而解。"我笑着回应："你们遇到的问题我已经大概了解过了，你们所承担的是基于 J2EE 平台的客户端开发项目，开发人员对 Java 语言都很熟悉，只是之前大家做的都是 Oracle 应用，对于如何开发 DB2 应用还不熟悉。我了解到的情况是，这个项目中有大量的 JDBC 直连数据库的代码，每一处都需要修改成连接 DB2 数据库的代码。这导致访问数据库的代码被分散到不同的地方，修改代码的工作量很大，且容易遗漏而出错，对于日后的维护量也很大，另外这种写法将应用层和数据库访问层混在一起，也不符合软件开发的规范。"

项目负责人追问道："我们现在最大的问题莫过于怎样用最小的工作量把访问数据库部分的代码全都修改成访问 DB2 的，就如您刚才所说，工作量太大了"。我回答："其实这个问题不难解决，开发人员能用面向对象的编程思维来处理数据库，使用 Hibernate 可以将数据库访问抽象出来，从而将数据库访问层和应用层分离，这样就不必在项目中出现大量连接数据库的代码了，大大地减少了工作量，唯一要做的就是封装数据库访问层，做完这个工作就一劳永逸了。"

这时，项目组一个开发人员接着负责人的话问道："我们的应用希望能够支持不同的后台数据库，能够满足这一要求吗？"我回答："这就是 Hibernate 的另外一个好处了，它可以应用在任何使用 JDBC 的场景，DB2、Oracle、SQL Server、My SQL、Sybase 等不同类型的数据库它都可以支持。如果系统需求变化，要求使用另一种数据库产品，那么对于 Hibernate 来说，修改起来也非常容易，可以非常轻松地完成转换数据库的工作，再也不用花费大量的时间和精力逐一修改连接了。"

解决了开发团队最头疼的问题之后，几个朋友带着我游览"锦里"，品小吃，喝苦茶，看变脸，真是不虚此行啊，再想到快过年了，辛勤忙碌了整整一年，终于可以给自己放个长假了，真是惬意悠哉。

7.7　小结

在本章的学习中，首先让大家了解了 Java EE 平台的概念和组成。然后着重介绍了 Java EE 平台上进行数据库开发的两大标准：JDBC 和 SQLJ。这两种编程接口虽然有着不同的语法和对象，各有特长。在实际编程使用中，可以根据需要选择任意一种，甚至在应用程序开发中将二者结合在一起使用。

之后，我们还花了一些篇幅来介绍了当前非常流行的数据持久化工具 Hibernate。通过使用 Hibernate，我们可以像操作对象一样使用面向对象的编程方法来处理关系型数据库中的表，省去了维护 SQL 语句的麻烦。

另外，我们针对两大主力数据库品牌 Oracle 和 DB2 在 Java EE 平台上的开发进行了对比，提出了迁移 Oracle 数据库应用程序到 DB2 数据库平台的三步走方法。通过这三步走我们可以看到，迁移 Oracle 应用程序时，代码的修改工作主要集中在底层的数据库操作部分！只要你掌握了关键的这三个步骤，就可以实现从容转身！

第 8 章
.NET 平台下开发 DB2 应用程序

作为当今最为流行的开发平台之一，.NET 从问世起就凭借着 Microsoft 的强大号召力吸引了众多的开发人员，迅速成为主流。现在，数以万计的企业每天都在使用.NET 平台开发的数据库应用程序，每天更是有着不计其数的新项目正在展开。因此，想要进入数据库客户端开发领域，.NET 是你的必修课。

本章中，我们将会带你去认识.NET 平台，并学习.NET 平台中数据库应用开发的利器：ADO.NET。你会看到，.NET 平台上一切都讲究标准化。无论是开发 DB2 或是开发 Oracle，使用的编程接口都保持着高度一致。最后，我们会结合 Visual Studio 和 IBM 数据库插件这一对黄金组合，让你切身体会一下在.NET 平台开发数据库应用的便捷。

8.1　扑朔迷离的.NET

.NET 是一个响当当的名号，任何一个开发人员都能一口气说出一大串带有.NET 头衔的名词来：什么.NET framework、C#、Visual Basic.NET，都是大家耳熟能详的名字。但是，.NET 是怎么来的？.NET 到底是什么意思？这些冠以.NET 头衔的名词之间是什么关系？恐怕真正能说清楚的人并不多。

要解释.NET 的来头，先让我们来回顾一下它的竞争对手，Java。在上一章中，我们刚刚探讨了 Java 语言开发 DB2 数据库应用。Java 语言能够风靡全球的一个根本原因就在于其提出了 Java 虚拟机的概念，这使得应用程序彻底摆脱了操作系统的束缚。只要是安装有 Java 虚拟机的地方，Java 应用程序就可运行。

软件业巨擘微软当然不会甘居人后。Bill Gates 三顾茅庐重金聘请 Delphi 之父——Anders Hejlsberg 火线加盟微软。有句话叫做"文人相轻,互视其短"，这位 Delphi 之父和我们在第 6 章介绍的 Java 之父 James Gosling 互相不服气。两位"之父"常在台前幕后互相较劲，揭彼之短、扬己之长。长期斗争下来的结果就是，Anders Hejlsberg 独辟蹊径，不负厚望，帮助 Microsoft 于 2002 年推出了.NET Framework，即.NET 框架。

Anders Hejlsberg
Delphi 和.NET 之父

那么.NET 框架有什么特殊之处呢？其实，它和 Java 虚拟机的概念类似，也实现了一种基于虚拟机机制的运行平台。在这个统一的运行平台上，通过通用语言运行库（Common Language Runtime），Microsoft 提供了对多种编程语言的支持，如 C#、VB、C++和 ASP 等。为了和原有编程语言的名称加以区分，所有基于通用语言运行时库的编程语言都被冠以.NET 的头衔，于是就有了这个热闹的.NET 大家族。

从 1.0 一直演化到现在的 4.0，.NET 平台提供了一系列应用程序接口，从而使得程序员可以在一个共同的平台上开发 Windows 应用软件、网络应用软件乃至 Web 服务应用。

回到开发数据库应用这个问题上来，我们知道 Java EE 平台上有标准的 JDBC 和 SQLJ 接口用于实现和数据库的交互。.NET 平台上是否也有类似的接口集中管理数据库相关的操作呢？当然有！这就是 ADO.NET！ADO.NET 深得.NET 框架的精髓，无论你是在什么数据库上开发，也不管你选用哪种.NET 平台支持的开发语言，所有和数据库打交道的地方只要放心交给 ADO.NET 就好了！无论是 Oracle 还是 DB2 应用开发，你都会发现我们要编写的代码惊人的相似，ADO.NET 将通用性展现得淋漓尽致！

下面就跟着我们去认识一下这个神奇的 ADO.NET 吧!

8.1.1　通向数据库的统一接口　ADO.NET

俗话说"条条大路通罗马",数据库应用程序的最终目的只有一个,那就是获取并操纵数据库中的数据。.NET 平台最值得称赞的地方就在于它将所有道路的建筑商都召集在一起开了一个会,要求每条路都按照"国道"的统一标准施工修建。这样,无论你走的是哪条路,体验都是一样的! 在.NET 平台上开发数据库应用时,ADO.NET 就是这套"国道标准"。

下面就让我们来看看这套"国道标准"是怎么搭建的。

首先,从 Data Provider 接口谈起。ADO.NET 提供了一套操纵数据源的公共方法,使得开发人员在面对不同的数据源时能够使用统一的接口进行编程,从而减轻了开发人员的学习负担,大大提高了程序的伸缩性和移植性。在底层实现上,不同的数据库厂商会按照 ADO.NET 的标准提供一组类库,也被称为 Data Provider。在针对不同的数据库开发时,我们要做的只是切换到相应数据库的 Data Provider 就可以了,上层的编程接口几乎是完全一样的!

另外,为了保持对传统的 ODBC 和 OLE DB 连接方式的兼容性,ADO.NET 同时提供了 ODBC.NET 和 OLE DB.NET 接口。ODBC.NET 和 OLE DB.NET 是针对数据源普遍适用的原则提供的,它们通过和数据库厂商提供的底层驱动进行桥接,从而实现对数据库的访问和各项操作。

为了能够让大家直观地看到 ADO.NET 全景,这里以 Oracle 数据库为例,展示一下 ADO.NET 提供的这三种接口,如图 8-1 所示。

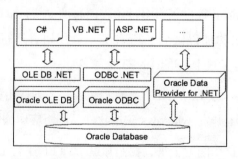

图 8-1　ADO.NET 提供的 Oracle 访问方式

其中,OLE DB.NET 和 ODBC.NET 分别通过与 Oracle OLE DB 驱动及 Oracle ODBC 驱动进行桥接,实现对 Oracle 数据库的访问操作。Oracle Data Provider for .NET(简称 ODP.NET)是完全基于.NET 平台而针对 Oracle 数据库设计的。由于 ODP.NET 对数据库的访问不需要通过驱动程序进行桥接,所以在性能上优于 OLE DB.NET 和 ODBC.NET。

虽然以 Oracle 数据库为例,但是由于 ADO.NET 的通用性,其他数据库在.NET 平台的情况也是非常类似的。下面就让我们去看一看 DB2 在.NET 平台上有什么不同吧!

8.1.2 轻松转身 DB2, Oracle 开发者一点通

随着企业规模的扩张和 IT 架构的不断成熟,越来越多的公司都会同时从多个数据库厂商采购数据库产品,而不会只使用一种数据库产品来支撑全部的应用系统。这样做的好处是显而易见的:一方面分散了风险,不会因为一个数据库的 bug 导致全部系统停机;另一方面还可以实现各厂商产品的平衡。不过,这种做法给数据库应用人员带来了很大的挑战。因为需要进行数据库迁移的可能性大大提高了,只掌握一种数据库开发方法就走遍天下的时代已一去不复返。

在我遇到的 Oracle 数据库开发人员当中,有些人在刚开始接触 DB2 的时候叫苦不迭。他们告诉我"Oracle 和 DB2 的差别太大了!数据库的管理、配置和操作的命令全都不一样!"。甚至有人用一本畅销书的名字来调侃道,"Oracle 来自金星,DB2 来自火星"。还有一些 Oracle 开发人员一听说要换到 DB2 平台,马上就产生本能的抵触心理,觉得非常麻烦。不过,虽然牢骚声不绝于耳,但前进的步伐无法阻挡。因为.NET 平台早就为我们铺平了星际旅行的道路,乘着 ADO.NET,从金星到火星并不遥远。

多说无益,让我们用事实说话。在上一节介绍 ADO.NET 的框架时,我们选用了 Oracle 的例子。现在让我们再来看一下 DB2 吧。相信你看了图 8-2 心里一定会放松不少,因为在.NET 平台上,DB2 应用开发的架构没什么不同!

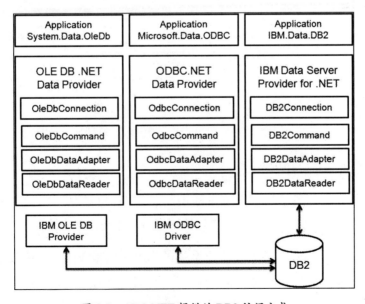

图 8-2 ADO.NET 提供的 DB2 访问方式

对比图 8-1 和图 8-2,你会发现.NET 平台上开发 Oracle 和开发 DB2 非常相似。而且,

对于使用 OLE DB.NET 或者 ODBC.NET 接口的开发者来说，你可能都察觉不到有什么变化！因为对你来说，编程的接口是一样的，只不过在你察觉不到的地方，Oracle 的驱动悄悄地变成了 DB2 的驱动而已。就算原来你使用的是 Oracle Data Provider for .NET 也别着急，虽然现在换成了 IBM Data Server Provider for .NET，但是仔细看一下，接口类还是一致的！因为只要是打着 ADO.NET 这个旗号的，它们必须提供相同的接口，这就是 ADO.NET 统一标准的好处！

在理解 DB2 在.NET 平台下的三类接口时，我们可以完全套用开发 Oracle 时的思路：IBM Data Server Provider for .NET 就是针对 DB2 数据库进行优化设计的访问方式，不需要桥接，能够提供高效的访问并支持 DB2 的一些高级功能；为了照顾历史遗留程序或者为了数据库的普遍适用性，DB2 也提供了 OLE DB.NET 和 ODBC.NET 的驱动。如果专注于 DB2 应用开发，还是推荐大家选择 IBM Data Server Provider for .NET 来获取最佳的程序性能。

问道　我看到 Oracle 和 DB2 在各自的 Data Provider 中提供的类名非常相似。那么，从 Oracle 开发转向 DB2 开发是不是只要更换对象名的前缀就可以了呢？

答曰　在 ADO.NET 中，Oracle 和 DB2 都提供了相同的标准类实现，如 OracleConnection、OracleCommand 对应于 DB2Connection、DB2Command。对应类的标准方法和成员都是高度一致的。所以简单修改对象名的前缀就能够完成 80% 的迁移工作。

但是，简单地替换前缀当然不能 100% 地解决问题（虽然我认为 DB2 会逐渐扩大这个百分比数字，直到替换名字后的 Oracle 程序能够直接拿到 DB2 中运行），还有剩下 20% 的工作量是需要我们动一动脑子去解决的。在后面具体介绍实现的时候，我们会专门针对每一类的操作介绍 DB2 和 Oracle 开发中的不同，指出需要注意的异同点。相信通过后面的讲解，Oracle 的开发人员能够完成这最后 20% 的华丽转身，顺利接手 DB2 应用开发项目！

8.1.3　融会贯通.NET 开发语言

在上一节中，我们看到了.NET 平台的通用性，使得针对各类数据库进行应用程序开发都能够遵循类似的方法，从而使得程序员能够轻松游走于不同数据库之间。

多说无益，我们先看一下最简单的连接数据的代码在 C#和 VB.NET 中都是怎么实现的：

C#：

```
String connectString = "Database=SAMPLE";
DB2Connection conn = new DB2Connection(connectString);
```

```
conn.Open();
return conn;
```

> **提示**
>
> 在.NET 平台上进行开发时，常常会遇到一个难题，那就是它支持的编程语言非常多：开发 Windows 窗口程序的时候，当下最为流行的是 C#语言，还有很多程序员习惯于使用 Visual Basic。开发网页应用的时候更多人青睐于便捷的 ASP.NET。.NET 平台还支持很多其他编程语言。这时问题就来了，我们在不同的项目切换中，不可能只局限于使用一种编程语言。但是编程语言的转换可能带来的工作量和麻烦让每个开发人员都头疼不已。我们能不能只学会一种语言，然后在其他项目中照搬就可以了呢？
>
> 看似不可能完成的任务，在.NET 平台上却只是小菜一碟！虽然不同语言在展示层等方面的差异很大，但是在数据访问层是非常相似的。有人问为什么？当然是因为 ADO.NET！还是那句老话，.NET 平台的通用性可以化腐朽为奇迹。

VB.NET：

```
Dim connectString As String = "Database=SAMPLE"
Dim conn As DB2Connection = new DB2Connection(connectString)
conn.Open()
Return conn
```

可以看到 C#和 VB.NET 除了各自的语法不同外，调用的类和方法都是完全一致的！也就是说在.NET 平台上，只要掌握了这两种最常用的编程语言进行数据库开发，随后就可以将这些开发经验扩展到其他编程语言当中去。

为了方便读者，在本章后面的讲解中，我们都会给出 C#和 VB.NET 这两种语言的示例。如果有需要了解其他.NET 平台支持语言的读者，也不妨先学习一下这里的示例，然后再进行扩展阅读，将这里学到的经验搬到你所需要的开发语言中去。

8.2　揭开 DB2 .NET 开发的神秘面纱

通过 8.1 节的介绍，我们给大家描绘出了在.NET 平台上进行数据库开发的轮廓。相信很多有.NET 平台数据库开发经验的读者，特别是熟悉 Oracle 开发的朋友已经打消了面对 DB2 项目时的恐惧了。我们反复强调.NET 平台的通用性，因为在这里，从 Oracle 到 DB2 开发可以轻松上路，照葫芦画瓢完全可以应付 80%！

不过，从 Oracle 到 DB2 的过程也不是完全照搬就可以了，危险往往都隐藏得很深，如果不注意到一些细节，很有可能就栽倒在剩下的 20%上而功亏一篑了。在本节中，我们会手把手地带领大家去看一下.NET 平台下 DB2 应用开发的核心方法，即应用 IBM Data Server

Provider for .NET 进行数据库应用开发的方法。称呼都是 Data Provider，熟悉 Oracle Data Provider for .NET 的读者一定非常想知道：DB2 有什么不同吗？下一节会解开你的疑问。

8.2.1 DB2 vs Oracle，Data Provider 大比拼

在开始具体讲解 IBM Data Server Provider for .NET 的各个组件之前，这里首先通过一个简单的 C#例子来让大家对访问 DB2 有一个概括性的认识。

```
using System;
using System.Data;
using System.IO;
using IBM.Data.DB2;                    //引用 IBM Data Server Provider for .NET

class DB2ProviderTest
{
    public static void Main(String[] args)
    {
        //创建一个 DB2 连接和一个 DB2 命令对象
        DB2Connection conn = null;
        DB2Command cmd = null;

        //准备 DB2 的连接字符串
        String connectString = "Database=sample;UID=db2admin;PWD=password";

        try
        {
            //根据连接字符串建立数据库连接
            conn = new DB2Connection(connectString);
            conn.Open();

            // 将先前创建的 DB2Command 对象和数据库连接相关联
            cmd = conn.CreateCommand();

            //设定 DB2 命令的内容
            cmd.CommandText = "SELECT * FROM test";

            //执行查询语句，通过 DB2DataReader 获取查询结果
            DB2DataReader reader = cmd.ExecuteReader();

            //释放 DB2DataReader
            Reader.Close();

            // 断开数据库连接
            conn.Close();
        }
        catch (Exception e)
        {
            Console.WriteLine(e.Message);
            conn.Close();
        }}}
```

熟悉 Oracle 开发的读者一定可以发现，大致的程序流程是一样的，都是先通过设置数

据库连接字符串建立一个数据库连接；然后通过 SQL 命令进行插入/删除/更新/查询操作，通过 Reader 或者 DataAdapter 来处理结果集。

但是，细心的读者还是会发现一些细节上的差别。

1．引用名称

在使用 IBM Data Server Provider for .NET 时，在程序的引用部分为：

```
using IBM.Data.DB2;
```

而使用在 ODP for .NET 的程序中，我们引用：

```
using Oracle.DataAccess.Client;
```

2．连接字符串

连接 DB2 数据库，我们使用的字符串为一系列变量/值的字段，如下：

```
connectString = "Server=<ip address/localhost>:<port number>; " +
                "Database=<db name>;" +
                "UID=<userID>; " +
                "PWD=<password>;" +
                "Connect Timeout=<Timeout value>"
```

其中，服务器、端口号和数据库名称等通过独立的字段指定。

而在连接 Oracle 时，我们使用的是 tnsnames.ora 中定义的数据库服务、用户名和密码字段，如下：

```
connectString = "Data Source=ORCL;User Id=oracle;Password=password;";
```

上述连接字符串要想实现成功连接，就必须事先在 tnsnames.ora 文件中定义 ORCL 数据库服务的详细信息。否则，此处需要换成完整的数据库服务描述串，如下所示：

```
connectString = "Data Source=(DESCRIPTION=" + "(ADDRESS_LIST=(ADDRESS=(PROTOCOL=
TCP)(HOST=localhost)(PORT=1521)))"
            + "(CONNECT_DATA=(SERVER=DEDICATED)(SERVICE_NAME=ORCL)));"
            + "User Id=oracle;Password=password;";
```

除了这些关键的连接参数上有着细微的差别之外，其他常用的 Oracle 连接参数，在 DB2 中大都可以继续使用，如表 8-1 所示。

表 8-1　数据库连接字符串的常用参数列表

Oracle Data Provider for .NET 参数名	参数解释	IBM Data Server Provider for .NET
Connection Lifetime	数据库连接可以在连接池中保持空闲的最大时间长度	同 Oracle
Connection Timeout	等待建立数据库连接的时间	同 Oracle
Persist Security Info	是否将安全性敏感信息作为连接字符串的一部分返回	同 Oracle

Oracle Data Provider for .NET 参数名	参数解释	IBM Data Server Provider for .NET
Pooling	是否使用连接池	同 Oracle
Max Pool Size	最大池大小	同 Oracle
Min Pool Size	最小池大小	同 Oracle

所以总的来说, 常用的数据库连接字符串参数在连接 Oracle 和 DB2 的时候都是可以通用的, 开发人员只需要注意数据源、用户名及密码字段的区别就可以了。

3. 对象名称

Oracle 和 DB2 Provider for .NET 分别提供了对于 Connection、Command、DataReader 和 DataAdapter 的实现。对象的名称略有区别, 只是在相应的前缀部分区分为 Oracle 和 DB2 而已, 如表 8-2 所示。

表 8-2　ADO.NET 数据库对象名称对应表

IBM Data Server Provider for .NET	Oracle Data Provider for .NET
DB2Connection	OracleConnection
DB2Command	OracleCommand
DB2DataReader	OracleDataReader
DB2DataAdapter	OracleDataAdapter

通过比较可以看到: 使用 IBM Data Server Provider for .NET 编写数据库应用程序与使用 Oracle Data Provider for .NET 整体上大同小异, 没有本质上的区别。不过需要再次强调的是, 现在还不是掉以轻心的时候。如果忽视一些细小的差别而盲目地将 Oracle 开发经验全盘照搬到 DB2 上来, 可能会引发意想不到的麻烦。在下一节中就让我们到细节处去探究一番, 看看我们可能会在哪里栽跟头, 并跟大家分享一些避免栽跟头的小技巧。

8.2.2　数据库连接如何做得更好

我们刚刚看到了数据库连接的建立及相关参数的意义, 很多人都觉得他们已经完全掌握了如何建立数据库连接。事实真的如此吗? 当然不是, 那些只是最基本的 "hello world" 而已。数据库连接虽然简单, 但是用好却并不容易。关于数据库连接, 很多人不太重视与此有关的三件事: 数据库连接池、ADO.NET Data Provider 的公共基类及数据库连接的关闭。本节我们就分别探讨这三个话题。

1. 数据库连接池

在介绍 JDBC 开发的时候, 我们已经学习了连接池的概念, 在.NET 平台上也是一样的。查询数据库连接字符串的参数列表时, 我们知道有一个参数叫 "Pooling", 这个参数决定是否启用数据库连接池。但是我们往往注意不到的是，这个参数的默认值是 true。也就是说默认情况下，我们都在使用数据库连接池，只是我们不知道罢了。

连接池的作用是在同一个应用程序中最大限度地重复使用数据库连接。当应用程序第一次建立和 DB2 数据库的连接时，就会创建一个连接池。当创建的连接被关闭时，不会直接释放掉，而会被丢入连接池中，等待再次被使用。这样，当应用程序再次需要建立数据库连接时，它会首先到连接池中寻找，如果有可用的连接，就可以直接使用，而不必重新创建了。

你可能会问，在.NET 中如何控制连接池里有多少连接？空闲的连接是如何处理的？这时就需要用到前面提过的另外 3 个参数了，即 Max Pool Size、Min Pool Size 和 Connection Lifetime。Max Pool Size 和 Min Pool Size 很好理解，设定了连接池中可以保存的最大和最小的连接数。当第一次建立数据连接时，连接池中就会产生 Min Pool Size 个连接，并最低保持在这个连接数上。如果连接池中的连接在超过 Connection Lifetime 定义的时间段后仍处于空闲状态，那么多余的连接就会被释放掉。

适当设置连接池的大小对于提高应用程序对数据库的访问性能是非常重要的。但是如果你的应用程序并不需要频繁地建立数据库连接，那么也可以选择不使用连接池。在连接字符串中指定 Pooling = false 即可。这样，每次数据库连接都需要重新建立，并且在连接关闭后就会被释放掉。

传统的 CS 模式下，每一个客户端在建立数据库连接的时候都会在其本地创建一个连接池，如图 8-3 所示。这样就造成了对数据库连接的严重浪费。在现在的企业应用 B/S 架构中，数据库的所有操作都统一由中间件管理，由应用服务器规划连接池的使用，如图 8-4 所示。下面用一个例子来看一下在不同的架构下连接池是如何工作的。为了叙述方便，假定 Min Pool Size 的设置为 3。

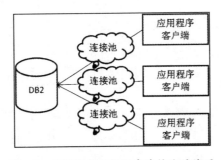

图 8-3　C/S 模式下数据库连接池的使用

在 C/S 架构下，三个客户端同时连接到数据库时一共产生 3 个连接池，而每个连接池中最少要保留 3 个数据库连接，也就是共需要 9 个数据库连接。

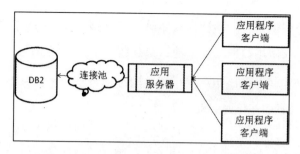

图 8-4　B/S 模式下数据库连接池的使用

而在 B/S 架构下，就只需要 1 个连接池，三个客户端同时连接到数据库时，只需要 3 个数据库连接就可以了，大大的节省了资源。

可以看到，合理地设置应用程序架构对整体应用程序的提升是非常关键的。这也是每一个数据库应用开发人员必须考虑的。下面，再让我们去看一看关于数据库连接的另一个秘密，即公共基类的使用。

2．ADO.NET 公共基类

Oracle 和 DB2 的应用程序其实并没有特别大的差别，但是针对 Oracle 开发的程序还是有很多细节需要修改后才能拿到 DB2 中去用。那么，有没有什么办法能够进一步减小这其中的工作量呢？当然有，这就是 ADO .NET 公共基类。

.NET framework 从 2.0 版本开始，提供了一套 System.Data.Common 的名称空间。这个名称空间中包含了一组可供所有.NET Data Provider 共享的基类，使得 ADO.NET 数据库应用的开发人员可以使用一套固定的编程接口来操纵各种数据库，极大地提高了程序的可复用性。事实上，各个数据库厂商提供的 ADO.NET 类都是 System.Data.Common 中基类的子类。下面这段程序演示了如何使用公共基类建立 DB2 数据库连接。

```
//通过 IBM.Data.DB2 唯一的标示了建立 factory 所使用的 data provider
DbProviderFactory factory = DbProviderFactories.GetFactory("IBM.Data.DB2");

//创建数据库连接，基类为 DbConnection
DbConnection conn = factory.CreateConnection();

//DbConnectionStringBuilder 基类用于针对不同的数据提供商类型准备连接字符串
DbConnectionStringBuilder sb = factory.CreateConnectionStringBuilder();

//寻找连接字符串中的 Database 参数，并将其值替换为'TEST'，已建立到 TEST 的连接
if( sb.ContainsKey( "Database" ) )
{
  sb.Remove( "database" );
  sb.Add( "database", "TEST" );
}
//将连接字符串赋给数据库连接
conn.ConnectionString = sb.ConnectionString;
```

```
//打开数据库连接
conn.Open();

//利用已经创建的连接来建立数据库命令对象，并强制转换为 DB2Command
DB2Command cmd = (DB2Command) conn.CreateCommand();
```

可以看到，公共基类提供了一套通用的数据库操作：通过在 DbProviderFactory 中指定数据库提供商的唯一标识符的方式，摆脱了对数据库类型和专属接口类的依赖。各个数据库厂商提供的 ADO.NET 接口类都是公共基类的子类，因此可以直接使用该基类进行操作。在需要的地方，还可以根据数据库类型直接进行强制转换，从而更好地利用各个数据库的特性。

另外，在建立了 Connection 之后，其他的 ADO.NET 对象，包括 Command、DataReader 和 DataAdapter 都可以很方便地构造出来，程序在不同的数据库中迁移时需要进行的改动非常少。例如，上一个例子如果迁移到 Oracle 数据库，需要的代码如下：

```
DbProviderFactory factory =
        DbProviderFactories.GetFactory("Oracle.DataAccess.Client");

DbConnection conn = factory.CreateConnection();

DbConnectionStringBuilder sb = factory.CreateConnectionStringBuilder();

if( sb.ContainsKey( "Data Source" ) )
{
  sb.Remove( "Data Source" );
  sb.Add( "Data Source", "ORCL" );
}
//将连接字符串赋给数据库连接
conn.ConnectionString = sb.ConnectionString;
  conn.Open();
OracleCommand cmd = (OracleCommand)conn.CreateCommand();
```

可以看到，需要进行的改动相对少了很多，极大地提高了程序的可复用性。这样，数据库应用程序的迁移变得轻松了很多，再也不是什么头疼的事了。最后，让我们再去看一看数据库连接的关闭。

3. 如何关闭数据库连接

在很多读者看来，关闭数据库连接是非常简单的操作，其实里面还是有大学问的。很多开发人员在查看一些示例代码的时候会发现，在关闭数据库连接的时候，有两个方法可以使用，即 conn.Close()和 conn.Dispose()。很多人都搞不清楚到底应该用哪个。有人说两者是完全一样的，随便选一个就行了。还有人说 Dispose()会把数据库连接释放掉，不会放回连接池了。

这里要告诉大家的是：这两种说法都是错误的！让我们通过下面一个例子来看一下两者的区别：

```
String connectString = "Database=sample;UID=db2admin;PWD=password";
conn = new DB2Connection(connectString);

conn.Open();              //第一次打开连接
conn.Close();

conn.Open();              //第二次打开连接
conn.Dispose();

conn.Open();              //第三次打开连接
```

你会发现，前两次打开连接都成功了，但是第三次试图打开连接时会发生错误！其实，Close 和 Dispose 这两个方法实现的功能都是将连接关闭，或者将连接返还给连接池。区别在于：使用 Close()方法时，连接字符串还保留在 Connection 对象中，但是 Dispose()方法会清空 Connection 对象中保存的连接字符串。所以我们在 Dispose 之后再次尝试打开连接时会报错，因为连接信息已经丢失了。

> **注意**　如果关闭连接后还需要重新打开，请使用 Close()方法！

8.2.3　增删改查，撑起业务流程

数据库应用最重要的功能就是支持每天繁杂的业务操作，而撑起每一笔业务的就是最基本的增删改查操作。完成了数据库连接的建立之后，下一步要做的就是执行基本的 SQL 命令了。使用 IBM Data Server Provider for .NET 执行 SQL 命令是通过 DB2Command 来实现的。正如其名，所有的 DB2 命令都可以通过 DB2Command 来执行，包括基本的增删改查操作以及调用存储过程。本节主要讨论增删改查命令的执行，调用存储过程会在后面的 8.2.5 节中详细介绍。

基本的 SQL 命令分为三种：一种是不返回结果集的，即 Insert、Update 和 Delete 操作。这类操作使用 DB2Command 提供的 ExecuteNonQuery()方法来实现；另一类是返回结果集的，即 Select。Select 操作可以使用 DB2Command 提供的 ExecuteReader()方法将结果集返回给 DB2DataReader 对象，并通过 DB2DataReader 对结果集进行遍历；还有一类查询是只返回单个值的查询，可以通过 ExecuteScalar()方法实现。下面分别来看一下这三类操作都是如何实现的。

1．无返回值的增删改操作

不需要接收返回值的增删改操作相对比较简单，下面以 DB2 提供的 Sample DB 中的

EMPLOYEE 表为例，我们提供了 C#版本和 VB.NET 两个版本，分别演示了如何使用
DB2Command 执行增删改操作。

C#:

```
//利用数据库连接创建 DB2Command 对象 cmd
DB2Command cmd = conn.CreateCommand();

//构建 Insert 语句
cmd.CommandText = "INSERT into EMPLOYEE values" +
                  "('000500','Jack','I','Brown','A00','5000'," +
                  "'2010-01-01-00.00.00','CLERK',10,'M'," +
                  "'1970-12-31-00.00.00',50000.00,500.00,0.00)";
//执行 Insert 操作
cmd.ExecuteNonQuery();

//给 Jack Brown 涨点儿工资
cmd.CommandText = "UPDATE EMPLOYEE set SALARY=55000.00 " +
                  "where empno='000500'";

cmd.ExecuteNonQuery();

//工资涨得太少，Jack Brown 跳槽了……
cmd.CommandText = "DELETE from EMPLOYEE where empno='000500'";

cmd.ExecuteNonQuery();
```

VB.NET:

```
' 创建 DB2Command 对象 cmd
Dim cmd As DB2Command = conn.CreateCommand()

'执行 Insert, Update 和 Delete 操作
cmd.CommandText = "INSERT into EMPLOYEE values" + _
                  "('000500','Jack','I','Brown','A00','5000'," + _
                  "'2010-01-01-00.00.00','CLERK',10,'M'," + _
                  "'1970-12-31-00.00.00',50000.00,500.00,0.00)"
cmd.ExecuteNonQuery()

cmd.CommandText = "UPDATE EMPLOYEE set SALARY=55000.00 " + _
                  "where empno='000500'"
cmd.ExecuteNonQuery()

cmd.CommandText = "DELETE from EMPLOYEE where empno='000500'"
cmd.ExecuteNonQuery()
```

上面的例子演示了 Insert、Update 和 Delete 操作是如何使用 DB2Command 对象执行的。
方法很简单，将 SQL 命令赋给 CommandText 参数，然后调用 ExecuteNonQuery 方法到数
据库中去执行。

看到这里，熟悉 Oracle Data Provider for .NET 的读者会发现，在 Oracle 中执行类似的
操作方法是一样的，使用对应的 OracleCommand 对象即可。不过不要掉以轻心，还有两个

地方需要引起我们的注意：

- 在执行 SQL 命令之前，需要保证数据库连接已经打开，即已经调用了 conn.Open() 方法。否则会抛出 InvalidOperationException 异常。
- 对于 Insert、Update 和 Delete 操作，ExecuteNonQuery()方法的返回值为该命令影响的行数，这一点 DB2 和 Oracle 保持一致。但是在执行其他类型的语句时，两者是有差别的！DB2 对于其他所有操作返回值都为-1，但是 Oracle 不同，对于 CREATE TABLE 和 DROP TABLE 语句，返回值为 0，所有其他类型的语句，返回值为-1。

所以如果程序上对于 SQL 语句执行的返回值有判断的时候，就需要读者能够清楚地理解可能的返回值。

在程序中如何判断 SQL 语句是否执行成功呢？

SQL 语句执行成功与否是通过异常处理来实现的。执行过程中出现任何错误，程序都会抛出相应的异常。

2. 返回结果集的查询操作

在 Insert、Update 和 Delete 操作中，由于没有返回结果集，所以操作相对简单一些。但是更多的情形下，需要进行查询操作，并且需要遍历查询返回的结果集。一个最简单的选择就是通过 DB2Command 的 ExecuteReader()方法。该方法会执行查询 SQL 语句，并返回一个 DB2DataReader 对象，可以用于访问结果集。请参见下面的示例代码：

C#:

```
//打开数据库连接
conn.Open();

//利用数据库连接创建 DB2Command 对象 cmd
cmd = conn.CreateCommand();

//设定查询 SQL 语句
cmd.CommandText = "select * from employee";

//通过 ExecuteReader()方法将结果集返回给 reader
DB2DataReader reader = cmd.ExecuteReader();

//循环以读取结果集中的每一行直到末尾
while (reader.Read())
```

```
{
    //将数据中的对应列按照数据格式读出并打印到 Console
    Console.WriteLine("EmpNo: " + reader.GetString(0) + " Full Name: " +
                      reader.GetString(1)+" "+reader.GetString(3));
}
//关闭 DB2DataReader
reader.Close();

// 关闭数据库连接
conn.Close();
```

VB.NET：

```
'打开数据库连接
conn.Open()

'利用数据库连接创建 DB2Command 对象 cmd
cmd = conn.CreateCommand()

'设定查询 SQL 语句
cmd.CommandText = "select * from employee"

'通过 ExecuteReader ( )方法将结果集返回给 reader
Dim reader As DB2DataReader = cmd.ExecuteReader()

' 循环读取结果
Do While (reader.Read())
  Console.WriteLine("EmpNo: " + reader.GetString(0) + " Full Name: " + _
                    reader.GetString(1)+" "+reader.GetString(3))
Loop
reader.Close()
conn.Close()
```

通过这个例子可以看到，使用 DB2DataReader 主要包括三个步骤：

- 通过 DB2Command.ExecuteReader()方法执行 SQL 查询语句，并将结果集返回给 DB2DataReader 对象。
- 通过 DB2DataReader.Read()方法，我们可以按照顺序逐行读取结果集中的每条记录。
- 通过 Get*Type*(n)方法，将当前行中第 *n* 列的数据转化为 *Type* 所标示的数据类型并读取出来。在这个示例中，我们使用了 GetString()方法，将第 0、1、3 列中的数据按照 String 类型读取出来。

只要按照这三个步骤来，就可以轻松地使用 DB2DataReader 来浏览结果集中的数据了。但是，看起来很简单，还是有一些地方需要我们额外注意的：

- DB2DataReader 只能通过 DB2Command.ExecuteReader()方法创建，不能通过自身的构造函数创建。
- Read()方法只能单向顺序的访问结果集，不能回退。而且在第一次调用之前，缺省

位置是在第一条记录之前。因此在读取数据之前必须先执行一次 Read()操作，才能
从第一行开始访问结果集。

● GetType(n)方法中的 n 是从 0 开始编号的，也就是说第一列的编号是 0。

● DB2DataReader 有两个参数是比较常用的，分别为 HasRows 和 FieldCount。HasRows
是一个布尔变量，如果值是 true 代表结果集中有数据；FieldCount 为一个整数值，
代表结果集中一共有多少列。

● 在数据读取结束后，请一定记得调用 Close()方法以关闭 DB2DataReader。

掌握了这些，你就能够从容地使用 DB2DataReader 来处理查询操作返回的结果集了。
另外，由于所有的用法和 OracleDataReader 完全一样，所以熟悉 Oracle 开发的读者在这里
可以沿用 OracleDataReader 中的使用习惯。

3. 单值查询

最后还要注意的是：有这样一类查询，它返回的结果并不是一个集合，而是单一的值。
如最常用的 select count(*) from employee 这样的单值查询。处理这种查询时，我们当然也
可以使用 DB2DataReader 获取结果，然后再从 DB2DataReader 取出这个值。但是这样的操
作过于烦琐，我们需要一种更简洁的方式。

针对这种单值查询操作，DB2Command 专门提供了一个方法，即 ExecuteScalar()。该
方法的返回值即为查询的单值结果。需要额外注意的是，ExecuteScalar()并不会自动决定返
回值的类型，需要我们做强制转换。请参见下面的例子。

C#：

```
//设定查询 SQL 语句
cmd.CommandText = "select count(*) from employee";

//将返回的总行数值转换为 int 类型
int count = (int) cmd.ExecuteScalar();
```

VB.NET：

```
cmd.CommandText = "select count(*) from employee"

Dim count As Integer = Convert.ToInt32(cmd.ExecuteScalar())
```

使用单值查询的方法，可以很轻松地直接获取查询的结果，而不必通过 DB2DataReader
这样有些烦琐的方法。

8.2.4　畅游结果集，DataSet 和 DataAdapter

在大多数数据库应用程序中，都需要将查询的结果暂时保存并显示到绑定的表格当中，

以供程序使用者进行查询、修改和更新操作。上一节中介绍的 DB2DataReader 对象虽然能够提供对结果集的单向顺序访问，但是却没有办法实现数据的缓存、修改和更新的功能，显然不能满足这个需求。因此，我们需要另外一种解决方案，能够将结果集按照其在数据库中的关系模型完整地保存在内存中，这就是 DataSet。

DataSet 完整的对象模型如图 8-5 所示。

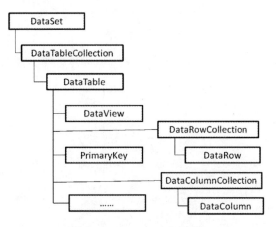

图 8-5　DataSet 对象模型

可以看到，DataSet 的基本组成是 DataTable。每一个 DataTable 对象对应于数据库中的一张表，它用于保存这张表中的数据，同时还保存着与该表相关的定义信息，包括列信息、约束条件及同其他表之间的关系等。一个 DataSet 对象可以包含多个 DataTable 对象，也就是说 DataSet 可以记录多张表的数据。通过这样的结构，DataSet 可以将数据库中的表按照其原有的关系模型保存在内存中，以供应用程序实现离线的数据访问。

那么使用什么类将 DB2 数据库中的数据装入 DataSet 呢？这需要 DB2DataAdapter 来实现。通过 DB2DataAdapter，可以将数据库中的数据填充到 DataSet 中。反过来，在对 DataSet 进行修改之后，还可以通过 DB2DataAdapter 将更改提交到数据库中。

首先通过下面一个例子演示一下如何使用 DataSet 和 DB2DataAdapter 来实现数据的查询。

C#:

```
conn.Open();

//创建 DB2DataAdapter
DB2DataAdapter adp = new DB2DataAdapter();

//创建 DB2CommandBuilder
DB2CommandBuilder cb = null;
```

```
//新建一个 DataSet
DataSet ds = new DataSet();

//通过指定 SelectCommand，我们确定了结果集
adp.SelectCommand = new DB2Command("SELECT * FROM EMPLOYEE",conn);

//通过 DB2CommandBuilder 生成 adp 中的 Insert/Update/Delete 用到的 SQL
cb = new DB2CommandBuilder(adp);

//通过 Fill（）方法，将查询结果集填充到 DataSet 中
adp.Fill(ds,"employee");

//关闭数据库连接
conn.Close();
```

VB.NET:

```
conn.Open()

'创建 DB2DataAdapter
Dim adp As DB2DataAdapter = new DB2DataAdapter()

'创建 DB2CommandBuilder
Dim cb As DB2CommandBuilder

'创建 Dataset
Dim ds As DataSet = new DataSet()

'通过指定 SelectCommand，我们确定了结果集
adp.SelectCommand = new DB2Command("SELECT * FROM EMPLOYEE",conn)
'通过 DB2CommandBuilder 生成 adp 中的 Insert/Update/Delete 用到的 SQL
cb = new DB2CommandBuilder(adp)

'通过 Fill（）方法，将查询结果集填充到 DataSet 中
adp.Fill(ds,"employee")

'关闭数据库连接
conn.Close()
```

通过这个例子可以看到，将数据填充到 DataSet 中是通过 DB2DataAdapter.Fill()方法实现的。在向 DataSet 填充数据之前，需要通过 SelectCommand 指定查询语句来确定数据集的范围。

继续上面的示例，我们再来看一下如何对 DataSet 进行修改，以及如何将这些变化更新到数据库中。

C#:

```
//新建一行数据，实现对 DataSet 的 Insert 操作
DataRow row = ds.Tables["employee"].NewRow();

//为这一行数据添加每一列的值
row["empno"]="000500";
```

```
row["firstnme"]="Jack";
row["lastname"]="Brown";
row["salary"]=50000.00;
......

//将这一行数据插入到 DataSet 中
ds.Tables["employee"].Rows.Add(row);

//下面进行更新操作，如果员工工资少于 50 000，则涨工资 10%
int i;
Decimal salary;
String first_name;
for (i=0; i<ds.Tables["employee"].Rows.Count; i++)
{
  if ((salary=(Decimal)ds.Tables["employee"].Rows[i]["salary"]) <= 50000)
  {
      ds.Tables["employee"].Rows[i]["salary"] = salary * (Decimal)1.1;
  }
}

//下面执行删除操作，开除叫 Tom 的员工
for (i=0; i<ds.Tables["employee"].Rows.Count; i++)
{
    first_name = (String)ds.Tables["employee"].Rows[i]["firstnme"];
    if (first_name.Equals("Tom"))
    {
      ds.Tables["employee"].Rows[i].Delete();
    }
}

//将 DataSet 中的改变更新到数据库中
adp.Update(ds,"employee");
```

提示

在这段示例中，我们还建立了一个 DB2CommandBuilder 对象 cb。有的读者可能不明白，为什么要使用这个对象呢？这是因为，在将数据集中的数据变化更新到数据库的时候，DB2DataAdapter 通过执行相应的 Insert/Update/Delete 命令来实现。为此，DB2DataAdapter 分别提供了三个成员：分别是 InsertCommand、UpdateCommand 和 DeleteCommand。默认情况下，在将 DataSet 中的变化更新回数据库之前，需要手工指定这三条 SQL 语句。当然，也可以利用 DB2CommandBuilder 对象自动生成这三条 SQL 语句。

有的读者可能又要问了，它是怎么自动生成 SQL 语句呢？答案就是：在调用 DB2CommandBuilder 之前，我们已经指定了 SelectCommand 的内容，限定了结果集的组成。因此，它就可以根据这条查询语句自动生成相应的 Insert/Update/Delete 语句了。

VB.NET:

```
'新建一行数据，实现对 DataSet 的 Insert 操作
Dim row As DataRow = ds.Tables("employee").NewRow()

'为这一行数据添加每一列的值
row("empno")="000500"
row("firstnme")="Jack"
row("lastname")="Brown"
row("salary")=50000.00
……

'将这一行数据插入到 DataSet 中
ds.Tables("employee").Rows.Add(row)

'下面进行更新操作，如果员工工资少于 50 000，则涨工资 10%
Dim i As Integer
Dim salary As Decimal
Dim first_name As String

For i = 0 to ds.Tables("employee").Rows.Count-1
    salary= CType(ds.Tables("employee").Rows(i)("salary"),Decimal)
    If (salary <= 50000) Then
        ds.Tables("employee").Rows(i)( "salary")= salary * 1.1
    End If
Next i

' 将涨工资更新到数据库中
adp.Update(ds,"employee")

'下面执行删除操作，开除叫 Tom 的员工
For i = 0 to ds.Tables("employee").Rows.Count-1
    first_name = CType(ds.Tables("employee").Rows(i)("firstnme"),String)
    If(first_name.Equals("Tom"))
        ds.Tables("employee").Rows(i).Delete()
    End If
Next i

'将 DataSet 中的改变更新到数据库中
adp.Update(ds,"employee")
```

通过示例可以看到，修改 DataSet 并将变化更新到数据库的过程主要分为三步：

- 通过 Tables[*table_name*]成员定位 DateSet 中的表。在例子中，我们之前已经通过 adp.Fill(ds,"employee")方法，将数据库中的 EMPLOYEE 表填充到 DataSet 当中。通过 Tables[*table_name*]成员，就可以在 DataSet 中定位要操作的表。

- 数据行对象 DataRow。操作表中的每一行数据是通过 DataRow 对象进行的。通过 DataRow[*column_name*]直接为该行的每一列赋值；通过 Tables[*table_name*].Rows[*n*] 定位到表中的第 n 行数据；通过 NewRow()和 Delete()方法来新增或者删除一行数据。

- 在对 DataSet 中的数据进行修改之后，通过 DB2DataAdapter 的 Update()方法，将改变更新到数据库中。

只要遵循了上述三步，就可以方便地使用 DB2DataAdapter 对象在结果集和数据库之间进行交互操作了。

注意	因为 DataSet 和 DataAdapter 都是 ADO.NET 的标准接口，所以 DB2 和 Oracle 在提供各自的接口实现时，都必须遵循这个标准。这为 DB2 和 Oracle 开发人员带来了方便，因为实际的操作是非常相似的，区别只是对象名称的前缀不同而已。

至此，我们已经掌握了操纵查询结果集的两种方法，即基本的 DB2DataReader 及功能更强大的 DataSet 和 DataAdapter。不过目前我们调用的都是简单的 SQL 命令，在下一节中，将进入高级部分：玩转存储过程。

8.2.5　玩转存储过程

在日常数据库的维护作业中，最常见的做法就是将一系列的命令封装成存储过程，从而实现操作的批量处理。可以毫不夸张地说，只要是有数据库应用的地方，就有存储过程的存在。所以在编写数据库客户端应用时，调用存储过程是数据库开发人员应该掌握的环节。

不过调用存储过程其实也没有什么特别，因为归根结底只是执行一句 SQL 命令而已，都是通过 DB2Command 实现的。通过 DB2Command 调用存储过程有两种形式，这两种形式的区别通过 cmd.CommandType 设置的值来体现。这里我们以 GET_EMP_SALARY 为例，分别演示一下如何使用这两种形式来调用存储过程。存储过程的定义如下所示。

```
//包含输入和输出参数的存储过程，用于获取员工姓名和工资的
CREATE PROCEDURE GET_EMP_SALARY (IN emp_no CHAR(6),       //输入员工号
                       OUT first_name VARCHAR(12),       //输出员工的名
                       OUT last_name VARCHAR(15),        //输出员工的姓
                       OUT emp_salary INTEGER)           //输出员工工资

    BEGIN
      //通过员工号查询到该员工的姓名和工资
      SELECT CAST(salary AS INT), firstnme, lastname into
            emp_salary, first_name, last_name
              FROM employee WHERE empno = emp_no;
    END @
```

1.　cmd.CommandType = CommandType.Text

第一种形式为设置 cmd.CommandType=CommandType.Text。需要将完整的 call procedure 语句赋给 CommandText。下面这段代码演示了如何使用 DB2Command 调用存储过程 GET_EMP_SALARY。

C#:

```
DB2Command cmd = conn.CreateCommand();
```

```
//指定 CommandType 为 CommandType.Text
cmd.CommandType = CommandType.Text;

//在这种方式下，我们需要完整地指定 call procedure 的语句
cmd.CommandText = "CALL GET_EMP_SALARY (@emp_no, @first_name, " +
                               "@last_name, @emp_salary)";

// 注册输入参数 emp_no，并设定其值为'000500'，即 Jack
DB2Parameter parm = cmd.Parameters.Add("@emp_no", DB2Type.Char,6);
parm.Direction = ParameterDirection.Input;
parm.Value = "000500";

//注册输出参数 first_name
parm = cmd.Parameters.Add("@first_name", DB2Type.VarChar,12);
parm.Direction = ParameterDirection.Output;

//注册输出参数 last_name
parm = cmd.Parameters.Add("@last_name", DB2Type.VarChar,15);
parm.Direction = ParameterDirection.Output;

//注册输出参数 emp_salary
parm = cmd.Parameters.Add("@emp_salary", DB2Type.Integer);
parm.Direction = ParameterDirection.Output;

//执行存储过程
cmd.ExecuteNonQuery();

//通过 Parameters 成员获取输出参数的值
String name = (String)cmd.Parameters["@first_name"].Value + "," +
             (String)cmd.Parameters["@last_name"].Value;
Int32 salary = (Int32) cmd.Parameters["@emp_salary"].Value;
```

VB.NET：

```
Dim cmd As DB2Command = conn.CreateCommand()
'指定 CommandType 为 CommandType.Text
cmd.CommandType = CommandType.Text

'在这种方式下，我们需要完整地指定 call procedure 的语句
cmd.CommandText = "CALL GET_EMP_SALARY (@emp_no, @first_name, " + _
                               "@last_name, @emp_salary)"

' 为 DB2Command 注册输入输出参数
...

' 执行存储过程
cmd.ExecuteNonQuery()
```

通过这个示例可以看到，用 DB2Command 的第一种方式调用存储过程主要有以下几个要点：

- 设置 cmd.CommandType = CommandType.Text。

- CommandText 中需要填入完整的 call procedure 语句。
- 使用 cmd.ExecuteNonQuery()方法执行存储过程的调用。

这种方法相对简单，只要填写完整的存储过程调用语句就可以了，不需要太多的考虑。

注意	另外需要提到的是，这里使用了 DB2Parameter 对象来设置和保存输入/输出/返回值参数。在定义 DB2Parameter 时，需要根据表中对应列的数据类型，为该参数指定相应的 DB2Type.*VariableType*。并且需要指定该参数的类型，即 Input/Output 等。在存储过程执行结束后，就可以通过 DB2Parameter.Value 这个成员获得输出/返回参数的值了。

提示	当在存储过程中使用了 return 关键字时，可以指定一个类型为 ParameterDirection.ReturnValue 的参数来接收返回值。可是返回值不是区分存储过程和 UDF 的吗？ 其实，在 SQL PL 存储过程中也可以使用 return 这个关键字，但是它有一个非常大的局限性：就是只能返回一个整型的值。一般来说，通过这个返回值来判断存储过程执行是否成功，或者确认程序的执行路径。所以整型值就足够了，不需要像 UDF 中那么复杂。不过不推荐大家在存储过程中使用 return 返回真实的数据，因为用 OUT 类型的参数来返回才是正道。另外，不要把这个 ReturnValue 和 ExecuteNonQuery 函数的返回值搞混哦！ExecuteNonQuery 的返回值是受影响的行数，或者-1（针对非 DML 语句）。

另外，从 DB2 V9.7 开始，可以使用 Execute 关键字来执行存储过程了。在设定存储过程的参数列表时，可以使用示例中的 "@parm1，@parm2" 的形式，也可以使用 "？" 来进行标记，例如 Call GET_EMP_SALARY（？，？，？）。但是两种形式不能混合使用，只能二选一。

掌握了这些知识点，你就能够自如地使用第一种调用存储过程的方法了！不过这还只是一半而已，让我们接着去看一下第二种方式是什么。

2．cmd.CommandType = CommandType.StoredProcedure;

第二种方式为设置 cmd.CommandType=CommandType.StoredProcedure。和第一种方式的区别在于：通过声明 SQL 语句的类型是存储过程，在 CommandText 中只需要指定存储过程的名字就可以实现调用了。下面的代码演示了如何通过第二种方式来调用存储过程。

C#：

```
//指定 CommandType 为 CommandType.StoredProcedure
cmd.CommandType = CommandType.StoredProcedure;

//在这种方式下，只需要指定存储过程的名称
cmd.CommandText = "GET_EMP_SALARY";

// 注册输入，输出参数
DB2Parameter parm = cmd.Parameters.Add("@emp_no", DB2Type.Char,6);
parm.Direction = ParameterDirection.Input;
parm.Value = "000500";

......

//执行存储过程
cmd.ExecuteNonQuery();

//通过 Parameters 成员获取输出参数的值
......
```

VB.NET：

```
Dim cmd As DB2Command = conn.CreateCommand()

'指定 CommandType 为 CommandType.StoredProcedure
cmd.CommandType = CommandType.StoredProcedure
'在这种方式下，我们只需要指定存储过程的名称
cmd.CommandText = "GET_EMP_SALARY"

' 为 DB2Command 注册输入输出参数
......

' 执行存储过程
cmd.ExecuteNonQuery()
```

通过这两个例子，已经掌握了如何使用 DB2Command 来调用存储过程，同时也掌握了如何使用 DB2Parameter 来定义输入/输出/返回参数。掌握这些之后，基本的存储过程调用就没有问题了。

问道　前面执行的存储过程都很简单，如果我们需要存储过程返回一个结果集，即返回一个游标，该怎么办呢？

答曰　从 DB2 V9.7 Fix Pack 3 开始，DB2 引进了一个新的 DB2Type——Cursor。它专门用来接收存储过程返回的游标。参见下面的例子。

我们通过下面这个简单的存储过程 GET_EMP_ALL，来查询所有的 EMPLOYEE 信息，

并返回一个游标。

```
//存储过程只有一个输出参数，类型为 CURSOR，返回所有 EMPLOYEE 表的数据
CREATE OR REPLACE PROCEDURE GET_EMP_ALL (OUT cur CURSOR)
  LANGUAGE SQL
  BEGIN
    SET cur = CURSOR FOR SELECT * FROM EMPLOYEE;
    open cur;
  END@
```

调用这个存储过程并接收返回的游标的代码如下所示：

```
conn.Open();

//指定存储过称名称为 GET_EMP_ALL
DB2Command cmd = new DB2Command("GET_EMP_ALL", conn);

//指定 DB2Command 要调用存储过程，即第二种调用方式
cmd.CommandType = CommandType.StoredProcedure;

//设定参数 cur，类型为 DB2Type.Cursor，并且指明为输出参数
cmd.Parameters.Add("cur", DB2Type.Cursor).Direction
                          =ParameterDirection.Output;
//执行调用
cmd.ExecuteNonQuery();

//将输出参数"cur"赋给 DB2DataReader 对象
DB2DataReader  dr = (DB2DataReader)cmd.Parameters[0].Value;
```

看到这里，相信大家明白了，当输出参数为游标的时候，可以直接使用 DB2DataReader 对象来接收结果。然后，就可以正常操作 DB2DataReader 对象，通过 Read()方法来顺序地读取结果集中的数据了。

> **注意** 要选择好 **DB2Parameter** 的类型，即 **DB2Type.Cursor**，只要记住这一点就可以了。

8.2.6　轻松完成事务管理

数据库操作中有一个非常重要的概念，就是事务及数据库事务的 ACID 标准：原子性（<u>A</u>tomic）、一致性（<u>C</u>onsistent）、隔离性（<u>I</u>nsulation）和持久性（<u>D</u>uration）。在数据库应用的编程中，也需要进行事务的管理。在.NET 平台开发 DB2 应用时，只需要使用 DB2Transaction 一个对象就可以了。

首先通过一段示例代码，帮助大家熟悉一下如何使用 DB2Transaction。

C#：

```
DB2Command cmd = conn.CreateCommand();
```

```
//通过数据库连接初始化一个 DB2Transaction 对象
DB2Transaction trans =
                conn.BeginTransaction();

//将 DB2Command 对象和 DB2Transaction 相关联
cmd.Transaction = trans;

//设定一条删除语句并执行
cmd.CommandText = "Delete from employee where empno='000500'";
cmd.ExecuteNonQuery();

//事务提交
trans.Commit();
```

VB.NET：

```
'通过数据库连接初始化一个 DB2Transaction 对象
Dim trans As DB2Transaction = conn.BeginTransaction()

Dim cmd As DB2Command = conn.CreateCommand()

'将 DB2Command 对象和 DB2Transaction 相关联
cmd.Transaction = trans

cmd.CommandText = "Delete from employee where empno='000500'"
cmd.ExecuteNonQuery()
'提交事务
trans.Commit()
```

上面这段示例代码中，有 5 个要点需要注意：

● DB2Transaction 对象是通过 DB2Connection.BeginTransaction 方法进行初始化的。

● 在初始化的同时，可以直接设定事务的隔离等级，也可以在初始化以后再进行设定。

● 为了对数据库操作进行事务控制，需要将 DB2Command 对象和 DB2Transaction 对象进行关联。

● 在事务完成时，需要调用 DB2Transaction.Commit() 方法对事务进行提交。

● 同样，如果需要将事务回滚，可以调用 DB2Transaction.Rollback() 方法。

所有和事务相关的操作都包含在这 5 点之中。只要掌握了这些，你就可以在应用程序中使用事务来控制数据库操作了。最后，再让我们去看一下大对象和 XML 数据是如何处理的。

8.2.7　玩转大对象

在 DB2 中，有两类特殊的数据类型是需要特别处理的，那就是 LOB 和 XML 数据。它们和基本数据类型的区别就在一个"大"字上，专门用来保存体积较大的数据。

下面先来看一下 LOB 数据。LOB 主要包括两种类型：二进制的大对象 BLOB（Binary Large Object）和字符类型的大对象 CLOB（Character Large Object）。处理这两种类型的方法上略有不同，让我们分别来看一下。

1．BLOB 数据

最常用的读取 BLOB 数据的方式就是将它按照二进制数组的形式顺序读取。具体的操作方法如下面的例子所示。

C#：

```
DB2Command cmd = conn.CreateCommand();

//指定查询语句，返回类型为 BLOB 的 b_lob 列
cmd.CommandText = "SELECT b_lob FROM test_blob WHERE id = 1";

//执行查询语句，并用 DataReader 对象接收返回结果集
DB2DataReader reader;
reader = cmd.ExecuteReader(CommandBehavior.SequentialAccess);

// 创建一个 Byte 类型的数组 b_lob，用于从 DataReader 中保存 BLOB 值
Byte[] b_lob = new Byte[1024];

//如果有数据返回，则读取数据
if(reader.Read())
{
  // 将 DataReader 中的结果保存到 b_lob 数组当中
  reader.GetBytes(0,0,b_lob,0,1024);
}
//读取完成，关闭 DataReader
reader.Close();

//对 b_lob 数组进行修改
...
//指定 Insert SQL 语句
cmd.CommandText =
  "INSERT INTO test_blob (id, b_lob) VALUES (?, ?)";

//添加 Insert 语句中的参数，并指定参数类型
cmd.Parameters.Add("@id", DB2Type.Integer);
cmd.Parameters.Add("@b_lob", DB2Type.Blob);

//指定参数的值
cmd.Parameters["@id"].Value = 2;
cmd.Parameters["@b_lob"].Value = b_lob;

//执行 Insert 操作，将 BLOB 值插入到数据库当中
cmd.ExecuteNonQuery();
```

VB.NET：

```
Dim cmd As DB2Command = conn.CreateCommand()
```

```
cmd.CommandText = "SELECT b_lob FROM test_blob WHERE id = 1"

Dim reader As DB2DataReader
reader = cmd.ExecuteReader(CommandBehavior.SequentialAccess)

' the DB2DataReader
Dim b_lob(1024) As Byte

If (reader.Read()) Then
  ' Obtain the BLOB object
  reader.GetBytes(0,0,b_lob,0,1024)
End If

reader.Close()

'对 b_lob 数组进行修改
...

'指定 Insert SQL 语句
cmd.CommandText = "INSERT INTO test_blob (id, b_lob) VALUES (?, ?)"

'添加 Insert 语句中的参数，并指定参数类型
cmd.Parameters.Add("@id", DB2Type.Integer)
cmd.Parameters.Add("@b_lob", DB2Type.Blob)

'指定参数的值
cmd.Parameters("@id").Value = 2
cmd.Parameters("@b_lob").Value = b_lob

'执行 Insert 操作，将 BLOB 值插入到数据库当中
cmd.ExecuteNonQuery()
```

这里需要注意的要点有 4 个：

- 同获取普通数据一样，我们可以用 DB2DataReader 来接收返回值。
- 通过在 ExecuteReader()方法中指定 CommandBehavior.SequentialAccess，可以让 DB2DataReader 知道该字段类型为 BLOB。这样，在从 DB2DataReader 中读取结果 时，不需要将整行数据全部装载，而是按照数据流的方式打开，依照顺序分段读取。
- 读取 BLOB 字段的方法为 GetBytes()。其中共有 5 个参数，顺序依次为：目标列的 序号、起始读取点的位置、保存结果的数组、数组中的起始保存位置和要读取数据 的长度。
- 将 BLOB 数据插入到数据库时，要注意参数的类型为 DB2Type.Blob。

相比于普通数据类型的操作，只要注意这 4 个要点，你就能很容易地操纵 BLOB 数据了。

注意	在读取 BLOB 数据的时候，GetBytes 函数不会对数据做任何的转换。因此， 源数据类型必须是以下类型之一，否则会抛出异常：

- DB2Type.Xml
- DB2Type.Binary
- DB2Type.VarBinary
- DB2Type.LongVarBinary
- DB2Type.Blob

2. CLOB 数据

下面再来看一下 CLOB 数据。其实两者非常相近，可以用很相似的方法处理 CLOB 数据。下面的例子给出了部分关键代码。

C#：

```
//用字符数组保存结果
char[] c_lob = new char[1024];
..........
 //指定查询语句，返回类型为 CLOB 的 c_lob 列
cmd.CommandText = "SELECT b_lob FROM test_clob WHERE id = 1";
DB2DataReader reader = cmd.ExecuteReader(CommandBehavior.SequentialAccess);

//将结果读取到 c_lob 数组当中
if(reader.Read())
{
    reader.GetChars(0, 0, c_lob, 0, 1023);
}
reader.Close();

//对 c_lob 数组进行修改
......

//指定 Insert SQL 语句
cmd.CommandText =
  "INSERT INTO test_clob (id, c_lob) VALUES (?, ?)";

//添加 Insert 语句中的参数，并指定参数类型
cmd.Parameters.Add("@id", DB2Type.Integer);
//参数类型为 DB2Type.Clob
cmd.Parameters.Add("@c_lob", DB2Type.Clob);
```

VB.NET：

```
'用字符数组保存结果
Dim c_lob(1024) As Char
......
 '执行查询
reader = cmd.ExecuteReader(CommandBehavior.SequentialAccess)
'将结果读取到 c_lob 数组当中
If (reader.Read()) Then
    reader.GetChars(0, 0, c_lob, 0, 1023)
End If
```

```
......
'参数类型为 DB2Type.Clob
cmd.Parameters.Add("@c_lob", DB2Type.Clob)
```

相应的数组变量为 char 型，读取方法为 GetChars( )且参数列表和 GetBytes 一致。Insert 操作的参数类型为 DB2Type.Clob。这些就是最基本的操作 CLOB 数据的方法。

不过由于 CLOB 数据中都是字符，本质上就是一个大字符串，所以我们可以有一个更简化的操作方式，如下：

C#

```
if(reader.Read())
{
  // 直接使用 GetString( )方法将结果读入到字符串当中
  String c_lob = reader.GetString(0);
}
```

VB.NET

```
If(reader.Read()) THEN
  '直接使用 GetString( )方法将结果读入到字符串当中
  Dim c_lob As String = reader.GetString(0)
End If
```

这种方法更为简洁方便，在处理 CLOB 数据的时候不妨尝试一下。

完成了 LOB 数据的处理，最后一站就是 XML 数据类型了。

8.2.8　新事物有新方法，处理 XML 数据

XML 数据是比较特殊的大数据类型，但是在本质上同样也是字符串，所以完全可以按照处理 CLOB 数据的方式来处理 XML 数据，通过 DataReader 的方式将 XML 数据转化为字符数组顺序读取出来。

不过，DB2 针对 XML 类型数据提供了内置的转换函数。可以在查询语句中直接将 XML 数据转化为字符类型。下面是通过 SQL 的转化程序将 XML 数据按照字符串的模式读取出来的 C#示例程序。

```
cmd = conn.CreateCommand();

String query = @"SELECT id as ID,
             XMLSERIALIZE(xml_data as varchar(600)) AS XML
             FROM    test_xml
             WHERE   id = 1000";

cmd.CommandText = query;
cmd.Prepare();

reader = cmd.ExecuteReader(CommandBehavior.SequentialAccess);
```

```
while (reader.Read())
{
 String xml_data = reader.GetString(0);
}
```

这里使用了 DB2 内置函数 XMLSERIALIZE 来将 XML 格式文件转换为 varchar，然后用字符串来保存 XML 数据。保存为字符串之后，就可以使用各种解析 XML 格式的方法来进一步处理了。但是显然这不是最优的处理方法。将 XML 转化为字符串，不仅降低了效率，更重要的是丧失了 XML 最为宝贵的层次性结构。

IBM Data Server Provider for .NET 针对 XML 类型数据提供了专用 DB2Xml 和 DB2XmlAdapter 类。其中，DB2Xml 类是 XML 数据的载体，负责保存 XML 数据的相关信息。DB2XmlAdapter 负责实现 XML 数据和 XPathDocument 对象之间的转换。两者配合使用就保证了在处理 XML 数据时保留数据的层次信息。具体的使用方法请参考下面的例子。

C#:

```
//创建 DB2Xml 对象以保存返回的 XML 数据
DB2Xml xml_data;

//保存 XML 数据转化为字符串的结果
String xml_string;

//保存 XML 数据转化为 Bytes 的结果
Byte[] b_xml = new Byte[1024];

//查询返回 XML 数据的列
String commandString = "SELECT XML_DATA FROM XML_TABLE WHERE id=1000";

//执行查询命令
DB2Command cmd = new DB2Command(commandString, conn);
DB2DataReader reader = cmd.ExecuteReader();

//读取 XML 数据
while (reader.Read())
  {
    //通过 GetDB2Xml()方法将 XML 数据返回给 DB2Xml 对象
    xml_data = reader.GetDB2Xml(0);

    //将 XML 数据转换成字符串
    xml_string = xml_data.GetString();

    //将 XML 转换为 XmlReader 对象
    //XmlReader xreader = xml_data.GetXmlReader();

    //将 XML 转换为 Byte 数组
    //b_xml = xml_data.GetBytes();
  }
    reader.Close();
```

VB.NET：

```
Dim xml_data As DB2Xml
Dim xml_string As String
Dim b_xml(1024) As Byte

Dim commandString As String = "SELECT XML_DATA FROM XML_TABLE WHERE id=1000"
Dim cmd As DB2Command = New DB2Command(commandString, conn)
Dim reader As DB2DataReader = cmd.ExecuteReader()

While (reader.Read())
    xml_data = reader.GetDB2Xml(0)
    xml_string = xml_data.GetString()
    'xmlReader xreader = xml_data.GetXmlReader()
    'b_xml = xml_data.GetBytes()
End While
reader.Close()
```

可以看到，和读取其他数据类型相比，有两点需要注意：

- 使用 DB2DataReader 的 GetDB2Xml() 方法获取 XML 数据，并将数据保存到 DB2Xml 对象中。

- DB2Xml 提供了三个方法以获取 XML 数据，分别为 GetXmlReader()、GetString() 和 GetBytes()。三个方法分别将取得的 XML 数据转化为 XmlReader 对象、字符串 和 Byte 数组。其中 XmlReader 是.NET 标准中提供的处理 XML 类型数据的类，通 过它，我们可以很方便地按照节点的层次结构来浏览 XML 数据，并在节点级别进 行数据的修改和更新。

同读取普通数据一样，我们有了 DataReader 方法，自然也会提供 DataAdapter 方法。 这就是 DB2XmlAdapter。具体的用法参见下面的示例：

C#：

```
DB2XmlAdapter xmlAdp = new DB2XmlAdapter(conn);

String commandString = "SELECT XML_DATA FROM XML_TABLE WHERE id=1000";

XPathDocument xpathdoc = xmlAdp.FillSQL(commandString);
```

VB.NET：

```
Dim xmlAdp As DB2XmlAdapter  = new DB2XmlAdapter(conn)

Dim commandString As String = "SELECT XML_DATA FROM XML_TABLE WHERE id=1000"

Dim xpathdoc As Xml.XPath.XPathDocument = xmlAdp.FillSQL(commandString)
```

通过 FillSQL() 方法获取到 XML 数据，随后导入到 XPathDocument 对象之后，就可以 用标准的 XPathDocument 方法来处理 XML 数据了。

注意	目前 DB2XmlAdapter 提供的这种数据传递是单方向的，即只能将 XML 数据导入到 XPathDocument 对象中，而没有提供 Update 这样的方法来将变化更新到数据库当中。也就是说，这是一个只读的方法。如果需要修改 XML 数据并将结果返回到数据库当中，则需要使用前面介绍的方法：或按照 LOB 对象处理，或按照 DB2Xml 对象进行处理。

至此，已经完成了 IBM Data Server Provider for .NET 的讨论。从数据库连接到大数据处理，我们详细讨论了 IBM Data Server Provider for .NET 进行数据库应用开发的方方面面。同时，由于 ADO.NET 的通用性，DB2 和 Oracle 的应用开发向着求同存异的方向发展，很多时候只需要简单地更改对象前缀名就可以完成 80% 的应用迁移工作。

同为 ADO.NET 的重要组成部分，OLE DB.NET 和 ODBC.NET 也受到了很多应用开发人员的欢迎。一方面由于它们的历史相对悠久，另一方面因为它们本身就是为通用而设计的。在下一节中，就让我们一起去看一看 OLE DB.NET 和 ODBC.NET 吧！

8.3 想说爱你不容易，OLE DB 和 ODBC for .NET

作为数据库传统开发方式的延续，OLE DB 和 ODBC 这对老哥俩也齐头并进地迈入了 .NET 的行列。由于同为 ADO.NET 的标准实现，这两位看起来和 IBM Data Provider 不太一样，但是实际使用上是非常相似的，只不过相应的 Connection、Command、DataReader 和 DataAdapter 等对象名称的前缀不同罢了。

因为使用方法非常相似，所以我们在细节上不再赘述，而是通过对比的方式来介绍 OLE DB.NET 和 ODBC.NET，着重突出与 IBM Data Provider for .NET 之间不同的地方。这样，大家只要注意到这些不同点，就可以放心地使用了。本节将首先介绍 OLE DB.NET 和 ODBC.NET 的使用方法，然后讨论一下如何选取 Data Provider。

另外，对于使用 OLE DB.NET 和 ODBC.NET 开发 Oracle 数据库应用的读者，你会发现：除了数据库连接字符串等地方有着细微的差别外，你几乎可以完全套用之前的习惯来进行 DB2 数据库应用的开发！

8.3.1 似曾相识的数据库连接

和 IBM Data Server Provider for .NET 一样，OLE DB.NET 和 ODBC.NET 需要首先指定连接字符串，然后通过 Connection 对象建立数据库连接。表 8-3 给出了两者使用的对象名称和连接字符串格式。

表 8-3　建立数据库连接示例

Data Provider	连接数据库示例
OLE DB .NET	OleDbConnection conn = 　new OleDbConnection("Provider=IBMDADB2;" + 　　　　"Data Source=sample;" + 　　　　"UID=db2admin;" + 　　　　"PWD=password;");
ODBC .NET	OdbcConnection connection = 　new OdbcConnection("DSN=sample;" + 　　　　"UID=db2admin;" + 　　　　"PWD=password;");

可以看到，数据库连接对象名称的前缀从 DB2 分别变成了 OleDb 和 Odbc。在后面使用其他对象的时候，我们会发现命名规则都是相同的。对于 Oracle Data Provider for .NET 而言，相应的前缀又会换做 Oracle，非常相似。

除了前缀的变化，与 IBM Data Provider for .NET 最主要的区别在于连接字符串中字段的设定：

● OLE DB.NET 中需要首先指定 Provider=IBMDADB2，即指定使用 IBM Data Server Provider。这样，在执行相关的数据库操作时，程序才能知道需要调用 DB2 的相关驱动组件。Data Source、UID 和 password 都非常好理解，填入相应的数据库名称、用户名和密码就可以了。

● 与 OLE DB.NET 不同的是，ODBC.NET 的连接字符串中不需要指定 Provider，只需要指定 DSN、UID 和 PWD 就可以了。

问道　ODBC.NET 的连接字符串中并没有指定数据库的类型，那么程序怎么知道我们要访问的数据库是什么类型呢？

答曰　这里的 DSN 并不是数据库的名称，而是你在操作系统中配置的 ODBC 数据源的名称。也就是说，如果要使用 ODBC.NET 来编写数据库应用程序，你首先需要在系统中为 DB2 数据库配置为一个 ODBC 数据源。在数据源的定义中，我们会指定数据源底层用到的驱动程序。完成 ODBC 数据源的配置后，你才可以通过指定 DSN 参数在程序中连接到数据库。

8.3.2　大同小异的数据库操作

在进行数据库操作的时候,同样使用 Command 对象来执行 SQL 语句,通过 DataReader 单向的访问结果集, 通过 DataAdapter 进行 DataSet 和数据库间的数据传递。表 8-4、表 8-5 和表 8-6 分别列出了 OLE DB.NET 和 ODBC.NET 下各个对象的使用方式。

表 8-4　Command 对象

Data Provider	示例代码
OLE DB.NET	OleDbCommand cmd = conn.CreateCommand(); cmd.CommandText = "delete from employee"; cmd.ExecuteNonQuery();
ODBC.NET	OdbcCommand cmd = conn.CreateCommand(); cmd.CommandText = "delete from employee"; cmd.ExecuteNonQuery();

表 8-5　DataReader 对象

Data Provider	示例代码
OLE DB.NET	OleDbDataReader reader = cmd.ExecuteReader();
ODBC.NET	OdbcDataReader reader = cmd.ExecuteReader();

表 8-6　DataAdapter 对象

Data Provider	示例代码

OLE DB.NET	OleDbDataAdapter adp = new OleDbDataAdapter();
	adp.Fill(ds);
	adp.Update(ds);

ODBC.NET	OdbcDataAdapter adp = new OdbcDataAdapter();
	adp.Fill(ds);
	adp.Update(ds);

通过对比可以看到:在数据库连接建立完成之后,可以使用完全相同的步骤来执行 SQL 语句、访问结果集等。

通过这两节的对比,可以清楚地看到,OLE DB.NET 和 ODBC.NET 其实没什么不一样,同为 ADO.NET 的标准接口,实际应用的方法都是相同的。不过,这两者在使用的过程中,还是有一些不能触碰的禁区的。下面的两节中就来看一看究竟有哪些限制。

8.3.3　OLE DB.NET 的禁区

使用 ODBC.NET 和 OLE DB.NET 进行数据库编程的时候,程序接口和方法大部分都是一样的,可以套用 IBM Data Server Provider for .NET 中的方法进行使用。

但是，OLE DB.NET 和 ODBC.NET 毕竟不是专门针对 DB2 数据库进行设计的，所以在进行 DB2 开发时会有一些限制，需要引起注意。我们在表 8-7 中列举了编程中最有可能影响我们使用的限制条目。读者可以检查一下在自己的程序中会不会触碰到这些禁区，提前做好准备。

表 8-7　OLE DB.NET 的限制

受限制的类	限制的具体描述
OleDbCommandBuilder	如果用于自动生成 UPDATE，DELETE 和 INSERT 语句的 Select 语句中包含有以下任意一种数据类型的列，那么自动产生的语句会报错，需要手动生成： ● CLOB ● BLOB ● DBCLOB ● LONG VARCHAR ● LONG VARCHAR FOR BIT DATA ● LONG VARGRAPHIC 这是因为通过 OleDbCommandBuilder 自动生成的 SQL 语句中，似乎是用"="的方式来进行条件指定的，但是以上数据类型均不能使用"="方法来进行条件指定
OleDbConnection.ChangeDatabase	OLE DB.NET 不支持 OleDbConnection.ChangeDatabase（）方法
OleDbConnection.ConnectionString	● 如果在连接字符串中使用一些制表符号，如 '\b'，'\a' or '\0' 等会抛出异常 ● Data Source 关键字有以下限制： Data Source 关键字必须制定数据库的名称，而不是服务器的名称。你也可以使用 SERVER 关键字来制定服务器名称，但是对于 IBMDADB2 provider 来说，该关键字被自动忽略 ● 不支持 Initial Catalog 和 Connect Timeout 关键字 总体来说，OLE DB .NET 会自动忽略不能识别的关键字。但是如果这两个关键字被指定的话，会抛出异常 ● ConnectionTimeout ConnectionTimeout 参数是只读参数

8.3.4　ODBC.NET 的禁区

类似地，在使用 ODBC.NET 开发 DB2 数据库应用时也需要注意一下限制事项。我们在表 8-8 中列出了和编程最相关、最有可能影响我们使用 ODBC.NET 的限制条目。

表 8-8　ODBC.NET 的限制

受限制的类	限制的具体描述
Command.Prepare	在执行一条命令之前（如 Command.ExecuteNonQuery 或者 Command.ExecuteReader），必须显式地执行一次 OdbcCommand.Prepare（）。 如果命令的内容，即 CommandText 在上次执行 Prepare（）之后发生了变化，你需要再次执行 OdbcCommand.Prepare（），否则将执行上次未改动的命令
Connection pooling	ODBC .NET Data Provider 不能直接控制连接池。连接池是通过 Windows 的 ODBC Driver Manager 控制的

受限制的类	限制的具体描述
LOB 数据的限制	ODBC .NET Data Provider 不支持 LOB 数据类型。因此，如果 DB2 返回 SQL_CLOB、SQL_BLOB 或 SQL_DBCLOB 数据类型时，ODBC.NET 将会抛出异常。任何直接或者间接获取 LOB 数据列的操作都会失败
OdbcCommandBuilder	OdbcCommandBuilder 在自动生成 UPDATE、DELETE 和 INSERT 语句的时候是区分大小写的。除非在定义 DB2 对象名时显式地用双引号指定，默认情况下，DB2 在系统表中都是用大写来保存对象名称的
	在指定 OdbcCommandBuilder 的 SQL 语句时，务必保证名称的大小写和 DB2 系统表中保存的名称一致
OdbcConnection.ChangeDatabase	不支持 OdbcConnection.ChangeDatabase（）方法
OdbcConnection.ConnectionString	● 忽略 Server 关键字
	● 忽略 Connect Timeout 关键字，DB2 CLI 不支持连接超时，所以该参数不会影响到 DB2 的 ODBC.NET 驱动
	● 忽略 Connection pooling 关键字。另外，和连接池相关的关键字也都不支持，包括：Pooling、Min Pool Size、Max Pool Size、Connection Lifetime 和 Connection Reset.
存储过程的限制	必须指定完整的 ODBC call procedure 的语法才能调用存储过程
	就算通过指定 CommandType=CommandType.StoredProcedure 的方式调用存储过程，也必须指定完整的 call procedure（？）的语法，不能单纯指定存储过程名称

8.3.5　如何选择 Data Provider

很多时候，我们会因为选择太多而苦恼，也就是所谓的"选择恐惧症"。在.NET 平台上，同样会遇到这样的问题。有三种 Data Provider 可以使用，选择哪款最好呢？其实选择并不难，只要认清各自的利弊，自然能做出正确的决定。

在选择 OLE DB.NET 或者 ODBC.NET 进行开发时，一般有以下两点考虑：第一，因为历史遗留原因。开发人员对于 OLE DB 和 ODBC 非常熟悉，使用相应的.NET 版本进行开发是最便捷的选择。第二，还有一些是基于通用性的考虑，因为 OLE DB.NET 和 ODBC.NET 在各大数据库平台上都能使用，并且全部遵循着相同的接口标准。不过，这两者的缺点在于性能和限制这两点。由于 ODBC.NET 和 OLE DB.NET 底层上需要通过和数据库的驱动程序进行桥接，只能间接地访问数据库，所以性能上不是最优的。另外，在不同的数据库平台上，它们都有着各自的限制。

选择数据库厂商提供的专用 Data Provider，好处在于它和数据库紧密结合，能够提供高效的访问，并且能够支持数据库的一些高级功能。虽然在程序的通用性上不如 OLE DB.NET 和 ODBC.NET，但是 ADO.NET 公共基类在很大程度上弥补了这方面的不足，使得应用程序在不同数据库平台进行迁移所需的工作量大大减轻了。

但是，在选择 OLE DB.NET 和 ODBC.NET 之前，一定要先了解其限制条件，防患于未然。另外，在对数据库应用的性能要求较高的情况下，还是建议大家选择 IBM Data Provider for .NET。

综合来看，在开发 DB2 数据库应用的时候，推荐使用 IBM Data Server Provider for .NET，配合着 ADO.NET 公共基类，你完全可以写出漂亮的可移植性高的应用程序来！当然，如果项目需要，OLE DB.NET 和 ODBC.NET 也是一种选择，同样可以满足某些数据库应用开发的需要。

至此，我们已经完成了 ADO.NET 各个组成部分的讲解。不知道读者是不是已经摩拳擦掌想要一试身手了呢？在下一节中，我们就带着大家使用最专业的.NET 开发工具 Visual Studio 来体验一下快速开发 DB2 应用程序的感觉！

8.4　Visual Studio 快速开发 DB2 应用程序

大家都知道 Visual Studio 是.NET 应用程序的专用开发平台，本章的前三节已经介绍了开发 DB2 .NET 应用程序的基本方法，展示了 ADO.NET 平台下各种 Provider 的功能和使用方法，相信你一定想知道如何将这些知识真正地落到实处吧？

在开始之前，首先让我们回顾一下 IBM 数据库插件。在第 3 章中，读者已经了解了如何使用这个数据库插件进行数据库的管理，以及存储过程、UDF 服务器端的开发等。接下来，让我们一起看看如何使用 IBM 数据库插件来进行客户端应用开发。

本节中我们会用最快的速度让你看到在 Visual Studio 平台下，一个 DB2 应用程序是如何完成的。你会发现只要几步，程序就在简单的填空和拖放操作中完成了！在这之后，我们会进一步走进代码中，去看一下这一切究竟是怎么实现的。

注意	在开始下面的操作前，请首先确认你已经安装好了 IBM 数据库插件。在这个示例中，所采用的 DB2 版本是 V9.7，支持的 Visual Studio 版本为 VS 2005 及 VS 2008。

8.4.1　三招拿下应用开发

客户端应用程序和数据库之间的交互，关键在于以下三步：

● 从数据库获取数据，或调用存储过程

● 修改获取的数据

● 将更改应用到数据库

在本章前三节中，针对上面的每一步我们都花了很大篇幅来进行讲解。因为它们涉及的内容和知识点非常多，不是简单几句就能介绍完的。不过，有了这些基础之后，配合着 Visual Studio 开发工具，只要再出三招就可以拿下基本的应用开发了。下面就让我们去看一看如何使出这三招。

第一步：创建工程

首先创建一个 Visual C#的窗口程序，如图 8-6 所示。

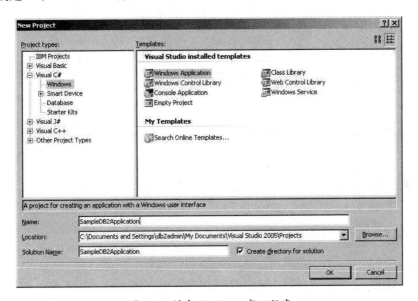

图 8-6　创建 Windows 窗口程序

创建好新的窗口工程，如图 8-7 所示。

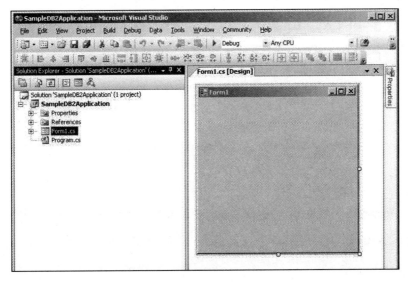

图 8-7　创建的空白窗口

第二步，添加需要操作的数据源信息到当前工程中。

首先，通过选择主菜单中的 "Data->Show Data Sources" 选项，显示 Data Source 标签栏，如图 8-8 所示。

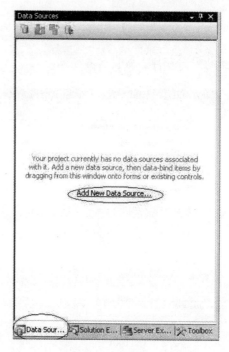

图 8-8　添加数据源

单击 "Add New Data Source" 链接会打开向导界面，一步步地指导添加数据源信息。首先选择数据来源，如图 8-9 所示。这里选择来源于数据库。

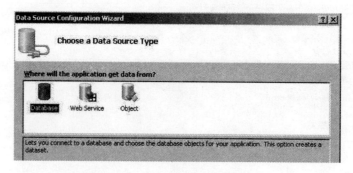

图 8-9　选择数据源来自数据库

下一步，需要指定数据库的连接信息，如图 8-10 所示。还记得在第 3 章介绍 Visual Studio 时我们是如何创建和保存数据库的连接信息的吗？在这里，可以直接选用已经定义好的数据库连接信息。针对每个数据库连接，可以选择是否直接使用连接信息中保存的敏感数据，如密码等。如果选择 no，则需要在程序中自行填写这些敏感数据到连接字符串中。这里选择 yes，即直接使用之前定义好的数据库连接信息。

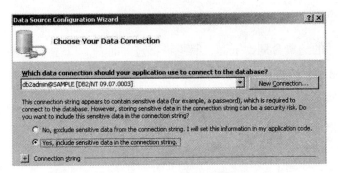

图 8-10　选择是否保存连接字符串中的敏感信息

接下来，为了方便工程的配置和部署，向导会提示你是否将该连接信息保存在工程的配置文件中。这里选择保存，如图 8-11 所示。

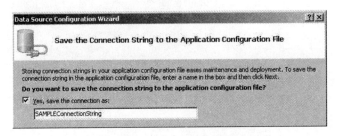

图 8-11　保存连接字符串

最后，向导程序会通过以上数据库连接信息连接到目标数据库，并且读取数据库中已有的对象列表，包括表、视图、存储过程和 UDF，如图 8-12 所示。只需要在希望引用的对象前面打钩就可以了。这样，就完成了对数据源的添加工作。

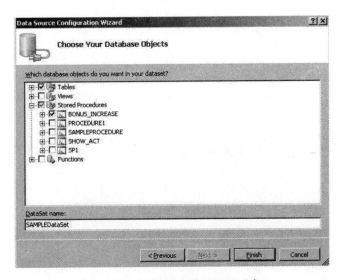

图 8-12　选择需要访问的数据对象

完成了以上步骤之后，就能够在 Data Source 标签栏中看到我们选择的对象了。

第三步：简单的拖放操作，完成应用程序开发

套用某魔术师的经典台词，下面，是见证奇迹的时刻。以 EMPLOYEE 表为例，我们要做的只是将 EMPLOYEE 从 SAMPLEDataSet 下面拖曳并放到 Form1 上，你会发现，其实一切都做好了，如图 8-13 所示。

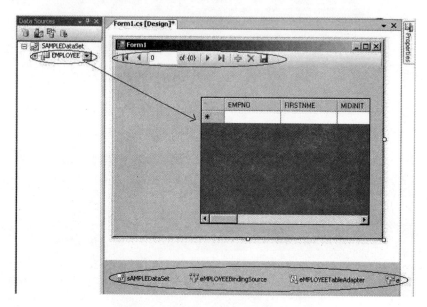

图 8-13　将数据库中的表拖放到窗口中

运行这个程序，我们就可以在窗口界面中浏览 EMPLOYEE 表，并可以对表进行添加、删除和修改操作，同时可以将改变提交给数据库，如图 8-14 所示。

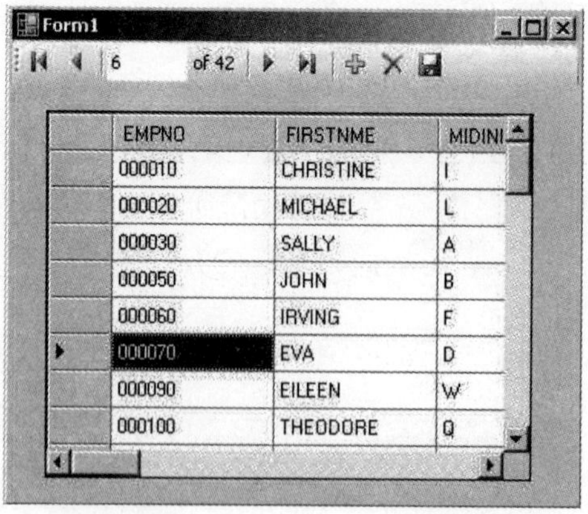

图 8-14　自动生成的表格和导航栏

开发工具的诱人之处就在于它带来的便利。Visual Studio 将复杂的编程工作转化为简单

的操作。只要掌握了程序的逻辑，抓住了核心编程对象的作用和它们之间的关系，其他的工作就可以交给 Visual Studio 自动完成了。打开程序代码时你可能会大吃一惊！自动产生的用于界面显示的代码部分有 371 行，而用于数据处理的部分竟然生成了 2288 行！不过别害怕，这里面只有很少一部分代码是核心，其他的大部分代码都是套用 IBM 数据库插件定义的规范自动生成的。下面就让我带大家去看一下核心代码是如何实现的。

8.4.2　黄金组合搞定数据获取

在需要显示并更改数据的情况下，只能单向访问数据的 DataReader 显然不能胜任了。我们需要使用 DataSet 和 DataAdapter 这对黄金组合来完成这一任务。

创建 DataAdapter 的核心代码在 InitAdapter()函数中，如下所示。

```
private void InitAdapter() {
    //新建 DB2DataAdapter 对象
    this._adapter = new global::IBM.Data.DB2.DB2DataAdapter();

    //新建 DataTableMapping 对象，用于指定数据库中和 Dataset 中的表之间的映射关系
    global::System.Data.Common.DataTableMapping tableMapping = new
                    global::System.Data.Common.DataTableMapping();

    //指定表名之间的映射
    tableMapping.SourceTable = "Table";
    tableMapping.DataSetTable = "EMPLOYEE";

    //指定列名之间的映射
    tableMapping.ColumnMappings.Add("EMPNO", "EMPNO");
    tableMapping.ColumnMappings.Add("FIRSTNME", "FIRSTNME");
    tableMapping.ColumnMappings.Add("MIDINIT", "MIDINIT");
    ............
    //将 DataTableMapping 对象和先前生成的 DB2DataAdapter 对象关联
    this._adapter.TableMappings.Add(tableMapping);
```

这里出现了一个之前没有介绍过的类，即 System.Data.Common.DataTableMapping。从命名空间上看，我们知道这是 ADO.NET 提供的标准类，用处就是指定数据库中的表与DataSet 中的表之间的映射关系，包括表名和列名的映射。这个类的用处很广，如果在 DataSet中需要对表名和列名进行变更，或者需要更改映射规则的时候都需要用到这个类。

在接下来的很长一段代码中，我们能看到类似以下片段的代码：

```
//创建 DeleteCommand
this._adapter.DeleteCommand = new global::IBM.Data.DB2.DB2Command();
//关联当前连接信息
this._adapter.DeleteCommand.Connection = this.Connection;
//执行 Delete 的 SQL 语句
this._adapter.DeleteCommand.CommandText = @"DELETE FROM
        ""SAMPLE"".""DB2ADMIN"".""EMPLOYEE"" WHERE ……"
//指定 SQL 语句中的每个参数类型并添加
```

```
this._adapter.DeleteCommand.CommandType =
                global::System.Data.CommandType.Text;
global::IBM.Data.DB2.DB2Parameter param = new
                global::IBM.Data.DB2.DB2Parameter();
param.ParameterName = "Original_EMPNO";
param.DbType = global::System.Data.DbType.StringFixedLength;
param.DB2Type = global::IBM.Data.DB2.DB2Type.Char;
param.IsNullable = true;
param.SourceColumn = "EMPNO";
param.SourceVersion = global::System.Data.DataRowVersion.Original;
this._adapter.DeleteCommand.Parameters.Add(param);
............
```

　　类似的代码段一共有 3 段，作用是为 DB2DataAdapter 对象生成 DeleteCommand、InsertCommand 和 UpdataCommand。通过读取 EMPLOYEE 表的信息，程序自动生成了 3 个 Command 对象所需的 SQL 语句，并逐一赋给 DB2DataAdapter 对象。

　　细心的读者可能还记得，在之前的介绍中，我们是使用 DB2CommandBuilder 类来根据 SelectCommand 自动生成其他三条语句的。这里同样可以使用这种方法，以简化程序。

　　我们都知道，DB2DataAdapter 对象获取数据的方法只有一个，那就是 Fill()方法。在程序中，我们可以在 GetData()函数中找到获取数据的核心代码，只有一行，如下：

```
public virtual SAMPLEDataSet.EMPLOYEEDataTable GetData() {
this.Adapter.SelectCommand = this.CommandCollection[0];
SAMPLEDataSet.EMPLOYEEDataTable dataTable = new
                    SAMPLEDataSet.EMPLOYEEDataTable();
//关键的就这一句 Fill
this.Adapter.Fill(dataTable);
return dataTable;
}
```

　　其中，SAMPLEDataSet.EMPLOYEEDataTable 类是在我们通过 Data Source 向导中针对 EMPLOYEE 表自动创建的，它继承自 System.Data.DataTable。在前面的介绍中，我们已经知道了 DataSet 和 DataTable 的关系：DataSet 中可以有多个 DataTable，每个 DataTable 对应于数据库的一张表。

　　至此，我们已经将数据库中的数据读取到了 dataTable 对象中，完成了数据获取的操作。

8.4.3　从容地操纵数据

　　上一节通过 DataAdapter 读取表 EMPLOYEE，并将其数据保存到一个 DataTable 对象中。为了将数据展现出来，我们还需要添加表格和导航栏组件。这两个功能是由以下两个类实现的：

● 显示数据使用的是 System.Windows.Forms.DataGridView 类。

● 导航栏使用的是 System.Windows.Forms.DataGridView 类。

这两个类并不能直接从 DataTable 中获取数据，而需要通过 System.Windows.Forms. BindingSource 类作为中间桥梁，间接地获取数据。它们之间的关系如图 8-15 所示。

其中，BindingSource 关联 DataTable，并提供了过滤和排序的功能；DataGridView 和 BindingSource 相关联，负责以表格形式显示数据；BindingNavigator 提供了一套标准的按钮，实现了在 DataTable 中导航的功能。

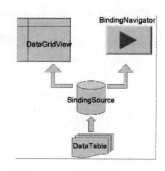

图 8-15 用于展示数据的 4 种对象及其关系

● BindingSource 的核心代码段如下：

```
//eMPLOYEEBindingSource 为程序中使用的 BindingSource 对象
private System.Windows.Forms.BindingSource eMPLOYEEBindingSource;
private System.Windows.Forms.BindingSource eMPLOYEEBindingSource;

//通过其 DataSource 成员与 DataSet 相关联，通过 DataMember 指定 DataTable
this.eMPLOYEEBindingSource.DataMember = "EMPLOYEE";
this.eMPLOYEEBindingSource.DataSource = this.sAMPLEDataSet;
```

其中最关键的步骤就是关联目标 DataSet，并且通过指定 DataMember 的名称获取 DataSet 中的 DataTable。

● DataGridView 的核心代码段如下：

```
//eMPLOYEEDataGridView 为程序中使用的 DataGridView 对象
private System.Windows.Forms.DataGridView eMPLOYEEDataGridView;
this.eMPLOYEEDataGridView = new System.Windows.Forms.DataGridView();

//这里选择了 AutoGenerateColumns = false，则需要手动的添加要显示的 Column
this.eMPLOYEEDataGridView.AutoGenerateColumns = false;

//指定要显示的数据列的列表
this.eMPLOYEEDataGridView.Columns.AddRange(new
    System.Windows.Forms.DataGridViewColumn[] {

//在自动生成的代码中创建了每一个 column 对象并为其赋予了名称
this.dataGridViewTextBoxColumn1,
.........
this.dataGridViewTextBoxColumn14});

//与 BindingSource 相关联以获取数据
this.eMPLOYEEDataGridView.DataSource = this.eMPLOYEEBindingSource;

//指定绘图的起点和大小信息
this.eMPLOYEEDataGridView.Location = new System.Drawing.Point(22, 41);
this.eMPLOYEEDataGridView.Name = "eMPLOYEEDataGridView";
this.eMPLOYEEDataGridView.Size = new System.Drawing.Size(300, 220);
this.eMPLOYEEDataGridView.TabIndex = 1;
```

除了和 BindingSource 相关联之外，还需要为 DataGridView 指定需要显示的列。示例程序中定义了一个 DataGridViewColumn 数组，用于保存所有要显示的列。然后，可以通过 DataGridView.Columns.AddRange（DataGridViewColumn[]）方法指定将显示该数组中定义的所有列。

需要注意的是，这里的代码指定了 AutoGenerateColumns 参数为 false，也就是需要手动添加数据列。如果只是需要将 DataTable 中的所有列都显示出来，完全可以将此参数设置为 true，让程序自动生成每一个列对象。这样会省去很多编码的麻烦。

● BindingNavigator 的核心代码如下所示：

```
//创建 eMPLOYEEBindingNavigator 对象
private System.Windows.Forms.BindingNavigator
                                    eMPLOYEEBindingNavigator;
this.eMPLOYEEBindingNavigator = new
    System.Windows.Forms.BindingNavigator(this.components);

//和 BindingSource 相关联，以获取要操纵的数据
this.eMPLOYEEBindingNavigator.BindingSource =
                            this.eMPLOYEEBindingSource;

//程序中已经创建了一系列按钮，将它们与导航栏的每一个按钮和选项相关联
this.eMPLOYEEBindingNavigator.AddNewItem =
                            this.bindingNavigatorAddNewItem;

this.eMPLOYEEBindingNavigator.CountItem =
                             this.bindingNavigatorCountItem;
this.eMPLOYEEBindingNavigator.DeleteItem =
                            this.bindingNavigatorDeleteItem;
this.eMPLOYEEBindingNavigator.MoveFirstItem =
                            this.bindingNavigatorMoveFirstItem;
this.eMPLOYEEBindingNavigator.MoveLastItem =
                            this.bindingNavigatorMoveLastItem;
this.eMPLOYEEBindingNavigator.MoveNextItem =
                            this.bindingNavigatorMoveNextItem;
this.eMPLOYEEBindingNavigator.MovePreviousItem =
                            this.bindingNavigatorMovePreviousItem;
this.eMPLOYEEBindingNavigator.PositionItem =
                            this.bindingNavigatorPositionItem;

//选择导航栏中需要显示出来的功能选项
this.eMPLOYEEBindingNavigator.Items.AddRange(new
                        System.Windows.Forms.ToolStripItem[] {
this.bindingNavigatorMoveFirstItem,
this.bindingNavigatorMovePreviousItem,
this.bindingNavigatorSeparator,
this.bindingNavigatorPositionItem,
this.bindingNavigatorCountItem,
this.bindingNavigatorSeparator1,
this.bindingNavigatorMoveNextItem,
```

```
this.bindingNavigatorMoveLastItem,
this.bindingNavigatorSeparator2,
this.bindingNavigatorAddNewItem,
this.bindingNavigatorDeleteItem,
this.eMPLOYEEBindingNavigatorSaveItem});

//为该 BindingNavigator 对象设定名称，并指定绘图位置和大小
this.eMPLOYEEBindingNavigator.Name = "eMPLOYEEBindingNavigator";
this.eMPLOYEEBindingNavigator.Text = "bindingNavigator1";
this.eMPLOYEEBindingNavigator.Location = new System.Drawing.Point(0, 0);
this.eMPLOYEEBindingNavigator.Size = new System.Drawing.Size(350, 25);
this.eMPLOYEEBindingNavigator.TabIndex = 0;
```

BindingNavigator 一共提供了 6 个按钮和 2 个文本框组件，实现控制数据的导航、添加和保存等功能，如表 8-9 所示。

表 8-9　导航控件的功能

控 件	函 数
AddNewItem 按钮	将新行插入到基础数据源
DeleteItem 按钮	从基础数据源删除当前行
MoveFirstItem 按钮	移动到基础数据源的第一项
MoveLastItem 按钮	移动到基础数据源的最后一项
MoveNextItem 按钮	移动到基础数据源的下一项
MovePreviousItem 按钮	移动到基础数据源的上一项
PositionItem 文本框	返回基础数据源内的当前位置
CountItem 文本框	返回基础数据源内总的项数

我们需要在程序中真正创建这相应的 8 个对象，然后将其关联到 BindingNavigator 中。完成之后，就不必为各个按钮和文本框指定动作，可以直接复用 BindingNavigator 为这 8 个组件设定的默认动作，实现对数据的导航和增删操作。

为了将修改后的数据提交给数据库，这里还添加了一个"保存"按钮，并为单击该按钮添加了动作。核心代码如下：

```
private void eMPLOYEEBindingNavigatorSaveItem_Click(object sender, EventArgs e)
{
        this.Validate();
        this.eMPLOYEEBindingSource.EndEdit();
        this.eMPLOYEETableAdapter.Update(this.sAMPLEDataSet.EMPLOYEE);
}
```

上面的代码中，关键有两步：第一步是 BindingSource.EndEdit()操作。该操作的功能是将当前执行的所有更改都应用到 DataSet 中。第二步我们很熟悉了，使用 Update()操作将 DataSet 中的更改提交到数据库中。

至此，我们就完成了所有的数据操作功能，也理解了如何使用.NET 的组件来控制数据

的流向和显示。虽然实际的客户端程序有着非常复杂的应用逻辑，有着眼花缭乱的界面设计。但是万变不离其宗，所有最核心的数据库操作都在前面一一进行了讲解，应用逻辑本质上都是基于这些基本操作展开的。

最后，谈谈 ADO.NET 平台的通用性带来的好处。回想一下，在这个示例中，我们使用的都是 ADO.NET 标准组件，所以无论底层是 DB2 还是 Oracle 数据库，只要我们牢牢地掌握了这些基础，就可以从容地漫步于各类数据库应用开发项目中了。

8.5 精彩絮言：从容转身，第二弹

2011 年 2 月 16 日　　　　笔记整理　　　　　　　　　　　地点：成都

过完年，再回成都费了一番"周折"。先是坐三峡豪华邮轮到达重庆，再乘动车抵达成都。一路上"年味儿"十足，春意渐浓。成都实在是一个让人流连忘返的城市，美景、美食、美女，还有城市本身所折射出来的对于生活的态度，让我这个整天穿梭于各个城市间的"飞人"很是羡慕。心里盘算着，等高铁项目结束后，让自己好好休息调整一下。

翻看日程安排表，三个服务器端开发团队均已咨询完毕，一个客户端开发团队也已咨询完毕，就剩下最后一个客户端开发团队了。

高铁项目客户端开发中，一部分模块是基于 J2EE 平台开发的，另一部分模块是基于.NET 平台，用 C#语言来开发的。.NET 客户端项目组中，有多位是 Windows 界面开发高手，精通 C++语言和 MFC 框架。由于客观因素本次项目要使用 C#语言来开发，开发团队中有一部分人存在抵触情绪。看来，首要任务是安抚他们的情绪，让所有人意识到使用 C#开发的好处，而且并不比使用 C++困难多少。

项目沟通会议开始，我先跟大家寒暄："成都这儿的朋友真是热情，不胜酒力的我，昨晚被他们灌了几大杯咱们射洪县的舍得酒。舍得，舍得，我倒是建议大家舍 C++而得 C#，因为从长远来看，使用 C#开发 Windows 是趋势……"

晚上，看到大家在宴席上换上了五粮液，看来舍得的心理斗争已经过去。杯盏交错间，我讲道："咱们这个团队对 Oracle 也很熟悉，那我就讲讲用 C#怎样开发 Oracle 应用以及 DB2 应用，这其中要用到不同的 driver，而不同的 driver 语法类似，都包括如何建立数据库连接、查询以及执行事务。"旁边一个开发人员接着我的话问："也就是说，对不同的数据库使用不同的 driver 来操作，这个我懂。但是有时候，为了应用开发的需要，我们会使用 Oracle SQL 方言，也就是 Oracle 对 SQL 标准的扩展，DB2 支持 Oracle 方言吗？"我

呵呵一笑，说道："看样子，你 OUT 了，从 DB2 V9.7 开始，只要打开 Oracle 兼容特性，就可以了。" 我借着酒兴把"客户端开发的那些事儿"娓娓道来，众人听得津津有味，如痴如醉，期间更是把我编写的"舞动 DB2"新开发篇的花絮套取了不少。

小芸酒量不高，没喝几口就满脸通红了。众人都沉浸在畅谈的活跃气氛中时，小芸突然来了一句，"我想明白了，DB2 设计与性能优化是三部曲的第一曲，这本从 Oracle 到 DB2 从容转身是三部曲的第二曲，那么第三曲弹的是什么呢？"

我胸有成竹地回答："系统开发完成后，就要上线、运行和维护了，这个阶段是数据生命周期中最后一个环节，是投入时间、精力和人力最大的阶段，也是耗费各种资源最大的阶段。这时就需要真正意义上的运筹帷幄，也就是第三曲，弹的是如何整体把控系统状况，有效应对突发情况，保证系统稳定良好的运行。"

高铁信息化项目的开发咨询工作终于做完了，一路走来，感慨万千。大家知道，高铁系统科技含量非常高，但是技术积累还存在不足。中国人要做点儿事儿往往是很难的，从国外方面来讲，外国人捂着技术漫天要价；从国内方面来讲，技术人员普遍年轻，管理水平离国际水平还有不小的差距。为了弥补这中间的差距，需要花费相当多的精力来培训、咨询及邀请外援现场服务。

次日一早，我独自来到武侯祠，遥想诸葛孔明当年羽扇纶巾，谈笑风生，运筹帷幄，决胜千里。我，无法停下脚步，《运筹帷幄 DB2》从此悄然起航。

8.6 小结

本章首先向大家介绍了 .NET 平台上开发数据库应用的利器——ADO.NET。.NET 是一种通用的编程平台，它使得我们针对不同类型的数据库进行开发时，都能够重用相同的接口。同时，由于 .NET 平台对于其支持的编程语言设定了统一的标准，这大大改进了使用不同编程语言时的用户体验，可谓学会一招，走遍天下！

另外，我们通过和 Oracle 对比的方式讲述了 DB2 在 .NET 平台上如何进行高效的开发。读者可以体会到，在 Oracle 开发中用到的 80%代码都可以直接在 DB2 数据库上运行。但是，剩下的 20%区别也不容忽视，需要读者细细体会。

总的来说，对于 Oracle 的开发人员来讲，不用更多的学习你就已经具备了 80%的 DB2 开发本领了！只要再花些功夫来钻研剩余 20%的不同，那么从 Oracle 华丽转身、开发 DB2 应用程序只在弹指一挥间！

附录 A　　SQL PL 与 PL/SQL 比较

A.1　基本数据类型：DB2 vs Oracle

DB2 一直支持 SQL 标准的数据类型系统，Oracle 却另辟蹊径，有自己独特的一套类型系统。DB2 的数值类型是多样化的，而 Oracle 则用 Number 类型表示所有的数值类型，在字符类型和日期类型上两者也有区别。表 A-1 ~ 表 A-3 分别列出了 DB2 和 Oracle 在数值类型、字符类型和日期类型上的比较。

表 A-1　DB2 的数值类型与 Oracle 的比较

DB2 数据类型	对应的 Oracle 数据类型	描　　述
SMALLINT	Number(5)	小整型，2 字节，十进制精度为 5 位，范围-32 768 到+32 767
INT(或 INTEGER)	Number(10)	整型，4 字节，十进制精度为 10 位，范围-2 147 483 648 到 2 147 483 647
BIGINT	Number(19)	大整型，8 字节，十进制精度为 19 位
FLOAT(n)	Number	当 n 在 1 ~ 24 时为单精度浮点数（4 字节），当 n 在 25 ~ 53 时为双精度浮点数（8 字节），默认为双精度
REAL	Number	单精度浮点数，等价于 Float（24）
DOUBLE	Number	双精度浮点数，等价于 Float（53）
DECIMAL(p,s)或 DEC	NUMBER(p,s)	十进制类型，p 表示总位数，s 表示小数点后的位数
NUMBERIC 或 NUM	NUMBER	DECIMAL 的同义词
DECFLOAT(16/34)	NUMBER	十进制浮点数，IEEE 标准，精度为 16 或者 34，默认为 34

表 A-2　DB2 的字符类型与 Oracle 字符类型的比较

DB2 类型	对应的 Oracle 类型	描　　述
CHAR(n)	CHAR(n)	定长字符串，n<=254，n 默认为 1
VARCHAR(n)	VARCHAR(n)或 VARCHAR2(n)	变长字符串，n<=32 672
BLOB	BLOB	二进制大对象，可达 2GB
CLOB	CLOB	字符大对象，可达 2GB
GRAPHIC(n)	NCHAR	定长双字节字符串，n<=127
VARGRAPHIC(n)	NVARCHR2	变长双字节字符串，n<=16 336
XML	XMLType	XML 数据

表 A-3　DB2 的日期类型与 Oracle 日期类型的比较

DB2	描　述	例　子	对应 Oracle 类型
DATE	年-月-日	2011-04-26	DATE
TIME	时:分:秒	15:21:20	
TIMESTAMP	年-月-日.时.分.秒.毫秒	2011-04-26.15.21.20.00000	TIMESTAMP

DB2 的日期和时间是分开表示的，而 Oracle 的 DATE 类型则同时包含时期和时间。Oracle 的 DATE 类型相当于 DB2 的 TIMESTAMP(0)。

在 DB2 中示例员工表 EMPLOYEE 的 DDL 如下所示：

```
CREATE TABLE EMPLOYEE(
     EMPNO CHAR(6) NOT NULL ,
     FIRSTNME VARCHAR(12) NOT NULL ,
     MIDINIT CHAR(1) ,
     LASTNAME VARCHAR(15) NOT NULL ,
     WORKDEPT CHAR(3) ,
     PHONENO CHAR(4) ,
     HIREDATE TIMESTAMP(0) ,
     JOB CHAR(8) ,
     EDLEVEL SMALLINT NOT NULL ,
     SEX CHAR(1) ,
     BIRTHDATE TIMESTAMP(0) ,
     SALARY DECIMAL(9,2) ,
     BONUS DECIMAL(9,2) ,
     COMM DECIMAL(9,2) );
```

而相应地，在 Oracle 中创建相同的 EMPLOYEE 的 DDL 如下所示：

```
CREATE TABLE EMPLOYEE(
     EMPNO CHAR(6) NOT NULL ,
     FIRSTNME VARCHAR2(12) NOT NULL ,
     MIDINIT CHAR(1) ,
     LASTNAME VARCHAR2(15) NOT NULL ,
     WORKDEPT CHAR(3) ,
     PHONENO CHAR(4) ,
     HIREDATE DATE,
     JOB CHAR(8) ,
     EDLEVEL NUMBER(5) NOT NULL ,
     SEX CHAR(1) ,
     BIRTHDATE DATE ,
     SALARY NUMBER(9,2) ,
     BONUS NUMBER(9,2) ,
     COMM NUMBER(9,2) );
```

在接下来的一些例子中，我们会用到这个示例员工表。

A.2　兼容模式下，DB2 对 Oracle 数据类型的支持

在 DB2 的 Oracle 兼容模式下，Oracle 的数据类型在 DB2 中都得到了支持。表 A-4 列

出了 DB2 对 Oracle 数据类型的支持。对于那些不常用的数据类型比如 LONG、RAW 及双字节字符 NCHAR 等，DB2 对应的数据类型与 Oracle 有所差别。

表 A-4　DB2 对 Oracle 数据类型的支持

Oracle 数据类型	DB2 对应的数据类型	描　　述
NUMBER	NUMBER	数值类型
NUMBER(p, [s])	NUMBER(p, [s])	带精度的数值类型
CHAR(n)	CHAR(n)	定长字符串，1 <= n <= 254
VARCHAR2(n)	VARCHAR2(n)	变长字符串，n <= 32 762
DATE	DATE	包含日期和时间，等同于 timestamp(0)；例如 2011-04-09 22:12:09
TIMESTAMP(p)	TIMESTAMP(p)	时间戳，可包含 p 精度的小数秒，0<=p<=12
CLOB	CLOB	字符大对象
BLOB	BLOB	二进制大对象
LONG	LONG VARCHAR(n)	当 n <= 32700 字节时的长字符串
	CLOB(n)	当字符长度 n <= 2 GB 时
RAW(n)	CHAR(n) FOR BIT DATA	当 n <= 254 时
	VARCHAR(n) FOR BIT DATA	当 254 < n <= 32672 时
	BLOB(n)	当 32672 < n <= 2 GB 时

A.3　数据类型：PL/SQL vs SQL PL

PL/SQL 为方便编程，除了支持 Oracle 的基本类型外，还对 Oracle 的类型系统进行了扩展。在 DB2 的 Oracle 兼容模式下，PL/SQL 扩展数据类型在 DB2 中也得到了完全的支持。表 A-5 列出了 PL/SQL 数据类型与 DB2 SQL PL 数据类型的对照。

表 A-5　PL/SQL 扩展数据类型与 SQL PL 数据类型对照

PL/SQL 数据类型	SQL PL 数据类型	描　　述
INT / INTEGER	INT / INTEGER	带符号 4 字节整型数字数据
SMALLINT	INTEGER	带符号 2 字节整型数字数据
BINARY_INTEGER	INTEGER	二进制整型
PLS_INTEGER	INTEGER	二进制整型
NATURAL	INTEGER	带符号 4 字节整型数字数据
BOOLEAN	BOOLEAN	布尔类型 true 或 false
DEC 或 DECIMAL	DEC 或 DECIMAL	十进制数字数据，相当于 DEC(9,2)
DEC(p, [s]) 或 DECIMAL(p, [s])	DEC(p, [s]) 或 DECIMAL(p, [s])	带精度的十进制数字数据，p 为精度，s 为小数点位数
DOUBLE	DOUBLE	双精度浮点数
FLOAT / FLOAT(n)	FLOAT / FLOAT(n)	浮点数或者带精度的浮点数
NUMERIC	NUMERIC	精确数字数据，等价于 NUMBER

A.4 数组类型：SQL PL vs PL/SQL

SQL PL 和 PL/SQL 都提供了对数组和关联数组的支持，只是在语法上稍有差别。SQL PL 的关联数组的键类型与 PL/SQL 的键类型一样，也只能是 INTEGER 或者 VARCHAR。在 DB2 中可以在 SQL 界面中创建数组或关联数组类型，这样的数组类型在所有的程序中都可以使用；也可以在 SQL PL 模块中定义数组类型，这样的数组类型只能在该模块中使用。在 Oracle 中，可以在 SQL 界面中定义数组类型，在 PL/SQL 程序包中定义数组或者关联数组类型。

表 A-6 列出了数组类型定义的语法对比，表 A-7 列出了相对应的数组操作函数对照。

表 A-6　SQL PL 数组类型与 PL/SQL 数组类型比较

	SQL PL	PL/SQL
普通数组	--在 SQL 界面中创建数组类型 CREATE TYPE *array_type_name* AS *elem_type* ARRAY[n];	--在 SQL 界面中创建数组类型 CREATE TYPE *array_type_name* IS VARRAY (n) OF *elem_type*;
	--在 SQL PL 模块中定义 ALTER MODULE *module_name* PUBLISH TYPE array_type_name AS elem_type ARRAY [n];	--在 PL/SQL 程序包中定义数组 CREATE PACKAGE *pkg_name* IS TYPE array_type_name IS VARRAY(n) OF elem_type; ......
关联数组	--在 SQL 界面中创建 CREATE TYPE *array_type_name* AS *elem_type* ARRAY{INTEGER ∣VARCHAR (n) };	--在 PL/SQL 程序包中定义 CREATE PACKAGE *pkg_name* IS TYPE *array_type_name* IS TABLE OF *elem_type* INDEX BY {INTEGER ∣ VARCHAR2(n)};
	--在 SQL PL 模块中定义 ALTER MODULE *module_name* PUBLISH TYPE *array_type_name* AS *elem_type* ARRAY {INTEGER ∣VARCHAR(n) };	

表 A-7　SQL PL 的数组函数与 PL/SQL 的数组方法

SQL PL 的数组函数	PL/SQL 的数组方法	描　　述
ARRAY_AGG		聚集多个值存入数组
ARRAY_FIRST	FIRST	数组第一个元素的索引号
ARRAY_LAST	LAST	数组最后一个元素的索引号
ARRAY_NEXT	NEXT	下一个元素的索引号
ARRAY_PRIOR	PRIOR	前一个元素的索引号
ARRAY_TRIM	TRIM	从数组末尾删除一个或 n 个元素
ARRAY_DELETE	DELETE	删除所有元素或者某个区间的元素
CARDINALITY	COUNT	数组的当前大小
MAX_CARDINALITY	LIMIT	数组容量，即能容纳元素的最大数目
	EXISTS(n)	如果指定的元素存在，那么返回 TRUE

这里的大多数方法都能同时对数组和关联数组使用。这些数组操作在 SQL PL 里称为"函数"，而 PL/SQL 中称为"方法"，是因为它们在使用语法上的不同。在 SQL PL 中，数组名作为数组函数的第一个参数，例如，取字符数组 emp_names 的下一个元素索引的代码如下：

```
Set i= ARRAY_NEXT(emp_names,i);   --数组的 ARRAY_NEXT 函数
```

而 PL/SQL 中，数组方法是作为数组的成员函数：

```
i := emp_names.NEXT(i);   --数组的 NEXT 方法
```

A.5　SQL PL 行类型 vs PL/SQL 记录类型

DB2 支持自定义行类型，由多个字段组成，每个字段都有自己的名称和数据类型。它通过 CREATE TYPE ROW 语句来创建的，具体语法如下：

```
CREATE TYPE row_type_name AS ROW (field1 type1, ...);
```

另外，DB2 还能使用 ANCHOR ROW 来定义行数据类型，例如：

```
CREATE TYPE empRow AS ROW ANCHOR ROW EMPLOYEE;
```

当然，DB2 也可以在 SQL PL 的模块中自定义行类型，这样这个类型只能在该模块中使用，具体语法如下：

```
ALTER MODULE module_name PUBLISH TYPE row_type_name AS ROW (field1 type1, ...);
```

对应的，PL/SQL 支持自定义记录类型（Record），它使用 TYPE IS RECORD 语句在 PL/SQL 程序包中定义，此类型只能在该程序包中使用。具体语法如下所示：

```
TYPE record_type_name IS RECORD (field1 type1, ...);
```

A.6　SQL PL 的 ANCHOR vs PL/SQL 的%TYPE

SQL PL 的 ANCHOR 和 PL/SQL 的%TYPE 属性在本质上是一样的，都是将变量或参数的类型与基本表之间建立起关联机制。表 A-8 列出了它们之间的对应关系。

表 A-8　SQL PL 的 ANCHOR 与 PL/SQL 的%TYPE 属性

SQL PL	PL/SQL
ANCHOR	%TYPE
ANCHOR ROW	%ROWTYPE

它们在使用语法上略有不同，在 SQL PL 中，ANCHOR 的语法如下所示：

```
DECLARE v_name ANCHOR employee.firstNme;
DECLARE r_emp ANCHOR ROW employee;
```

对应地，在 PL/SQL 中，%TYPE 和%ROWTYPE 属性的用法如下所示：

```
v_name employee.firstNme%TYPE;
r_emp employee%ROWTYPE;
```

A.7　变量声明和赋值语句比较

SQL PL 的变量声明和赋值语句的语法如下所示：

```
DECLARE variable_name type [DEFAULT expression];
SET variable_name = expression;
```

而 PL/SQL 的变量声明和赋值语句的语法如下所示：

```
variable_name [CONSTANT] type [DEFAULT | :=] [expression];
variable_name := expression;
```

例如，SQL PL 变量声明和赋值的代码如下所示：

```
BEGIN
  DECLARE v_max_salary DECIMAL(9,2);      --声明 DECIMAL 变量
  DECLARE v_rcount INTEGER DEFAULT 0;     --声明整型变量
  DECLARE var INTEGER DEFAULT 0;    --声明整型变量，并赋初值
  DECLARE v_date DATE;              --声明日期变量
  DECLARE v_name VARCHAR(12);       --声明 VARCHAR 变量

  -- 1. 基本赋值语句：SET 赋值
  SET var = 1200;
  SET v_date = '2011-07-06-11.01.34';
  --2. SELECT INTO 赋值
  SELECT firstnme INTO v_name FROM employee WHERE empno = '000010';
  --3. 将 SQL 结果赋给变量
  SET v_max_salary = (SELECT MAX(salary) FROM employee);
  --4. 特殊值，比如诊断信息的值赋给变量
  UPDATE employee SET bonus = bonus +10 WHERE job ='MANAGER';
  GET DIAGNOSTICS v_rcount  = ROW_COUNT;
END
```

而 PL/SQL 变量声明和赋值的代码示例如下所示：

```
DECLARE
  v_max_salary NUMBER(9,2);    --声明 NUMBER 变量
  v_rcount INTEGER DEFAULT 0; --声明整型变量，并赋初值
  var NUMBER := 0;             --声明 NUMBER 变量，并赋初值
  v_date DATE;                 --声明日期变量
  v_name VARCHAR2(12);         --声明 VARCHAR2 变量
BEGIN
  --1.基本赋值语句
  var := 1200;
  v_date := '2011-07-06';
  --2.SELECT INTO 赋值
  SELECT firstnme INTO v_name FROM employee WHERE empno = '000010';
  --3.将 SQL 结果赋给变量
```

```
v_max_salary := (SELECT MAX(salary) FROM employee);
--4.特殊值, 比如 SQL 状态的值赋给变量
UPDATE employee SET bonus = bonus +10 WHERE job ='MANAGER';
v_rcount := SQL%ROWCOUNT;
END
```

A.8　条件分支语句比较

SQL PL 与 PL/SQL 的条件分支语句基本上一致, 如表 A-9 所示。

表 A-9　条件分支语句: SQL PL vs PL/SQL

	SQL PL	PL/SQL
IF 语句	IF - THEN - END IF; IF - THEN - ELSE - END IF; IF - THEN - **ELSEIF** - END IF; IF - THEN -**ELSEIF** - THEN - ELSE - END IF	IF - THEN - END IF; IF - THEN - ELSE - END IF; IF - THEN - ELSIF - END IF; IF - THEN - ELSIF- THEN - ELSE - END IF

简单型
CASE语句
	CASE category
	  WHEN 'A' THEN …
	  WHEN 'B' THEN …
	  WHEN 'C' THEN …
	  ELSE …
	END CASE;
		CASE category
		  WHEN 'A' THEN …
		  WHEN 'B' THEN …
		  WHEN 'C' THEN …
		  ELSE …
		END CASE;

搜索型
CASE语句
	CASE
	  WHEN v_total > 10000 THEN
	    p_discount := 0.90;
	  WHEN v_total > 6000 THEN
	    p_discount := 0.95;
	  ELSE
	    p_discount := 0.99;
	END CASE;
		CASE
		  WHEN v_total > 10000 THEN
		    p_discount := 0.90;
		  WHEN v_total > 6000 THEN
		    p_discount := 0.95;
		  ELSE
		    p_discount := 0.99;
		END CASE;

A.9　循环控制比较

SQL PL 和 PL/SQL 的循环控制都有多种形式。SQL PL 支持四种循环 LOOP、WHILE、REPEAT 和 FOR, 而 PL/SQL 支持的四种循环为 LOOP、WHILE、FOR 和 FORALL。但是, 对同样的循环体, 它们在语法上也有区别。表 A-10 列出了循环控制的比较。

表 A-10　循环控制: SQL PL vs PL/SQL

SQL PL	PL/SQL

[L1:] LOOP
  statements;
  IF condition LEAVE L1;
END LOOP [L1];
	LOOP
	  statements;
	  EXIT WHEN condition;
	END LOOP ;

SQL PL	PL/SQL

``
WHILE condition DO
    statements;
END WHILE;
``
	``
	WHILE condition LOOP
	    statements;
	END LOOP;
	``

``
REPEAT
    statements;
    UNTIL condition;
END REPEAT;
``
	``
	LOOP
	     statements;
	     EXIT WHEN condition;
	END LOOP ;
	``

``
FOR variable AS
  cursor_name CURSOR FOR
  select_statement DO
     statements;
END FOR;
``
	``
	OPEN cursor_variable FOR
	     select_statement;
	FOR variable IN cursor_variable
	LOOP
	     statements;
	END FOR;
	``

``
SET l_count = lower_bound;
WHILE l_count <= upper_bound DO
  statements;
    SET l_count = l_count + 1;
END WHILE ;
``
	``
	FOR l_count IN
	   lower_bound ..upper_bound
	LOOP
	    statements;
	END LOOP;
	``

A.10 游标比较

SQL PL 和 PL/SQL 在游标的使用上及其相似，都有如下 4 个基本步骤。

● DECLARE *cursor-name* CURSOR：为 SELECT 语句定义游标。

● OPEN *cursor-name*：打开游标，以供使用。

● FETCH *cursor-name* INTO *host_variables*：读取游标指向的数据并赋给变量。

● CLOSE *cursor-name*：在使用完游标后，关闭游标，释放资源。

在 SQL PL 和 PL/SQL 中都可以使用游标变量：包括通用游标变量和自定义游标类型。不过在游标使用的语法上，SQL PL 和 PL/SQL 略有区别。表 A-11 列出了游标比较，表 A-12 列出了游标状态的比较。

表 A-11　游标比较：SQL PL vs PL/SQL

	SQL PL	PL/SQL
声明游标	DECLARE *cursor-name* CURSOR [WITH HOLD] [WITH RETURN] [TO CALLER | TO CLIENT] **FOR** *select-statement*	CURSOR *cursor-name* [(cursor_parameters)] **IS** *select-statement*
打开游标	OPEN *cursor-name* [USING host-variable]	OPEN *cursor-name* [(cursor_parameters)]
读取游标	FETCH [FROM] *cursor-name* INTO *host_variables*	FETCH *cursor-name* INTO *host_variables*

续表

	SQL PL	PL/SQL
关闭游标	CLOSE *cursor-name*;	CLOSE *cursor-name*
更新游标指向的行	UPDATE *table_name* SET *statements...* WHERE CURRENT OF *cursor_name*	UPDATE *table_name* SET *statements...* WHERE CURRENT OF *cursor_name*
删除游标指向的行	DELETE FROM *table_name* WHERE CURRENT OF *cursor_name*	DELETE FROM *table_name* WHERE CURRENT OF *cursor_name*
通用游标类型	CURSOR	SYS_REFCURSOR
自定义游标类型	--在 SQL 界面创建 CREATE TYPE *cur_type* AS *row_type* CURSOR; --在 SQL PL 模块中定义 ALTER MODULE *module_name* PUBLISH TYPE *cur_type* AS *row_type* CURSOR;	--在 PL/SQL 程序包中定义 TYPE *ref_cur_type* IS REF CURSOR RETURN *record_type*;

表 A-12　游标状态属性

SQL PL 游标变量的状态	PL/SQL 游标状态属性	描　　述
IS OPEN	%ISOPEN	游标是否处于打开状态
IS NOT OPEN		游标是否已关闭
IS FOUND	%FOUND	游标的 FETCH 语句是否读取到数据行
IS NOT FOUND	%NOTFOUND	与 FOUND 相反
	%ROWCOUNT	在游标上已读取的行数 SQL PL 通过如下语句获得该值: GET DIAGNOSTICS p_rcount = row_count;

不过, SQL PL 中的游标状态检查只能在游标变量上使用。如果要检查普通游标的状态, 需要检查 SQLSTATE。

A.11　动态 SQL 语句比较

在 SQL PL 中, 动态 SQL 可以用 EXECUTE IMMDEDIATE 执行, 也可以用 PREPARE+ EXECUTE 执行。不过, EXECUTE IMMDEDIATE 处理动态 SQL 时不能带参数。具体语法如下:

```
EXECUTE IMMDEDIATE dynamic_SQL_text;

PREPARE statement-name FROM dynamic_SQL_text;
EXECUTE statement-name [INTO host_variables] [USING bind_arguments];
```

而 PL/SQL 的动态 SQL 是用 EXECUTE IMMEDIATE 处理的, 如下所示:

```
EXECUTE IMMEDIATE dynamic_SQL_text
  [ INTO host_variables ]
```

```
[ USING  bind_arguments ]
```

另外，DBMS_SQL 库也能用于处理动态 SQL，这在 SQL PL 和 PL/SQL 中是一样的。

A.12　异常条件处理比较

SQL PL 中的异常处理是用条件处理器来实现的，一个条件处理器处理一个异常条件。如果要处理多个条件，需要定义多个条件处理器。相应地，PL/SQL 的异常节集中处理各种异常条件。表 A-13 比较了异常条件的处理。

表 A-13　异常条件处理比较：SQL PL vs PL/SQL

	SQL PL	PL/SQL

声明异常条件	`DECLARE condition-name CONDITION FOR SQLSTATE five-digits-code`	`exception-name EXCEPTION;`
		`PRAGMA EXCEPTION_INIT (exception-name,`
		`error_code);`

条件或者异常处理	`DECLARE [CONTINUE	EXIT	UNDO] HANDLER FOR condition-name condition-handle-logic`	`EXCEPTION`
				`WHEN condition1THEN`
				`exception handler logic`
				`[WHEN condition2 THEN`
				`exception handler logic ]`
				`[WHEN OTHERS THEN`
				`exception handler logic ]`

抛出自定义异常	`SIGNAL SQLSTATE five-digits-code SET MESSAGE_TEXT = diagnostic-string;`	`RAISE_APPLICATION_ERROR(error_code,` `error_text);`

另外，PL/SQL 还能使用不与 error_code 关联的自定义异常，而 SQL PL 的自定义异常条件必须与 SQLSTATE 关联。

A.13　存储过程比较

DB2 的 SQL PL 的存储过程结构与 Oracle 的 PL/SQL 存储过程结构比较如图 A-1 所示。

SQL PL 创建存储过程示例如下：

```
CREATE OR REPLACE PROCEDURE get_sum_sales  --(1)存储过程头部：名字和输入/输出参数
  (IN p_region VARCHAR(15),
   OUT p_sum_sales INTEGER)
LANGUAGE SQL                    --(2)这个属性表明这是 SQL PL 存储过程
SPECIFIC get_sum_sales_v1
BEGIN
  DECLARE v_sales INTEGER DEFAULT 0;  --(3) 变量声明
  DECLARE SQLSTATE CHAR(5);
  DECLARE c1 CURSOR FOR
```

```
    SELECT SALES FROM SALES WHERE region = p_region; --(4)游标声明
  --（5）以下是执行逻辑
  SET p_sum_sales = 0;    --赋值语句
  OPEN c1;              --打开游标
  FETCH c1 INTO v_sales;
  --循环获得游标的值进行累加
  WHILE ( SQLSTATE = '00000' ) DO
    SET p_sum_sales = p_sum_sales + v_sales;
    FETCH c1 INTO v_sales;    --读取游标
  END WHILE;
  CLOSE c1;  --关闭游标
END
```

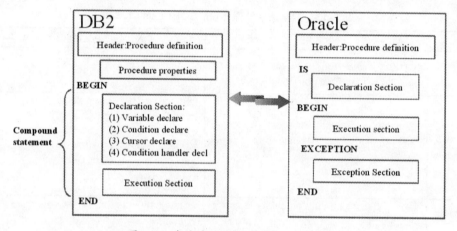

图 A-1　存储过程结构：DB2 vs Oracle

对应的，PL/SQL 创建相同功能的存储过程示例如下：

```
CREATE OR REPLACE PROCEDURE get_sum_sales
   (p_region IN VARCHAR (15),     --(1)存储过程头部：名字和输入/输出参数
   p_sum_sales OUT NUMBER)
IS
   v_sales NUMBER(5);           --(2) 变量声明
   CURSOR c1 IS SELECT SALES FROM SALES WHERE region = p_region; --(3)游标声明
BEGIN
   ---(4) 以下是执行逻辑
  p_sum_sales := 0;    --赋值语句
  OPEN c1;             --打开游标
  FETCH c1 INTO v_sales;
  --循环获得游标的值进行累加
  WHILE C1%FOUND LOOP
    p_sum_sales := p_sum_sales + v_sales;
    FETCH c1 INTO v_sales;     --读取游标
  END LOOP;
  CLOSE c1;    -- 关闭游标
END
```

A.14　用户自定义函数比较

SQL PL 创建用户自定义函数的语法如下，参数默认都是输入参数：

```
CREATE [OR REPLACE]  FUNCTION function_name
  (input and output parameters)
RETURN data_type
<properties>       //自定义函数的属性，如 LANGUAGE, SPECIFIC NAME
BEGIN
  <variables declare>     //变量声明
<condition declare>       //异常条件声明
<cursors declare>         //游标声明
<condition handler declare>    //异常处理器声明，相当于 PL/SQL 的异常节

. <execute statements>          //必需的可执行节，SQL 语句和 SQL PL 逻辑
END
```

PL/SQL 创建用户自定义函数的语法如下：

```
CREATE [OR REPLACE]  FUNCTION function_name
  (input and output parameters)
RETURN data_type
IS
  <Declare variables and cursors>      //可选声明节,声明变量和游标等
BEGIN
  <execute statements>                 //必需的可执行节，SQL 语句和 PL/SQL 逻辑
EXCEPTION
  <exception handle >                  //可选的异常节，异常处理
END
```

A.15　触发器比较

在 DB2 中，触发器只能定义在一个触发事件上。在 DB2 中，PL/SQL 触发器只能是行级触发器（FOR EACH ROW）。

SQL PL 创建触发器的语法如下：

```
CREATE TRIGGER trigger-name
  {NO CASCADE BEFORE | AFTER | INSTEAD OF }
  {INSERT | DELETE | UPDATE [OF column-names]} on table-view-name
  [ REFERENCING  OLD AS o_name NEW AS n_name ]
  FOR EACH ROW | FOR EACH STATEMENT
  MODE DB2SQL
```

```
[WHEN condition]
   <compound statement: BEGIN … END>
```

PL/SQL 创建触发器的语法如下：

```
CREATE [OR REPLACE ] TRIGGER trigger-name
{ BEFORE | AFTER }
{ INSERT | DELETE | UPDATE [ OF column-names] }  ON  table-view-name
[ REFERENCING  OLD AS o_name NEW AS n_name ]
FOR EACH ROW
[WHEN condition]
   <Block structure: DECLARE …BEGIN … EXCEPTION ...END>
```

A.16　SQL PL 模块 vs PL/SQL 程序包

SQL PL 的模块（Module）相当于 PL/SQL 的程序包，用于将相关联的一些存储过程和函数等组合在一起。它们的差别只是在技术细节上，在 SQL PL 中，存储过程或函数可以使用单独的语句分别在模块中发布和实现。而 PL/SQL 中存储过程和函数的声明包含在创建包的语句中，存储过程和函数的实现同样包含在创建程序包主体的语句中。

另外，PL/SQL 程序包的全局变量、程序包初始化和过程的私有实现等，在 SQL PL 中也有相应的机制。

下面列出了在 SQL PL 模块和 PL/SQL 程序包中对应的存储过程和函数的声明和实现，以及权限管理机制。

在 SQL PL 创建模块并在模块中发布对象：

```
CREATE MODULE hr_emp;
ALTER MODULE hr_emp     --通过 ALTER MODULE...PUBLISH 语句发布
  PUBLISH FUNCTION get_manager(      --发布函数原型
  IN  p_empno ANCHOR  employee.empno)
RETURNS  ANCHOR  department.mgrno;

ALTER MODULE hr_emp
  PUBLISH PROCEDURE increment_salary(  --发布存储过程原型
  IN  p_empno ANCHOR  employee.empno,
  IN  p_inc   ANCHOR  employee.salary,
  OUT o_newsal ANCHOR  employee.salary
  );
… …
```

在模块中添加实现：

```
ALTER MODULE hr_emp      --用 ALTER MODULE...ADD 语句添加实现
--实现存储过程和函数的代码与创建独立的 SQL PL 存储过程与函数一样
  ADD FUNCTION get_manager(
```

```
  IN  p_empno ANCHOR  employee.empno)
RETURNS  ANCHOR  department.mgrno
BEGIN
  … …
END@

ALTER MODULE hr_emp
  ADD PROCEDURE increment_salary(
  IN  p_empno ANCHOR  employee.empno,
  IN  p_inc   ANCHOR  employee.salary,
  OUT o_newsal ANCHOR  employee.salary
  )
BEGIN
  … …
END@
```

模块是作为一个整体进行权限管理的，使用 GRANT 语句将模块的执行权限赋予给某用户或用户组。如下所示的语句将模块 hr_emp 的执行权限赋给用户 zurbie：

```
GRANT EXECUTE ON MODULE HR_EMP TO ZURBIE@
```

在 PL/SQL 中，创建程序包声明存储过程和函数：

```
CREATE OR REPLACE PACKAGE pkg_hr_emp IS
--存储过程和函数的接口声明
FUNCTION get_manager(     --可以发布 Function 原型
  p_empno IN employee.empno%TYPE)
  RETURNS department.mgrno%TYPE;

PROCEDURE increment_salary(  --可以发布存储过程原型
  p_empno  IN  employee.empno%TYPE,
  p_inc    IN  employee.salary%TYPE,
  o_newsal OUT  employee.salary%TYPE
  );
  … …
EDN;
```

在 PL/SQL 程序包主体中实现存储过程和函数：

```
--包主体的创建
CREATE OR REPLACE PACKAGE BODY pkg_hr_emp  IS
--实现的存储过程和函数代码与创建独立的 PL/SQL 例程一样
FUNCTION get_manager(     --可以发布 Function 原型
  p_empno IN employee.empno%TYPE)
  RETURNS department.mgrno%TYPE;
IS
  … …
END;

PROCEDURE increment_salary(
  p_empno  IN  employee.empno%TYPE,
  p_inc    IN  employee.salary%TYPE,
  o_newsal OUT  employee.salary%TYPE
  )
IS
```

```
   …  …
END;
   …  …
END;
```

在 DB2 中，PL/SQL 程序包也是作为一个整体进行权限管理的，使用 GRANT 语句将程序包的执行权限赋予给某用户或用户组。下面的例子将程序包 pkg_hr_emp 的执行权限赋给用户 zurbie：

```
GRANT EXECUTE ON MODULE pkg_hr_emp TO zurbie;
```

A.17　SQL PL 系统自定义模块 vs PL/SQL 内置程序包

如表 A-14 所示，SQL PL 系统自定义模块与 PL/SQL 内置程序包在 DB2 中是同一个事物。

表 A-14　SQL PL 系统自定义模块与 PL/SQL 内置程序包

SQL PL 系统自定义模块	PL/SQL 内置程序包	描　　述
DBMS_OUTPUT	DBMS_OUTPUT	提供基本输出功能
DBMS_ALERT	DBMS_ALERT	允许不同的会话之间彼此发信号
DBMS_PIPE	DBMS_PIPE	允许会话彼此发送数据
DBMS_JOB	DBMS_JOB	提供与 DB2 的任务调度器兼容的 API
DBMS_LOB	DBMS_LOB	用于 LOB 处理
DBMS_SQL	DBMS_SQL	用于执行动态 SQL 的 API
DBMS_UTILITY	DBMS_UTILITY	应用程序中使用的各种工具的集合
UTL_FILE	UTL_FILE	用于处理文件
UTL_MAIL	UTL_MAIL	允许从 SQL 发送电子邮件通知
UTL_SMTP	UTL_SMTP	提供 SMTP 集成的 UTL_MAIL

附录 B   缩略语释义

ACID

数据库事务正确执行的四个基本要素：原子性（Atomic）、一致性（Consistent）、隔离性（Insulation）和持久性（Duration）。

ADO.NET

ADO.NET 是微软在.NET Framework 中负责数据访问的类库集，它为.NET 上的编程语言提供了连接并访问关系数据库与非数据库型数据源的标准方法。

API（Application Programming Interface）

API（应用编程接口）是软件系统不同组成部分相互访问的接口。

B/S（Browser/Server）

浏览器/服务器结构。客户端界面是通过浏览器来实现，极少部分事务逻辑在浏览器端实现，主要事务逻辑在服务器端实现。

Block（程序块）

PL/SQL 程序块是代码组织的重要结构，应用非常广泛。程序块由三部分组成：可选的声明节、必需的可执行节和可选的异常节。PL/SQL 的存储过程、函数或者触发器的程序体都是块结构。块也可作为 PL/SQL 语句独立地在控制台执行，此时被称为匿名块。

Bufferpool（缓冲池）

缓冲池是内存中的一块存储区域，用于临时读入和更改数据库页（包含表行或索引项）。缓冲池的用途是为了提高数据库系统的性能。

C/S（Client/Server）

客户机/服务器结构。其优点是能充分发挥客户端的处理能力，很多工作可以在客户端处理后再提交给服务器。

CGTT/DGTT（Created Global Temporary Table/ Declared Global Temporary Table）

已创建全局临时表/已声明全局临时表，是 DB2 中全局临时表的两种类型，广泛应用于需要把数据处理的中间结果暂存在表中的情况。

CLR（Common Language Runtime）

通用语言运行平台，和 Java 虚拟机一样，它负责.NET 平台的资源管理并保证应用和底层操作系统之间必要的分离。

Compound Statement（复合语句）

复合语句是 DB2 SQL PL 中重要的编程结构，相当于 PL/SQL 中的程序块。它是由 BEGIN...END 包围的语句序列，可以包含变量声明、SQL 语句、赋值、流程控制及嵌套的复合语句等。复合语句应用广泛，SQL PL 存储过程、函数或触发器的程序体就是一个复合语句。

Connection Pool

数据库连接池，负责分配、管理和释放数据库连接。数据库连接池的核心思想是连接复用，它允许应用程序重复使用一个现有的数据库连接，而不是重新建立一个。

Cursor（游标）

本质上，游标是一种能从包括多条数据记录的结果集中每次提取一条记录的机制。游标总是与一条 SQL 选择语句相关联，并指向 SQL 语句的结果集。通过游标，可以从这个结果集中每次读取一条记录。

DB2_COMPATIBILITY_VECTOR

自从 DB2 V9.7 开始提供的注册变量。其值是一个 16 进制数字，其中每一位和 Oracle 兼容特性中的一种相对应。开发者可以根据实际项目的需要通过为 DB2_COMPATIBILITY_VECTOR 指定不同的值来选择一种或多种兼容特性。

DPF（Database Partitioning Feature）

数据库分区功能，一种 DB2 的分区模式。这种分区模式采用非共享（Share-Nothing）体系结构。数据库在一个非共享的环境中被分解为独立的分区，每个分区都具有自己的资源。

DMS（Database Managed Space)

数据库管理表空间，由 DB2 数据库管理表空间的使用，表空间容器可以使用文件系统或者裸设备。

EIS（Enterprise Information System）

企业信息系统，EIS 包括企业基础建设系统，例如企业资源计划(ERP)系统、大型机事务处理系统、数据库系统和其它的遗留信息系统等。

ETL（Extract-Transform-Load）

来源复杂的操作型数据进入数据仓库之前，进行的抽取、转换和加载过程。ETL 是消除来自不同数据源的数据不一致之处、保证数据仓库内的信息一致性的必要步骤。

Explain Tool（解释工具）

查看访问计划和相关信息的 DB2 工具。解释工具可用于收集、输出和显示访问计划以及 DB2 生成访问计划时所依据的各种信息。

Hibernate

Hibernate 是一款开源的对象关系映射解决方案，它对 JDBC 进行了非常轻量级的对象封装，使得 Java 程序员可以使用面向对象编程的方法来操纵数据库。

IBM Optim Data Studio

IBM 公司信息开发管理产品线的旗舰产品，针对 DB2 和 Informix 数据库提供了强大的数据库管理和开发功能，同时支持数据库服务器端应用和 Java 客户端应用开发。

IBM Data Server Add-ins for Visual Studio

IBM 公司针对 Visual Studio 开发工具提供的插件，可以实现在 Visual Studio 中进行 DB2 和 Informix 数据库的管理和开发功能。

IDMT（IBM Data Movement Tool）

IDMT 是 IBM 提供的数据迁移工具，它用来帮助开发人员将 Oracle 数据库对象以及数据高效地迁移到 DB2 上来。IDMT 工具提供了两种运行模式，一种是基于图形界面的，操作简单，适合大部分开发人员；另一种是基于命令行的，适合习惯命令行操作的开发人员。

Index

索引，是为了快速查找数据而设计的特殊数据结构。索引查找是从数据库中获取数据的最高效方式。索引的优势主要表现在：首先，为表中被请求的数据行提供直接指针；其次，避免了排序操作；第三，避免了对数据表的访问。但索引并不是越多越好，因为在插入、更新和删除时需要索引维护的额外开销。

Infosphere Federation Server

Infosphere 联邦服务器为应用程序提供了访问各种数据源的能力。这里数据源可以是 DB2、Oracle、Informix，也可以是平面文件、Excel 表格、XML 和 LDAP 等。Infosphere 联邦服务器相当于 Oracle 的 Database link。

Inline SQL PL（内联 SQL PL）

内联 SQL PL 是 SQL PL 语言的子集，它不支持游标和条件处理器等。内联 SQL PL 可以用在独立执行的内联复合语句中，也可用于实现 SQL PL 函数和触发器。使用内联 SQL PL 开发的 UDF 在 SQL 语句被引用时，UDF 的程序体源代码会展开并与该 SQL 语句一起编译执行。

Isolation Level（隔离级别）

在多用户并发环境下，多个事务常常同时执行，但是每个事务都有可能与其他正在运行的事务发生冲突。数据库的隔离级别，是为了保证同时运行的事务具有一致的运行结果。DB2 支持四种隔离级别，分别是可重复的读（Repeatable Read）、读稳定性（Read Stability）、游标稳定性（Cursor Stability）和未提交的读（Uncommitted Read）。

Java EE（Java Platform，Enterprise Edition）

Java 平台企业版，提供一套全然不同于传统应用开发的技术架构，按照标准的组件对架构进行划分，从而简化和规范企业应用系统的开发和部署，提高企业应用的伸缩性、可重用性和一致性。

J2EE（Java 2 Platform，Enterprise Edition）

Java 2 平台企业版，Sun 公司在 1998 年发表 JDK1.2 版本的时候使用了 J2EE 的名称。现更名为 Java EE。

JDBC（Java Database Connectivity）

JDBC 是 Java 开发数据库应用的标准 API，由一组用 Java 语言编写的类和接口组成，为多种关系数据库提供统一访问，使数据库开发人员能够用纯 Java API 编写数据库应用程序。

JVM（Java Virtual Machine）

Java 虚拟机，通过在实际的计算机上仿真模拟各种计算机功能来实现的。JVM 屏蔽了操作系统相关的信息，使得 Java 程序只需生成在 JVM 上运行的目标代码，就可以在多种平台上不加修改地运行。

LOB（Large Object）

大对象，数据库中用于存储音频、视频和大段文本等大对象的数据类型。

MDC（Multi-Dimensional Clustering）

多维群集，一种数据存储方式。它使数据在多个维度上灵活、连续和自动的聚合，提升了查询的性能，并且减少了在插入、更新和删除操作对 REORG 和索引维护的需求。

MEET（Migration Enablement Evaluation Tool）

MEET 工具分析 Oracle 数据库中的 PL/SQL 对象，并评估其和 DB2 的兼容性，最终产生一份评估报告。MEET 工具简单易用，它以文本文件名为输入，随后快速产生 HTML 格式的报告。在产生的报告中，总结了 DDL 语句和 PL/SQL 代码的兼容度。

Module（模块）

从 DB2 V9.7 开始，模块为 SQL PL 带来了新的编程概念，本质上相当于 Oracle 的 PL/SQL 程序包，只是在技术细节上有些区别。模块主要用于将相关联的一些存储过程和函数等组合在一起，便于应用系统的模块化和维护。

MQT（Materialized Query Table）

物化查询表，一种将查询结果存储起来的物化表，用于提高复杂查询的效率。每当 MQT 所基于的查询被复杂查询匹配并引用时，数据库将从 MQT 的物理存储中直接得到查询结果。

O/R Mapping（Object Relational Mapping）

对象/关系映射，是一种将对象数据与关系数据映射的程序设计技术，通过使用描述对象和数据库之间映射关系的元数据，将程序中的对象持久化到关系数据库中。

OLAP (On-line Analysis Processing)

联机在线分析处理，数据库系统应用类型之一，以并发事务较少、查询语句非常复杂、数据更新较少、数据量庞大为特征。

OLTP (On-line Transaction Processing)

联机在线事务处理，数据库系统应用类型之一，以大量事务并发进行、查询语句简单、数据更新操作频繁为特征。

ODBC（Open Database Connectivity）

开放数据库互连，提供了一种标准的 API 方法来访问数据库。

OLE DB（Object Linking and Embedding, Database）

OLE DB 是微软设计的一种应用程序接口，它提供了对不同类型的数据库的统一访问方式，包含一组读写数据的接口。OLE DB 与对象连接与嵌入（OLE）无关。

Optimizer（优化器）

优化器是用来产生访问计划的组件。一个 SQL 要以最优性能运行，有赖于优化器产生最优的访问计划。

Package（程序包）

在 Oracle 的 PL/SQL 中，程序包是编程概念。它用于将那些具有相关用途的存储过程和函数等对象组织在一起。在程序包中可以创建类型、声明全局变量以及定义存储过程或函数原型等。而在程序包主体（package body）中用 PL/SQL 实现这些存储过程和函数。

在 DB2 中，程序包的含义则是一个存储过程或者 UDF 编译后生成的可执行二进制代码。当一个存储过程被编译时，每一条 SQL 编译成一个可执行的节（section），这些节加上其他的一些必要信息组织成一个 DB2 程序包，并存储在 DB2 编目表中。当存储过程被调用时，DB2 从编目表中读取对应的 DB2 程序包直接执行。

Parameter Marker（参数标记）

动态 SQL 语句的一种占位符，作为查询的输入参数。当编译 SQL 语句时可以不指定这些参数的值，而只在执行时临时绑定。使用参数标记避免了对相似 SQL 语句的重复编译。

PL/SQL

PL/SQL 是 Oracle 对 SQL 语言进行扩展的程序语言。在编程时，可把数据操作和查询语句组织在 PL/SQL 代码的过程性单元中，通过逻辑判断、循环等操作实现复杂的功能。

pureXML

pureXML 是 IBM DB2 管理 XML 数据的创新技术，以内在层次型结构存储的一种新数据类型。每个 DB2 组件、工具和实用程序都增强了这方面功能，以识别和处理这种新数据类型。

pureScale

DB2 pureScale 是一种高可靠性集群数据库解决方案。它利用大型机上 DB2 数据库经过验证的技术，在开放平台上实现了共享磁盘。其突出优势表现在几乎无限制的容量、应用透明性和持续可用性。

Subquery（子查询）

在 SQL 语言中，当一个查询语句嵌套在另一个查询中时，这个查询语句称为子查询。

SQLJ

SQLJ 是 Java 编程语言中嵌入静态 SQL 的标准（ISO/IEC 9075-10）。

SQL PL

DB2 通过 SQL PL 编程来支持 SQL 语言扩展。SQL PL 是一种过程式数据库编程的方式，DB2 对 ANSI SQL/PSM 标准只做了少量的扩展，它非常接近该标准。

Stored Procedure（存储过程）

存储过程是数据库中的最重要的服务器端对象。它是一组为了完成特定功能的 SQL 语句集，经编译后存储在数据库中。用户或应用程序通过指定存储过程的名字并给出参数（如果该存储过程带有参数）来执行它。在 DB2 中开发者可以使用 SQL PL、PL/SQL、Java 语言等来开发存储过程。

System Catalog（DB2 系统编目）

DB2 系统编目由很多表和视图组成，这些表和视图由数据库管理器来维护。在创建一个数据库时，也会创建一组编目表和视图。这些编目描述了数据库对象，例如表、列和索引，并包含关于用户访问这些对象的权限信息。

Table Partitioning（表分区）

表分区根据表中一个或多个表分区键列中的值将表数据分布到多个存储对象（称为数据分区或范围）中。

Table Space（表空间）

表空间是用户定义的存放数据库索引、表数据、临时数据的逻辑空间。一个对象可以存放在多个表空间种。一个表空间含有一个或多个容器。

TCO（Total cost of ownership）

总体拥有成本。总拥有成本是保有和维持所有软件所花费的成本。它是投资回报的基础组成部分。在本书中特指在数据库产品的使用上。一个产品的综合成本主要包含以下几部分：购买成本＋服务成本＋管理维护成本＋开发成本。

TOAD for DB2

Quest Software 旗下针对 DB2 的数据库管理和开发产品版本，提供了强大的数据库管理和服务器端应用开发功能。

Trigger（触发器）

触发器是个特殊的存储过程，它的执行不是由程序调用，而是由事件来自动触发，比如当对一个表进行操作（insert、delete、update）时就会激活它执行。触发器经常用于加强数据的完整性约束和业务规则等。

UDF（User Defined Function）

用户自定义函数。UDF 用来扩展 SQL 语言。一个 UDF 函数根据业务逻辑的执行结果返回一个或者一个表结构，用户可以在 SQL 语句直接引用 UDF 函数。在 DB2 中开发者可使用 SQL PL、PL/SQL 以及 JAVA 语言等来开发 UDF。

XML（eXtensible Markup Language）

可扩展标记语言，广泛用来作为跨平台之间交互数据的形式，是处理结构化文档信息的有力工具。

XPath

XPath 是在 XML 文档中查找信息的语言，在 XML 文档中通过元素和属性组成的路径表达式进行导航。XPath 也是 W3C 的标准，是 XQuery 的核心部分。DB2 pureXML 技术支持的版本为 XPath 2.0。

XQuery

XQuery 是 W3C 所制定的一套标准，用来从 XML 文档中提取信息。针对 XML 的 XQuery 非常类似针对关系数据库的 SQL。DB2 pureXML 技术支持的版本为 XQuery 1.1。

.NET Framework

.NET 框架是以通用语言运行库（Common Language Runtime）为基础的一种采用系统虚拟机方式运行的编程平台，支持多种语言（C#、VB.NET、C++、Python 等）的开发。

后 记

当我们走近 DBA，大家对 DBA 的第一印象是什么呢？是活力四射，还是默默工作？是锐意创新，还是墨守成规？他们是否看时尚杂志？还是每天手捧厚厚的技术手册一头扎进技术的海洋？其实，我们联想的是一种氛围。说起开源，你能联想到开放的氛围；当使用"苹果"产品时，你能感受到时尚的氛围；当听到拥有专利数量世界第一的 IBM，你能体会到创新的氛围。那么，DBA 的氛围是什么？

Gosling 曾写过，"在机房里，就像身处荒漠一样。那里人迹罕至，没有人愿意端着一杯香浓的咖啡在那里聊天"。从窗外眺望，机房外是宽敞而幽静的区域，而机房里只有各种机器、线缆和带电设备，当然也少不了机器发出来的各种噪声。难道 DBA 的氛围就是精神荒漠吗？我想说的是，DBA 的氛围绝不是枯燥和无助的，相反，是轻盈的、充满活力的。

对于热爱数据库工作的人来说，投入工作更像是伴着节奏，和着旋律迈出的轻松舞步。这种节奏和旋律，既可以理解为技术人员的文化素养或者职业水准，也可以理解为一种工作思路或一种工作方法。不愿意迈出舞步的数据库工作者永远在犹豫"技术上是否能实现？"，而数据库的舞者却在思考"用户需要我们的数据库提供更多更优质的服务"。本书面对的不是满足于让数据库能"跑"起来的 DBA 技术人员，期望读者是一个对数据库有深刻感知和理解，一个想要在数据库工作中和"舞伴"共同呈现精美绝伦表演的舞者。

其实，数据库是一个庞大的生态系统，对 DBA 素质要求非常全面。DBA 不但要对数据库这一层了如指掌，还要兼顾上层业务应用和下层硬件结构的融会贯通。一上一下，既有广度上的蔓延，也有深度上的延伸，这正是数据库技术人员区别于其他职业的重要特征。他们需要有很强的组织协调能力；需要有准确地诊断数据库和其他层面问题的能力；需要有及时地解决突发问题的能力；需要有条理的培训能力；需要超负荷时，还能有条不紊、全力投入的意志能力；还需要大量其他的能力，包括一点点幽默能力。

通过大量实践证明，最终决定数据库项目能否成功的因素不仅是个人的技术，更多的是个人的综合能力。现在，数据库业务覆盖的范围越来越广，对技术人员的能力要求越来越综合，这让我意识到不但要把数据库技术展现给大家，更要把对 DBA 综合能力的要求说明白。

我从自己的经历中挑选了一些艰难的，包括出过事故的项目作为案例写进书中。我之所以把那些看起来更漂亮的项目从文稿中删除，是因为我深知，对错误的反省和总结远比对成功的展示更有意义。在这本书里，你可以看到数据库应用时的真实景象；可以读到在数据库系统中，因为不起眼的失误、疏忽、差错而引起的严重后果，有的是因为不规范的行为，有的是因为不合理的计划，有的是因为不成熟的思路，还有的是因为不过关的技术素质。但究其根本原因，还是对数据库的理解不深入，对数据库的认知不全面。该是我们改变自己认识上的误区，改变对待数据库的印象，改变数据库工作方式的时候了！当你与数据库一同迈出轻盈的舞步，你将拥有主动权，你将会感受到这支舞曲给你带来前所未有的全身心感官体验。

舞姿千变万化，但任何一种舞动，哪怕是世界上最复杂、最炫目的舞蹈，都一定是有基本步法的，在这本书里，我们看到的就是以 Oracle 到 DB2 应用开发的基本步法。只要你按照这样的步法加以实践，你就能演绎出完美的舞蹈，舞动你自己的"数据库小宇宙"，这正是智慧与技术的完美结合。读完本书，你会明白，没有方法思路，没有旋律感和步法感，一味追求技术至上的技术人员，面对日新月异的技术变革，会觉得越来越力不从心，最终会发现徒有技术的增长也无法掩饰综合实力的停滞不前甚至倒退。

最后，我赠给读者一句话：如果你把舞动数据库当做自己的梦想，不妨先调整自己的脚步，找到领先的一步，自信的一步，主动的一步，开始迈出轻盈的舞步吧。

王飞鹏

参考文献

[1] 《SQL 语言艺术》 Stephane Faroult　Peter Robson　译者：温昱 靳向阳，电子工业出版社

[2] 《数据库系统全书》 Hector Garcia-Molina Jeffery D.Ullman Jennifer Widom，机械工业出版社

[3] 《数据挖掘概念与技术》JiaWei Han Micheline Kamber，机械工业出版社

[4] 《数据库系统概念》希尔伯沙茨，机械工业出版社

[5] Raul F. Chong, XiQiang Ji,Priyanka Joshi, etc. Getting started with DB2 application development, IBM Corporation, 2010

[6] Whei-Jen Chen, Kenneth Chen, Patrick Dantressangle, etc. Oracle to DB2 Conversion Guide:Compatibility Made Easy, IBM Redbooks, 2009

[7] Maria S. Almeida, Kirk Condon, Michael Fischer, etc. DB2 Java Stored Procedures Learning by Example, IBM Redbooks, 2000

[8] Connor McDonald, Chaim Katz, Christopher Beck, etc. Mastering Oracle Pl/SQL Sprin-ger-Verlag New York Inc, 2005

[9] Jason Price　Oracle Database 11g SQL: Master SQL and PL/SQL in the Oracle Database. Oracle Press, 2008

[10] Herb Vogel, Power of SQL PL,　IDUG North America, 2011

[11] IBM Manuals DB2 V9.7: Developing Java Applications, 2010

[12] IBM Manuals DB2 V9.7: Developing User-defined Routines (SQL and External), 2010

[13] Serge Rielau SQL PL in DB2 9.7 ALL GROWN UP. IDUG Europe, 2009

[14] S. Abiteboul, R. Hull, and V. Vianu. Foundations of Databases. Addison-Wesley, 1995. IBM DB2 联机文档

《从 Oracle 到 DB2 开发——从容转身》读者交流区

尊敬的读者：

感谢您选择我们出版的图书，您的支持与信任是我们持续上升的动力。为了使您能通过本书更透彻地了解相关领域，更深入的学习相关技术，我们将特别为您提供一系列后续的服务，包括：

1. 提供本书的修订和升级内容、相关配套资料；

2. 本书作者的见面会信息或网络视频的沟通活动；

3. 相关领域的培训优惠等。

您可以任意选择以下四种方式之一与我们联系，我们都将记录和保存您的信息，并给您提供不定期的信息反馈。

1. 在线提交

登录www.broadview.com.cn/14940，填写本书的读者调查表。

2. 电子邮件

您可以发邮件至jsj@phei.com.cn或editor@broadview.com.cn。

3. 读者电话

您可以直接拨打我们的读者服务电话：010-88254369。

4. 信件

您可以写信至如下地址：北京万寿路173信箱博文视点，邮编：100036。

您还可以告诉我们更多有关您个人的情况，及您对本书的意见、评论等，内容可以包括：

（1）您的姓名、职业、您关注的领域、您的电话、E-mail地址或通信地址；

（2）您了解新书信息的途径、影响您购买图书的因素；

（3）您对本书的意见、您读过的同领域的图书、您还希望增加的图书、您希望参加的培训等。

如果您在后期想停止接收后续资讯，只需编写邮件"退订+需退订的邮箱地址"发送至邮箱：market@broadview.com.cn即可取消服务。

同时，我们非常欢迎您为本书撰写书评，将您的切身感受变成文字与广大书友共享。我们将挑选特别优秀的作品转载在我们的网站（www.broadview.com.cn）上，或推荐至CSDN.NET等专业网站上发表，被发表的书评的作者将获得价值50元的博文视点图书奖励。

更多信息，请关注博文视点官方微博：http://t.sina.com.cn/broadviewbj。

我们期待您的消息！

博文视点愿与所有爱书的人一起，共同学习，共同进步！

通信地址：北京万寿路 173 信箱　博文视点（100036）　　电话：010-51260888

E-mail：jsj@phei.com.cn，editor@broadview.com.cn

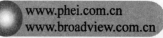

反侵权盗版声明

电子工业出版社依法对本作品享有专有出版权。任何未经权利人书面许可，复制、销售或通过信息网络传播本作品的行为；歪曲、篡改、剽窃本作品的行为，均违反《中华人民共和国著作权法》，其行为人应承担相应的民事责任和行政责任，构成犯罪的，将被依法追究刑事责任。

为了维护市场秩序，保护权利人的合法权益，我社将依法查处和打击侵权盗版的单位和个人。欢迎社会各界人士积极举报侵权盗版行为，本社将奖励举报有功人员，并保证举报人的信息不被泄露。

举报电话：（010）88254396；（010）88258888

传　　真：（010）88254397

E-mail：　dbqq@phei.com.cn

通信地址：北京市万寿路 173 信箱

　　　　　电子工业出版社总编办公室

邮　　编：100036